AF355815

COLLECTION

DES ANCIENS

ALCHIMISTES GRECS

IMPRIMERIE LEMALE ET Cⁱᵉ, HAVRE

COLLECTION

DES ANCIENS

ALCHIMISTES GRECS

PUBLIÉE

SOUS LES AUSPICES DU MINISTÈRE DE L'INSTRUCTION PUBLIQUE

PAR M. BERTHELOT

SÉNATEUR, MEMBRE DE L'INSTITUT, PROFESSEUR AU COLLÈGE DE FRANCE

AVEC LA COLLABORATION DE CH.-EM. RUELLE

CONSERVATEUR ADJOINT A LA BIBLIOTHÈQUE SAINTE-GENEVIÈVE

SECONDE LIVRAISON

COMPRENANT :

LES ŒUVRES DE ZOSIME

TEXTE GREC ET TRADUCTION FRANÇAISE

AVEC VARIANTES, NOTES ET COMMENTAIRES

PARIS

GEORGES STEINHEIL, ÉDITEUR

2, RUE CASIMIR-DELAVIGNE, 2

1888

TABLE DES MATIÈRES

DE LA IIe LIVRAISON

(TEXTE GREC ET TRADUCTION)

TABLE DES MATIÈRES

COLLECTION

DES

ALCHIMISTES GRECS

TEXTE GREC

SECONDE LIVRAISON

14

TROISIÈME PARTIE

ZOSIME

III. 1. — ΖΩΣΙΜΟΥ ΤΟΥ ΘΕΙΟΥ ΠΕΡΙ ΑΡΕΤΗΣ
⟨ΠΡΑΞΙΣ Α⟩

Transcrit sur M, f. 92 v. — *Collationné* (le § 1, seul existant) *sur* M, f. 115 r. (= M²) ; — *sur* A, f. 85 r. ; — *sur* K, f. 1 r. ; — *sur* Lc, page 265. — *Nous noterons ici, une fois pour toutes, que les leçons de M différentes de celles de A K ont été reproduites, dans le manuscrit K, soit en marge, soit sur la ligne par une main élégante* (Kmg.), *contemporaine du ms. Il en est de même des leçons de M. omises dans le texte de A K.*

1] Θέσις ὑδάτων, καὶ κίνησις, καὶ αὔξησις, καὶ ἀποσωμάτωσις, καὶ ἐπισωμάτωσις, καὶ ἀποστασμὸς πνεύματος ἀπὸ σώματος, καὶ σύνδεσμος πνεύματος μετὰ σώματος, οὐ ξένων ἢ ἐπεισάκτων φύσεων,
5 ἀλλ᾽ αὐτὴ καὶ μόνη εἰς ἑαυτὴν (f. 93 r.) ἡ μονοειδὴς φύσις κέκτηται τά τε στερεόστρακα τῶν μετάλλων καὶ τὰ ὑγρόδρυα τῶν βοτανῶν · καὶ ἐν τούτῳ τῷ μονοειδῆ καὶ πολυχρώμῳ σχήματι σώζεται ἡ τῶν πάντων πολύλεκτος καὶ παμποίκιλος ζήτησις · ὅθεν καὶ σεληνιαζομένης τῆς φύσεως τῷ μέτρῳ τῷ χρονικῷ ὑπο-

---

1. Titre dans ΑΚ : Ζωσίμου ἀρετῆς περὶ συνθέσεως ὑδάτων α'. — Dans M² (Ζωσίμου ἀρετῆς omis) : περὶ συνθέσεως ὑδάτων. — 4. μετὰ] ἐπὶ ΑΚLc. — οὐ ξένων — φύσεων] Réd. de Lc : οὐ ξένον ἢ ἐπείσακτον πρᾶγμά ἐστι τῶν φύσεων. — φύσεως M². — 5. μόνη] μόνον M². — 6. τὰ στερία ὄστρακα M² ΑΚ Lc. — 7. τῷ] τῶ et au-dessus : καὶ K. — καὶ πολυχρ]. τῶ πολυχρ. M² A. — σχήματι σώζεται] σχηματίζεται M² A : σχηματιτῶ ζεται K ; πολυχρ. πράγματι σχηματίζεται Lc. f. mel. — 8. ἡ τῶν πάντων — τὴν λῆξιν] Réd. de M² A : ἡ τοῦ παντός πολυτύλικτος (πολυτύληκτος M²) παμποικιλία καὶ ζήτησις · ὅθεν... ὑποβάλλει τὴν λῆξιν. Réd. de K : ἡ τοῦ παντός πολυτύλικτος (en marge : πολυλεκτός) παμποικιλία καὶ ζητ. · ὅθεν κ. τ. λ. (comme dans M).

βάλλεται, καὶ τὴν λῆξιν καὶ τὴν αὔξησιν δι᾽ ἧς ὑποφεύγει ἡ φύσις.

2] Καὶ ταῦτα λαλῶν ἀπεκοιμήθην, καὶ ὅρω ἱερουργόν τινα ἑστῶτα ἔμπροσθέν μου ἐπάνω βωμοῦ φιαλοειδοῦς. Ἔνθα δεκαπέντε κλίμακας πρὸς ἀνάβασιν εἶχεν ὁ αὐτὸς βωμός. Ἔνθα ὁ ἱερεὺς
5 ἵστατο, καὶ φωνῆς ἄνωθεν ἤκουσα λεγούσης μοι · « Πεπλήρωκα τοῦ κατιέναι με ταύτας τὰς δεκαπέντε σκοτοφεγγεῖς κλίμακας, καὶ ἀνιέναι με τὰς φωτολαμπεῖς κλίμακας. Καὶ ἔστιν καὶ ὁ ἱερουργῶν καινουργῶν με, ἀποβαλλόμενος τὴν τοῦ σώματος παχύτητα, καὶ ἐξ ἀνάγκης ἱερατευόμενος πνεῦμα τελοῦμαι. Καὶ ἀκούσας τῆς
10 φωνῆς αὐτοῦ ἐν τῷ φιαλοβωμῷ ἑστῶτος, ἠρώτων βουλόμενος μαθεῖν παρ᾽ αὐτοῦ τίς ὑπάρχει. Ὁ δὲ ἰσχνοφώνως ἀπεκρίνατό μοι λέγων · « Ἐγώ εἰμι ὁ Ἴων ὁ ἱερεὺς τῶν ἀδύτων, καὶ βίαν ἀφόρητον ὑπομένω. Ἦλθεν γάρ τις περὶ τὸν ὄρθρον δρομαίως, καὶ ἐχειρώσατό με μαχαίρῃ διελὼν με, καὶ διασπάσας κατὰ σύστασιν
15 ἁρμονίας. Καὶ ἀποδερματώσας τὴν κεφαλήν μου τῷ ξίφει τῷ ὑπ᾽ αὐτοῦ κρατουμένῳ, τὰ ὀστέα ταῖς σαρξὶ συνέπλεξεν, καὶ τῷ πυρὶ τῷ διαχείρως κατέκαιεν, ἕως ἂν ἔμαθον μετασωματούμενος πνεῦμα γενέσθαι. Καὶ αὕτη μου ἐστὶν ἡ ἀφόρητος βία. » Καὶ ὡς ἔτι ταῦτά μοι διελέγετο, καὶ ἐξεβιαζόμην αὐτὸν εἰς τὸ λέγειν, ὥσπερ
20 αἷμα γεγόνασιν οἱ ὀφθαλμοὶ αὐτοῦ. Καὶ ἤμεσεν πάσας τὰς σάρκας αὐτοῦ. Καὶ (f. 93 v.) εἶδον αὐτὸν ὡς τοὐναντίον ἀνθρωπάριον κολοβόν · καὶ τοῖς ὀδοῦσιν ἑαυτοῦ ἑαυτὸν μασσώμενον, καὶ συμπίπτοντα.

---

1. δι᾽ ἧς ὑποφεύγει ἡ φύσις] Leçon de M² ALc ; δὶς ἱπεύει ἡ φ. M. — 3. μου] τοῦ AKLc. — φιαλ.] τοῦ φιαλ. Lc. — δεκαπέντε] αἱ ΑΚ ; τὰς Lc. — 5. ἄνωθεν ἠκ. λεγ. μοι] ἠκ. λεγ. μοι ἄνωθεν Lc. — πεπληρώκαται Α ; πεπληρώκατε Κ. — 8. καὶ καινουργῶν Lc. — ἀποβαλλόμενος] ὃς ἀποβάλλει Lc. — Après παχύτητα] ἀπ᾽ ἐμοῦ add. Lc, f. mel. — 9. καὶ ἐξ ἀνάγκης — ἀκούσας] Réd. de Lc : ἐγὼ δὲ ἐξ ἀν. ἱερατεύομαι καὶ πνευματοτελειοῦμαι · ἐγὼ δὲ ἀκούσας. — τελοῦμαι] τελειούμενοι AK (biffé dans K) et Kmg. : τελοῦμαι. — 10. αὐτοῦ τοῦ Lc. —

ἑστῶτι ΜΚ. — ἠρώτουν Μ ; ἠρώτουμαι μαθεῖν Α ; ἠρώτουν με μαθεῖν Κ (με souspointillé). — Ajouté βουλόμενος d'après Lc. — 11. ὁ δὲ — ἀπεκρίν.] οὗτος ὁ ἰσχνόφωνος · αὐτὸς δὲ ἀπεκρίν Lc. — ἰσχνοφώνος Α ; ἰσχνόφωνος Κ. — 12. ὁ Ἴων] οἴων Α ; ὁ ὢν Lc. — 13. ajouté καὶ d'après Lc. — 15. Avant τὴν κεφαλήν] πᾶσαν add. Α. — 19. διελέγετο] ἔλεγε Lc. — ὥσπερ] F. l. ὅπως. — 20. γεγόνασιν οἱ ὀφθ. αὐτοῦ ὥσπερ αἷμα Lc. — 21. αὐτοῦ] F. l. αὐτοῦ. — τοὐναντίον om. Lc, f. mel. — 22. ἑαυτοῦ] αὐτοῦ Lc ; om. A. — μασσῶντα Lc.

3] Καὶ φοβηθεὶς διυπνίσθην καὶ ἐνεθυμήθην ; « Μὴ οὕτως ἄρα ἐστὶν ἡ τῶν ὑδάτων θέσις ; » Ἔδοξα πείθειν ἑαυτὸν νενοηκέναι καλῶς. Καὶ πάλιν ἀπεκοιμήθην. Καὶ εἶδον τὸν αὐτὸν φιαλοβωμόν, καὶ ἐπάνω ὕδωρ καχλάζον, καὶ πολὺν λαὸν εἰς αὐτὸν ἄπειρον ὄντα. Καὶ οὐκ ἦν
5 τις ἵνα ἐρωτήσω αὐτὸν ἔξω τοῦ βωμοῦ. Καὶ ἀνέρχομαι ἐπὶ τὸ ἰδέσθαι τὴν θέαν εἰς τὸν βωμόν. Καὶ ὁρῶ πεπολιωμένον ξηρουργὸν ἀνθρωπάριον λέγοντά μοι. « Τί σκοπεῖς. » Ἀπεκρινάμην αὐτῷ ὅτι θαυμάζω τοῦ ὕδατος τὸν βρασμὸν καὶ τῶν ἀνθρώπων συγκαιομένων καὶ ζώντων. Καὶ ἀπεκρίνατο μοι λέγων. « Λύτη ἡ θέα ἣν ὁρᾷς εἴσοδός ἐστι καὶ
10 ἔξοδος καὶ μεταβολή. Ἐπηρώτησα οὖν αὐτὸν πάλιν. « Ποία μεταβολή ; » Καὶ ἀπεκρίνατο λέγων. « Τόπος ἀσκήσεως τῆς λεγομένης ταριχείας. Οἱ γὰρ θέλοντες ἄνθρωποι ἀρετῆς τυχεῖν ὧδε εἰσέρχονται, καὶ γίνονται πνεύματα, φυγόντες τὸ σῶμα. » Ἔλεγον οὖν αὐτῷ. « Καὶ σὺ πνεῦμα εἶ ; » Καὶ ἀπεκρίνατο λέγων. « Καὶ πνεῦμα καὶ
15 φύλαξ πνευμάτων. » Καὶ ἐν τῷ ὁμιλεῖν ἡμᾶς ταῦτα, καὶ προστιθεμένου τοῦ βρασμοῦ καὶ τοῦ λαοῦ ὀλολύζοντος, εἶδον ἄνθρωπον χαλκοῦν δέλτον μολυβδίνην κατέχοντα ἐν τῇ χειρὶ αὐτοῦ. Καὶ ἐξεῖπεν τῇ φωνῇ βλέπων τὴν δέλτον. « Τοῖς ἐν ταῖς κολάσεσι πᾶσιν ἐπιτρέπω καθευθῆναι καὶ ἕκαστον ἐν τῇ χειρὶ αὐτοῦ λαβεῖν δέλτον μολυβδίνην, καὶ
20 χειρὶ γράφειν, καὶ τὰς ὄψεις ⟨ἔχειν⟩ ἄνω καὶ τὰ στόματα ὑμῶν ἀνεωγμένα, ἕως ἂν αὐξήσῃ ἡ σταφυλὴ ὑμῶν. Καὶ τῷ λόγῳ τὸ ἔργον ἠκολού-

---

1. διυπνίσθην] δὲ ὑπνίσθην MAK. — 4. καχλάζον MAK ici et plus loin (p. suiv., l. 8). — 5. Lc place ἔξω τοῦ βωμοῦ aussitôt après τις. — ἀνέρχομαι ἐπὶ τὸ ἰδέσθαι] ἀνερχόμενος ἐπιτηδεύεσθαι AK ; ἀνερχόμενος δὲ πρὸς τὸ ἐπιτηδεύεσθαι Lc. — 6. εἰς τὸν βωμόν] τοῦ βωμοῦ K. — Καὶ ἰδοὺ ὁρῶ Lc. — ξηρουργόν] υ au-dessus de η dans M. — 7. λέγοντά μοι] καὶ λέγει μοι AKLc. — Καὶ ἀπίκριν. ALc. — 8. καὶ τῶν ἀνθρ. συγκ. καὶ ζ.] καὶ τοὺς ἀνθρώπους καὶ ζῶντας (τοὺς ζ. Lc) συγκαιομένους AKLc. — 10. μεταβολῇ M. — καὶ ἐπηρ. αὐτὸν πάλιν Lc. — ποία μεταβολῇ M. — 11. μοὶ λέγων AKLc. — τόπος] F. l. τρόπος. — τόπος ἀσκ. οὗτος τῆς λεγ. ταρ. ἐστίν Lc. — 14. μοι λέγων AKLc. — 17. αὐτοῦ] F. l. αὐτοῦ. — Réd. de Lc : καὶ ἐξεῖπέ μοι τῇ φωνῇ · ὅρα ταύτῃ, τῇ δέλτῳ ἐν ταῖς κ. π. ἐπιτρ. καθευθῆναι, κελεύω δὲ ἕκαστον. — 18. ἐπιτρέπων AK. — 19. καθευθῆναι] AK. F. l. καθαρθῆναι, avoir été purifié (αρ diffère peu de ευ dans les mss. du Xe siècle). — 20. Réd. de Lc : ...γράφειν ἕως ἂν αὐξ. ἡ σταφ. αὐτῶν καὶ τὰ στόμ. αὐτῶν ἀνεωγ. καὶ τὰς ὄψ. ἄνω ἔχειν. Ajouté ἔχειν d'après Lc.

θει, καὶ λέγει μοι ὁ οἰκοδεσπότης. « Ἐθεώρησας · ἐξέτεινας τὸν αὐχένα
σου ἄνω, καὶ εἶδες τὸ πραχθέν; » Καὶ εἶπον ὅτι εἶδον, καὶ λέγει μοι
ὅτι « Τοῦτον ὃν εἶδες χαλ-(f. 94 r.) κάνθρωπον, οὗτός ἐστιν ὁ
ἱερουργῶν καὶ ἱερουργούμενος, καὶ τὰς ἰδίας σάρκας ἐξεμοῦντα. Καὶ
5 αὐτῷ ἐδόθη ἡ ἐξουσία τοῦ ὕδατος τούτου καὶ τῶν τιμωρουμένων.

4] Καὶ ταῦτα ἐμφαντασθεὶς διυπνίσθην πάλιν. Καὶ εἶπον πρὸς
ἑαυτόν · « Τίς ἡ αἰτία τῆς ὀπτασίας ταύτης; Μὴ ἄρα τοῦτό ἐστιν
τὸ ὕδωρ τὸ λευκόν τε καὶ ξανθὸν τὸ καχλάζον, τὸ θεῖον; » Καὶ
ηὗρον ὅτι μᾶλλον καλῶς ἐνόησα. Καὶ εἶπον ὅτι καλὸν τὸ λέγειν,
10 καὶ καλὸν τὸ ἀκούειν, καὶ καλὸν τὸ διδόναι, καὶ καλὸν τὸ λαμβά-
νειν, καὶ καλὸν τὸ πενητεύειν, καὶ καλὸν τὸ πλουτεῖν. Καὶ πῶς ἡ
φύσις μανθάνει διδόναι καὶ λαμβάνειν; Δίδωσιν ὁ χαλκάνθρωπος, καὶ
λαμβάνει ὁ ὑγρόλιθος · δίδωσι τὸ μέταλλον, καὶ λαμβάνει ἡ βοτάνη ·
διδοῦσιν οἱ ἄστερες, καὶ λαμβάνει τὰ ἄνθη · δίδωσιν ὁ οὐρανός, καὶ
15 λαμβάνει ἡ γῆ · διδοῦσιν αἱ βρονταὶ τοῦ ἐκτρογίζοντος πυρός. Καὶ
συμπλέκονται τὰ πάντα, καὶ ἀποπλέκονται τὰ πάντα, καὶ μίσγονται
τὰ πάντα, καὶ συντίθενται τὰ πάντα, καὶ κίρναται τὰ πάντα, καὶ
ἀποκίρναται τὰ πάντα, καὶ βρέξει τὰ πάντα, καὶ ἀποβρέξει τὰ πάντα,
καὶ ἀνθεῖ τὰ πάντα, καὶ ἐξανθεῖ τὰ πάντα ἐν τῷ φιαλοβώμῳ. Ἕκασ-
20 τον γὰρ μεθόδῳ καὶ σηκώματι καὶ οὐγγιασμῷ τετραστοίχῳ, ἡ τῶν

---

3. Lc place les mots καὶ τὰς ἰδίας σάρκας
ἐξιοῦντα *(sic)* après χαλκάνθρωπον, ce qui
vaut mieux.— 4. ἐξεμοῦντα] ἐξιοῦντα ΑΚ.
— 5. τούτου — τιμωρουμένων] τούτου καὶ
ἔστιν ὁ τιμωρούμενος Lc, f. mel. — 6.
Réd. de Lc : Καὶ ταῦτα ἐφαντάσθην καὶ
πάλιν διυπνίσθην. — 7. ἑαυτόν] ἐμαυτόν Lc.
— Après ταύτης] τί τοῦτο εἶναι ΑΚ (sous-
pointillé dans Κ); τί τοῦτό ἐστι ; Lc.
— 14. λαμβάνουσιν ΑΚ. — 15. ἐκτρογίζον-
τος] ἐκ τοῦ τρογίζοντος ΑΚLc (ἐκ sous-
pointillé dans Κ). F. l. ἐκτρογάζοντος. —
16. καὶ μίσγονται — φιαλοβώμῳ] Réd. de
Lc : καὶ συντίθενται τὰ π.. καὶ μιγνύονται τ.
π. καὶ ἀποκίρναται τ. π., καὶ κυβερνᾶται τ. π.

καὶ ἀποβρέχονται τὰ πάντα, κ. τ. λ. — 17.
κίρναται Μ, κυβέρνατε Α; κυβερνᾶται ΚLc. —
18. βρέχει Α, f. mel. — ἀποβρέχονται Lc.
— 19. ἕκαστον — Καὶ τὰ πάντα] Réd. de
ΑΚ : ἔκκοπον ἄριστον μεθόδῳ καὶ
συνκεράσματι τετραστίχῳ, ἡ (εἰ Α) τῶν
ὅλ. συμπλ. ἐστιν καὶ φωτήματι καὶ τὰς τάξεις
τηροῦσα τῆς μεθ. αὔξ. καὶ ὀλιγοῦσα, καὶ πάντα.
— Réd. de Lc : ἀρίστῳ μεθόδῳ καὶ συγ-
κόμματι καὶ οὐγγιασμῷ, καὶ συγκεράσματι
τετραστοίχῳ · ἡ δὲ τῶν ὅλ. πραγματεία
συμπλ. ἐστι καὶ ἀποπλ. καὶ ὁ π. σ. οὐκ ἀ. μεθ.
γίν · ἡ μεθ. φυσ. ἐ. καὶ φυσ. κ. ἐκφυσ. κ. τὰς
τ. τηρ. τῆς μεθ., αὐξάνουσα καὶ ἐλαττοῦσα,
κ. τὰ πάντα...

ἕλων συμπλοκή, καὶ ἀποπλοκή, καὶ, ὁ πᾶς σύνδεσμος ἄνευ με-
θόδου οὐ γίνεται. Ἡ μέθοδος φυσική ἐστιν, καὶ φυσῶσα καὶ ἐκφυ-
σῶσα, καὶ τὰς τάξεις τηροῦσα τῆς μεθόδου, αὔξουσα καὶ λήγουσα.
Καὶ τὰ πάντα ὡς ἐν συντόμῳ σύμφωνα τῇ διαιρέσει καὶ τῇ ἑνώσει,
5 τῆς μεθόδου μηδὲν ὑπολειφθείσης, ἐκστρέφει τὴν φύσιν. Ἡ γὰρ φύσις
στρεφομένη εἰς ἑαυτὴν στρέφεται · καὶ αὕτη ἐστὶν ἡ τοῦ παντὸς κόσμου
τῆς ἀρετῆς φύσις καὶ σύνδεσμος.

5] Καὶ ἵνα μὴ διὰ πολλῶν σοι γράφω, φίλτατε, κτίσαι ναὸν
μονόλιθον ψιμυθοειδῆ, ἀ-(f. 94 v.) λαβαστροειδῆ, προκοννήσιον, μήτε
10 ἀρχὴν ἔχοντα, μήτε τέλος ἐν τῇ οἰκοδομῇ · πηγὴν δὲ ἔσωθεν ἔχουσαν
ὕδατος καθαρωτάτου, καὶ φῶς ἐξαστράπτον ἡλιακόν. Περιέργασαι
δὲ πόθεν ἡ εἴσοδος τοῦ ναοῦ, καὶ λάβε ἐπὶ χεῖράς σου ξίφος, καὶ οὕτως
ζήτει τὴν εἴσοδον. Στενόστομος γάρ ἐστιν ὁ τόπος ὅθεν ἐστὶν ἡ ἄνοιξις
τῆς εἰσόδου · καὶ δράκων παράκειται τῇ εἰσόδῳ, φυλάττων τὸν ναόν.
15 Καὶ τοῦτον χειρωσάμενος, πρῶτον θῦσον · καὶ ἀποδερματώσας αὐτόν,
καὶ λαβὼν τὰς σάρκας αὐτοῦ μετὰ τῶν ὀστέων, διέλῃς μέλη [μέλη], καὶ
συνθεὶς μέλος [μέλος] μετὰ τῶν ὀστέων πρὸς τὸ στόμιον τοῦ ναοῦ
ποίησον ἑαυτῷ βάσιν, καὶ ἀνάβηθι, καὶ εἴσελθε, καὶ εὑρήσεις ἐκεῖ
τὸ ζητούμενον χρῆμα. Τὸν γὰρ ἱερέα τὸν χαλκάνθρωπον ὃν ὁρᾷς ἐν τῇ
20 πηγῇ καθήμενον καὶ τὸ χρῆμα συνάγοντα · ἐκεῖνον δὲ οὐχ ὡς χαλκάν-

---

1. καὶ ἀποπλοκή restitué en marge de
M et de K. — 3. τηροῦσα] στηροῦσα M. —
4. ἐν συντόμῳ] συντόμως Lc. — Aprés ἑνώ-
σει] Réd. de Lc : ποιοῦσα τῇ μεθόδῳ μηδενὸς
ὑποληφθέντος · ἡ γὰρ μέθοδος ἐκστρέφει τὴν
φύσιν, καὶ ἡ φύσις στρεφ. κ. τ. λ. — 7. A mg.:
σῇ. — 8. Ἵνα δὲ μή σοι δ. π. γρ. ὦ φιλτ.
κτίσον ν. μ. ψιμμυθ. κ. τ. λ. Lc. — γράφω]
λέγω ἢ γρ. AK. — 9. Προικοννήσιον Lc.
— 11. καὶ περιεργάζου ποῦ ἐστιν ἡ εἴσ. Lc.
— 12. λαβὼν AKLc. — 13. στενόστομος;
γάρ] στενός γάρ μοι AK ; στενός γάρ Lc. —
ὅθεν] ἔνθα AK ; ὅπου Lc. — 14. καὶ δράκων]
δράκων δέ τις Lc. — Lc mg. : Ligne ver-
ticale, en guise de guillemets jusqu'à
la fin du paragraphe. — 15. ἀποδερμά-
τωσον AKLc. — αὐτόν om. AKLc. —
16-18. καὶ λαβὼν τὰς σάρκας αὐτοῦ — καὶ
ἀνάβηθι] Réd. de Lc : καὶ λαβὼν τ. σ. αὐτοῦ,
δίελε εἰς τὰ μέλη αὐτοῦ καὶ σύνθες πάντα τὰ
μέλη τοῖς μέλεσι μ. τ. ὀστέων · καὶ ποίησον
σεαυτῷ βάσιν πρὸς τὸ στ. καὶ ἀνάβηθι. — μέλη
μέλη] F. l. μέλη μεληδόν. — 17. μέλος
μέλος] F. l. μέλος μέλει. — 19. τὸν γὰρ
ἱερέα τὸν χαλκ.] ὁ γὰρ ἱερεὺς ὁ ὢν χαλκάν-
θρωπος Lc. — Rapprocher de ce passage
le morceau III. xxxv. — 20. τὸ χρῆμα]
F. l. τὸ χρῶμα (M. B.). — οὐχ ὁρᾷς AK
qui omettent ὡς. — Réd. de Lc : Οὐχ
ὁρᾷς δὲ αὐτὸν εἶναι χαλκ.

θρωπον · μετέβη γὰρ τοῦ χρώματος τῆς φύσεως, καὶ γέγονεν ἀργυράν-
θρωπος, ὃν μετ᾽ ὀλίγον ἐὰν θελήσης ἕξεις χρυσάνθρωπον.

6] Τοῦτο τὸ προοίμιόν ἐστιν εἴσοδος τοῦ ἀνοίγεσθαί σοι τὰ παρακάτω
ἄνθη λόγων, καὶ ζητήσεις ἀρετῶν, καὶ σοφίας, καὶ φρονήσεως, καὶ νοῦ
5 δόγματα, καὶ μέθοδοι δραστικαί, καὶ ἀποκαλύψεις κεκρυμμένων ῥήσεων
εἰς φανερὸν γινομένων · καὶ τὸ πᾶν ὁ τῆς ἀρετῆς μεθοδεύει ὁ χρόνος.

· 7] Καὶ τί ἐστιν « νικῶσα φύσις τὰς φύσεις, » καὶ « ἀποτελεῖ-
ται καὶ γίνεται ἰλιγγιῶσα, » καὶ « ἐκθλιβομένη πρὸς τὴν ζήτησιν,
κοινὸν πρόσωπον τοῦ παντὸς τῆς ἐργασίας ὁρωμένης, ἀναλαμβάνει
10 καὶ τὴν οἰκείαν ὕλην τοῦ εἴδους κατεσθίει »; Καὶ « εἶθ᾽ οὕτως πεσοῦσα
τοῦ προτέρου σχήματος θνήσκειν οἴεται »; Καὶ « ὅταν βαρβαρίζουσα
μιμεῖται οἷον ἰουδαϊκὴν ἔχοντος, τότε διεκδικήσασα ἑαυτὴν ἡ τάλαινα
κουφοτέρα ἑαυτῆς γίνεται, μίξιν ἔχουσα τῶν ἰδίων (f. 95 r.) μελῶν »;
Καὶ « τὸ ὑγρὸν ἅμα πυρὶ καὶ τελεσφορεῖται »;

15 8] Ἐν τούτοις τοῖς νοήμασι τοῦ νοῦ σαφῶς ἐκστρέψας τὴν
φύσιν ἐπίστηθι, καὶ τὴν πολύϋλον ὡς μονόϋλον λογίζου, μηδενὶ
σαφῶς καταλέγων τὴν τοιαύτην ἀρετήν, ἀλλ᾽ αὐτὸς ἑαυτῷ ἀρκέσ-
θητι, μή πως καὶ λέγων ἑαυτὸν ἀνέλης. Ἡ γὰρ σιωπὴ διδάσκει
τὴν ἀρετήν. Καλὸν ἰδεῖν τῶν τεσσάρων μετάλλων τὰς μεταβολὰς,
20 μολύβδου, χαλκοῦ, ἀσήμου, ἀργύρου, κασσιτέρου εἰς τὸ γενέσθαι

---

1. μετέθη τὰ τοῦ χρώματος Λ ; μετέχθη γὰρ
(ajouté) τὰ τ. χρ. Κ ; μεταβάλλεται ἐκ τοῦ
χρ. Lc. — 2. ἕξεις] εὑρήσεις AKLc. —
3-6. τοῦτο — γινομένων] Réd. de Lc : Καὶ
τοῦτο ἔστω σοι τὸ πρ. Ἀνοίγονται δέ σοι μετά-
πειτα τὰ ἄνθη τῶν λόγ. καὶ αἱ ζητ. τῆς ἀρετῆς
κ. τ. σ. κ. τῆς φύσεως, κ. τῆς φρ. καὶ τὰ δ.
τοῦ νοῦ καὶ αἱ μεθ. αἱ δρ. καὶ αἱ ἀπ. τῶν κεκρ.
ῥ. φανερῶν γενομένων. — 6. καὶ τὰ πάντα
τῆς ἀρ. AK. — Réd. de Lc : τὰ δὲ πάντα
τ. ἀρ. μεθοδεύσει σοι χρόνος · καὶ ἡ φύσις ἡ
νικ. τὰς φ., ἀποτ. τελεία φύσις. — 9. κοινόν
πρόσωπον...] κοινοῦ προσώπου τ. π. τ. ἐ.
ὁρᾶται Lc. — 10. καὶ τὴν οἰκ.] καὶ om.
AK. — Réd. de Lc : καὶ ἀναλαμβ. τὴν

οἰκ. ὕλην καὶ τὸν ἰὸν κατεσθίει · εἶθ᾽ οὕτως...
— Τοῦ ἰοῦ δὲ κατεσθίον AK. — 11. θνήσκειν
οἴεται] θνήσκει Lc. — ὅτι βαρβαρίζειν AK ;
ἢ καὶ ὅτι βαρβαρίζει Lc. — 12. ἐκδικήσαντα
AK. — Réd. de Lc : μιμεῖται τὸν τὴν ἰουδ.
γλῶσσαν λαλοῦντα, ποτὲ δὲ ἐκδικήσαντα. —
15. Ἐν τούτοις οὖν Lc. — 19. κάλλιστον δὲ
ἔστιν ἰδεῖν Lc. — 20. μολύβδου...] ἤγουν τοῦ
μολ., τοῦ χ., τοῦ κασσ., τοῦ ἀργ., ἵνα γένωνται
τέλειος χρυσός Lc ; même leçon dans AK
jusqu'à ἀργ., moins le mot ἤγουν, — Les
mots ἀσήμου et ἀργύρου sont la traduc-
tion du signe lunaire ; l'un des deux
est de trop. Lc écrit ἀργύρου en toutes
lettres.

τέλειον χρυσόν. Λαβὼν ἅλας νότισον τὸ θεῖον τὸ ἀγλαΐζον τὸ κηρο-
μελές · δῆσον ὁποτέρων τὴν ἰσχύν, καὶ χάλκανθον μεσίτευε, καὶ
ποίησον ὄξος ἐξ αὐτῶν πρωτοζύμιον ἀργοὺς καὶ χαλκάνθου · κατὰ
βαθμὸν δὲ καὶ ἐν τούτοις τὸν λευκοειδῆ δαμάσεις χαλκὸν ἀνάγκη,
5 καὶ εὑρήσεις μετὰ πέμπτην μέθοδον ὑπὸ τὰς γ΄ αἰθάλας, ἑξῆς γίνεται
ὁ λεγόμενος χρυσός. Ἰδοὺ καὶ τὴν ὕλην ἀπέχεις δαμάζων τὸ μονόει-
δον ὡς πολύειδον.

III. ii. — ΖΩΣΙΜΟΣ ΛΕΓΕΙ ΠΕΡΙ ΤΗΣ ΑΣΒΕΣΤΟΥ

Transcrit (§ 1 et 2) sur M, f. 95 r., *et (§ 3) sur* A, f. 8 v. — *Collationné la copie de* M
sur A, f. 8 r.

1] Δῆλα ὑμῖν ποιοῦμαι · γινώσκεται γὰρ ὅτι ὁ λίθος ὁ ἀλαβασ-
10 τρίτης ἐγκέφαλος κέκληται διὰ τὸ κάτοχον αὐτὸν εἶναι πάσης βαφῆς
φευκτῆς. Λαβὼν οὖν τὸν ἀλαβάστρινον λίθον, ὄπτα νυχθήμερον, καὶ
ἔχε ἄσβεστον, καὶ λάβε ὄξος δριμύτατον καὶ κατάσβεσον · καὶ θαυμά-
σεις · θείαν γὰρ ποίησιν τὴν ἐπιφάνειαν λευκοτάτην ποιεῖ. Καὶ ἔα κα-
ταστῆναι, καὶ ἐπίβαλλε αὐτῷ ὄξους δριμυτάτου οὐκ ἐμβρίμῳ ἀλλ'
15 ἀπώμῳ, ἵνα τὴν ἐπιτρέχουσαν αἰθάλην καθ' ἑκάστην ἐπαίρῃς · ἔτι
λαβὼν ὄξος δριμὺ δι' ἑπτὰ ἡμερῶν τὴν αἰθάλην ἐπαίρῃς, οὕτως ποίει
ἄχρις ἂν ἡ αἰθάλη μὴ ἀναπέμπηται. Καὶ ἔασον ἡμέρας τεσσα-
ράκοντα ἐν ἡλίῳ καὶ δρόσῳ τῇ ἐμπροθέσμῳ, γλύκανον ὕδατι ὑετίῳ.
Καὶ ξηράνας ἐν ἡλίῳ ἔχε τὸ μυστή- f. 95 v.) ριον ἀμετάδοτον, ὁ

---

1. νότισον] πότησον AK ; πότισον Lc.
— Le π et le ν diffère peu dans la
cursive du ive au viie siècle. — 2. δῆσον
ὅτι τὴν ἰ. ἔχων καὶ χαλκ. AK ; καὶ δῆσον
ὅτι τὴν ἰ. ἔχει. καὶ μεσ. χαλκ. Lc. F.
l. νότισον. — 3. αὐτῶν] αὐτοῦ Lc. — πρω-
τοζώμιον AKLc. — ἀργοῦς Lc. — καὶ χαλ-
κάνθου ·] Réd. de Lc : τὸν δὲ χάλκανθον
ποίει κ. β., καὶ ἐν τούτοις. — χάλκανθον AK,
— καταβαθμόν M ; καταβαθμῶν AK. — 4.
ἀνάγκη] ἀνάγαγε AK ; καὶ ἀνάγαγε αὐτὸν καὶ

εὑρ. Lc. — 5. μέθοδον, ὑπὸ δὲ τὰς τρεῖς αἰθ.
Lc. — 6. Ἰδοὺ καὶ] εἰ δὲ καὶ AKLc. —
δάμαζε Lc. — τὸ μον. ὡς πολ.] τὸ μον. τὸ
ἐκ πολλῶν εἰδῶν AK ; τὸ μον. ὡς πολ.,
ἤγουν τὸ ἐκ πολλῶν εἰδῶν κατασκευαζόμενον
Lc, qui poursuit avec la πρᾶξις ε΄. — 8.
Titre dans A : Ὁ Ζώσ. ἔφη περὶ τῆς ἀσβ. —
9. γινώσκεται] F. l. γινώσκετε. — 14. αὐτῷ]
αὐτῷ (ρ au-dessus de ι) A. — 16. οὕτως]
τοῦτο A, f. mel. — 17. αἱ αἰθάλαι μὴ ἀναπέμ-
πονται (sic) A. — 18. γλύκασον M.

οὐδεὶς τῶν προφητῶν ἐτόλμησεν μυσταγωγῆσαι τῷ λόγῳ, ἀλλὰ
μόνον τοῖς νοήμοσιν αὐτῶν ἐμυσταγώγουν. Τοῦτο γὰρ τὸ κεφάλαιον
ἐκάλεσαν ἐν ταῖς λοξαῖς γραφαῖς λίθον τὸν οὐ λίθον, τὸν ἄγνωστον
καὶ πᾶσι γνωστόν, τὸν ἄτιμον καὶ πολύτιμον, τὸν ἀδώρητον καὶ
5 θεοδώρητον. Κἀγὼ δὲ αὐτὸν ἐγκωμιάσω τὸν ἀδώρητον καὶ θεοδώρη-
τον, τὸν μόνον ἐν ταῖς ἡμῶν ἐργασίαις κρείττω τοῦ ὑλαίου. Τοῦτο
γάρ ἐστι τὸ φάρμακον τὸ τὴν δύναμιν ἔχον, τὸ μιθριακὸν μυστήριον.

2] Τὸ γὰρ πνεῦμα τοῦ πυρὸς ἑνοῦται τῷ λίθῳ, καὶ γίνεται πνεῦμα
μονογενές. Τὰς δὲ ἐργασίας τοῦ λίθου ἑρμηνεύσω ὑμῖν. Κώμαρι συμ-
10 μεμιγμένῳ μαργάρους ἀποτελεῖ · ἐπεί τοι γε αὐτὸν χρυσόλιθον ἐκάλε-
σαν · πάντα δὲ πνεῦμα σεύει τῇ δυνάμει τοῦ ξηρίου. Κἀγὼ κώμαριν
μέλλω ἑρμηνεύειν ὑμῖν, ὃ οὐδεὶς ἐτόλμησεν μυσταγωγῆσαι · ἀλλὰ
καὶ αὐτοὶ τοῖς νοήμοσι παρέδωκαν. Ἀπέχεται τὴν θηλυκὴν δύναμιν
προτιμωτέραν αὐτήν. Αὕτη γὰρ καὶ μόνη ἡ λεύκωσις σεβασμία γέγονε
15 παντὸς προφήτου. Ἑρμηνεύσω ὑμῖν καὶ τοῦ μαργάρου τὴν δύναμιν.
Ἐργασίαν ἔχει τῷ ἐλαίῳ ἑψόμενον ὅ ἐστιν θηλυκὴ δύναμις. Λαβὼν
μαργάρου τὸ ἀσιτικῶ ἔψη ἐλαίῳ οὐκ ὑποφίμῳ ἀλλ' ἀπώμῳ ἐπὶ ὥρας
τρεῖς, μέσοις φωσίν · καὶ λαβὼν ῥάκος ἐρίου, ἔκθλιβε ἐν τῷ μαργάρῳ,
ἵνα ἀποβάλῃ τὸ ἔλαιον, καὶ ἔχε εἰς τὰς χρείας τῶν καταβαφῶν · ἡ γὰρ
20 τελείωσις τοῦ ὑλαίου διὰ τοῦ μαργάρου ἐστίν.

3] Ἄρσις δὲ ἑρμηνεύεται ὁ κουφισμός · ἀνθ' ὧν αἴρεται καὶ κουφί-
ζεται ἡ τοῦ ὕδατος ἐπίχυσις, ἐκ τῆς τοῦ σώματος συμπλοκῆς ἀν-
εμποδίστως τὸ μολύβδου πήσηται ὑπόμονος τούτῳ ποιῆσαι. Ἀρκεσ-

---

2. νοήμοσιν] νεύμασιν mss. Corr. conj.
Même variante et même correction.
ci-après ligne 13. — αὐτῶν] αὐστῶ (ο au-
dessus de ι) A. F. l. αὐτοί. — Τοῦτο — οὐ
λίθον] Réd. de A : Τοῦτον δὲ ἐκάλ. λίθον οὐ
λίθον. — 6. τὸν μόνον — μυστήριον] Réd.
de A : τὸν μόνον ἐν ταῖς ἡμετέραις ἐργ. κρύπτον,
τοῦτο γάρ ἐστι τὸ μιθρ. μυστ. — Après ces
mots, A se sépare de M jusqu'à la fin
de notre § 2 et continue ainsi : Στέφα-
νος δέ φησιν ·Λάβε ἐκ τῶν τεσσάρων στοιχείων

ἀρσενικοῦ κ. τ. λ. jusqu'à μὴ ἀποκαλύψαι καὶ
δημοσιεῦσαι (voir ci-après IV, xx). — 11.
σεύει] σέβει M. Corr. conj. — 15. M mg :
ὡς ἡμάρτηκι. (Main du XVe siècle, peut-
être celle de Bessarion.) — 17. ασιτικῶ
(sans esprit) M. F. l. τοῦ ἀσιατικοῦ. — 21.
ἀνθῶν ms. Corr. conj. — 23. ἐμποδίστως
τὸ signe du soufre et πέσηται biffés dans
le ms.; ὑπόμονος τοῦτο ποιῆσαι seulement
à sa marge, après plusieurs mots biffés.

τῶμεν τῇ θυείᾳ καὶ τῷ δοίδυκι ἐπὶ τῶν δύο θαρῶν · ἐπὶ δὲ τοῦ
χαλκοῦ, ἐπεὶ περὶ τούτου Ζώσιμος καὶ ὑπὸ πλήθους ὑδάτων σηπό-
μενον διὰ τῆς τοῦ ἀέρος ὑγρότητος τε καὶ θερμότητος αὐξανόμενον
ἄνθη φορεῖ κατὰ πολὺ γλυκύτητα, καὶ τῇ ποιότητι τῆς φύσεως
5 καρποφορεῖ :

III. iii. — ΑΓΑΘΟΔΑΙΜΟΝΟΣ

Transcrit sur M, f. 95 v., ainsi que l'article suivant.

Μετὰ τὴν τοῦ χαλκοῦ ἐξίωσιν καὶ μέλανσιν καὶ ·ὲς ὕστερον
λεύκωσιν, τότε ἔσται βεβαία ξάνθωσις.

III. iv. — ΕΡΜΟΥ

10 Ἐὰν μὴ τὰ σώματα ἀσωματώσῃς καὶ τὰ ἀσώματα σωματώ-
σῃς, οὐδὲν τὸ προσδοκώμενον ἔσται.

III. v. — ΖΩΣΙΜΟΥ ΠΡΑΞΙΣ Β

Transcrit sur A, f. 87 v. — Collationné sur K, f. 2 v. — sur Lc, p. 289.

I] Μόλις ποτὲ εἰς ἐπιθυμίαν ἐλθὼν τοῦ ἀναβῆναι τὰς ἑπτὰ κλί-
15 μακας καὶ θεάσασθαι τὰς ἑπτὰ κολάσεις, καὶ δὴ ὡς ἔχει ἐν μιᾷ τῶν
ἡμερῶν, ἤνυσα τὴν ὁδὸν τοῦ ἀναβῆναι. Διελθὼν δὲ πολλάκις ἀνῆλθον
ἔπειτα εἰς τὴν ὁδόν. Καὶ δὴ ἐν τῷ ἐπανέρχεσθαί με ἀπέτυχον πάσης
ὁδοῦ, καὶ ἐν ἀθυμίᾳ πολλῇ γενόμενον, μὴ ἰδόντος μου πόθεν ἀπελθεῖν,

---

4. φορᾶ A. — F. l. κατὰ πολλὴν γλυκύ-
τητα. — 7. Cette phrase est dans Ste-
phanus, praxis 2, p. 204, éd. Ideler. —
10. Cp. Olympiodore, § 40 ; ci-dessus,
p. 93, l. 14. — 12. Titre dans Lc : Τοῦ
αὐτοῦ Ζωσίμου πρᾶξις δευτέρα. — 16. διελθὼν
δὲ π. ἀν.] καὶ διελθὼν π. ἀνοδίᾳ. ἀνῆλθον Lc.

— 17. καὶ δὴ ἐν τῷ ἐπ.] καὶ δι ἐν A ; κ. δεαν
K ; ἐν δὲ τῷ ἐπ. Lc. Corr. conj. — 18.
γενόμενον] γέγονα Lc. — μὴ ἰδόντος μου —
ἡμεισσμένον (p. suiv., l. 2)] Réd. de Lc :
μὴ εἰδὼς ποῦ ἀπελθεῖν δυνηθῶ, ἐν τούτοις δὲ
ὢν. καὶ σφόδρα ἀθυμῶν ἐτράπην εἰς ὕπνον, καὶ
ὅρω κατ ' ὄναρ π. ἀνθρ. ξυρ. ἡμ.

ἐτράπην εἰς ὕπνον. Καὶ θεωρῶ κατὰ τὸν ὕπνον μου ξυρουργόν τινα
ἀνθρωπάριον ἠμφιεσμένον στολὴν ἐρυθρὰν, καὶ βασιλικὴν ἐσθῆτα, κα
ἱστάμενον ἔξω τῶν κολάσεων, καὶ λέγει μοι · « Τί ποιεῖς, ἄνθρωπε ; »
Ἐγὼ δὲ πρὸς αὐτὸν ἔφην · « Ἵσταμαι ὧδε ὅτι πάσης ὁδοῦ ἀστοχήσας
5 ὑπάρχω πλανώμενος. » Ὁ δὲ λέγει μοι · « Ἀκολούθει μοι. » Ἐγὼ δὲ
ἐξελθὼν ἠκολούθουν αὐτῷ · πλησίον δὲ γενομένων τῶν κολάσεων,
θεωρῶ τὸν ὁδηγοῦντα με, ἐκεῖνον ξυρουργὸν ἀνθρωπάριον · καὶ ἰδοὺ
ἐνεβλήθη ἐν τῇ κολάσει, καὶ ὅλον αὐτοῦ τὸ σῶμα ἐδαπανήθη ὑπὸ
τοῦ πυρός.

10 2] Ἰδὼν ἐγὼ ἐξέστην καὶ ἐτρόμαξα ἀπὸ τοῦ φόβου, καὶ διυπνίσ-
θην, καὶ λέγω ἐν ἑαυτῷ · « Ἆρα τί ἐστι τὸ ὁρώμενον ; » καὶ πάλιν διε-
σάφησα τὸν λόγον, καὶ διακρίνων ὅτι ὁ ξυρουργὸς ἐκεῖνος ἄνθρωπος ὁ
χαλκάνθρωπός ἐστιν, [ἔχων] ἐσθῆτα ἐρυθράν ἐνδεδυμένος, καὶ εἶπον ·
« Καλῶς ἐπενόησα, οὗτος ἐστιν ὁ χαλκάνθρωπος · δεῖ δὲ πρῶτον ἐμβά-
15 λεῖν αὐτὸν εἰς τὰς κολάσεις. » Πάλιν ἐπεθύμησεν ἡ ψυχή μου τοῦ
ἀναβῆναι καὶ τὴν τρίτην κλίμακα. Καὶ πάλιν μόνος τὴν ὁδὸν ἐπο-
ρευόμην, καὶ ὡς ἐγενόμην τῶν κολάσεων πλησίον, πάλιν ἐπλα- (f. 88
r.) νήθην, μὴ εἰδὼς τὴν ὁδὸν, ἱστάμενος, ἀπονενοημένος.

3] Καὶ πάλιν τῷ ὁμοίῳ τρόπῳ θεωρῶ πεπολιωμένον γηραιὸν
20 λευκὸν πάνυ, ὥστε ἐκ τῆς πολλῆς λευκότητος αὐτοῦ οἱ ὀφθαλμοὶ
ἀπεμαυρώθησαν. Τὸ δὲ ὄνομα αὐτοῦ ἐκαλεῖτο Ἀγαθοδαίμων.
Καὶ στραφεὶς ὁ πεπολιωμένος ἐκεῖνος θεωρεῖ με ἐπὶ πλείστην ὥραν.
Ἐγὼ δὲ τοῦτον ἐπεμελούμην · « Δεῖξόν μοι εὐθεῖαν ὁδόν. » Ὁ δὲ πρὸς

---

4. πρὸς αὐτόν] αὐτῷ Lc. — 5. ὁ δὲ] ἐκεῖνο δὲ Lc. — Ἐγὼ δὲ ἐξελθών] ὁ δὲ ἐξῆλθον ΑΚ. Réd. de Lc : ἐγὼ δὲ ἐξῆλθον καὶ ἠκολούθουν αὐτῷ. — 6. γενόμενος Lc, f. mel. — Θεωρῶ — ἀνθρωπάριον] Réd. de Lc : Ὅρω τὸ ὁδηγοῦν με ἐκεῖνο τὸ ξ. ἄνθρ. — 8. ἐν τῇ κολάσει] εἰς τὴν κόλασιν Lc. — ὑπὸ τοῦ πυρός ἐδαπ. Lc. — ἐδαπανήθην Α ; ἐδαπανήθην Κ. — 10. Ἰδών] Τοῦτο ἰδών Lc, f. mel. — ἐτρόμαξα] F. l. ἐτρόμηξα. — 11. ἐμαυτῷ Lc. — 12. διακρίνων] εὗρον Lc. —

ξυρουργοῦντος ΑΚ. — Lc mg. : barre verticale se rapportant aux lignes 12 et 13. — ὁ ξυρ. — ἄνθρωπος] τὸ ξυρουργὸν ἐκεῖνο ἀνθρωπάριον Lc. — 13. Après ἐστιν] ὁ ἐσθ. ἐρ. ἐνδ. Lc. — καὶ εἶπον ἐν ἐμαυτῷ Lc. — 14. δεῖ δὲ] ἀλλὰ δεῖ Lc. — 15. καὶ πάλιν Lc. — 17. πλησίον τῶν κολ. Lc. — 18. Après ὁδόν] καὶ πάλιν ἐστάθην ἀπονενοημένος. Lc. — 20. ὀφθαλμοί en signe ΑΚ. — 23. ἐπεμελούμην] ἐπιμ. ΑΚ ; παρεκάλουν Lc, mel. — δεῖξαι Lc.

μὲ οὐκ ἀνεστράφη, ἀλλ' ἤνυσεν τὴν ὁδὸν αὐτοῦ σπουδαίω, · καὶ
διεργόμενος δὲ ἔνθεν κἀκεῖθεν ἤνυον σπουδαίως τὸν βωμόν. Ὡς οὖν
ἤνυσα ἄνω ἐπὶ τοῦ βωμοῦ, θεωρῶ τὸν πεπολιωμένον γηραιόν, καὶ
ἐνεβλήθη ἐν τῇ κολάσει. Ὦ οὐρανίων φύσεων δημιουργοί, εὐθὺς
5 ὅλος ὑπὸ τῆς φλογὸς πυρίφλεκτος γέγονεν · ὃν καὶ τὸ διήγημα,
ἀδελφοί, φρικτόν · ἐκ γὰρ τῆς πολλῆς βίας τῆς κολάσεως οἱ
ὀφθαλμοὶ αὐτοῦ πλήρεις αἵματος γεγόνασιν. ᾿ Επηρώτησα δὲ λέγων
αὐτὸν · « Τί ἐνταῦθα κατάκεισαι; » Ὁ δὲ μόλις ἀνοίξας τὸ στόμα αὐτοῦ
ἔφη μοι · « Ἐγώ εἰμι ὁ μολυβδάνθρωπος καὶ βίαν ὑπομένω ἀφόρητον. »
10 Καὶ οὕτως ἐκ τοῦ πολλοῦ φόβου διυπνίσθην, καὶ ἐν ἐμοὶ τὴν αἰτίαν
ἠρεύνων τοῦ πράγματος. Καὶ πάλιν διέκρινα καθ' ἑαυτὸν καὶ εἶπον ·
« Καλῶς ἐπενόησα ὅτι οὕτως δὴ ἐκβαλεῖν τὸν μόλυβδον, καὶ ἀληθῶς
τὸ ὅραμά ἐστιν περὶ τῆς συνθέσεως τῶν ὑγρῶν.

III. v ᵇⁱˢ. — ΠΟΙΗΜΑ ΤΟΥ ΑΥΤΟΥ ΖΩΣΙΜΟΥ. ΠΡΑΞΙΣ Γ

15 Καὶ πάλιν κατενόησα τὸν θεῖον καὶ ἱερὸν φιαλοβωμόν, καὶ
εἶδόν τινα ἱεροπρεπῆ λευκοποδήρην ἐνδε- (f. 88 v.) δυμένον ἱερουρ-
γοῦντα τὰ φοβερὰ ἐκεῖνα μυστήρια, καὶ εἶπον · « Ἄρα τίς ἐστιν οὗτος ; »
καὶ ἀποκριθεὶς εἶπέ μοι · « Οὗτός ἐστιν ὁ ἱερεὺς τῶν ἀδύτων. Οὗτος
βούλεται αἱματῶσαι τὰ σώματα, καὶ ὀμματῶσαι τὰ ἔμματα, καὶ
20 τὰ νενεκρωμένα ἀναστῆσαι. Καὶ οὕτω πάλιν πεσὼν ἐκοιμήθην ἄλλον
ὀλίγον, καὶ αὐτὸ δὴ ἐν τῷ ἐπανέργεσθαί με ἐπὶ τὴν τετάρτην κλι-

---

1. ἤνυσεν] ἤνεισεν A ; ἤνειτεν K — καὶ]
ἐγὼ δὲ Lc. — αὐτοῦ] αὐτοῦ mss. ici et
dans tout le morceau. — 2. ἤνυον] ἠνείουν
AK. — 3. ἤνυσα] ἤν. καὶ ὑπῆρχον Lc ;
ἤνεισα A ; — ἐκεῖνον γηραιόν Lc. — καὶ! F.
l. ὡς (ou ὅς ?). — 4. ὦ φύσεις οὐρ. Lc. —
εὐθὺς γὰρ Lc. — 5. ὃν] οὗ Lc, f. mel. — 7.
αἱμάτων mss. Corr. conj. — ἐπηρώτησα δὲ
λ. αὐτόν] εἶτα ἐπηρ. αὐτόν, λέγων Lc, f. mel.
— 10. φόβου] ὕπνου sous-pointillé, puis
φόβου Lc. — ἐν ἐμοὶ] ἐν ἐμαυτῷ Lc. —
11. κατ ' ἐμαυτόν Lc. — 12. δὴ] δεῖ Lc,
f. mel. — 14. Titre dans Lc : τοῦ αὐτοῦ
Ζως. πρᾶξις τρίτη. — 15. Καὶ πάλιν κατεν.]
πάλιν δὲ κατανοήσας Lc. F. l. κατήνυσα, je
gagnai. — 17. τὰ φοβερὰ] τὰ ἱερὰ K et mg. :
φοβερά; τὰ ἱερὰ καὶ φοβ. Lc. — 20. ἄλλο
Lc. — 21. καὶ αὐτὸ δὴ] καὶ ἐν τῷ ἐπ. Lc.
F. l. καὶ οὕτω vel καὶ αὐτός.

μαχα, εἶδον κατ᾽ ἀνατολὰς ἐρχόμενον, κατέχοντα ἐν τῇ χειρὶ αὐτοῦ
μάχαιραν. Καὶ ἄλλος ὀπίσω αὐτοῦ φέρων περιηχονισμένον τινὰ λευ-
κοφόρον καὶ ὡραῖον τὴν ὄψιν, οὗ τὸ ὄνομα [αὐτοῦ] ἐκαλεῖτο μεσουρά-
νισμα ἡλίου, καὶ ὡς πλησίον ἦλθον τῶν κολάσεων, λέγων ὅτι
5 μάχαιραν κρατῶν, « Περιέτεμε αὐτοῦ τὴν κεφαλὴν, καὶ τὰ κρέατα
αὐτοῦ θήσων ἀνὰ μέρος, καὶ τὰς σάρκας αὐτοῦ ἀνὰ μέρος, ὅπως αἱ
σάρκες αὐτοῦ πρῶτον ἐψηθῶσιν ὀργανικῶς, καὶ τότε τῇ κολάσει παρα-
πορευθῶσιν. » Καὶ οὕτως πάλιν ἔξυπνος γενόμενος εἶπον · « Καλῶς ἐπε-
νόησα καὶ ὅτι περὶ ταῦτά ἐστιν τὰ ὑγρὰ τῆς μεταλλικῆς. » Καὶ πάλιν
10 ὁ βαστάζων τὴν μάχαιραν ἔφη · « Πεπληρώκατε τὴν κάτω ἑπτὰ κλί-
μακας. Ὁ δὲ ἕτερος ἔφη ἅμα τῷ ἐκβαλεῖν τοὺς κρουνοὺς δι᾽ ὑγρῶν
πάντων · « Ἡ τέχνη πεπλήρωται. »

III.vi.— ΖΩΣΙΜΟΥ ΤΟΥ ΘΕΙΟΥ ΠΕΡΙ ΑΡΕΤΗΣ ΚΑΙ ΕΡΜΗΝΕΙΑΣ

Transcrit sur A, f. 168 v. — *Collationné sur* K, f. 47 v.; — *sur une copie de
Laur.*, f. 253 r. *(seulement depuis la ligne 3 du § 4 jusqu'à la ligne 3 du § 17;
— sur* E, *première feuille de garde; — sur* Lc, *(copie de* E ?) p. 301.

1] Προσπαθείας ⟨ἕνεκα⟩ καὶ μεθερμηνείας τοῦ ἐνυπνιάζεσθαι
15 αὐτόν φησιν. Καὶ ἰδοὺ βωμὸς φιαλοειδὴς καὶ πνεῦμα πύρινον ἑστὼς

---

1. κατ᾽ ἀνατολὰς] ἐξ ἀνατολῶν Lc. —
ἐρχόμενον ἄνθρωπον Lc. — 2. ἄλλος ὀπίσω]
ἄλλον ὄπισθεν Lc, f. mel. — φέρων] φέροντα
Lc. — 3. αὐτοῦ om. Lc. mel. — 4. ἡλίου]
signe commun au soleil et au cinabre
AK : κινναβαρεος (en toutes lettres) Lc.
— λέγων ὅτι...] λέγει μοι ὁ τὴν μαχ. κρ.
Lc. mel. — 6. θήσων] θὲς Lc. F. l.
θύσων. — ὅπως] ὅπου mss. Corr. conj. —
7. ἑψηθήτωσαν Lc. — παραπορευθήτωσαν Lc.
— 9. ὅτι] ὁ AK (om. Lc). Corr. conj.
— τῆς μετ. τέχνης Lc.— 10. τὴν κατω ἑ. κλ.]
F. l. τὴν ⟨τέχνην⟩ κατὰ ἑ. κλ.— ἑπτὰ κλίμακα
A: ἑπτὰ κλίματα K; ἑπτακλήματα Lc. Corr.
conj. — 11. κρουνους] χρόνους A. — 13.

Titre dans E Lc : Ἀνεπιγράφου φιλοσόφου
εἰς τὸ περὶ ἀρ. καὶ ἑρμ. τοῦ θείου Ζως. τοῦ
Πανοπολίτου (ἢ Θηβαίου add. E). — 14.
Ajouté ἕνεκα d'après une conjecture
confirmée par E Lc. — Rédaction de
E Lc : Ὁ θεῖος Ζώσιμός φησιν ὅτι, ἕνεκα
προσπαθείας καὶ μεθερμηνείας, τοῦτον τὸν
τρόπον ἐνυπνιάσθη. Ἐδόκουν γάρ, φησί, καὶ
ἰδοὺ βωμὸς φιαλοειδὴς ὑπῆρχε, καὶ πνεῦμα
πύρινον ἵστατο ἐπάνω τοῦ βωμοῦ, καὶ διηκόνει
τοῖς τοῦ πυρὸς βρασμοῖς καὶ καχλασμοῖς (κ.
καχλ. om. E), καὶ καύσει τῶν ἀνθρώπων
ἀνερχομένων. Καὶ ἠρώτησα τούτων τινα τίς ἂν
εἴη οὗτος ὁ βρασμὸς καὶ ὁ καχλασμός, καὶ
(page 303) πῶς κ. τ. λ.

ἐπὶ τοῦ βωμοῦ, καὶ διηκόνουν τοὺς τοῦ πυρὸς βρασμοὺς καὶ κα-
χλασμοὺς [καὶ] καυσώδεις τῶν ἀνθρώπων ἀνεργομένων, καὶ ἠρώτησα,
φησὶν, καὶ εἶπον ἐπὶ τὸν ἑστῶτα λαόν. Θαυμάζομαι γὰρ τὸν τοῦ
ὕδατος βρασμὸν καὶ καχλασμὸν, καὶ πῶς οἱ ἄνθρωποι καιόμενοι ζῶσι.
5 Καὶ ἀποκριθεὶς λέγει μοι · « Οὗτος ὃν ὁρᾷς βρασμὸς τόπος ἐστὶν
ἀσκήσεως τῆς λεγομένης ταριχείας · οἱ γὰρ βουλόμενοι ἄνθρωποι ἀρε-
τῆς τυχεῖν ὧδε εἰσέρχονται καὶ ἀποβάλλονται [διὰ τὸ εἶναι] σώματα
πνεύματα γίνονται. Καὶ γὰρ πάλιν ἄσκησις ἔνθεν ἑρμηνεύεται ἐκ τοῦ
ἀσκῆσαι · οἷον γὰρ ἀποβαλλόμενα τὴν παχύτητα τοῦ σώματος πνεύ-
10 ματα γίνονται.

2] Καί τι τοιοῦτον Δημόκριτός φησιν · « Οἰκονόμει ἕως γένηται
ἰὸς ξανθὸς ὡς στίγμα χρυσοῦν διὰ τοῦ ἰοῦ τὸ πνεῦμα συμβαῖνον ». Καὶ
γὰρ ὁ ἰὸς διὰ τοῦ ἀσωμάτου κατὰ τὸν ὄριν ἑρμηνεύεται πνεῦμα, καὶ
διὰ τὸ τέλειον τοῦ χρώματος ξανθὸν ὡς στίγμα χρυσοῦν προσαγο-
15 ρεύεται. Καὶ οὕτω διὰ φωνῆς πρὸς φωνὴν συνάπτοντες τὴν ἔννοιαν,
ὑπερφαίνουσιν ταύτην, ὅθεν καὶ δι' ὁμοειδοῦς πάλιν ἥξεώς φησιν ·
« Οἰκονόμει δὲ ἕως οὗ ῥεῦσαι δυνηθῇ, ῥεύσεις δὲ διὰ ῥύτεως, ἀντὶ τοῦ
εἰπεῖν διὰ ῥεύσεως · τρέπουσι γὰρ τὸ Σ στοιχεῖον εἰς Τ · χρησάμενος
(f. 169 r.) τῇ λέξει, φησὶν ῥεύτης, ῥεύτης δὲ διὰ ῥεύσεως, ὃ ἑρμη-
20 νεύεται διὰ ῥεύσεως, ὡς εἴπομεν. Τούτῳ δὲ ὃ λέγει · « Οἰκονόμει δὲ
ἕως <οὗ> ῥεῦσαι δυνηθῇ. » Ὅμως οἷόν ἐστιν τὸ ὁμορρευστῆσαι προκεί-
μενον.

---

5. ὁ ὁρ. οὗτός ἐστι τόπος τῆς ἀσκ. ELc.
(Cp. III, 1, 3. p. 109. l. 11). — 6. Οἱ γὰρ
ἄνθρ. βουλ. ELc. — 7. ἀποβάλλουσι ELc.
— διὰ τὸ εἶναι om. ELc, mel. — τὰ σώ-
ματα, καὶ γίν. πν. ELc. — 8. Καὶ γὰρ —
γίνονται (l. 10)]. Réd. de ELc : Διὸ καὶ
οὗτος ὁ τόπος ἀσκ. ἑρμην. ὅτι τὰ σώμ. ἀποβάλ-
λουσι τὴν παχ. ἑαυτῶν καὶ γίν. πν. — 11.
καί τι] καί τοι (ι au-dessus de τοι) K. —
Corr. de 1re main. — Réd. de ELc : Διὰ
τοῦτο φ. ὁ Δημ. — 12. ὁ ἰὸς ELc. — ὡς στίγ-
μα] F. l. ὡς τῆγμα (ici et l. 14). — ὅτι διὰ
τοῦ ἰοῦ τὸ πν. συμβάλοι ELc. — 13. Lc,

mg., p. 303 du ms. : renvoi à la fig. de
la p. 221. (Ci-après, III, xi. Cp. Intro-
duction de M. Berthelot, p. 132, fig. 11.
n° 1.) Réciproquement, p. 221 du ms. :
renvoi à la p. 303. — 14. χρώμ. προσαγ. ξ.
ὡς στ. χρυσοῦ ELc. — 16. ἥξεως] ἥξέτω K ;
om. ELc. F. l. ἕξεως. — 17. ῥεύσεις δὲ —
ἑτέρως λύθης (p. suiv., l. 3) om. ELc. —
18, 19, 20. διαρεύσεω; AK « Il y a ici un
jeu de mots opposant ῥυτός, ῥύτις, ῥύτεως,
à ῥεύσις, ῥεύσεως. Voir le morceau III, vii.
5. »(M. B.) — 20. τούτῳ] F. l. τοῦτο. — 21.
ἕως <οὗ>] ὡς AK. — ὅμως] F. l. ὁμοίως.

3] Καὶ νῦν δὲ πάλιν διὰ τοῦ λέγειν σιδηρίτην, ὃν καὶ σιδηρίτην
καλοῦσιν οἱ κάτω ἐντημαινόμενοι · διαγινώσκεται, ἀναφερόμενον ὡς
ἔλεγεν · χαλκὸς μόλυβδος ἐτήσιος λίθος. Ὁ γὰρ πυρίτης διὰ περιου-
σίαν χρώματος, ἤτοι τὸ περισσὸν ἐκκαιόμενον, ἤτοι πυρούμενον, τὸν
5 χαλκὸν ὑπαινίττεται · καὶ ὁμοίως τὸ ἀργυρίτης τὴν ἐξυδραργύ-
ρωσιν · ἐξυδραργυρούμενος γὰρ ὁ χαλκὸς ἀργυρίτης γίνεται, κατ'
ἐναντίαν τοῦ ἐτησίου, ἥτις ἐστὶν ὑδράργυρος, κατ' ἐτυμολογίαν τοῦ
ὅλου, ἥτις ποιεῖ τὴν μέλλουσαν ἀναφαίνεσθαι χρύσοπτα προσυπα-
κούειν, λέγων « σιδηρίτης » διὰ τὴν ἐκ μολύβδου σύγκρασιν. Συγ-
10 κρινόμεναι γὰρ αἱ οὐσίαι σιδηρίτην ποιοῦσιν.

4] Ὁμοίως τί τοῦ σιδήρου καρδίαν; ὅτε δὲ μάλιστα μάζα κλασθῇ
ὡς ἐκ τῆς ῥεύσεως ταύτης, ῥῆσιν ποιοῦντες πρὸς τὰς ἀναλογίας
[ῥήσεις], εὑρίσκομεν σαφῆ τὴν θεωρίαν, ὡς κατὰ τὸ κρυπτὸν τοῦτο
ὑπεμφαίνει. Καὶ ἐν ἄλλοις ὁ Δημόκριτος λέγει · « Οἰκονόμει δὲ
15 ἅλμη, ἢ ὀξάλμῃ, ἢ οὔρῳ ἅλμης, ἢ ἐπ' ἄμφω · τὸν σύλλογον ἐπάγω,
φάσκει, ἢ ὡς ἐπινοεῖς ἐν τῇ γραφῇ, ἢ ὡς ἐπινοεῖται ἡ γραφὴ δυνάμενα
καὶ διασκευαζόμενα ἐξ ἑτέρων ὑγρῶν, ἐπείπερ οὐδὲν τούτων δια-
μένει, ἀλλ' ἀπόγυται πλύνον τὴν σύνθεσιν (f. 169 v., κατ' αὐτοῦ. »

5] Ἕνεκεν ἐκείνων ὁ ἀρχαιότατος Ὀστάνης ὡς ἐν τοῖς ἑαυτοῦ
20 καταπαραδείγμασιν · Ἕτερος περί τινος Σωφάρ, κατὰ τὴν Περσίδα

---

3. Ὁ γὰρ. πυρ.] πυρίτης δὲ λέγεται ΕLc.
— 4. ἤτοι — τὴν ἐξυδραργύρωσιν] Réd. de
ELc : ἤγουν διὰ τὸ περισσῶς, ἐκκαίεσθαι καὶ
πυροῦσθαι τὸν χαλκὸν (« Nota bene hic »
ajouté par E.) Ὁμοίως δὲ καὶ ὁ ἀργ. λέγεται
διὰ τὴν ἐξυδραργύρωσιν. — τό] F. l. τόν. —
6. κατ' ἐναντίαν — λέγων (l. 9) om. ELc.
— 9. λέγων] F. l. λέγει. — σιδηρίτης jus-
qu'à ποιοῦσιν] Réd. de ELc : σιδηρίτης δὲ
λέγεται διὰ τὴν τοῦ σιδήρου καὶ μολ. μέλανσιν·
τοιοῦτος γὰρ γίνεται. — 11. ELc omettent
tout notre § 4. — ὅτε δὲ] F. l. ὅτε δή. —
κλασθῇ AK. — 13. Avec le mot εὑρίσκομεν
commence la copie du ms. Laur. (fol.
253, r°, rapportée de Florence par

M. André Berthelot, ms. dont nous
donnons ici les principales variantes. —
σαφῇ] leçon de Laur. ; σαφὴν AK. — 15.
οὔρῳ ἅλμης] F. l. οὔρου ἅλμη. — 16. φάσ-
κειν Laur. — 18. πλύνον] πλύνο-
νομένουσα (sic) Laur. — 19. ἕνεκεν — ἀετὸς
χαλκοῦς (p. suiv., l. 2)] Réd. de ELc : Ὁ
δὲ ἀρχ. Ὀστ. ἐν τοῖς αὐτοῦ συγγράμμασιν
εἴρηκεν ὅτι ὑπῆρχεν ἐν Περσίᾳ τις μέγας φιλό-
σοφος καλούμενος Σωφάρ, ὅστις ἔγραψεν ὅτι ἔστι
τις ἀετὸς χ. — Fin de la collation de E,
manuscrit de tout point semblable à
Lc. — ὡς om. Laur. — 20. καταπαραδείγ-
μασιν] κατὰ παραδ. AK ; παραδείγμασιν Laur.
F. l. κάτω παραδ.

προαναφανέντος ἱστορεῖ · λέγει οὗτος ὁ θεῖος Σωφάρ · « Ἔστι
μὲν οὖν ἐν κίονι ἀετὸς χαλκοῦς, κατεργόμενος ἐν πηγῇ καθαρᾷ
καὶ λουόμενος καθ᾽ ἡμέραν, ἐντεῦθεν ἀνανεούμενος, ἐπείπερ φησίν ·
ὁ ἀετὸς ἐτυμολογούμενος καθ᾽ ἡμέραν λούεσθαι θέλει. » Ὡς οὖν καὶ
5 δι᾽ ἑτέρων τὸ αὐτὸ αἰνιττόμενος τὴν καθ᾽ ἡμέραν ἀπόλουσιν καὶ
ἀπόπλυσιν ἀποβάλλει · χρὴ γὰρ ἀκριβῶς ἐπὶ τὸν τῆς παρούσης
ἐργασίας... · ἀμφιβαλλόμενος οὖν διὰ φιλοσοφίας, δι᾽ ὅλων τῶν τριά-
κοσίων ἑξήκοντα πέντε ἡμερῶν λούειν τὸν χάλκεον ἀετὸν καὶ
ἀνανεοῦν, ὡς δεῖ καὶ ἑξῆς δι᾽ ὅλης αὐτοῦ τῆς πραγματείας. Οὗτος
10 γὰρ ὁ Ὀστάνης φησίν · « Ἀπόθλιψον τὴν σταφυλὴν, ὑπογράφει,
ἤγουν ἡ τῆς ῥεύσεως πλύσις ἐστὶ τοῦ μυστηρίου τούτου · τὸν ἰὸν
δεῖ νοεῖν. » Καὶ νῦν ἐμφανέστατα ἐπάγει λέγων · « Ἄπελθε πρὸς
τὰ ῥεύματα τοῦ Νείλου καὶ εὑρήσεις ἐνταῦθα λίθον ἔχοντα πνεῦμα.
Τοῦτον λαβὼν διχοτόμησον, καὶ βάλλων τὴν χεῖρά σου εἰς τὰ
15 ἐντὸς αὐτοῦ, [καὶ] ἐξάγαγε τὴν καρδίαν αὐτοῦ · ἡ γὰρ ψυχὴ αὐτοῦ
ἐν τῇ καρδίᾳ αὐτοῦ ἐστιν». Διὰ τὸ λέγειν · « Πορεύου εἰς τὰ ῥεύ-
ματα τοῦ Νείλου καὶ εὑρήσεις ἐκεῖ λίθον ἔχοντα πνεῦμα, » σαφῶς
δείκνυσι τὸν τοῖς ῥεύμασι πλυνόμενον κατὰ τὴν ταριχείαν τοῦ ἡμετέρου

---

1. λέγει] λέγων Laur., f. mel. — λέγει
οὗτος — ἀποβάλλει (l. 6)] Passage repro-
duit dans le morceau III, xxix, 19,
avec quelques variantes : Φησὶν ὁ θεῖος
Σωφαρ · εἶδον ἀετὸν χαλκὸν (χάλκινον Lb,
p. 339) κατεργόμενον ἐν π. κ. καὶ λουόμενον
καθ᾽ ἡμ. καὶ ἐντ. ἀναπεμπόμενον (ἀναβεβό-
μενος A², f. 9 r.) · ᾽ ὑπὲρ φύσει (ὑπὲρ φύσιν
Lb ; lire comme ici ἐπείπερ φησίν) ὁ γὰρ
ἀετὸς ἐτυμ. καθ᾽ ἡμ. λ. θ. ὡς καὶ δὴ ἕως (δι᾽
ἑαυτοῦ Lb) καὶ δι᾽ ἑτ. κ. τ. λ. — Les
variantes de A² (f. 9 r.) sont pour la
plupart conformes au texte que nous
adoptons. — 2. κατεργόμενος — δι᾽ ὅλων
(l. 7)] Réd. de Lc : Ὃς κατέρχεται εἰς
τὸν κίονα. Puis : Δεῖ οὖν δι᾽ ὅλων κ. τ. λ.
— ἐν κίονι — χαλκοῦς] Réd. de Laur. :
ἐν κιονίῳ καὶ φησὶν ὅτι ἰδοὺ ἀετὸν χαλκοῦν. —
3. ἐντεῦθεν] ἐνταῦθα Laur. F. l. ἐνταῦθα

— ἀνανεούμενος AK ; ἀνανεβόμενος Laur.
(comme A² dans III, xxix, 19. Corr.
conj. — 6. F. l. χρὴ γὰρ ἀκριβῶς εἰπεῖν
ἐπὶ τῆς π. ἐ. — 7. ἐργασίας ἀφικόμενος οὖν
Laur ; ἀφικλόμενος (ια pour ὄα au-dessus
de φη) A ; ἀφιβαλλόμενος K. Corr. conj.
— 9. ἀνανεοῦν] ἀνανεόν A ; ἀνανεῶν K
Laur. — καὶ ἕξεις αὐτὸν δι᾽ ἐλ. Lc. mel.
— οὗτος γὰρ ὁ Ὀστ. φησίν] καὶ πάλιν ὁ Ὀστ.
φ. Lc. — 10. ὑπογράφει om. Lc, f. mel.
— 11. ἤγουν — ἄπελθε] Réd. de Lc : ἤγουν
πλῦνε τὸν ἰὸν πολλάκις διὰ τῆς ῥεύσεως, καὶ
τοῦτό ἐστι τὸ μυστήριον · καὶ πάλιν ὁ αὐτὸς
Ὀστ. φησίν · ἄπελθε... — 14. βαλών Lc.
— 15. καὶ om. Lc. mel. — Après καρ-
δίαν] αὐτοῦ om. Laur. — 17. ἐκεῖ λίθον
om. AK. — δείκνυσι σαφῶς Lc. — 18. τὸν]
τῶν AK Laur. — τοῦ om. Lc, qui lit :
ἡμέτερον λίθον comme Laur. (f. mel.).

16

λίθου, ἀνθ᾽ ὧν καὶ πᾶς ὁ χαλκὸς λίθος ἐστὶ κατὰ τὴν σὴν μετάλλων
γένησιν, καὶ πᾶς ὁ μολυβδόλιθος. Τοῦτον οὖν τὸν λίθον εὑρήσεις, φησὶν,
(f. 170 r.) ἔχοντα πνεῦμα, ὅς ἐστι ⟨τρόπος⟩ τῆς ἐξυδραργυρώσεως.

6) Ἐπειδὴ καὶ ὁ Δημόκριτος ἐκεῖνος ὁ ἐμοὶ ἀγαθώτατος ἐδια-
5 κρίθη καθ᾽ ἑαυτοῦ φησιν · « Δέξαι λίθον τὸν οὐ λίθον, τὸν ἄτιμον
καὶ πολύτιμον, τὸν πολύμορφον καὶ ἄμορφον, τὸν ἄγνωστον καὶ πᾶσι
γνωστόν, τὸν πολυώνυμον, καὶ ἀνώνυμον, τὸν ἀφροσέληνον λέγω.
Οὗτος γὰρ ὁ λίθος [ὥστε γὰρ] οὐκ ἔστι λίθος, καὶ πολύτιμος ὢν,
οὐδενὸς πιπράσκεται, μίαν ἔχει φύσιν καὶ ἓν ὄνομα, καὶ ἐν πολλοῖς
10 ὀνόματι κέκληται, οὐχ ἁπλῶς λέγω, ἀλλ᾽ ὡς ἔχει φύσεως, ὥστε ἐὰν
τις εἴποι πυρίρευκτον, καὶ αἰθάλην λευκὴν ⟨ἢ⟩ λευκὸν χαλκὸν, οὐ
ψεύδεται. Πάντα ἐπὶ νεφέλην λέγει, ἐπειδὴ παρὰ πάντα τὰ ἄλλα
φεύγει τὸ πῦρ, καὶ ἡ αἰθάλη ἐστὶν τῆς κινναβάρεως, καὶ αὕτη μόνη
λευκαίνει τὸν χαλκόν. Καῦσον οὖν αὐτὸν πραέως καὶ σβέσον ἐν
15 γάλακτι ὀνείῳ ἢ αἰγείῳ. Ἀποδίδου τοίνυν καὶ ἐπισυγγενάμενος ὅτι
παρὰ πάντα τὰ ἄλλα φεύγει τὸ πῦρ, καὶ ἡ αἰθάλη ἐστὶ τῆς κιννα-
βάρεως, καὶ αὕτη μόνη λευκαίνει τὸν χαλκόν.

---

1. χαλκὸς λίθος] F. l. χαλκόλιθος (M. B.). — σὴν om. Lc. f. mel. — 2. μολύβδος λίθος Laur ; μολυβδόχαλκος Lc. — 3. πνεύματα Laur. — ὅς] ὡς A ; ὁ Laur., f. mel. — 4. ἐπειδὴ καὶ ὁ Δημ. — γάλακτι ὀνείῳ ἢ αἰγείῳ (l. 15)]. Passage reproduit dans le texte III, xxix, 21, d'après le ms. A, f. 139 r. (texte que nous désignons par un astérisque) avec quelques variantes rapportées ici. Ἐπειδὴ ὁ Δημ. ἐκ. ὁ ἐ. ἀγαθῶς λέγει · Δέξαι λίθον τὸν οὐ λ... τὸν ὁμώνυμον (comme les mss. de Zosime). τ. ἀ. λέγω (λέγει Lb, p. 339. A³)..... ὡς γὰρ ἐκ πᾶν (f. l. ἐπᾶν?)..... πάντα ἐ. ν. λέγω κ. τ. λ. Dans le texte III. xxix, les bonnes variantes de A², de A³ et de Lb sont généralement conformes au texte de Zosime. — ἐπειδὴ καὶ ὁ Δημ. — λίθον] Réd. de Laur. : ἐπεὶ δὲ καὶ ὁ Δημ. ἐκεῖνος ὁ ἐμοὶ ἀγαθώτατος καὶ φησὶν δέξαι λίθον. — Réd. de Lc : Καὶ ὁ Δημ. δὲ φησι · Δέξαι λίθον. — ἐδιακρίθην AK Laur. — 5. F. l. καθ᾽ ἑαυτόν. — Δέξαι λίθον] Cp. Stephanus. éd. Ideler, p. 217, l. 20-23. — 6. Après πολύτιμον] καὶ τὰ ἑξῆς Lc. qui om. τὸν πολύμορφον jusqu'à αἰγείῳ (l. 15). — πᾶσιν γνωστόν Laur. — 7. ἀνώνυμον] ὁμώνυμον mss. Corr. conj. — 8. ὥστε γὰρ] γὰρ om. Laur. — πολυτίματος (pour πολυτίμητος) Laur. — 9. ἐπιπράσκεται AK Laur. F. l. ἐμπιπράσκεται. — ἔχων * dans Lb (p. 339). — 10. ἐὰν γάρ τις εἴπη * Lb. — ὡς γὰρ AK Laur. — 11. καὶ om * (dans Lb). ἢ restitué ici d'après *. — 12. λέγει] λέγων Laur ; λίγω * dans Lb. — 14. καῦσον — τὸν χαλκόν (l. 17) om. Laur ; hab. K. — πραέως om. * (Lb). — 15. ἀποδίδου — ἡ αἰθάλη] Réd. de Lc : ἀποδίδοσι δὲ μετὰ ταῦτα ὁ φιλόσοφος ὅτι ἡ αἰθ.

7] Καὶ πῶς οἱ φιλόσοφοι σαφῶς παραδιδόουσιν τὴν ἔννοιαν, ὅτι τὸν
ἐξυδραργυρωθέντα πυρίτην λίθον καλεῖ; Οὗτος οὖν ὁ ἀγαθώτατος φιλό-
σοφος· « Τίς οὐκ οἶδεν ὅτι ἡ αἰθάλη τῆς κινναβάρεως, [ἤγουν] ὑδράρ-
γυρός ἐστιν, δι' ἧς καὶ συντίθεται; Διὸ καὶ εἴ τις ἐλλείωσας αὐτὴν
5 τὴν κιννάβαριν νιτρελαίῳ, ἀναφυράσας καὶ περικλείσας ἐν ἄγγε-
[f. 170 v.] σιν διπλοῖς, ὑποκαύσας φωτὶ ἀλήκτοις πᾶσαν αἰθάλην λή-
ψεται, ἐγκεκαυμένην εἰς τὰ σώματα. Οὐκοῦν ὁ λίθος ὢν δι' οὗ ἔχει
σύμπηξιν ἐν τῷ σώματι τῆς μαγνησίας, οὐκ ἔστι λίθος· διὸ ἔχει
φύσεις τῆς ῥεύσεως. Ἄρα οὐκ ἀκούεις αὐτοῦ τοῦ Δημοκρίτου τί
10 ἀνώτερον λέγει; « Λαβὼν ὑδράργυρον, πῆξον τὸ σῶμα τῆς μαγνησίας
[ἥτις] τῷ μεμιγμένῳ, κατὰ μίαν τοῦ σώματος οὐσίαν, ἐν τῷ μολυβ-
δοχάλκῳ. » Ἄρα οὐχὶ τοῦτό ἐστι τὸ ἀφροσέληνον; πάντες γὰρ ἴσασιν
ὅτι κατ' ἀναφορὰν τὴν Ἀφροδίτην καὶ σελήνην ἐκ τῶν δύο ὀνομά-
των σύνθετον ὄνομα ἡμῖν μεθερμηνευόμενον ἀφροσέληνον· πάντες γὰρ
15 ἴσασιν ὅτι κατ' ἀναφορὰν τῆς Ἀφροδίτης ἀστρολόγον τὸν χαλκὸν
ἀνατίθεται. Οἱ μὲν ταχύτερον τὴν ὑδράργυρον λέγουσιν, εἰ δὲ πνεύ-
ματικώτερον τὴν ὑδράργυρον, ἐπείπερ ἐν σελήνῃ ἐνρωηκὰ ἀπορία
ἐστὶν τοῦ φωτός, καὶ αὐτὴ ἡ ῥεῦσίς ἐστιν τῆς οἰκείας φύσεως ἐνδι-
καίως τῶν ἄλλων πάντων τῶν ἄστρων· ὁ Ζεὺς μόνος προσηγο-
20 ρεύεται πρῶτον ἤλεκτρον, κατ' ἀναφορὰν ⟨ἣν⟩ ἔχει ἐκ τριῶν τὸ ἐλά-
χιστον παντὸς ἠλέκτρου συντιθεμένου.

---

1. καὶ πῶς — οὐκ οἶδεν (l. 3)] om. Lc. — παραδίδωσι AK Laur. — 2. ἀγαθότητος AK Laur. ici et partout. Corr. conj. — 3. ἡ αἰθάλη — κατὰ φύσιν (p. suiv., l. 7)]. Barre verticale en marge de Lc. — κινναβ. ἐστὶν ἡ ὑδράργ. Lc. — ἤγουν om. Laur, f. mel. — ὁ ὑδράργ. αὐτός ἐστιν Laur. — 4. ἐλλειώσας AK Laur; ἐλλείωσεν Lc. f. mel. — 6. καὶ ὑπο-καύσας Lc. — αἰθ. λήψεται] τὴν αἰθ. ἔλαβεν Lc. — 7. Après σώματα] Lc. continue ainsi : Ἀφροσέληνον δὲ λέγεται ὅτι ὁ λίθος γίνεται ἐκ τῆς Ἀφροδίτης ἥ ἐστιν ὑδράργυρος, καὶ ἐκ τῆς σελήνης ἥ ἐστιν ἄργυρος· ὥσπερ γὰρ τὸ φῶς τῆς σελήνης κ. τ. λ. (p. suiv. l. 4). — 13. F. l. τῆς Ἀφροδίτης καὶ σελήνης. — 15. ἀστρολό-γων Laur. — F. l. τῇ Ἀφροδίτῃ ⟨οἱ⟩ ἀστρο-λόγοι τὸν χ. ἀνατίθενται. — 16. F. l. ταχύτερον Cp. la fin du § 1. (C. E. R.) εἰ δὲ] F. l. οἱ δὲ (M. B). — τὸν ὑδράργ. Laur. ici et partout. — 17. ἐνρώϊκα K. — ἀπορία AK Laur., ici et partout. F. l. ἐνροή καὶ ἀπόρροια. On connaît ἐνρέω et ῥοή (C. E. R.) ἀπορία, c'est le déclin de la lune exprimé comme le mercure par le croissant retourné. (M. B.). Cp. p. 125, note sur la ligne 10, réd. de Lc (C. E. R.). — 18. ἐνδικαίως, εἶδη καὶ ὡς Laur. — 20. πρῶτον μὲν Laur. — κατ' ἀναφ. — ἠλέκτρου om. Laur.

8] Οὐκοῦν διὰ τὴν ἁπλῆν τῆς προσηγορίας ⟨ὁ⟩ μὲν ἄργυρος κατ᾽
ἀναφορὰν τῆς σελήνης, ὡς ἐντεῦθεν ὁ ἀγαθώτατος φιλόσοφος, οἰκείοις
τοῖς ὀνόμασι κεχρημένος, ἐν τοῖς τῶν δύο πρὸς ἀργυρίων ὡς ἔφρασεν,
τὸ ἀφροσέληνον ἐκάλεσεν. Καὶ ἐπείπερ τὸ [f. 171 r.] φῶς ἀντὶ τῆς σελή-
5 νης πνευματικῶς ὁρᾶται· κατὰ γὰρ τὸ σῶμα γίνεται καὶ ἀπογίνεται,
οὕτω καὶ αὕτη κατὰ τὸ σῶμα τῆς μαγνησίας γίνεται καὶ ἀπογίνεται·
καὶ πνεῦμά ἐστιν κατὰ φύσιν. Ἀνθ᾽ ὧν καὶ πάλιν ὡς διαιρουμένης
ἐρωτῶμεν ἐν τῇ κατ᾽ ἐνέργειαν περὶ ἀρετῆς πραγματείᾳ διὰ Ζώσιμον,
ὡς δι᾽ αὐτοῦ ἐρωτῶντες· « Καὶ σὺ ἄρα πνεῦμα εἶ; » Ὁ δὲ ἀποκρίνεται
10 καὶ φησί· « Καὶ πνεῦμά εἰμι, καὶ φύλαξ πνευμάτων, πνεῦμα οὖσα κατὰ
πνευματικὴν [τοῦ ἐρωτῶντος] ἐν τῇ σελήνῃ οὐσίαν, ἀναλαμβάνει τὸ
σῶμα τῶν συγκραθέντων στερεῶν, καὶ ποιεῖ αὐτῷ πνεῦμα λογχευόμε-
νον, ὡς ἐν βάθει ἑαυτῆς, ὃ ἔχει ψυχὴν ἐκ τῆς καρδίας καὶ εἰς ὄρυγμα
ἐν στομάχῳ, κατὰ τὸ ὕέλιον τοῦ κινοῦντος τὴν δύναμιν ἑλκυσάσα
15 πρὸς ἑαυτὴν πρὸς ἀλειωτικήν, ἐξαλλοιοῦσα τοῦτο εἰς αἷμα κατάγει τὸν
χυμόν, καὶ κατὰ τὴν θελκτικὴν καὶ ἀποκριτικήν, τὰ ἄλλα φυσικῶς
κατεργαζομένη. Ἢ γὰρ οὐδὲ τοῦτο ἤκουσας, ὥς φησιν, τὴν πολυθρύλ-
λητον φωνὴν ἀνακράζοντες. « Περιμάγου χαλκόν, μάγου ὑδράργυρον,

---

1. ἁπλῆν mss. F. l. ἁπλότην. — 3. κεχρη-
μένοις AK Laur. Corr. conj. — ἐν τοῖς]
ἐκ τοῖς AK Laur. F. l. ἐκ τῆς τ. δ. προσαρ.
⟨μίξεως⟩ ? — ὡς ἔφρασεν] κατὰ μίαν ἀναφορὰν
ἔφρ. Laur. — 4. Καὶ ἐπείπερ] ὥσπερ γάρ Lc.
— ἀντὶ om. Lc. f. mel. — 6. αὕτη] αὐτοῖς
Laur. — τὸ σῶμα αὐτῆς Lc. — οὕτω —
κατὰ τὸ σῶμα] Réd. de Lc : οὕτω καὶ τὸ
ζητούμενον ἡμῶν πνεῦμα κατὰ τ. σ. — 7.
Après κατὰ φύσιν] Réd. de Lc : Διὸ καὶ
ὁ Ζώσιμος ἠρώτησε τὸν ἑστῶτα ἐν τῷ φιαλο-
βωμῷ, οὕτω λέγων · καὶ σὺ (l. 9). — 8. πράγ-
ματι A Laur.; πράγμασι K. Corr. conj. —
9. F. l. ὡς δὴ αὐτοῦ ἐρωτῶντος. — καὶ σὺ]
καὶ λέγ. καὶ σὺ Laur. — ἀπεκρίνατο Lc. —
καὶ φησὶ om. Lc. — 10. πνεῦμα οὖσα —
ἀναλαμβάνει] Réd. de Lc : τὸ πν. γὰρ τὸ ὂν
κατὰ τὴν πν. τοῦ ἀργύρου οὐσίαν ἀναλ. — 12.

αὐτὸ Lc, f. mel. — λογχευόμενον Lc, f.
mel. — 13. ἑαυτοῦ, καὶ ἔχει Lc. — εἰς om.
Lc. — 14. κατὰ τὸ ὕέλιον] Il y a eu pro-
bablement dans un ms. oncial ΚΑΤΑ-
ΤΟΥΗΛΙΟΥ (κατὰ τοῦ ἡλίου). Réd. de
Lc : κατὰ τὸν ἥλιον τὸν κινοῦντα τ. δ. ἕλκει
πρός ἑαυτὸ ἀλλοιωτικὴν δύναμιν καὶ αὕτη εἰς
αἷμα κ. τ. λ. — 15. F. l. προσαλλοιωτικήν.
— ἐξαλλαίουσα τούτῳ AK Laur. Corr. conj.
— 16. καὶ κατὰ τὴν θελκτικὴν (θελητικὴν A ;
θερητικὴν Laur.) jusqu'à κατεργαζομένη]
Réd. de Lc : καὶ ἔστι θελκτικὴ καὶ ἀποκριτικὴ
ἅπαντα φυσ. κατεργ. — 17. κατεργαζομένην
AK Laur. — ἢ γὰρ — ἀνακράζοντες] Réd.
de Lc : Διὸ φησὶν ὁ φιλόσοφος · περιμ. χ..
περιμάγου ὑδρ... (Cp. Stephanus, leçon 4,
p. 217 éd. Ideler). — 18. F. l. ἀνακρά-
ζοντος. — F. l. πυρὶ μάγου.

καὶ ἀσωμάτωσον τελείως εἰς φθορὰν τὴν τέχνην, καὶ ὡς οὐδὲν ἐπὶ
τούτου κέχρηται, πλὴν τῆς ὑδραργύρου καὶ τῆς μαγνησίας, καὶ εἰσὶν
ἄμφω διὰ τὴν σύμπηξιν. « Λαβὼν, φησὶ, τὴν ὑδράργυρον ⟨καὶ⟩ τὸ
τῆς μαγνησίας σῶμα, καὶ πνεῦμα ἔχει διὰ τὴν ἐξυδραργύρωσιν » · καὶ
5 « εὑρίσκεται, φησὶν, πρὸς τοῦ Νείλου τὰ ῥεύματα, ἀνθ᾽ ὧν καὶ διὰ ῥεύ-
σεως ὁμορρευστῆσαι, ὡς προγέγραπται · » καὶ, ὥς φησιν, « Οὐδὲν ὑπολέ-
λειπται, οὐδὲν ὑστερεῖ (f. 171 v.), πλὴν τῆς νεφέλης · ἤτοι ⟨διὰ⟩
τοῦ διορατικοῦ καὶ τοῦ διανοητικοῦ δυνάμενος διορᾶν καὶ διανοεῖσθαι
πρὸς τὰ προσφωνούμενα.

10 9] Τί γὰρ ὁ Ἑρμῆς καὶ αὖθις προστάττων διαλέγεται τὸ ἀπὸ
τῆς σεληνιακῆς ἀπορίας ἐκπίπτον, ποῦ εὑρίσκεται, καὶ ποῦ οἰκονο-
μεῖται, καὶ πῶς ἄκαυστον ἔχει τὴν φύσιν, παρ᾽ ἐμοὶ εὑρήσεις καὶ
Ἀγαθοδαίμονος · διὰ γὰρ τοῦ λέγειν ἀπορίας πάλιν τῆς ῥεύσης
ἀνάπτησον, καὶ καταδηλότερον γίνεται διὰ τὸ ἐπαγαγεῖν τὸ ἀπὸ τῆς
15 σεληνιακῆς ἀπορίας ἐκπίπτῃ κατὰ τὴν τῆς σελήνης οὐσίαν. Κατεχό-
μενον γὰρ τὸ σῶμα ἐκπίπτῃ διὰ τῆς ἀπορίας, καὶ γὰρ σεληνιάζεται
ἡ φύσις τῆς μαγνησίας σεληνοειδὴς ὅλη γινομένη, καὶ κατὰ καιρὸν
τῆς ἀπορίας ἐκφυσᾶται · ὡς ἰὸν ἐκπίπτει τῆς ἀπορίας καὶ ἐκστροφὴν
ὑπομένοντος ὢν (?) τοῦ σώματος. Καὶ νῦν ἀνάστρεψον πρὸς τὰς ἀπο-
20 ρίας καὶ διορατικὸν καὶ διαβλητικὸν δι᾽ ἀπορίας ῥεύματος καὶ ῥεύσεως

---

1. τῇ τέχνῃ Lc, qui continue ainsi :
καὶ γὰρ τὸ τῆς μαγνησίας σῶμα (ci-après,
l. 4). — οὐδὲν] F. l. οὐδενί. — 3. A mg.
σῇ. — 4. καὶ εὑρίσκεται — προγέγραπται om.
Lc. — 6. ὡς προγεγρ.] ὡς om. Laur., f.
mel. — ὥς φησιν om. Laur. — καὶ πάλιν
φησὶν Lc. — 7. Après νεφέλης] Réd. de Lc :
καὶ τοῦ ὕδατος ἡ ἄρσις, ἤγουν πλὴν τοῦ διορα-
τικοῦ καὶ διανοητικοῦ · διορῶμεν γὰρ τὸ σῶμα
τῆς μαγνησίας, διανοοῦμεν δὲ τὴν δύναμιν
αὐτῆς ὡς πρὸς τὰ προσφωνούμενα. — 10. Le
rédige ainsi le début de notre § 9 : Ὁ
δὲ Ἑρμῆς φησι, τὸ ἀπὸ τῆς σελ. ἀπορροίας
ἐκπίπτον, ἤγουν ὥσπερ τὸ τῆς σελήνης φῶς
αὐξάνει καὶ μειοῦται, οὕτω καὶ ὁ ἡμέτερος
ἄργυρος; μειοῦται μὲν διὰ τῆς ἀσωματώσεως,
ἀντιστρόφως τῆς σελήνης. Ἡ δὲ ἀπόρροια καὶ
ἡ εἴσροια διὰ μακρᾶς καὶ μετρίας ἐκπυρώσεως
ὀφείλει (sur δεῖ, gratté) γίνεσθαι, ἵνα (page
319) φυλαχθῇ τὸ πνεῦμα κ. τ. λ. — Τί γὰρ
ὁ Ἑρμῆς] ἢ γὰρ Ἑρμῆς Laur. — τὸ ἀπὸ
σελ. — τὴν φύσιν] Cette phrase se retrouve
dans Stephanus, p. 203. — 11. ἀπορίας]
ἀπορροίας Ideler. — 13. F. l. Ἀγαθοδαί-
μονι. — F. l. ῥευστῆς. — 14. F. l. ἀνάπ-
τυσον. — 15. F. l. ἐκπίπτει, ici et plus
loin. — 16. καὶ γὰρ — τῆς μαγνησίας om.
Lc. — 18. ἰὸν] οἷον Laur. — 20. διορατι-
κῆς Laur. — διαβλυτικὸν διαπορίας mss
Corr. conj.

κατὰ τὴν κριτικὴν τῆς ῥεύσεως φύσιν λαμβάνει τὴν κατεργασθεῖ-
σαν διὰ τῆς φιλοσοφίας μαγνησίαν καίουν ἢ διὰ πυρὸς ἢ διὰ τῆς
ἑαυτοῦ ἐκπυρώσεως, ἀλλὰ διὰ τῆς ἀπορίας, ἵνα φυλαχθῇ τὸ πνεῦμα,
καὶ μὴ ἐκπνεύσῃ τῇ βίᾳ τῆς ἐκπυρώσεως.

5   10] Οὕτω νόησον, ὥς φησιν Ὀστάνης, βάλλων τὴν χεῖρά σου
εἰς τὰ ἐντὸς τοῦ λίθου, καὶ ἔκβαλε τὴν καρδίαν αὐτοῦ, ὅτι ἡ ψυχὴ
αὐτοῦ ἐν τῇ καρδίᾳ ἐστίν. Οὐκοῦν διὰ τῆς τοιαύτης ἀπορίας, πάντα
τὰ ἐντὸς ἀποβάλλει [f. 172, r.] ὁ τοιοῦτος λίθος καὶ ἐξερεύγεται
τὰ βάθη τῆς καρδίας, καθὼς ἔστι τὸ πνεῦμα, ὅς ἐστιν ὁ ἰὸς ξανθὸς
10 ὡς στίγμα χρυσοῦν δογματιζόμενον · περὶ τούτων γὰρ συναπτόμενα
⟨ἃ⟩ πάλιν Δημόκριτός φησιν, « πυρίτην οἰκονόμει ἕως ξανθὸς γέ-
νηται ὡς στίγμα χρυσοῦν, καὶ δοκίμαζε εἰ γέγονεν ἄσκιον. Ἐὰν
μὴ γέγονεν ἄσκιον, τὸν χαλκὸν μὴ μέμψαι, ἀλλὰ σαυτὸν μέμψαι,
ἐπεὶ μὴ καλῶς ᾠκονόμησας. Οἰκονόμει οὖν ἕως ξανθὸς ἄσκιος ὁ
15 χαλκὸς γενόμενος πᾶν σῶμα βάπτῃ, χρυσὸς γίνεται ὡς στίγμα χρυ-
σοῦν. » Καὶ χρὴ ἐντεῦθεν ἐπιθεωρεῖν καὶ διασκοπεῖν εἰ γέγονεν ἄσ-
κιον ξανθὸν ὡς στίγμα χρυσοῦν · εἰ γὰρ μὴ γέγονεν ἄσκιον, οὔτε
βάπτειν ξανθὸν ὡς στίγμα χρυσοῦν δύναται. Ἐὰν γὰρ μὴ ἔστι
χρυσοῦν κατὰ ποιότητα · ἐπειδὴ ποιαὶ αἱ ποιότητες ποιοῦσιν ξαν-
20 θόν · καὶ γὰρ ποιότης ἀπὸ τοῦ ποιεῖν ἐτυμολογεῖται [ποιεῖν.] Ποιεῖ
βάψιν κατὰ ποιότητα χρυσῆν · φανερὸν γὰρ ὅτι ⟨αἱ⟩ τῶν ποιοτήτων ἐνέρ-
γειαι ὡς ἀσώματοί εἰσιν · ὅθεν καὶ ἡ κατενέργεια χρυσοῦν · ἐπεὶ

---

1. F. l. λάμβανε. — 2. F. l. καὶ οὐκ (?). — ἤ διὰ τὰς mss. — 5. Réd. de Lc : Οὔτω δὲ φησι καὶ ὁ καίων, Ὀστ., βάλε. — 7. ἀπορ-ροίας Lc, f. mel. — 8. ὁ τοιοῦτος ὁ λίθος] ὅτι οὗτος ὁ λ. Laur., f. mel. — 10. ὡς στίγμα χρυσοῦν] F. l. ὡς τίγμα χρυσοῦν vel χρυσοῦ ici et plus loin). Cp. p. 119, l. 12. — δογματιζόμενος Lc. f. mel., puis : Διὸ καὶ ὁ Δημ — τούτων] τοῦτον AK. — 12. ἐὰν δὲ μὴ Lc. — ἄσκιος Laur. Lc, ici et lig. suiv. — 13. σεαυτόν Lc. — μέμψαι om. Laur. ; ajouté sur la ligne dans A. —

14. ἕως ἂν ξ. καὶ ἄσκ. γένηται Lc, puis : τότε γὰρ πᾶν σ. βάπτει εἰς χρυσόν καὶ γίνε-ται... — 16. ἄσκιος καὶ ξανθός Lc. — 17. χρυσοῦ Lc, f. mel. — γὰρ] δὲ Laur. Lc. — οὗτε] f. l. οὐδὲ. — 18. βάπτει AK Laur. — 19. ποιαί] ποίηαι A ; ποίει^αι K. Réd. de Laur.: κατὰ ποιότητα, ἐπειδεί περ ποιαι αἱ ποιότη-τες. Après ποιότητα] Réd. de Lc.: Πῶς δύνα-ται βάψαι εἰς χρυσόν ; πᾶσαι γὰρ αἱ ἐνέργειαί εἰσιν ἀσώματοι ποιότητες · ὅθεν καὶ... (l. 22). — 20. ποιῇ K. — 22. Réd. de Lc : ἡ κατ’ ἐνέργειαν ποιότης τοῦ χρυσοῦ ὅταν μὴ κατὰ π. λ.

μὴ [κατὰ] ποιότητα λευκὴν κατ' οὐσίαν ἔχει τὸ χρῶμα οὔτε ποιεῖν
δύναται, οὔτε βάπτειν χρυσόν. Ὁ δὲ ἡμέτερος χρυσός, ἐπεὶ κατὰ
ποιότητά ἐστιν, ποιεῖν καὶ βάπτειν δύναται, ὃ καὶ μυστήριον τοῦτο
μέγα ἐστίν, ὅτι ποιότης γίνεται χρυσός, καὶ τότε ποιεῖ τὸν χρυσόν.

11] Διὸ καὶ Στέφανος τῶν φιλοσόφων φησὶν ὅτι ποιότης μὲν δια-
βάσει ἐποίησε τὸ ζητούμενον, καὶ πειθομένας καὶ διερωτᾶν αὐτὸν
ἐπάγει· καί φησιν· « Ποία (f. 172 v.) ἐστὶν ποιότης; » ἡ συγκρινό-
μενος καὶ δίδωσιν λέγειν· « ἡ ποιότης τοῦ ξηρίου κατὰ ποιότητας
χρυσᾶς ἐστιν. Καὶ ἡ μὲν οὐ κατὰ ποιότητα γίνεται χρυσῆν, τὸ χρῶμα
τέλειον χρυσός ἔχων, οὐ δύναται ποιεῖν χρυσόν. Οὐκοῦν, ὡς φησιν,
δοκίμαζε εἰ γέγονεν ἄσκιον ξανθόν, ὅ ἐστιν ἀσώματον, ἰὸς ξανθὸς γινό-
μενος ὡς στίγμα χρυσοῦν· ὃ τοίνυν δοκιμαστέον οὖν εἰ γέγονεν ἄσ-
κιον ξανθὸν ὡς στίγμα χρυσοῦν βλεπόμενον.

12] Οὕτω μὲν οὖν αἰτούμενον ἐπικοπτόμενοι τὴν τοῦ λόγου ἔντα-
ξιν, καὶ μέλη ποιεῖν, καὶ εἰ περὶ τῆς ὕλης καὶ τῆς κατ' αὐτῆς οἰκονο-
μίας ἀποδόσεις, ὡς δεῖ ὑπερτίθεσθαι τὸν τρόπον τῆς δοκιμῆς καὶ
ἀναστρέφειν ὅθεν παρεξελάσαμεν. Καὶ λογικώτερον δείκνυται, ὅτι καὶ
λευκός γενόμενος ξανθός ἐστιν εἰς ἄκραν προσραινόμενον. Διασκοπητέον
τοίνυν καὶ σημειωτέον, διὸ αὐτόν φασι, μετὰ τὴν τοῦ χαλκοῦ ἐξίω-
σιν καὶ μελάνωσιν, ἐς ὕστερον λεύκωσιν, τότε ἔσται βεβαία ξάνθωσις·

---

1. ἔχει] ἔχοι Laur.; ἔχῃ Lc. — οὔτε ποιεῖν, ἢ ποιοῦν δύναται, οὔτε βάπτειν χρυσοῦν Lc. — 2. ἐπεί] ἐπειδὴ Lc. — 3. ποιεῖν καὶ βάπτειν] ποῖος χρυσός δύναται καὶ ποιοῦν καὶ βάπτειν Lc. — 4. χρυσός] F. l. χρυσῇ. — 5. Στέφανος τῶν φιλοσόφων] ὁ Στέφανος ὁ φιλόσοφος Lc. — ποιότης jusqu'à ἡ ποιότης (l. 8) Réd. de Lc : ἡ ποιότης διαβᾶσα ἐποίησε τὸν χρυσόν, ἤγουν τὸ ζητ. Puis : καὶ πάλιν ὁ αὐτός· ἡ ποιότης... — 6. πειθομένας] F. l. πειθομένους. — 7. ἡ συγκρινόμενος] F. l. καὶ ἀποκρινόμενος. — 9. καὶ ἡ μὲν] εἰ μὲν γὰρ Lc, mel. — χρυσῆν] signe de l'or A; χρυσοῦν K; χρυσῆς Lc. Corr. conj. — 10. χρυσός] χρυσοῦ Lc. — οὐκοῦν ὡς φησὶ] Διὸ s. Lc. — 11. ἄσκιος ξανθός ὅ ἐστιν ἀσώματος Lc. — γενόμενος Lc. — 12. ὁ τοίνυν — παρεξελάσαμεν (l. 17) om. Lc. — 14. ἐπικοπτόμενον K. F. l. ἐπισκεπτόμενοι — 15. μέλη] μέρη Laur. — εἰ περὶ] Leçon de Laur. : ὅπερ A : ὅπερ K. F. l. αἱ περὶ — 16. ἀποδόσεις A ; ἀπόδοσις K. — 17. F. l. παρεξηλάσαμεν vel παρεξελευσόμεν. — 18. πρὸς τὸ φανόμενον Lc. — διασκοπ. τ. κ. σημ. om. Lc. — 19. Διὸ καὶ φασὶ πάντες μετά... Lc. — Μετὰ τὴν τ. χ. jusqu'à ξάνθωσις]. Cette phrase est dans Stephanus, p. 204, éd. Ideler. — ἐξίωσιν jusqu'à τότε. Réd. de Lc : ἐξίωσιν καὶ μελάνωσιν καὶ λεύκωσιν καὶ ἐξίωσιν, τότε... — 20. λεύκωσιν] λεύκωσις A : λεύκωσῃ Laur. : λεύκωσις corrigé en λεύκωσῃ K. Corrigé d'après Stephanus

ὡς κἀντεῦθεν τρόπος τοῦ δοκιμάσαι εἰ γέγονεν ἄσκιον ξανθὸν ἀπο-
δέδεικται · τοιοῦτον γάρ ἐστιν, ὃ λέγειν μετὰ τήνδε τὴν ἴωσιν
συσταθῆναι τὸ σύστημα, ἤγουν τὸ σύνθημα, καὶ ταῦτα ἐκπλυνθῆναι
καὶ ἐξισχνωσθῆναι τὸ σῶμα, καὶ λίαν λεπτότατον καὶ ἀερῶδες γενέσ-
5 θαι, καὶ πᾶσαν μελάνωσιν ἀποστῆσαι, καὶ ὕστερον τοῦ ταῦτα ἀποτε-
λεσθῆναι, τότε βεβαία ξάνθωσις ἔσται, ἡ ἐν βάθει καθαιρουμένη καὶ
ἐνκεκρυμμένη · ἅμα γάρ, ὥς φησιν Ὀστάνης, ἐλεύκανας, ἐξάν-
θωσας f. 173 r. καὶ πολὺ ἔσται διαμαρτυρούμενον καὶ διὰ Ζωσί-
μου · « Βλέπε μὴ ἀκηδιάσῃς ἐν τῷ καιρῷ τῆς λευκώσεως, » ἀνθ' ὧν
10 αἴτιον τοῦ ταύτην ταῦτα τὴν ξάνθωσιν γίνεσθαι, ἡ λεύκωσίς ἐστιν.
Καὶ εἰ μὲν πρῶτον λευκώσεις, τελεία γενήσεται ξάνθωσις · τελεία καὶ
βεβαία, καὶ ἀκριβὴς οὐκ ἔσται, καὶ μὴ διαγινώσκειν ὅτι πρὸς τὰ μέτρα
τῆς λευκώσεως, ἡ ξάνθωσις γίνεται, καθὰ ἐκλείπει ἡ λεύκωσις,
ἐκλείπει καὶ ἡ ξάνθωσις.

15   13] Καὶ χρεία ἔσται παρατηρεῖσθαι καὶ διασκοπεῖν πρὸς τὴν λεύ-
κωσιν, καὶ ταύτην ἐπιτείνειν · ὥσπερ γὰρ καὶ ὁ Ἑρμῆς ἀπὸ μηνὸς
μεχεὶρ συνάγει μῆνας πλύνειν ἕξ · καὶ Ὀστάνης διὰ τοῦ κατὰ τὸν
ἀετὸν παραδείγματος τέλειον ἐνιαυτὸν διαγράφει. Πρὸς δὲ τούτοις καὶ
οἱ οἰκουμενικοὶ φιλόσοφοι καὶ νέοι πάνσοφοι, καὶ ἐξηγηταὶ τοῦ Πλά-
20 τωνος καὶ Ἀριστοτέλους τὴν ἐναρίθμησιν τῶν ἀναλύσεων καὶ

---

1. ὡς κἀντεῦθεν τρ. τοῦ δοκ.] καὶ οὗτός ἐστιν
ὁ τρ. τοῦ δοκ. Lc. — ἄσκιος ξανθός Lc. —
2. ἀποδέδεικται jusqu'à Ὀστάνης (l. 7)]
Réd. de Lc : ἡ γὰρ μελανσίς ἐστιν αἰτία τῆς
λευκώσεως, ἡ δὲ λεύκωσις τῆς ξανθώσεως τῆς ἐν
βάθει ἐγκεκρυμμένης καὶ ἐγκαθαιρομένης. Διὸ
καὶ ὁ Ὀστ. φησίν. — 4. ἐξιχνωσθῆναι ΑΚ
Laur. Corr. conj. — 7. Ὀστάνης Α ; ὁ
Ὀστ. Laur. Κ Lc. — ἐξανθώσας jusqu'à
βλέπε] Réd. de Lc : ἐξανθώσας. Καὶ ὁ Ζώ-
σιμος · Βλέπε. — 8. F. l. καὶ <τοῦτο> πολύ.
— πολύ] πολλὴ Α Laur. Κ. — διὰ] λίαν Α
Laur. Κ. Corrigé d'après un passage
précédent (§ 7) : διὰ Ζώσιμον. — 9. ἀνθ'
ὧν jusqu'à γίνεται (l. 13) om. Lc. — 10.
ταύτην] ταύτης Α Laur. Κ. — 11. Καὶ εἰ μὲν]
καὶ εἰ μὴ Laur.; avec cette leçon, il fau-
drait lire <οὐ> τελεία γενήσεται. — 12. οὐκ]
F. l. οὖν. — μὴ] μὴν Laur. F. l. δεῖ. —
13. καθὰ ἐκλ. jusqu'à ξάνθωσις] Réd. de
Lc : ἐκλειπούσης γὰρ τῆς λευκώσεως, ἐκλ. κ.
ἡ ξ. — 15. Καὶ χρεία ἔ. παρ. κ. διασκ.] Réd.
de Lc : χρὴ τοίνυν παρ. κ. διασκ. καλῶς. —
16. ἐπιτείνειν] ἐπὶ τίνην Α ; ἐπεὶ τοίνυν Κ ;
ἔστι τίμον Laur. Corr. conj. — καὶ ταύ-
την jusqu'à Ὀστάνης] Réd. de Lc : Περὶ
δὲ τοῦ χρόνου. ὁ μ. Ἑ. λέγει · μῆνας ἓξ δεῖ
πλύνειν τὸ σύνθημα, ἀπὸ μ. μεχὶρ, ἤγουν φευ-
ρουαρίου, εἰκοστῇ πέμπτῃ, μέχρι μεσορί, ἤγουν
αὐγούστου εἰκοστῇ πέμπτῃ. Ὁ δὲ Ὀστ. κ. τ.
λ. — 19. παντόσοισται Laur. — 20. ἀναλύ-
σεων] πλύνσεων Lc.

καύσεων συντέμνοντές φασιν · ἑκατοντάδες δὶς ὀκτώ, καὶ τρεῖς τρεῖς
καὶ δεκάδες καὶ τέσσαρες, δηλοῦντες ὅτι ἑκδεκάκις ἑκατὸν ἀνακάμπ-
τεται καὶ ἀναλύεται τὸ σύνθημα, πρὸς τελείαν λεύκωσιν γίνεσθαι
καὶ συντελεσθῆναι κατὰ τὴν τελείαν καὶ βεβαίαν ξάνθωσιν. Καὶ
5 ἐκραντικώτερον Ζώσιμος ἔλεγεν · « Μὴ φοβεῖσθε τὴν πολλὴν καῦσιν
καὶ ἐξυδάτωσιν τῶν σωμάτων, ὅτι αἱ μυρίαι καύσεις τοῦ χαλκοῦ
βαπτικώτερον αὐτὸν ποιοῦσιν χαλκόν. » Ὁ δὲ καλῶν ἰὸν τὴν προσηγο-
ρίαν τὴν ὅλην σύνθεσιν, διὰ τὸ κατ᾽ αὐτὴν πλεονάζειν τὴν συσταθ-
μίαν · πρὸς τέσσαρα γὰρ τοῦ χαλκοῦ ἓν μολύβδου διδόντες εὔκρα-
10 (f. 173 v.) εστάτην τὴν ξάνθωσιν ποιοῦσιν. Διὸ καὶ ἐκστρεφομένη ἡ
φύσις τελεία ξάνθωσις γίνεται ὡς στίγμα χρυσοῦν, καὶ τοῦτό φησιν ·
« Ἔκστρεψον, [φησὶ,] τὴν φύσιν, καὶ εὑρήσεις τὸ ζητούμενον · ἡ γὰρ
φύσις ἔνδον κέκρυπται. Ἐκστρεφομένης τοίνυν τῆς φύσεως, οὐκέτι
λευκὸν ὁρᾶται κατὰ τὴν προφανηθεῖσαν ἐξυδραργύρωσιν, ἀλλὰ ξανθὸν
15 κατὰ τὴν ἐπηγγελμένην τοῦ ἰοῦ ξάνθωσιν. »

14] Καὶ θαυμάσαι προσήκει κατὰ τὴν τῶν ποιοτήτων συνδρομήν ·
τούτων γὰρ ἀσώματοι ἐνέργειαι συνδραμοῦσαι ἀπετέλεσαν τὴν θαυ-
μαστὴν ταύτην χρυσοποιίαν κατὰ μίαν οὐσίωσιν, τουτέστιν ἡ θερμό-
της τοῦ πυρός, ἡ ὑγρότης τοῦ ὕδατος, ἡ ψυχρότης τοῦ ἀέρος ·
20 τούτων γὰρ καθ᾽ ἑνὸς ποιότητες συνδραμοῦσαι, ὡς γῆ τὸ στερεὸν
καὶ σῶμα τῆς μαγνησίας εἰς μεταβολὴν καὶ ἀλλοίωσιν μετελθεῖν
ἐξεβιάσατο. Ποῦ ποτέ εἰσιν οἱ λέγοντες ἀδύνατον μεταβάλλεσθαι φύσιν;

---

1. ἐκατοντάδας δ. ὁ. κ. τρὶς τρεῖς δεκάδας
καὶ τέσσαρα Lc. F. l. τρεῖς τρισκαιδεκάδας.
Cp. Stephanus, p. 227. — 2. ἐκδεκάκις]
ἐκκαιδεκάκις Lc. — 3. πρὸς τὸ τελείαν Lc.
— γινέσθαι Lc. — 4. καὶ ἐκφ. Ζώσ.] ἐκφ. δὲ
ὁ Ζώσ. Lc. — 7. χαλκόν om. dans Lc,
qui continue ainsi : Ὅτι δὲ καλοῦσι τοῦ-
τον ἰόν, τὴν προσ. τῆς ὅλης συνθέσεως λέ-
γουσι διὰ τὸ (l. 8). — καλῶν] καλὸν A
Laur. K. Corr. conj. — ἰόν] οἷον ἰὸν
Laur. — 8. κατ᾽ αὐτήν] κατ᾽ αὐτὸν Laur.
— 9. πρός] εἰς Lc. — τοῦ χαλκοῦ] τὸν
χαλκόν Lc. — ἐν μολύβδου A Laur. K ;

ἐν μολύβδῳ Lc. Corr. conj. — διδόντες
διαιροῦντες Lc. — εὐκραέστατον AK Lc.
— 10. ἐκστρεφομένης τῆς φύσεως Lc. — 11.
χρυσοῦν] χρυσοῦ Lc. — καὶ τοῦτο] καὶ διὰ
τοῦτο Lc, f. mel. — 12. φησι om. Lc. —
13. ἐκστρεφομένης jusqu'à ξάνθωσιν]om. Lc.
— 15. ἐπηγγελμένην jusqu'à προσήκει] om.
Laur. —17. αἱ ἀσώματοι Lc. —18. τουτέστιν
ἡ] ἡ γὰρ Lc. — 19. ἡ ὑγρότης] καὶ ἡ ὑγρ.
Lc. — ἡ ψυχρότης jusqu'à ποιότητες] Réd.
de Lc : καὶ ἡ ψ. τ. ἀ. αὐταὶ καθ᾽ ἑαυτὰς
αἱ ποιότητες. — 21. καὶ σῶμα] καὶ om. Lc.
— 22. ἐξεβιάσαντο Lc.

17

Ἰδοὺ γὰρ μεταβάλλεται ἡ φύσις τῶν στερεῶν γινομένη, καὶ κατὰ
ποιότητα χρυσῆν · καὶ ὥσπερ ὧδε μετέβαλλεν ὁ μολυβδόχαλκος εἰς
⟨χρυσὸν⟩ κατὰ ποιότητα χρυσῆν, καὶ εἰς μέλαν κατασπασθήσεται,
οὕτω μεταβάλλει εἰς τὴν κατενέργειαν χρυσοῦ ὁ κοινὸς ἄργυρος.
5 15] Ἀλλ' ἐπισκεψώμεθα καὶ ἴδωμεν, ὡς φιλόσοφοι ἐσμὲν, πρὸς
τὴν ἐγκεκρυμμένην ῥῆσιν ταύτην, τί μᾶλλον ὁριζόμενοι ποιῆσαι. Ὡς
ἄρα οὖν ἀπολείπει τι τῶν ποιοτήτων, εἰς οὐδὲν γίνεται τὸ
προσδοκώμενον. Καὶ πρότερον μὲν οὖν, ἐὰν μὴ ἡ σύγκρασις τῶν
στερεῶν ἀποτελεσθῇ, εἰς κενὸν καὶ μάταιον πᾶς πόνος καὶ κάματος
10 λογισθήσεται ἡμῖν. Διὸ καὶ καθ'ἑαυτῶν ἡ σύγκρασις οἰκονομηθεῖσα,
ὡς (f. 174, v.) εἴρηται, ἐν τῇ ἀπορίᾳ τῆς ῥεύσεως ἄχρηστος γίνεται,
καὶ εἰς κενὸν μεταβάλλει, μετὰ δὲ τῆς συμμετρίας τοῦ ὑγροῦ κε-
ρασθεὶς εἰς ἄκρα τῶν ξανθῶν ἐπανάγει. Καὶ ἡ αἰτία φανερά, ὅτι
τοῦ πυρίτου κατὰ πολὺ στερεοῦ ὄντος, καὶ πρὸς τὸ ξανθὸν ῥέπον-
15 τος, τὸ κατάλληλον χαῦνον καὶ εἰς ὑγρὸν ἀποσύροντος εὐκρασίαν
ἐποίησεν. Καὶ ἐνταῦθα διαδείκνυται γὰρ τέλειον τὸ χρῶμα. Εἰ δὲ
οὖν ἄρα καὶ πλεονάσει τὸ ὑγρὸν, καὶ νικήσει κατὰ τοῦ στερεοῦ,
ποιεῖς τὸ ξηρὸν συνκαιόμενον, μεταβάλλει εἰς μέλι. Οὕτω γὰρ τὸ
τῶν καθ'ἡμᾶς φιλοσόφων [μὲν] μυστήριον · συμμετρίῳ μὲν θερμαι-

---

1. γινομένη καὶ κατὰ π.] καὶ γίνεται χρυσός
βάπτων κατὰ π. καὶ Lc. — 2. Réd. de Lc :
ὁ μολ. κατὰ ποιότ. εἰς χρυσὸν καὶ εἰς μέλαν-
σιν, καὶ λεύκωσιν καὶ ξάνθωσιν κατεσπάσθη.
— 4. εἰς τὴν κατ ' ἐνέργειαν χρυσοῦ οὐσίαν
ὁ κ. ἄργυρος Lc. — 5. Nos §§ 15 à 24
et dernier constituent la partie com-
prise entre les §§ conventionnels 1 à 9,
dans le traité sur l'*Art divin*, de Jean
l'Archiprètre. Cette reproduction sera
supprimée dans le texte de Jean (ci-
après, IV, III). Nous en donnons ici les
principales variantes, relevées dans A
(A *) et surtout dans Lc (l'astérisque
seul). — ὡς] εἰ Lc. — 5-16. Réd. de
Lc : πρὸς τὸ ἀκριβὲς τῆς ῥήσεως τι μᾶλλον

ὁριζόμεθα ποιεῖν ἐνταῦθα. — 6. ὡς ἄρα οὖν]
εἰ γὰρ Lc. — 9. καλῶς ἀποτελεσθῇ Lc.
— 10. Διὸ καθ ' ἑαυτὴν Lc. — 11. Réd. de
Lc : ὡς εἴρηται ἄχρηστος γίν. ἐν τῇ ἀπορροίᾳ
Lc. — 12. κερασθεῖσα Lc. — 13. εἰς ἄκρα-
τον ξανθὸν Lc. — 15. καὶ om. Lc. — 16.
καὶ ἐνταῦθα — τὸ χρῶμα] om. K Lc. — Lc,
par contre, ajoute : εἰ τοίνυν πλεονάσοι τὸ
ξηρόν, ὡς εἴπομεν, οὐδὲν ποιήσεις. — γὰρ] δὲ
Laur. — Réd. de Lc : εἰ δὲ πλεονάσεις τὸ
ὑγρόν. — 18. ποιεῖς] ποιήσεις Lc. — καὶ
μεταβάλλει Lc. — εἰς μέλι ici et plus bas]
F. 1. εἰς μέλαν. — οὕτω γάρ ἐστι τὸ τῶν
φιλ. μυστ. Lc. — 19. συμμετρίῳ] μετρίως
Laur. et *. F. 1. συμμέτρως. Réd. de Lc :
συμμετρίῳ μὲν γὰρ πυρὶ θερμ.

νόμενον κατὰ τὴν ἁπλότητα τοῦ πυρίτου μένει ἐρυθραῖον αἷμα · πε-
ρισσῶς συγκαιόμενον, τῇ τοῦ ὑγροῦ συνουσίᾳ, μεταβάλλει εἰς ξανθὸν,
ἐπιπλέον δὲ κατὰ πολὺ συνκαιόμενον ῥεῦσαι εἰς μέλι ποιεῖ, ἃ ποιεῖ ·
τὸ πᾶν ὅπερ καὶ δαίμονα ἄνθρωπον ἡ μέλαινα ποιεῖ.

5   16] Διανοητέον οὖν καὶ περιφυλακτέον τὴν αἰτιολογίαν, ἵνα καὶ
ἡμεῖς δαίμονα παραδοθείημεν τῆς θείας δίκης, ἐπὶ πάντας ἐφορώσης ·
κατὰ ποιότητα δὲ μελετήσωμεν, ἵνα μηδὲν διαφύγῃ. Ἐὰν γὰρ μὴ
ἡ ὑγρότης τῆς ἐξυδραργυρώσεως περιελθοῦσα κατὰ τὴν γεώδη ⟨οὐσίαν⟩
τοῦ στερεοῦ σώματος, καὶ τὸ ξηρίον διαλύσῃ καὶ ἐξυδατώσῃ κατὰ τὴν
10 οὐσιώδη τῆς ἐξυδραργυρώσεως ποιότητα, εἰς οὐδὲν ἔσται τὸ προσ-
δοκώμενον. Ἐὰν μὴ καὶ διαλυθῇ καὶ ἐξυδατωθῇ μὲν καὶ θερμανθῇ,
εἰς οὐδὲν ἔσται τὸ προσδοκώμενον. Ἐὰν δὲ καὶ μὴ διαλυθῇ καὶ θερ-
(f. 174 v.) μανθῇ, περιψυχθῇ δὲ, εἰς οὐδὲν ἔσται τὸ προσδοκώμε-
νον. Ἐὰν δὲ καὶ μὴ διαλυθῇ πάντα κατὰ τὴν τάξιν καὶ ὁμοῦ κατὰ
15 ἀκολουθίαν γένηται, ἐλπίζῃς τῆς ἐκβάσεως, σὺν τῇ θείᾳ προνοίᾳ,
τυχεῖν.·

17] Οὐκοῦν ἐπαινετέον καὶ τὸν φιλόσοφον, ὡς ἔνθεν οὐσιώσεις
καὶ ἐν ἐκστάσει γινόμενον, καὶ ἐν μεγάλῳ θαύματι ἀναβοήσαντα · Ὦ
φύσεις οὐράνιαι, φύσεων δημιουργοί! Οὐράνιαι ⟨δὲ⟩ φύσεις αὐταὶ ἀνα-
20 καλοῦνται αἱ ἀσώματοι ποιότητες. Λῦται γὰρ ἀσώματοι οὖσαι, ἀσω-
μάτων ἐνέργειαν δημιουργοῦσιν · ⟨καὶ⟩ τὰς ἐπὶ γῆς φύσεις τῶν στερεῶν

---

1. ἐρυθρὸν Lc. — περισσῶς δὲ Lc ; περισ-
σὸς ΑΚ ; περισὸς Laur. — 3. ἃ ποιεῖ —
ἐφορώσης (l. 6)] om. Lc. — 4. δαιμονᾷ
Κ ; δαιμονᾶν Laur. Réd. de ˙ : ποιεῖ ὡς ποιεῖ
τὸ πᾶν, ὥσπερ καὶ δαιμονᾶν ἄνθρωπον ἡ μέλαινα
χολὴ ποιεῖ. — 5. F. 1. παραφυλακτέον. —
Réd. de ˙ : ἵνα μὴ καὶ ἡμεῖς δαιμονᾶν πα-
ραδοθ. — 6. ἐφορώσης] ἐφορίσης mss. Corr.
d'après ˙. — 7. κατὰ ποιότητα κ. τ. λ.]
Réd. de Lc : ἡμεῖς δὲ κατὰ ποιότητα μελετ.
ἵνα μηδὲν διαφύγῃ (dernier mot). A la
ligne au-dessous : Τέλος. — 8. οὐσίαν
ajouté d'après ˙. — 15. ἀκολουθίαν] ἀκο-
λούθως A Laur. Κ ; ὁμοῦ καὶ κατακολούθως ˙.

Corr. conj. — ἐλπίζεις Laur. ; ἐλπί; ἐστι
τῆς ἐκδ. ˙. — 17. τῶν φιλοσόφων mss. Corr.
d'après ˙. — ὡς ἔνθεν οὐσιώσεις] ἵ. οὐσ. καὶ
om. ˙. F. 1. ὡς ἐν ἐνθουσιάσει. — 18. ἀνα-
βοήσας mss. Corr. d'après ˙. — ὦ φύσεις
κ. τ. λ.] Même phrase dans Stephanus,
p. 215. — Réd. de Laur. : ὦ φύσας (pour
φύσεις) οὐρανίων φύσεων δημιουργός. Puis
(note intercalée dans le texte) : Ἄχρις
δὲ τούτου ὄντος ἀλλαχοῦ (lire ἐν τῷ ἄλλῳ ?)
τὸν λόγον ὁ Ζώσιμος ἔφη περὶ τῆς ἀσβέστου
(Titre du morceau III, ɪɪ, dans A, f. 8 r.).
Fin du texte dans Laur. (f. 259 v.) —
19. δὲ ajouté d'après ˙. — 21. καὶ add. ˙.

καὶ ποιοῦσιν πάλιν ἀσωμάτων ποιότητα, ἀκωλύτως ἐνεργοῦσι κατὰ τὸ
πνευματικὸν ἀποτέλεσμα τῆς χρυσοποιΐας. Ἀσωμάτου τινὰ ποιότητα
ἡ ἐξυδραργύρωσις κατὰ τὸ ποιοῦν αὐτῆς κανονίζεται · ἀσωμάτων
ποιότης, ἢ τοῦ ἀέρος περίψυξις ἥτις μετὰ τὴν θερμασίαν ἐγγινομέ-
5 νην διὰ ψυχῆς καὶ τὰ ἀπὸ τοῦ πυρὸς ἐγκαύσεως. Διὸ καὶ νοητέον
τοῦ θερμοῦ καὶ ψυχροῦ τὰς ἀσωμάτους ἐνεργείας [ποιοῦσιν,] τί
ποιοῦσι καὶ πόσην δύνανται, καὶ θετέον μεγάλην θεωρίαν. Αἱ
τοιαῦται [καὶ] δραστικαὶ ποιότητες διορίζονται, ὡς κατ᾽ αὐτὰς
αὐξήσεις καὶ συντηρήσεις τῶν τοιούτων γίνεται · θερμότητες γὰρ
10 καὶ ψυχρότητες ὧδε αὐτίκα συντηροῦνται, αἱ δὲ ἄλλαι ποιότητες παθη-
τικαὶ ποιότητες ἀνακαλοῦνται · ἀνθ᾽ ὧν τὸ ὑγρὸν καὶ ⟨τὸ⟩ ξηρὸν πάσ-
χειν ἐοίκασι παρά τινι συνθέματι. Καὶ ὡς γὰρ ἂν τὸ σῶμα τῶν
στερεῶν εἰς ξηρὸν ἐπανάγον, τὸ λεγόμενον ἀσώματον θεῖον διὰ τοῦ
ὑγροῦ εἰς χαῦνον καὶ ὀλισθη-(f. 175 r.) ρὸν ἀποτρέχει · συνελθόν-
15 των τοίνυν ἔπαθον · καὶ τὸ μὲν στερεὸν διελύθη, τὸ δὲ ὑγρὸν συνε-
πάγη · αἱ γοῦν δραστικαὶ ποιότητες κατὰ μὲν τὸ θερμὸν ἐζώωσαν,
κατὰ δὲ τὸ ψυχρὸν ἐψύχωσαν · καὶ ἐντεῦθεν ζῶον ἔμψυχον λέγεται
τῷ θεωρητικωτάτῳ Ἑρμῇ.

18] Τὸ παρὸν σύνθημα κινούμενον ἀπὸ μονάδος καὶ μέχρι τριάδος
20 τῆς ἐξυδραργυρώσεως ἕστηκεν · καὶ μονὰς συστάσεως ἐπὶ τριάδα
ἀδιάστατόν ⟨ἐστι⟩ · καὶ ἔτι πάλιν τριὰς συνισταμένη ἐπὶ τριάδα διαι-
ρουμένην, κόσμον συνίστησι προνοίᾳ τοῦ πρωτοποιητικοῦ αἰτίου καὶ
δημιουργοῦ τῆς κτίσεως, ἔνθεν καὶ Τρισμέγιστος καλεῖται, ὡς τρια-
δικῶς ἐπιθεωρήσας τὸ πεποιημένον καὶ τὸ ποιοῦν. Καὶ ποιούμενος
25 μέν ἐστιν ὁ χαλκὸς μόλυβδος ἐτήσιος λίθος · ποιοῦν δὲ θερμὸν,

<hr>

1. καὶ ἀκολούθως; *, f. mel. — 2. ἀσώ-
ματον τ. π. *. — 3. ἀσώματος δὲ ποιότης
*. — 4. ἐγγίνεται *. — 5. καὶ τὰ] F. l. καὶ
τῆς. — 6. [ποιοῦσιν] om. * mel. — 7. πό-
σον δύνανται *. — 8. [καὶ] om. *. — 9.
γίνονται Lc *. — 10. ποιότητες] ποιότης
A; ποιότται K. Corrigé d'après *. — 11.
ποιότητες] ποιότης A; ποιότοις K. Corr.

d'après *. — τὸ add. *. — πάσχει mss.
Corr. d'après *. — 13. ἐπανάγον mss.
Corr. d'après *. — 14. F. l. συνελθόντα.
— 15. συνεπάγη mss. Corr. d'après *. —
19. A mg. : Une main, d'une écriture
plus récente. — 21. ἔτι add. *. — συνισ-
ταμένη. Corr. d'après *. — 22. κόσμον συν.
πρόνοιαν τοῦ πρ. αἴτιον mss. Corr. d'après *.

ψυχρὸν καὶ ῥευστὸν, τριὰς μία ἀδιαίρετος, ὡς μονὰς δευτέρα διαιρουμένη.

19] Ἀλλ᾽ ἐπαναληψώμεθα τῶν κατ᾽ἐνέργειαν θεωρημάτων, ἐπὶ τοῦ φυσιολογικοῦ καὶ πρακτικοῦ ⟨τῆς⟩ κατ᾽ἐπίβασιν θεωρίας. Ἐπιλε-
5 λυμένως δὲ κατέστη τὰς ἀνακαύσεις καὶ ἀναλύσεις· καὶ ἔτι ἐπαναλαμβανόμενος Ζώσιμός φησι· « Καύσατε τὸν χαλκὸν ἐν τῷ λευκῷ συνθέματι τῷ καίοντι τὰ σώματα, καὶ πάλιν ἰοῦντι, ὁμοῦ [δὲ] καὶ λευκαίνοντι. Οἱ ἐρχόμενοι γὰρ διὰ τούτων τῶν φιλοσοφικῶν θεωρημάτων, ἀνεπιλαμβανόμενοι κατ᾽ αὐτῶν ⟨τῆς⟩ μυστικῆς θεωρίας·
10 (f. 175 v.) ἐπείπερ ἡ τούτων ἄνοια σκοτασμὸς καὶ πάσης ἀποτυχίας πρόξενος ἐγένετο. Διὰ γοῦν τῶν ἐνταῦθα λέγει· « Καύσατε τὸν χαλκὸν ἐν τῷ λευκῷ συνθέματι, » ἵνα ἀπαγάγῃ ὑμᾶς ἀπὸ πάσης ἄλλης καύσεως· Διελέγχεσθαι δὲ τοὺς διὰ θείου, ἢ ἀρσενίκου, ἢ σανδαράχης καίοντας, ὡς οὐδὲν κατ᾽ αὐτάς· οὐδὲν γὰρ λευκὸν
15 γίνεται ἐν τούτοις καιόμενος ὁ πυρίτης, ἀλλὰ μέλας, μηδὲν τὸ λευκαίνεσθαι ἔτι δυνάμενος, ⟨ἐν δὲ τῷ λευκῷ συνθέματί καιούμενος⟩ ἀπολευκαίνεται, καὶ ἐξιοῦται πλυνόμενος, ὥσπερ γέγραπται.

20] Λοιπὸν ἐλευκάνθη καὶ ἐξανθώθη, ὡς εἶπεν Ὀστάνης. « Ἅμα γὰρ, φησὶν, ἐλεύκανας, ἐξάνθωσας. » Καὶ Ζώσιμος λέγει· « Βλέπε
20 μὴ ἀκηδιάσῃς ἐν τῷ καιρῷ τῆς λευκώσεως· δύο γὰρ ἅμα κατ᾽ αὐτὸν γίνονται, λεύκωσις καὶ ξάνθωσις· οὐδὲν γὰρ πρῶτον λευκαίνεται καὶ ξανθοῦται ὕστερον, ἀλλ᾽ ἅμα λευκαίνεται καὶ ξανθοῦται ἀδιαστάτως κατὰ μίαν μονάδα τῆς τρισυποστάτου ταύτης συνθέσεως. Καὶ νῦν δὲ ἱσταμένης τῆς τριαδικῆς ἐπιδιαιρέσεως· καὶ γὰρ κατὰ μὲν τὴν

---

1. ἀδιαρέτη, A. Corr. d'après *. — 4. ἐπιλυμένως mss. Corr. d'après *. — 5. κατὰ τὰς ἀνακ. *. — ἐπαναλαμβάνων *. — 7. δὲ om. * — 8. φιλοσόφων mss. Corr. d'après *. — 9. ἀνεπιλαμβανόμενοι] ἀναπιμπλάμενοι A*; ἀναπίμπλανται *. — τῆς add.*. — 10. ἀνοίας A. ἄγνοια *. — 12. ὑμᾶς] ἡμᾶς *, f. mel. — 13. διελέγξῃ *. — θεῖον ἢ ἀρσένικον mss. Corr. d'après *. — 14. κατ᾽ αὐτά*. —

οὐδὲν γὰρ λευκόν] οὐδὲ γὰρ λευκός (οὐδὲν corrigé en οὐδὲ) *.—16. ⟨ἐν δὲ τῷ λ. σ. καιούμ.⟩ restitué d'après *. — 17. ὡς προγέγραπται*. — 20. κατ᾽ αὐτόν corrigé en κατ᾽ αὐτό*. — 23. Après συνθέσεως] Réd. de *: ἥτις καὶ τριαδικὴ ἐπιδιαίρεσις λέγεται· καὶ γάρ... — 24. καὶ γὰρ κάτω mss. Corr. d'après * qui donne : κ. γ. κατὰ μίαν λεύκ. καὶ κατὰ μ. μ. σ.

λεύκωσιν, κατὰ μίαν μονάδα συστάσεως, τὰ τρία λευκαίνονται καὶ
ξανθοῦνται, κατὰ δὲ τὴν διαιρουμένην τριάδα διΐστανται καὶ ἀπο-
χέονται. Οὕτω γὰρ ἔλεγεν τὸ κατὰ Δημοκρίτου · « Οἰκονόμει δὲ
ἄλμῃ, ἢ ὀξάλμῃ, ἢ ὡς ἐπινοεῖς. » Καὶ πρῶτον ὑποφωνῶν ὅτι ὁ χαλκὸς
5 οὐ βάπτει, καὶ ὅτι ὁ f. 176 r.) χαλκὸς νιτρελαίῳ ἀνακαυθεὶς, καὶ
τοῦτο πολλάκις παθών, χρυσοῦ καλλίων γίνεται, καὶ ὅπερ ὁ χαλ-
κὸς οὐ βάπτει κατ ᾽οὐσίαν ἁπλῆν ἐκ τοῦ μένειν, ἀλλὰ βάπτεσθαι
κατὰ σύνθεσιν γινόμενος · πῶς ἢ ἄνευ τῆς συνθέσεως ταύτης,
καὶ πρὸ τοῦ βαφῆναι τὸν χαλκὸν διὰ τῆς ἐν πυρὶ συνεργείας
10 πυρόντας βάπτειν; Ἀλλ᾽ ἐκεῖνος μὲν ἀρκεῖ πρὸς ἔλεγχον, καὶ τὴν
πρώτην ἐγχείρησιν ἀποτυχία.

21] Ἡμεῖς δὲ κᾂν ἐντεῦθεν σημειωσόμεθα ὅτι ἡ διὰ νιτρελαίου
ἀνάκαυσις τῷ φιλοσόφῳ κατ᾽ ἀντίθεσιν καὶ ἀπόθεσιν καὶ ὑπέμφασιν
εἴρηται. Ὥσπερ γὰρ ὁ ἐν κατόπτρῳ διαβλεπόμενος, οὐ σκιὰς βλέπει,
15 ἀλλ᾽ ὑπεμφάσεις, διὰ τοῦ φαινομένου ψευδοῦς τὸ ἀληθὲς κατανοῶν,
ὅτι ⟨τῷ⟩ διὰ τοῦ νιτρελαίου καθ᾽ ὑπέμφασιν κεχρημένος ὑποτίθεται
νοεῖν τὸ ἀληθές · ἀντὶ γὰρ τοῦ « ὄξει νίτρου », τὸ « νιτρελαίῳ »
παραλαμβάνεσθαι προσηγορίαν. Καίεται τοίνυν ἐν τῷ λευκῷ συνθέματι
καὶ ἐξιοῦται καὶ λευκαίνεται, ὄξει νίτρου πλυνόμενον, καὶ ἅμα ἐν
20 τούτῳ ξανθοῦται, ἔξωθεν μὲν λευκαινόμενον, ἔσωθεν δὲ ξανθούμενον.

22] Οὐκοῦν δεῖ καῆναι ἕως μόνον θερμανθῇ, καὶ ἀσφαλίζεσθαι
προσήκει, ἵνα μὴ καπνισθῇ · ἐὰν γὰρ καπνισθῇ, ἠφανίσθη. Οὕτως
γὰρ ἄφθονος καὶ ἀγαθώτατος ὁ Δημόκριτος πρὸς μὲν ἑκάστην

---

2. διΐστατα καὶ ἀπόχρτα mss. Corr.
d'après *. qui donne ensuite : οὕτω γὰρ
φησι καὶ ὁ Δημόκριτος. — 3. οἰκονόμοι mss.
Corr. d'après * — 4. καὶ ὅτι] ἢ ὅτι *. —
6. καλλίων] κάλιον mss. Corr. d'après *.
— ὅπερ] εἴπερ *. — 7. Réd. de * : ἐκ τοῦ
μίνειν ἀδιαστάτως, ἀλλὰ βάπτεται κατὰ σύνθ.
ὀπτόμενος. — 8. γινόμενος] F. l. δυνά-
μινος. — ἢ] οἱ *. F. l. καὶ. — 10. πυρόντας]
παρόντας *, f. mel. — ἐκεῖνος] ἐκείνοις *. F.
l. ἐκεῖνο. — 11. ἀποτυχία] F. l. ἀποτεύχει,

effectue (verbe supposé). — 12. κᾂν ἐντεῦ-
θεν] καὶ ἐντεῦθεν *. — 15. A mg. τῆ. —
ἐμφάσεις *. — 16. ὅτι] οὕτως καὶ ὁ διὰ τοῦ
νιτρελαίου *. — 18. περιλαμβάνεται *. F. l.
παραλαμβάνεται. — 22. καπνισθῇ] καπνισθῇ
ΑΚΛ*. Corr. d'après *. — 23. ἄφθονος A ;
ἀφθόνως Κ. Corr. conj. Réd. de *: Οὕτω γὰρ
ὁ Δημ. ἀφθόνως καὶ ἀγαθῶς πρὸς ἑκάστην ἀπος-
τέλλων φύσιν. τόν χάλον περὶ τοῦ χαλκοῦ προ-
λέγει καὶ συνίσταται · βλέπε ἵνα μὴ σφόδρα καύ-
σῃς... — A mg. τῆ. — ἀγαθότητος mss.

ἐπιστέλλων φησὶ τὸν σάλλον (?) περὶ τοῦ χαλκοῦ · « Μὴ σφόδρα
καύσῃς, ὦ φίλε, ἵνα μὴ τὸ τούτου (f. 176 v.) κάλλος ἀπολέ-
σῃς, ⟨καὶ⟩ εἰς φλόγα πυρὸς μηδέποτε τοῦτο θῇς, οὐ συμφέρει
γὰρ, ἀλλὰ φεύγει · ἀλλ' εἰσάγαγε τῷ πυρὶ ὡς ἐν ἡλίῳ σφοδρῷ, καὶ
5 σῶσον αὐτοῦ πᾶσαν τὴν αἰθάλην, καὶ ποιῆσον ὡς λέκιθον ὠοῦ. »
Ἐνσημειώμεθα ⟨δὲ⟩ ὅτι διὰ τοῦ λέγειν « μὴ σφόδρα καύσῃς, καὶ εἰς
φλόγα πυρὸς μηδέποτε θῇς, » ὡς ἐξέβαλλεν ἀπὸ τῆς πνοῆς ταύτης
πᾶσαν ἐκπύρωσιν καὶ πᾶσαν ἐκφλόγωσιν. Τούτου ἕνεκεν κατασο-
φιζόμενοι τοῦ πυρὸς καὶ τοῦ πνεύματος, μήποτε γένηται λελυ-
10 θώτον ἐκπύρωσις, πηλῷ ὡς λίαν πυριμάχῳ καὶ τετριμμένῳ, περι-
δεύουσιν ἔξωθεν τὰ ὄργανα ἐκ δευτέρου καὶ τρίτου, ἵνα τὴν μὲν
πύρωσιν ἐκστρέφωνται, τὴν δὲ θερμασίαν ἐπισπάσωνται · οὐ μόνον ⟨δὲ
τῇ⟩ περιπηλώσει ταύτῃ κέχρηται, ἀλλὰ καὶ διαστάσεις καὶ χώρας,
κατὰ τὰ ὄργανα ἐπιτηδεύει. Οἷον γὰρ ὁ Δημιουργὸς τὸ στερέωμα
15 ἐξ ὑγροῦ ποιήσας διαχωρίζει τὸ ὕδωρ ὑποκάτω τοῦ στερεώματος,
διάστασιν ἐπιτηδεύει, ἵνα κατὰ τὰ ὄργανα μὴ ἐκπυρωθῇ τὸ σύνθεμα
καὶ ἐξαφανισθῇ · Καὶ ἐπείπερ πάλιν τὸν ἥλιον διατρέχειν καὶ
ἀναβαίνειν πάντα τὰ τρυφερὰ ⟨καὶ⟩ διακκίειν ὡς τὰ τῶν ἐμ-
ψύχων σωμάτων, καὶ μυελοὺς καὶ τὰ ἐπιπολάζοντα σώματα,
20 ἐκπίνειν καὶ διαπνεῖν τὸν ἀέρα διετάξατο, ἵνα διαφυγούμενα δια-
σώζηται τῆς ἐνκαύσεως · καὶ οὕτως ὁ δημιουργὸς νοῦς διανοηθεὶς
ἐν μέσῳ τοῦ ὑπερκειμένου συνθέματος ἢ τοῦ ὑποκειμένου πυρὸς

---

1. σάλλον K. — 5. πᾶσαν αὐτὴν τὴν αἰθ.*
— λέκυνθον mss. Corr. d'après *. — 6. ἐν-
σημειούμεθα mss. Corr. conj. — δὲ add. *.
— διὰ τὸ λέγειν *, f. mel. — 7. θῇς *. — 8.
κατασοφιζόμενοι] F. l. κατασφαλιζόμενοι. — 9.
λελύθωτον A; λελυθότον K; λελῃθότως; *. f.
mel. — 10. τετριμμένῳ] τετρυχομένῳ *. F. l.
τετρυχωμένῳ. — 12. ἐκστρέφονται, puis ἐπισ-
πάσονται mss. Corr. d'après *. — δὲ τῇ add.
*. — 13. κέχρηνται, et l. suiv. ἐπιτηδεύουσιν
*. — A mg. : Une main. — 14. ὥσπερ γὰρ ὁ
Δημ.*. — 15. Après στερεώματος] Réd.

de * : οὕτω καὶ οὕτοι διάστασιν ἐπιτηδεύουσιν
ἵνα... — 17. Καὶ ἐπείπερ — διακκίειν] Réd.
de * : ὥσπερ δὲ πάλιν ὁ Δημιουργὸς τὸν ἥλιον
διετάξατο πρὸς τὸ διατρέχειν κ. ἀναβ. καὶ π.
τὰ τρυφ. διακκίειν. — 19. καὶ τὰ ἐπιπολ.]
Réd. de * : καὶ τὸν ἐπιπολ. τοῖς σώμασιν ἀέρα
ἐκπίνειν δὲ καὶ διαπνεῖν, ἵνα διαφ. διασῴζονται
ἐκ τῆς ἐγκαύσεως. — 21. καὶ οὗτος mss.
Corr. d'après A*. Réd. de * : οὕτω καὶ ὁ
ἀνθρώπινος νοῦς ἐκ τούτων διανοηθείς... —
22. ...πυρός χ. μεταλαμβάνει] πυρὸς διετάξατο
χώρας ὥστε μεταλαμβάνειν *.

χώρα μεταλαμβάνει, εὐκρασίας τὰ ὑπερκειμένα · ἑκατοντάδες δὶς
ὀ-(f. 177 r.) κτὼ, καὶ τρεῖς τρεῖς δεκάδες καὶ τέσσαρες, πάλιν τὴν
ἀνάρτησιν τοῦ πυρὸς ποιοῦσιν. Διὰ τοῦτο πολλῆς δεῖται τῆς εὐκρα-
σίας, ἵνα μὴ καῇ, καὶ τὸ πᾶν ὑγρὸν ἐξαναλωθῇ. Φησὶν γὰρ · « πᾶν
5 ὑγρὸν τῇ βίᾳ τῆς ἐκπυρώσεως ἐξανάλωται. »

23] Σωζομένης τοίνυν πάσης τῆς αἰθάλης τῆς κατὰ τὸ σύνθεμα,
καὶ ὡς λέκυνθον γινόμενον, ἐπὶ τὴν μεγάλην καὶ δευτέραν ταρι-
χείαν μετερχώμεθα · τότε γὰρ ἐκστρέφει τὴν φύσιν καὶ τὴν ἐνκε-
κρυμμένην ἐντεριώνην ἀποκαλύπτει. Πρὸς τὸν τόπον γὰρ τοῦτον
10 διασυνάπτει καὶ ὃ λέγει Στέφανος, « ὅρος φιλοσοφίας ἐστὶν κατά-
λυσις σώματος, καὶ χωρισμὸς ψυχῆς ἀπὸ σώματος. » Ἀπὸ τούτων
τοίνυν ἄγε ⟨καὶ⟩ τὸν Δημόκριτον [δεῖ] λέγοντα · « Οὐδὲν ὑπολέλειπ-
ται, οὐδὲν ὑστερεῖ, πλὴν τῆς νεφέλης καὶ τοῦ ὕδατος ἡ ἄρσις. » Καὶ
Στέφανος πάλιν λέγει · « Οὐδὲν δεῖ γὰρ αὐτὴν ἀφείην (?) ἔνυγρον,
15 ἵνα μὴ ἀποφρενωθῇ καὶ δύνῃ ἀφ' ἡμῶν. Ἀλλὰ αἱροῦμεν ἀπ᾽ αὐτῆς
τὰ ἐπιπολάζοντα ὕδατα, ἵνα ἴδωμεν αὐτῆς τὸ κάλλος, ἵνα θεασώ-
μεθα τὴν εὐμορφίαν τοῦ ἀρρήτου κάλλους, τὴν χρυσόθρονον χάριν.
Τί οὖν ἔχει ποιῆσαι ; πῶς ἄρσιν ποιήσομεν τοῦ ὕδατος ; » Εἰ γὰρ τὸ
πῦρ ἐναντίον ἐστίν τῇ οἰκονομίᾳ τῶν εἰδῶν · ὡς ἄλλος δὴ, φησὶν,
20 καὶ ⟨εἰ⟩ χωρὶς πυρὸς οὐ καίεται, τί ποιήσομεν ; ἄπυρον τὸ πρᾶγμα

---

1. τὰ ὑπερκείμενα ἀνάρτησιν (l. 3). Réd.
de * : τὰ δὲ ὑπερκ. τοῦ συνθήματος ἐκ. εἰσὶ,
δὶς ὀκτὼ καὶ τρὶς τρεῖς δεκάδες καὶ τέσσαρα, ἃ
συναριθμούμενα τὴν ἀνάρτησιν κ. τ. λ. — 2. καὶ
τρεῖς καὶ τρεῖς καὶ δεκάδες A*. F. l. τρεῖς τρισ-
δεκάδες. Cp. ci-dessus, p. 129, l. 1. — 3.
διὰ τοῦτο τοίνυν *. — 5. ἐξαναλοῦται A (ει
au-dessus de ου, d'une encre plus pâle);
ἐξαναλειοῦνται K ; ἐξαναλοῦται A* et *. Corr.
conj. — 7. ὡς λέκυθος γινομένης *. F. l.
ὡς λεκίθου γινομένου. Cp. p. précédente, l. 5.
— 8. τότε γὰρ] ἐν ᾗ *. — 9. πρὸς γὰρ τὸν
τόπον *. — 12. ⟨καὶ⟩ add. *. — δεῖ om. *.
mel. Cp. Stephanus, p. 205 et 206 :
οὐδὲν ἀπολέλειπται jusqu'à ᾗ ἄρσις. Ibid.
p. 217 : οὐδὲν ὑπολείπεται κ. τ. λ. — 14.

λέγων mss. Corr. d'après *. Cp. Ste-
phanus, p. 207. — οὐδὲν δεῖ γὰρ] οὐ γὰρ
δεῖ *. — ἀφείην] ἀφεῖναι * (ἐὰν Stepha-
nus). — 16. ἐπιπολάζοντα] περιπολεύοντα
Stephanus. — 17. A mg. σῇ. — χρυσό-
θρονον] mss. Réd. de * : τοῦ ἀρρήτου κάλ-
λους αὐτῆς, τὴν χρυσόθρονον χάριν φημί.
Cp. Stephanus, ibid. : ἵνα ἴδωμεν ἡλιό-
δωρον νεφέλην. (Variantes produites sans
doute par l'emploi, dans les manuscrits
antérieurs aux nôtres, du signe com-
mun au soleil et à l'or.) — 18. ἔχει]
ἔχομεν * F. l. ἔχομεν. — Εἰ] ἢ mss. Corr.
d'après *. — 19. δὴ] δεῖ mss. Corr.
d'après A*. — ὡς ἄλλος φασί *, f. mel.

καταλειψόμεθα ; Καὶ τίς ἔσται ἀρχὴ [καὶ] τέλος μὴ ἔχουσα, κατὰ
τὰς πρακτικὰς ἐνεργείας, μνησθησόμεθα. Τί λοιπὸν (f. 177 v.)
ἔλεγεν ὁ ἡμέτερος φιλόσοφος, ὁ εἰς πάντα πληρέστατος διδάσκαλος,
ὁ εὔφρων καθηγητής ; Οὐδὲν γὰρ ἐλλειπές τι τῶν εἰς χρείαν συν-
5 τεινόντων, ὁ οὐκ ἐπεκρότησεν τῶν συμπληρούντων αὐτοῦ τὴν ἐπαγ-
γελίαν. Διὸ καὶ ἐνταῦθά φησι · « Λαβὼν μόλυβδον, οὐχ ἁπλῶς
λέγω, ἀλλὰ τὸν ἡμέτερον, στῆσον αὐτὸν εἰς πλάτος τὸ διπλοῦν, καὶ
πρότερον ὅτε εἰς ἔργον λαβόμενος, καὶ δι' ἐργαλείου ὑποτιθέμενος τὴν
ἄρσιν τοῦ ὕδατος ποίει, καὶ σημείωσαι, φησίν · εἰ διαπορεῖς, πορεύου
10 εἰς Αἴγυπτον, καὶ λαβὼν ἱμάτιον πυκνόν, πλύνον, ἔκθλιψον τὴν σταφυ-
λήν. » Καὶ ἑρμηνεύων Ζώσιμος καὶ αὐτὸς φησίν · « Καὶ λαβὼν
ἅλας, τὸ θεῖον τὸ λευκὸν ἐξιὸν νότισον ὀξεῖ ζώμῳ. » Καὶ Στέφανος
λέγει · « Ὅταν ἐν ὕλῃ ποιῆς τὸ σύνθεμα, ὑπερδαπανᾶται. »

24] Ὁ ἄφθονος καὶ ἀνελλιπὴς ἐμὸς Στέφανος ὁ τῶν μυστηρίων
15 ἀποκαλυπτής, πρὸς δὲ νεκρὰν τὴν φύσιν · « Λαβὼν τὴν αἰθάλην, ἐπίθες
ἐν σάκκῳ λινῷ καὶ λίαν πυκνοτάτῳ, καὶ σινίατον ὅλου τοῦ ὕδατος · ἡ
γὰρ περιουσία θᾶττον κατασπασθήσεται · καὶ στήσας ἅλας καππα-
δοκικὸν ἴσον νότισον ὀξεῖ ζώμῳ, ἕως γένηται ὡς πηλός · καὶ ἀναξή-
ρανον ἀνατρίβων ὀξεῖ νίτρῳ · οὕτω γὰρ ὁ ποιῶν ἐστιν ἀνὴρ τέλειος,
20 τηρῶν τὰς ὁδοὺς τῶν γραφῶν τὰς καμπύλους, τὰς λοξάς. » Εἴ τι ἄρα
λαμβάνοντας αὐτῶν χαριέντους, χαριεστάτας καὶ ἀπλόκους πλάνας,

<hr>

1. [καὶ] om. *. — 2. Μνησθῶμεν οὖν τι
λοιπόν *. — 4. ἔμφρων*. — ἔλιπε *. — 5.
Après ἐπεκρότησεν] κατὰ τὴν add. *. — 6.
διὸ καὶ ἐντ. φησι] φησὶ γὰρ*.— 7-9. Réd.
de * : στῆσον α. εἰς πλ., κατὰ τὸ διπλοῦν · καὶ πρ.
μὲν, ἢ ὅταν εἰς ἔργον λάβῃς, καὶ δι' ἐργ. ὑπο-
τιθῇς τὴν ἄ. τ. ὕ. ποίει, καὶ σημείου ἀεὶ τὰς ἐνερ-
γείας, φησίν · εἰ δὲ διαπορεῖς. — 9. ποιεῖν mss.
Corr. d'après *. — ἢ διαπορῖς mss. Corr.
d'après *. — 10. εἰς Αἴγ. φησι *. — 11. καὶ
ἑρμ. — φησιν] ὅπερ ἑρμ. ὁ Ζώσ. φ. · λαβὼν *.
— 12. ἐξιὼν mss. Corr. d'après *. —
ὄξει mss. Corr. d'après *. — 13. λέγει]
λέγ A ; λέγων K. Corr. d'après *. — ἐν

ὕλης ποιεῖς mss. Corr. d'après *. Cp
Stephanus, p. 216, l. 23 : ὅτε καὶ τὴν διὰ
τοῦ ὕδατος ἄρσιν ἔναυλον ποιήσῃς τὸ σύνθεμα.
— ὑπερδαπανώτας mss. Corr. d'après *.
— 15. Réd. de * : ... ἀποκαλυπτής · πρὸς δὲ
ν. φ. φησίν · λαβών... — 16. ἐν σακῇ λίνῳ mss.
Corr. d'après *. — σιν. αὐτὴν ἐξ ὅ. τ.
ὕδ.* F. l. ὅλον τὸ ὕδωρ. — 17. αὐτῆς περιου-
σία *. — 18. ὄξει mss. Corr. d'après *. 18.
— ἕως ἂν *. — καὶ ἀναξηραίνων, ἀνάτριβε *.
— 19. ὄξει νίτρῳ mss.; ὄξει νίτρου *. Corr.
conj. — ἔσται *. — 20. εἴ τι] ἤ τι A. Réd.
de * : εἶτα ἐπιλαμβάνων τὰς αὐτῶν χαριέστας
καὶ χαριεστάτας... — 21. F. l. χαριέντως.

18

φησίν · « Λαβὼν νίτρον μέρη ς΄, στυπτηρίας στρογγύλης ⟨μέρος⟩
α΄, μίσεως μέρη ς΄, ἅλατος καππαδοκικοῦ μέρη δ΄, βάλλε ἐν ὄξει
λίαν δριμυτάτῳ, καὶ ποιῆσον ζωμόν · ἐν τούτοις γὰρ ἀποσκιάσεις τὰ
πέταλα. Οὗτος ὁ ζωμὸς ἀρχὴ καὶ τέλος ἐδοκιμάσθη. »

— · — · — · — · —

5   III. vii. — ΠΕΡΙ ΤΗΣ ΕΞΑΤΜΙΣΕΩΣ ΥΔΑΤΟΣ ΘΕΙΟΥ

Transcrit sur M, f. 112 r. — *Collationné sur* B, f. 84 v. ; — *sur* A, f. 82 r.

1] Ἐν τοῖς ὑμετέροις οἴκοις, ὦ γύναι, διὰ τὴν σὴν ἀκοήν ποτε
διατρίβων, ἐθαύμαζον μὲν πᾶσαν τὴν τοῦ παρὰ σοὶ καλουμένου στρούκ-
τορος ἐργασίαν, ἔκπληξιν δέ με ἱκανὴν ἐνέβαλεν ἀντὶ τῶν ἔργων
αὐτοῦ, παρῆν μοι δὲ καὶ τὸν πόξαμον ἐκθειάζειν · καὶ ὦμεν καὶ τὸν
10 ἴδιον νοῦν ἑκάστου τεχνίτου, ὅτιπερ ὀλίγας ἀφορμὰς παρὰ τῶν
προγενεστέρων λαβόντες, κάλλιον αὐτοὶ ἐπετήδευσαν. Ἦν οὖν τὸ εἰς
ἔκπληξίν με ὄξαν τοῦτο · ἡ τοῦ ἰθμητοῦ ὀρνιθίου ἕψησις, πῶς πεποσ-
μενον ἐκ τῆς αἰθάλης καὶ θέρμης ἑψεῖται, καὶ τῆς τοῦ ζωμοῦ ποιό-
τητος · εἰ καὶ βαρῆς οὐκ ἀμοιρεῖ. Καὶ τοῦτο θαυμάζων ἐπὶ τὸ ἡμέ-
15 τερον σπούδασμα ὁ νοῦς μὲν ἡνιοχεῖ. Εἰ ἄρα ἐκ τῆς ἀναδόσεως [καὶ]
αἰθάλης τοῦ θείου ὕδατος δύναται ἑψεῖσθαι, καὶ χροΐζεσθαι τὸ ἡμέ-
τερον σύνθεμα. Ἐζήτουν δὲ εἴ πού τις [f. 112 v.] ἄρα καὶ τῶν ἀρ-
χαίων τοῦ τοιούτου ὀργάνου μέμνηται · καὶ οὐ παρῆν μοι κατὰ τὸν
νοῦν. Ἔνθεν ἀθυμῶν καὶ τὰς σὰς περιβλεπόμενος βίβλους, εὗρον ἐν
20 ταῖς ἰουδαϊκαῖς πλησίον τοῦ τεχνοπαραδότου ὀργάνου καλουμένου τρι-
βίχου, καὶ ταύτην τὴν τοῦ ὀργάνου διαγραφήν. Ἔχει δὲ οὕτως ὡς

---

1. νίτρον * — ajouté μέρος avec *. —
2. εἶτα βάλε *. — 3. λίαν om. *. — ἀποσκιά-
σῃς ἂν * (pour ἀποσκιάσοις ἂν ?). — 4.
οὗτος δὲ ὁ ζ. *. — 5. Après θείου] BA aj. :
τοῦ πήξοντος (πήσοντος A ; πήσσοντος B.
Corr. conj.) τὴν ὑδράργυρον. — 6. ἡμετέ-
ροις A. — 8. με] F. l. μοι. — 9. πόξαμον
BA. — 12. ὄξαν] ἄξαν BA. — ἰθμητοῦ
ὀρνιθίου] F. l. ἠθμοῦ τοῦ ὀρνιθείου. — Cp.
l'*Introduction* de M. Berthelot, p. 150,
fig. 26. — πεπωμασμένον BA, f. mel. —
20. τεχνοπαραδότου] τεχνοδότου BA. F. l.
τεχνοπαραδότου. Les trois formes sont
également inconnues.

πρόκειται. Λαβὼν ἀρσένικον, λεύκανον οὕτως · πηλὸν λιπαρὸν ποίη-
σον πλατὺν ὡς σπεκλαρίου σχῆμα λεπτότατον · καὶ τρῆσον λεπταῖς
τρώγλαις κοσκινοειδῶς · καὶ ἐπίθες προσαρηρὸς λοπάδιον, εἰς ὃ ἔστω
τοῦ θείου μέρος ἕν · εἰς δὲ τὸ κόσκινον, ἀρσένικον ὅσον βούλει · καὶ
5 ἐπιπωμάσας ἑτέρῳ λοπαδίῳ, καὶ περιπηλώσας τὰς συμβολὰς, ⟨μετὰ⟩
νυχθήμερα δύο εὑρήσεις ψιμύθιον. Τούτου ἐπίβαλλε τῇ μνᾷ τὸ τέταρ-
τον, καὶ ἐκρύσα ὅλην ἡμέραν, ἐκ μικροῦ ἐπιβάλλων ἄσραλτον, καὶ
⟨τὰ⟩ ἑξῆς. Καὶ αὕτη μὲν ἡ τοῦ ὀργάνου κατασκευή.

2] Ἐγὼ δὲ ἐπὶ τὸ ἡμέτερον ἐλεύσομαι, δεικνὺς ἐξ αὐτῆς τῆς
10 γραφῆς ὡς οὐκ ἔστιν [ἐξ αὐτῆς τῆς γραφῆς] λεύκωσις · ἐπεί πως
δύο νυχθήμερα ἐψεῖσθαι παρακελεύεται, δυναμένης ὥρας μιᾶς πολὺ
θεῖον ἐξατμίσαι. Ἀλλ᾽ ἐκ τούτου ἀφορμήν σοι δίδωσι νοημάτων ·
ἐμνημόνευσε δὲ καὶ Ἀγαθοδαίμων ὅτι περ τὸ ἀρσένικον ὅλον
ἐστὶ τὸ σύνθεμα, περὶ οὗ ἐν τῷ ἕκτῳ τῆς ἑψήσεως τῶν κατ᾽ ἐνέρ-
15 γειαν ἰσχυρῶς διέλαβον. Ἐμνημόνευσαν δὲ καὶ ἄλλοι πολλοὶ ἀρχαῖοι
τῇδε βουλῇ πολλῇ ἔσω. Πότε ἡ ἀρχὴ τῆς γραφῆς περὶ τοῦ παρόν-
τος διδάσκει; φησὶ γὰρ · (f. 113 r.) « Λεύκωσις ἀρσενίκου ποιοῦσα
ἐν ἐκτάσει ⟨εἰς⟩ τὸ ἀρσένικον μὴ λευκαινόμενον ἐκτείνεται. » Οὐ δῆτα
μὲν Δημόκριτον εἰπόντα ὅτι « ἐὰν πλεονάσῃ τὰ φῶτα, γίνεται ξανθόν ·
20 ἀλλ᾽ οὐ χρησιμεύσει σοι νῦν · λευκάναι γὰρ βούλει τὰ σώματα. »

3] Πῶς δὲ ἄρα ἠλίθιός ἐστίν τις ἀνὴρ ὁ μὴ τὸ πᾶν ἐννοῶν εἶδος
τοῦ ἀρσενίκου; ἢ αἱ τούτου λάμναι, καθὼς ἡ προκειμένη γραφὴ φάσ-
κει, ἐὰν λευκανθῶσιν οὕτως, οὐχὶ κατὰ τὴν ἐπιφάνειαν, ἔσται μόνον
λευκὸν, πυρὸς δὲ ὡς μηθὲν φεύξεται · καὶ αὐτὸ καὶ ἡ τούτου ἐπιφά-
25 νεια λευκή. Πῶς δὲ οὐκ ἔστιν ἠλίθιον ἀρσένικον ἐννοεῖν τὸ λευκαι-
νόμενον, ὅπου καὶ ἐπιβάλλειν αὐτὸ ἐκέλευσεν ἡ γραφὴ καὶ ἐκρυσᾶσ-
θαι, οὐδὲν μολύβδου ἔχοντος τοῦ ἀρσενίκου, ἀλλ᾽ αὐτοῦ διὰ τῆς
πυρᾶς ἐξατμιζομένου; Ὅτι δὲ σύνθεμά ἐστιν μολιβῶδη ἔχον, οὐ μόνον

---

6. F. l. τῆς μνᾶς. — 12. δίδωμι B; δίδω
μοι A. — 13. δὲ] γὰρ BA. — 14. τῶν om.
BA. f. mel. — 16. πολλῇ] πολλῆ: B; πολλὺ
A. F. l. πολὺ. — 18. τὸ ἀρσένικον μὴ] τὸ μὴ
ἀρσένικον mss. — οὐ δῆτα...] F. l. οὐ δῆτα
μὲν Δημοκρίτου ⟨ἤκουσας⟩ εἰπόντος... Cp.
II, 1, 24. — 22. τὸ ἀρσένικον M. — 24.
φθέγξεται BA. — 28. μολιβδῶδη A.

ἐκφυσᾶν παρακελεύεται, ἀλλὰ γὰρ καὶ ἄσφαλτον ἐπιβάλλειν, ἵνα τρό-
πον τινὰ μολιβώσῃ, καὶ καθάρῃ καὶ λιπάνῃ τὸ πᾶν.

4] Καὶ ὅσα μὲν οὖν ἔνεστι μοι λέγειν εἰς τοῦτο, λέγειν ὑμᾶς
ἔστε μάρτυρες. Ἀλλ ' ἐπειδὴ λοιπὸν πολλὰς ἀφορμὰς λαβόντες λοι-
5 πὸν ἔστε καὶ διδάσκαλοι. Ἀλλὰ τὸ εἰς ἐμὲ ταυτὸν μέχρις ὧδε
παρακελεύομαι, ἐκδεχόμενος κἀγὼ τοὺς παρ ' ὑμῶν τοῦ τέλους καρ-
πούς. Φησὶν οὖν ἡ γραφὴ ὅτι καὶ εἰς νομίσματα ποιεῖ. Ἔστιν δὲ ὁ
τρόπος οὗτος καρκινοειδής.

5] Ὅτι ἐπὶ τοῦ συνθέματος ὀπὴν ἔχει τὸ ὀστράκινον ἄγγος ἀποκα-
10 λύπτον τὴν φιάλην τὴν ἐπὶ τὴν κηροτακίδα, ἵνα περιβλέπων εἰ λευ-
κανθῇ, ἢ ξανθωθῇ. Ἡ δὲ ὀπὴ τοῦ ὀστρακίνου ἄγγους ἐπιπωμάζεται
φιάλῃ ἑτέρᾳ, ἵνα μὴ δι ' αὐτῆς ἐκπνεύσῃ καὶ τὸ καρκινοειδὲς αὐτοῦ
ἐκφύγῃ, ὅ ἐστι μονοήμερον. Ἐὰν γὰρ ἄλλη ἡ ἕψησις, καὶ ἄλλη ἡ
ὄπτησις, δύο καμίνων χρεία, πρῶτον φανῶν ληκυθίων, ἔπειτα κηροτα-
15 κίδων, ἢ πηξάδων, ἢ βουκλῶν · ἐὰν καρκινοειδὴς ἡ ὁμοία αὐτῶν
ἑψηθῆναι, ἐπιτιθέντα κηροτακίδων ἐκτείνων, τὰ δὲ ποιοῦν ὡς ἄρρευσ-
τον. Ἔλεγεν ὁ ἀρχαῖος Ζώσιμος. « Μίαν τάξιν οἶδα ἐγὼ δύο ἔργα
ἔχουσαν · μίαν μὲν ἵνα ῥεύσῃ διὰ τῆς ῥυτῆς, καὶ δευτέραν ἵνα
ξηρανθῇ ὑγρότης μολύβδου ἀκενώτην · πηχθήσεται γὰρ καὶ ξηραν-
20 θήσεται αὕτη. »

---

1. γὰρ om. BA, f. mel. — 2. μολιβώδη M ;
μολιβδώση BA. Corr. conj. — 3. ἔνεστι]
εἰ ἐστι M ; οὖν εἰ om. BA. Corr. conj.
— εἰ τοῦτο M. — F. l. ἡμᾶς. — 4. ἔσται MA.
— ἐπειδὴ λοιπόν] λοιπὸν om. BA, f. mel.
— 5. ὧδε] ἐνταῦθα A. — 9. Transcrit
sur A (f. 83 r., l. 8 et suiv.) tout notre § 5,
qui manque dans MB. — Ce para-
graphe est reproduit dans le morceau
III, xxix, 23. Les principales variantes
sont rapportées ici et désignées par
un astérisque. — τὸ ἀποκαλύπτον Lb*.
— 10. περιβλέπεις Lb* — F. l. ἵνα περιβλέ-
πῃς. — εἰ] ἢ A. Corr. conj. — 13. ἐὰν
γὰρ] F. l. ἐὰν δὲ. — 14. φανῶ ALb*. —

15. ἡ ὁμοία] ἢ ἡ ὁμ. Lb*, mel. — 16. ὥστε
ἑψηθῆναι Lb*, mel. — ἐπιτιθέντα jusqu'à
ἄρρευστον (l. suiv.)] Réd. de Lb* : ἐπιτι-
θέντα ἐπὶ κηροτ., ἐκταινόμενα δὲ ποιεῖν ἄρρευστα.
— 17. Μίαν τάξιν οἶδα κ. τ. λ.] Même
citation dans Pélage. ci-après, IV, 1, 6.
— 18. μίαν] πρῶτον Lb*, mel. — ῥυτῆς]
ῥιτῆς A. — δευτέρα mss.; δεύτερον Lb*, f.
mel. — Réd. de Lb* : ξηρανθῇ καὶ ξανθωθῇ
ἡ ὑγρότης τοῦ μολ. σῶα καὶ ἀκεραία καὶ
ἀκένωτος ⟨ἡ⟩. — 20. Ce passage explique
le jeu de mots de III, vi, 2, p. 119
(M. B.). — Après αὕτη, M et B repren-
nent la suite du texte avec le morceau
suivant.

III. VIII. — ΠΕΡΙ ΤΟΥ ΑΥΤΟΥ ΘΕΙΟΥ ΥΔΑΤΟΣ

*Transcrit sur M, f. 113 v. ; — Collationné sur B, f. 86 r. ; — sur A, f. 83 r.
— Consulté E, f. 183 v.*

1] Λαβὼν ὠὰ ὅσα βούλει, ἔκχεσον, καὶ κλάσας αὐτά, ἔξελε ἅπαν
αὐτῶν τὸ λευκόν · τὰ δὲ ὄστρακα αὐτῶν μὴ χρήσῃ. Λαβὼν δὲ ἀγγεῖον
ὑελοῦν ἀρσενόθηλυ τὸν καλούμενον ἄμβικα, βάλλε ἐν αὐτῷ τοὺς κρό-
5 κους τῶν ὠῶν σταθμῷ χρώμενος τοιῷδε, τῇ γ′ τῶν κρόκων · ἐπίβαλλε
ἐκ τοῦ ὀστράκου τῶν ὠῶν κεκαυμένου ὑπάρχοντος κεράτια δύο, μὴ
πλεῖον ἢ ἔλαττον, ἀλλὰ καθὼς γέγραπται · εἶτα λειώσας, καὶ λαβὼν
ἕτερα ὠά, καὶ κλάσας τὰ ὠά, βάλλε ἐν τῷ βικίῳ ἅμα καὶ ⟨μετὰ⟩ τῶν
κρόκων τῶν λελειωμένων, ἵνα τὰ ἀκέραια ὠὰ χωννύωνται εἰς τὰ κρόκα ·
10 καὶ περιπηλώσας τὸν ἄμβικα καὶ τὸ μαστάριον σὺν τῷ ῥογίῳ ἀσφαλείᾳ
πολλῇ, οἰκονομήσας στέατι, ἢ γύψῳ, ἢ προπόλει, ἢ ἐλαιοκονίᾳ, ἢ ὡς
βούλει, δὸς ὀπτᾶσθαι ἐν ἱππείᾳ κόπρῳ ἢ ὀνείᾳ, ἢ πρισματοκαύστου,
ἢ κουκουμοκανδήλης, ἢ οἵᾳ δήποτε συμμέτρῳ θερμασίᾳ, εἴ τι βαστάζει
ἡ χεὶρ ἀνθρώπου. Ἔστω δὲ καὶ ὁ τόπος ὅπου δ᾽ ἂν τὰ ἐργαλεῖα κεῖν-
15 ται ἀπήνεμος, ἔχων τὰ φῶτα ἀνατολικὰ ἢ νότια, ⟨καὶ⟩ μὴ δυτικά, ἢ ἀρκ-
τικά, ἢ βόρεια, ἢ θρασκικά, διὰ τὴν διάψυξιν. Καὶ δὸς ὀπτᾶσθαι ἡμέ-
ρας ιδ′ ἢ κα′, ἕως δ᾽ ἂν τῶν αἰθαλῶν παύσηται ἡ ἀναγωγή · περιφίμου
δὲ τὰς ἁρμογὰς τοῦ ἐργαλείου ἀσφαλῶς, ὅπως ἡ ὀσμὴ φυλαχθῇ · ἐπὰν
γὰρ ἐκβῇ, ἀπώλετο ἡ τέχνη · δυσώδης γάρ ἐστιν ἡ ὀσμὴ πάνυ, καὶ
20 αὐτὴ ἡ ὀσμὴ ὑπάρχει ἡ τέχνη.

2] Τὸ μὲν οὖν πρῶτον ἀνερχόμενον ὕδωρ ἐστίν · δεύτερον τάξει
δακρύου, δύσοσμον, ἄσβεστος μόνη · εἶτα, παυσαμένης τῆς (f. 114 r.)
ἀναγωγῆς τοῦ ὕδατος, αἴρεις τὸ ῥογίον ἐν ᾧ ἦλθε τὸ ὕδωρ · καὶ
περιφιμοῖς ἀσφαλῶς φυλάττων αὐτό. Τὸν δὲ ἄμβικα ἀνακαλύψας
25 φράσσεις τὰς ῥῖνας διὰ τὴν ὀσμὴν, καὶ εὑρήσεις τὰς ἐν τῷ θηλυκῷ

---

3. τὸ λευκόν — λαβών] Réd. de ΒΛ : τὸ λευκὸν
διὰ τῶν ὀστρακίνων ἀγγείων καὶ τὸ ξανθόν. Λα-
βών... — 4. ἐν αὐτῷ τὰ λευκὰ ἢ τὰ ξανθὰ σταθμῷ
ΒΑ. — 8. μετὰ add. ΒΑ. — 11. πρόπολι (tri-
poli) E. — 15. καὶ add. E. — 21. δεύτερον] le
signe de λευκὸν ΒΑ; ἐστι λευκὸν ὡς δάκρυον E.
Corr. conj. (M. B.). — 23. Après τὸ ὕδωρ] (ce
recipiant [sic] ῥοῖον) E 1re main. — ἐν οἷς M.

πατελλίῳ οὔσας σκωρίας νεκράς. Μὴ ἀπείπῃς δὲ τὸν νεκρὸν εἰς ἀνάσ-
τασιν ἐλθεῖν, ἀλλὰ προσδόκα τοῦ ἀπεγνωσμένου τὴν ἀνάστασιν. Εἶτα
πρόσμιξον τῇ σποδῷ κρόκα ἕτερα ὠῶν, ὡς ἐπὶ τῆς σαπωναρικῆς
τέχνης, καὶ συλλείου τὰ ὑγρὰ μετὰ τῶν ξηρῶν, καὶ βάλλε ἐν ἄμβικι,
5 καὶ ποίησον ὡς προτέτακται, ἀλλάσσων τὸ δοχεῖον τοῦ ὕδατος,
τουτέστιν τὸ ῥογίον. Τοῦτο ποίει ἐπὶ τρίς, καὶ ὄψει τὸ μὲν πρῶτον
ὕδωρ λευκὸν ὡς προγέγραπται, ὃ οἱ ἀρχαῖοι ἔμβριον ὕδωρ ἐκάλεσαν,
τὸ δὲ δεύτερον ὕδωρ ξανθόχλωρον, ὃ καὶ ῥαφάνινον ἔλαιον εἰρήκασι,
τὸ δὲ τρίτον ὕδωρ μελάγχλωρον. Ὁμοίως καὶ αἱ σκωρίαι αἱ ἐν τῷ
10 πατελλίῳ οὔσαι · εἰς μὲν τὴν πρώτην ἀποκάλυψιν εὑρήσεις τὴν σκω-
ρίαν μελαντέραν, εἰς δὲ τὴν δευτέραν, λευκήν, εἰς δὲ τὴν τρίτην,
ξανθήν. Μετὰ οὖν τὴν πρώτην καὶ δευτέραν καὶ τρίτην ἀνάσπασίν
τε καὶ ἀποκάλυψιν, συνενοῖς τῶν τριῶν ἀνασπάσεων τὰ ὕδατα, του-
τέστι τὰ ἐν αὐτοῖς ὄντα θεῖα ὕδατα ἐν τῇ σκωρίᾳ τῇ ὑπολιμπανο-
15 μένῃ ἐν τῇ θηλείᾳ. Καὶ μετὰ ταῦτα, λαβὼν βίκον ὑελοῦν, χάλασον
τὰ ὄντα ἐν τῷ ἄμβικι ἐν αὐτῷ, καὶ πωμάσας τὸν βίκον ὄστρακον
γεγανωμένον ἰσόμετρον τὸ χεῖλος τῷ βίκῳ, περι-[f. 114 v.) φίμου ἐν ἀσ-
φαλείᾳ οἷα βούλει, μάλιστα δὲ πυριμάχῳ πηλῷ τὸ ἄγγος περιχρίων ·
καὶ ἔασον τοῦτο ἐν βολβίτοις καμίνου ἡμέρας μα΄, ἵνα, σήψεως γενομέ-
20 νης, ἐξομοιωθῇ τῷ βάπτοντι τὸ βαπτόμενον, καὶ κρατήσῃ ἡ φύσις
τὴν φύσιν · οὕτως γὰρ τὰ θειώδη ὑπὸ τῶν θειωδῶν κρατοῦνται, καὶ
τὰ ὑγρὰ ὑπὸ τῶν καταλλήλων ὑγρῶν.

3] Καὶ μηκέτι φρόντιζε σταθμοῦ, μήτε νεαρὰ ὠὰ ἢ τοὺς κρόκους
αὐτῶν, πλὴν τὰ ὑγρὰ μετὰ τῶν ξηρῶν, ὡς προγέγραπται, συλλειώσας,
25 ἔγκρυβε ἐν τῷ βίκῳ. Καὶ μετὰ τὴν μα΄ ἡμέραν ἀποκάλυψον τὸν βίκον,
καὶ εὑρήσεις ἐν αὐτῷ σύνθεμα ὁλοπράσινον, τουτέστιν εἰς ἰὸν μετατρα-
πέν. Ὁ γὰρ ἰὸν ποιῶν οἶδεν τί ποιεῖ, καὶ ὁ μὴ ποιῶν ⟨ἰὸν⟩ οὐδὲν ποιεῖ.

1. πάτῳ σκωρίαν, καὶ μὴ ἀπ. E. — 4. συλ-
λείου τὰ ξηρὰ μ. τῶν ὑγρῶν BA. — 6. ἐπὶ τρὶς]
ἐκ τρίτου BA. — 9. Après μελάγχλωρον] ὃ
καὶ κίκινον ἔλαιον ἐκάλεσαν add. A; ὃ κ. κ. ἔλ.
εἰρήκασιν add. E. — 14. ἐν τῇ σκωρίᾳ —
15. θηλείᾳ] Réd. de BA : ἐν τῇ ἐναπολιμ-
θείσῃ τρυγίᾳ ἐν τῇ θυείᾳ. — 16. ὀστράκῳ γεγα-
νωμένῳ ἰσομέτρῳ BA. — 17. τοῦ χείλους τοῦ
βίκου mss. Corr. conj. — 19. ἔασον αὐτὸ
παρὰ τῷ ἐν β. κ. E. — 27. ἰὸν add. BAE.

Μετὰ δὲ τὴν μα΄ ἡμέραν ἄρον τὸν βίκον ἐκ τῆς θέρμης, καὶ ἔασον
αὐτὸν ἡμέρας πέντε χωρὶς θέρμης ὁποίας οὖν · καὶ μετὰ τὰς πέντε
ἡμέρας ἀνάσπα διὰ τῶν ἀμβίκων ἐπὶ πρισματοκαύστων ἀνθράκων τὸ
θειότατον ὕδωρ, ὃ καὶ δεξάμενος οὐ χειρί, ἀλλά τινι ὑελίνῳ σκεύει,
5 εἶτα λαβὼν ὕδωρ, βάλλε εἰς τὸν βίκον, ὡς προγέγραπται, καὶ ὄπτα
ἡμέρας δύο ἢ τρεῖς · καὶ ἐξελὼν λείωσον, καὶ τίθει ἐν ἡλίῳ διὰ μύακος.
Ἐπὰν δὲ πήξῃ ὥσπερ σαπώνιον, πυρώσας ἀργύρου γ΄ α΄, βάλε ἐκ τοῦ
πηχθέντος ὕδατος, τουτέστιν τοῦ ξηρίου κεράτια δύο · καὶ ἔσται σοι
χρυσός. Ἡ δὲ ποσότης πασῶν τῶν ἡμερῶν τῆς τέχνης εἰσὶν ἡμέραι
10 ρι΄, καθὼς Ζώσιμος καὶ Χριστιανὸς καὶ Στέφανος ἔφασαν. Ἐγὼ
δὲ ἐκ πάντων, ὡς ἡ μέλισσα, καλῶς ἀναλεξά-[f. 115 r.] μενος, καὶ ἐκ
πολλῶν ἀνθέων στέφανον πλέξας, ἀνεθέμην τῷ δεσπότῃ μου · ἑξῆς σοι
καὶ τὰ ἐργαλεῖα ὑποθήσομαι οἷά πέρ εἰσιν. Ἔρρωσθε ἐν Χριστῷ τῷ Θεῷ
Ἰησοῦ. Ἀμήν.
15   Suit dans M (f. 115r.) et dans B (f. 188 r.) une copie du texte
III, ı, 4 (ci-dessus, p. 107). On a donné les variantes de M (M²) ;
celles de B sont sans importance, sauf p. 107, l. 4 : μετά] ἀπό.
Titre de ce texte dans MB : περὶ συνθέσεως ὑδάτων

III. ıx. — ΠΕΡΙ ΤΟΥ ΘΕΙΟΥ ΥΔΑΤΟΣ

Transcrit sur M, f. 188 r. — *Collationné sur* B, f. 82 r.; — *sur* A, f. 80 r.; (=
A ou A¹). — *sur* A, f. 220 r. (= A²); — *sur* K, f. 96 r.; — *sur* Lc, page 219.

20   1] Τοῦτό ἐστι τὸ θεῖον καὶ μέγα μυστήριον, τὸ ζητούμενον · τοῦτο
γάρ ἐστι τὸ πᾶν · καὶ ἐξ αὐτοῦ τὸ πᾶν, καὶ δι᾽ αὐτοῦ τὸ πᾶν · δύο
φύσεις, μία οὐσία · ἡ δὲ μία τὴν μίαν ἕλκει · καὶ ἡ μία τὴν μίαν

---

6 F. l. δι᾽ ἀμβίκος. — 9. εἰσιν] περίσταται εἰς BE ; περίστατα: εἰς A. — 10.
Χριστιανός]. L'absence de l'article devant
ce mot, dans nos mss., donnerait à
croire que c'est un nom propre :
« Chrétien ». — 12. ἑξῆς δέ σοι BAE,
f. mel. — 13. Réd. de BE : ἔρρ. ἐν Χω
ῳ τῷ θω ἡμῶν (ἀμήν om. B) ; réd. de A :
comme B, puis : πάντοτε, νῦν καὶ εἰς τοὺς
αἰῶνας τῶν αἰώνων · ἀμήν. — 19. Titre dans
BA¹ ² : Ζωσίμου τοῦ Πανοπολίτου γνήσια
ὑπομνήματα περὶ τοῦ θείου ὕδατος. — 21. ἐστι
τὸ πᾶν] Cp. l'*Introduction* de M. Berthelot, p. 132 et suiv. — 22. δὲ] γὰρ BA.

κρατεῖ. Τοῦτο τὸ ἀργύριον ὕδωρ, τὸ ἀρσενόθηλυ, τὸ φεῦγον ἀεί, τὸ ἐπειγόμενον εἰς τὰ ἴδια, τὸ θεῖον ὕδωρ, ὃ πάντες ἠγνοήκασιν, οὗ ἡ φύσις δυσθεώρητος · οὔτε γὰρ μέταλλόν ἐστιν, οὔτε ὕδωρ ἀεικίνητον, οὔτε σῶμα · οὐ γὰρ κρατεῖται.

5 2] Τοῦτό ἐστι τὸ πᾶν ἐν πᾶσι · καὶ γὰρ ζωὴν ἔχει καὶ πνεῦμα, καὶ ἀναιρετικόν ἐστι. Τοῦτο ὁ νοῶν καὶ χρυσὸν καὶ ἄργυρον ἔχει. Ἡ μὲν δύναμις κέκρυπται · ἀνάκειται δὲ τῷ ἐρωτύλῳ.

III. x. — ΠΑΡΑΙΝΕΣΕΙΣ ΣΥΣΤΑΤΙΚΑΙ ΤΩΝ ΕΓΧΕΙΡΟΥΝΤΩΝ ΤΗΝ ΤΕΧΝΗΝ

Transcrit sur M, f. 115 r. — *Collationné sur* B, f. 88 r. ; — *sur* A, f. 89 r. ; — *sur* K, f. 3 v. ; — *sur* Lc, p. 223.

10 1] Παρεγγυῶ τοίνυν ὑμῖν τοῖς σοφοῖς, ὅτι ἄνευ τοῦ ὀργάνου τοῦ τὸν χαλκὸν ἀνασπῶντος μετὰ τὸν τεταγμένον τῆς ἰώσεως χαλκὸν πολὺν ὄντα ἢ ὀλίγον, καὶ τῆς μίξεως τῶν λεγομένων δέκα εἰδῶν, ξηρῶν ἢ ὑγρῶν ὄντων, τουτέστι τῶν ὁμοτεριζόντων, μὴ ἐλπίζετέ τι ποιεῖν, ὦ ἄνθρωποι οἵ τινες ἂν εἴητε τοῦ χρυσοῦ χοροῦ, ἢ χρυσέου γένους, ἢ χρυσέας κεφα-
15 λῆς παίδων, τουτέστιν ἐρασταὶ τῆς σοφίας, καὶ τῆς λεκιθώδους (f. 113 v.) ὕλης μεθοδεῦται. Ἀλλ' ὅσοι τοῦ ὀστρακίνου χοροῦ ὑμεῖς ἑαυτοὺς μωμήσασθε, καὶ οὐκ ἐμὲ τὸν τοῖς διδασκάλοις ἀκολουθεῖν ἐπειγόμενον καὶ ταῖς αὐτῶν συγγραφαῖς, καὶ τὰς ἐκείνων δόξας γνωρίσαντα ὑμῖν, καθὼς ἂν ἡ τοῦ θείου λόγου ἡμῖν ἐνήγησεν δύναμις.

20 2] Τοῦτο τὸ ὕδωρ τὸ δίχρωμον, τὸ λευκὸν καὶ ξανθόν, μυρίοις κεκλήκασιν ὀνόμασιν. Ἄνευ οὖν τοῦ θείου ὕδατος οὐδέν ἐστιν. Τὸ γὰρ ὅλον σύνθεμα δι' αὐτοῦ ἀναλαμβάνεται, καὶ δι' αὐτοῦ ὀπτᾶται,

---

7. ἐρωτύλῳ] Cp. Leemans, *Pap. gr. mus. Lugd. Bat.*, t. II, p. 155 (pag. xxi, l. 34). Voir *Introduction* de M. Berthelot, p. 17. — 8. Dans MB, on trouve, avant ce morceau, le titre : Περὶ φώτων et la phrase : Ἐλαφρὰ φῶτα πᾶσαν τὴν τέχνην ἀναφέρει. Cp. le titre de III, lii, et son § 2. — 13. ὁμοαιτεριζόντων Lc. — 14. ἴητε mss. Corr. conj. — 17. μωμήσασθε] μιμεῖσθαι BAK ; μιμεῖσθε Lc. — 20. τοῦτο οὖν τὸ θεῖον ὕδωρ BAK Lc. — 21. ἄνευ οὖν...] Cp. III, xxi, 1.

καὶ δι᾽ αὐτοῦ καίεται, καὶ δι᾽ αὐτοῦ πήγνυται, καὶ δι᾽ αὐτοῦ ξαν-
θοῦται, καὶ δι᾽ αὐτοῦ σήπεται, καὶ δι᾽ αὐτοῦ βάπτεται, καὶ δι᾽
αὐτοῦ ἰοῦται καὶ ἐξιοῦται καὶ ἐψεῖται. Φησὶ γάρ · « Ἐπιβάλλων
ὕδωρ θείου ἄθικτον καὶ κόμμι ὀλίγον, πᾶν σῶμα βάψεις. Ὅσα γὰρ
5 ἀπὸ ὕδατος ἔσχον γέννησιν, ταῦτα τοῖς ἀπὸ πυρὸς ἀντιπάσχει ·
ὥστε ἄνευ τοῦ καταλόγου τῶν ὑγρῶν πάντων, οὐδέν ἐστιν ἀσφαλές. »

3] Ἐμνημόνευσαν δέ τινες, τάχα δὲ καὶ οἱ ὅλοι, ὅτι δεῖ τοῦτο
τὸ ὕδωρ ζύμης χάριν καταθεῖσαι τῷ ὁμοίῳ τὸ ὅμοιον τοῦ μέλ-
λοντος βάπτεσθαι σώματος. Ὡς γὰρ ἡ ζύμη τοῦ ἄρτου, ὀλίγη οὖσα,
10 τοσοῦτον φύραμα ζυμοῖ, οὕτω καὶ τὸ μικρὸν χρυσίον τὸ πᾶν μέλλει
ξηρίον ζυμοῦν.

4] Ἄλλοι δέ, ἀμφότερα μίξαντες τοῖς ὑπολείμμασι τῶν θειωδῶν,
χρύσεα χρυσέοις προσέπλεξαν, καὶ τούτων οἱ μὲν τοῖς ὠμαῖς καὶ
ἀσήπτοις, οἱ δὲ τοῖς συνεψηθεῖσι τῷ ὕδατι τῆς ἰώσεως.

Après ce morceau, on lit dans A Lc :

15 Ἄνω τὰ οὐράνια καὶ κάτω τὰ ἐπίγεια · δι᾽ ἄρρενος καὶ θήλεως
συμπληρούμενον τὸ ἔργον.

III. xi. — ΣΩΣΙΜΟΥ ΤΟΥ ΠΑΝΟΠΟΛΙΤΟΥ
ΓΝΗΣΙΑ ΓΡΑΦΗ ΠΕΡΙ ΤΗΣ ΙΕΡΑΣ ΚΑΙ ΘΕΙΑΣ ΤΕΧΝΗΣ
ΤΗΣ ΤΟΥ ΧΡΥΣΟΥ ΚΑΙ ΑΡΓΥΡΟΥ ΠΟΙΗΣΕΩΣ,
20 ### ΚΑΤ᾽ ΕΠΙΤΟΜΗΝ ΚΕΦΑΛΑΙΩΔΗ.

Transcrit sur A, f. 112 r. — *Collationné sur* B, f. 118 r.; — *sur* K, f. 18 r.; — *sur* E,
f. 41 r.; — *sur* Lb (copie de E), p. 145. — *Chap. 33 de la compilation du Chrétien*

4. ἄθικτου Lc, f. mel. — 5. γένεσιν B etc.,
f. mel. — 9. ὡς γάρ...] Cp. III, xxi, 3.
— 10. χρυσίον] signe pur et simple de l'or
et du soleil MAK ; signe avec l'esprit
rude et la finale ου (ἡλίου ?) B ; τοῦ χρυσοῦ
Lc. Corr. conj. — 15. ἐποίηα A. — 19. ἀρ-
γύρου] signe du mercure BAK ; signe de
l'argent E ; ἀργύρου en toutes lettres Lb.

dans E Lb. — *Sauf indication spéciale, les variantes de* Lb *peuvent être considérées comme étant communes à ce manuscrit et à son original* E, *dans tous les morceaux que renferment ces deux manuscrits.*

1] Λαβὼν τὴν ψυχὴν τοῦ χαλκοῦ τὴν οὖσαν ἐπάνω τοῦ ὕδατος τῆς ὑδραργύρου, ποίησον σῶμα πνευματικόν · ἀνα-(f. 112 v.) βαίνει γὰρ ἐπάνω ἡ ψυχὴ τοῦ χαλκοῦ ἡ κεκολλημένη ἐν τῇ χώνῃ. Τὸ δὲ ὕδωρ μένει κάτω ἐν τῇ κηροτακίδι, ἵνα παγῇ μετὰ τοῦ κόμμεως χρυσάνθιον,
5 χρυσοζώμιον, καὶ τὰ ἑξῆς. Ἄλλοι δέ φασι περὶ χρώματος καὶ ἐψήσεως καὶ ἔργου μυστικῆς θεωρίας. Ἀρχὴ μέν · ὁ χαλκὸς ἐμβαλλόμενος μετὰ τῆς οἰκονομίας ἐν τῷ ἐργαλείῳ τῆς πράξεως ἐπιδείκνυται ὀμμάτων τέρ-ψιν · ἐν δὲ τῷ χρονίζειν γινομένης ἀπομαυρούσθ ⟨ω?⟩ μετὰ τοῦ κόμ-μεως χρυσῷ σύνθετον, χρυσοζώμιον, καὶ τὰ ἑξῆς. Περὶ εἰσποιήσεως
10 ἔγραψεν ἐν ᾗ καὶ περὶ τῆς πήξεως κηρύττουσι. Καὶ πάλιν ἡ Μαρία · « Βάλλων ὕδωρ θείου καὶ κόμμι ὀλίγον, θὲς ἐν θερμοσποδιᾷ · οὕτω γάρ φασι παρ' αὐτοῖς τὸ ὕδωρ πήγνυσθαι. » Καὶ πάλιν ἡ Μαρία · « Ἐν τῷ σκευαστῷ χρυσάνθιον · καὶ ἐν τῷ πετάλῳ τῆς κηροτακίδος ἐχέτω, φησί, τὸ ὕδωρ τοῦ θείου, κόμμι ὀλίγον, ὅταν παρ' αὐτοῖς πήγνυται · τούτῳ
15 ἐπ' ὀλίγον βολβίτοις · μετὰ γὰρ τὸ « ἐπ' ὀλίγον », ταῦτα πάλιν ἡ Μαρία · « Χαλκοῦ τοῦ ἡμῶν μέρος ἕν, χρυσοῦ μέρος ἕν, ποίει δίχυτον πέταλον καὶ ὑπόθες ἐπὶ τῷ κρεμαστῷ θείῳ καὶ ἔα νυχθήμερα γ', ἕως ὀπτηθῇ. »

2] Τοῦτο καὶ ὁ φιλόσοφος διηγεῖται · μετὰ γὰρ τὸ πῆξαι ἐπ' ὀλί-γον βολβίτοις ὀπτοῦμεν τῇ τοῦ θείου ἀγωγῇ αὐτὸ ἡμέρας β' ἢ γ',
20 ἕως οὗ γένηται ξανθὸν φάρμακον εἰς ὑπερβολήν, μεταβάλλοντες εἰς ἕτερον ἄγγος, δηλονότι τὸ σύνθεμα. Μετὰ γὰρ τὴν τοῦ ὕδατος τοῦ θείου παρ' αὐτοῖς πῆξιν ἐν βουκλανίῳ, βαλόντες εἰς ἀγγεῖον, ὀπτοῦσι λαβρῶς ἡμέρας β' ἢ γ'.

3] Πᾶσαι αἱ γραφαὶ ἐκ προβάσεως τὰ φῶτα βούλονται · πρῶτον

5. φησι A. — ἄλλοι δὲ jusqu'à καὶ τὰ ἑξῆς A mg., E mg. de 1ʳᵉ main, Lb ; om. BK. — 8. ἀπομαυρώσεως Lb. — 9. χρυσῷ σύνθετον] χρυσάνθιον Lb., f. mel. — περὶ γὰρ εἰσποιήσεως Lb. — 10. κηρ. πάντες Lb. —

12. F. l. φησί. — 15. καὶ τοῦτο ἐπ' ὀλίγοις βολβ. Lb. F. l. καὶ τοῦτο. — γὰρ] F. l. δὲ. — 17. Interrompu ici la collation suivie de E, ms. corrigé souvent par le copiste de La, Lb, Lc. — 24. πᾶσαι δὲ αἱ γρ. Lb.

ἐν θερμοσποδιᾷ, ἢ βολβίτοις, ἕως οὗ τὸ ὕδωρ τοῦ θείου παγῇ. Καὶ
οὕτως μεταβάλλοντες ἐπὶ τὰς ἡμῶν ὀπτήσεις · πῆξον γὰρ, φησὶ, καὶ
στρέψον καὶ μετάβαλλε βούκλας, καὶ ὄπτα εἰλικτοῖς ἢ διαφόροις
φωσίν. Ἔγωγε κατείληφα ἐν τῷ λευκῷ · ἡμέραν μίαν ὀπτοῦ-(f. 1132)
5 τι πρότερον , καὶ τοῦτο πήξαντες ἐπ ' ὀλίγον, οὐ μόνον μετὰ τῆς
νεφέλης, ἀλλὰ καὶ ὕδατος θείου.

4] Διὰ τοῦτο καὶ ὁ φιλόσοφος ἐν τῷ καταλόγῳ τῶν ζωμῶν μετὰ
παρατηρήσεως εἴρηκεν νεφέλην · καὶ πάλιν θεῖον. Μετὰ οὖν τὸ πῆξαι
αὐτὸ ἐπ ' ὀλίγον τὴν νεφέλην, καὶ τὸ ὕδωρ τοῦ θείου τὸ ἀπολελυ-
10 μένον μεταβάλοντες, ὀπτοῦμεν ἡμέραν α΄, ὡς ἔχει ἐν τῇ λιθαργύρῳ,
ἵνα γένηται ψιμμυθίῳ παρεμφερὲς, τοῦτο καθεὶς μετὰ τοῦ φαρμάκου
λείψανον εἰ χρεία χρυσοῦ · εἰ δὲ οὐκ ἐκρυσήσαντες ἠρέμα τὸν μό-
λυβδον · δηλαδὴ λειώσαντες τὸ σύνθεμα, καὶ νιτρελαίῳ ἀναλαβόντες,
ἢ, ὡς δοκεῖ, ἄρρευστον · ἐκρυσοῦσι μὲν ἔστ ' ἂν ἐκρύγωσι μετὰ τῆς
15 σκιᾶς τὰ θειώδη. Εἰ δὲ ἐξ ἐλαίου ἐκθειουμένης ἕψοντες ἕως ἄρρευσ-
τον, καὶ ἐκρυσήσαντες ἔχουσι. Καὶ οὕτως φέρομεν ἐπὶ τὴν ξάνθωσιν,
λειώσαντες αὐτὴν, καὶ βάλοντες τὰ ξανθῶσαι δυνάμενα ὕδωρ θείου
καὶ κόμμι, καὶ πήγνυμεν μικρὸν τοῖς βολβίτοις. Καὶ πάλιν ὀπτοῦμεν
ἡμέρας ϛ΄ ἢ γ΄, ἕως οὗ γένηται ξανθὸν εἰς ὑπερβολήν, τοῦτο καθιέ-
20 μενον εἰς τὸ τοῦ φαρμάκου λείψανον ἡμέρας γ΄ ἢ ε΄ ἢ ζ΄, ἕως οὗ
ἰωθῇ. Καὶ ἐπιβάλλομεν ἀργύρῳ, καὶ βάπτομεν χρυσόν. Οὕτως ἔγνω-
μεν τὴν τῶν φώτων ποσότητα, ὀλίγον ἕως οὗ παγῇ ἡ νεφέλη.

5] Καὶ τὸ ὕδωρ τοῦ θείου τὸ ἀπολελυμένον μετὰ τοῦ μολυβδοχα-
λκοῦ μεταβαλόντες ὀπτοῦμεν ἡμέραν α΄, καθὼς ἔχει ἐν τῇ πρώτῃ
25 τάξει τῶν λευκῶν ζωμῶν, ἀλλὰ καὶ εἰλικτοῖς, καθὼς ἔχει ἐν τῇ
λιθαργύρῳ. Τοῦτον εἰ μὲν βουλόμεθα λευκοῦν, οὕτως ἰῶμεν · εἰ

---

2. μεταβάλλουσι Lb, f. mel. — 3. βούκλας]
E mg. : βοκάλι. — εἰλικτοῖς] ἑλικτοῖς E ; ἑλ.
Lb. F. l. ἀλήκτοις. Cp. p. 123, l. 6. —
4. ἔγ. δὲ κατ. ὅτι Lb. — 8. θεῖον] θείου A ;
ὕδατος θείου K. — 11. καθεὶς] καὶ τοῦτο κα-
θίεμεν Lb. — 12. εἰ δὲ οὗ Lb. — 14. ἐκρυ-
σῶμεν Lb. — 15. Réd. de Lb : Τὴν δὲ ἐξ.
ἐλ. ἐκθειουμένην ἕψ. ἕως ἂν ἄρρ. ποιήσωμεν, καὶ
ἐκρ. ἔχομεν... — 17. αὐτὴν' K. — 18. δη-
λαδὴ καὶ κόμμι Lb. — 23. μολίβδου Lb. —
25. εἰλικτοῖς] mêmes variantes que l. 3.
— 26. τοῦτον δὲ Lb. — εἰ δ' οὗ Lc.

δ'οὖν ἐκφυσήσαντες ἐπὶ τὴν ξάνθωσιν, πάλιν φέρομεν τὴν διὰ ὕδατος
θείου ἀθίκτου, καὶ κόμμεως, καὶ πήξαντες τοῖς βολβίτοις μεταβαλόν-
τες, ὀπτοῦμεν ἡμέρας β΄ ἢ γ΄, ἕως οὗ γένηται ξανθὸν εἰς ὑπερ-
βολήν. Καὶ ἐξενέγκαντες, ἰοῦμεν εἰς τὸ τοῦ φαρμάκου λείψανον. Ταύ-
5 την κατείληφα τὴν τῶν φώτων ποσότητα.

III. xii. — ΠΕΡΙ ΤΑ ΥΠΟΣΤΑΤΑ ΚΑΙ ΤΑ Δ ΣΩΜΑΤΑ
ΚΑΤΑ ΤΟΝ ΔΗΜΟΚΡΙΤΟΝ ΤΟΝ ΕΙΠΟΝΤΑ.

Transcrit sur M, f. 141 v.; — Collationné sur B, f. 119 v.; — sur A, f. 113 v.; — sur K, f. 18 v.; — sur E, f. 43 (le § 1 seulement); — sur Lb, (copie de E, p. 153: — Plusieurs leçons de M sont rapportées en marge de K. — Chap. 34 de la compilation du Chrétien dans E Lb.

1. Τὰ τέσσαρα σώματα ὑπόστατά εἰσιν, καὶ οὐδὲν αὐτῶν φεύ-
γει · ἔνθεν οὐδὲ ἐκφυσᾶν τὸ σύνθεμα ἐμνημόνευσεν. Εἰ γὰρ ἦν χρή-
10 σιμον, πάντως ἂν ἐμνημόνευσεν · φησὶ γάρ · « Οὐδὲν ὑπολέλειπται,
οὐδὲν ὑστερεῖ. Τοῦτο καὶ εἰς τὸ χρυσοζώμιον « πᾶν σῶμα βάπτει, »
τὰ τέσσαρα σώματα λέγων. Διὰ τοῦτο καὶ τὸν διδάσκαλον φάσκει
λέγοντα · « πάσας τὰς οὐσίας βάπτοντα », δεικνύων ὅτι οὐδὲν ἐκφυ-
[f. 142 r.] σᾶν τάχα οὐδὲ δύναται, ὅτι δὲ καὶ τὰ τέσσαρα ὑπόσ-
15 τατα καὶ βάπτονται καὶ βάπτουσιν · τὸν Παμμένην εἰσάγει μετὰ
τοῦ μολύβδου πεπραχότα ὡς οὐ χρεία αὐτὸν ἐκφυσᾶν. Ἑαυτὸν γὰρ
ἐν ταῖς ἑψήσεσιν ἐξατμίζεται, ὅτι αὐτὸς βάπτει, φησὶν ἡ Μαρία,
τὴν μολιβδίνην τοῦ μολύβδου. Ἄρον, φησίν · ὅπου ἂν ἐμβῇ βάπτει ·
ἐμφῆναι καὶ αὐτὴ ἠθέλησεν ὡς οὐ καλῶς τὸν μόλυβδον ἐκφυσῶμεν.
20 Τοῖς γὰρ ὀνόμασιν τοῖς ἔξωθεν τῶν τεχνῶν ἐχρήσατο ἐν τῇ αὐτῶν

---

1. διὰ δὲ. τοῦ θ. ἀθ. Lb. — 6. Titre dans BAK : περὶ τῶν ὑποστατῶν καὶ δ ' σωμάτων κ. τ. λ. — Titre dans E Lb : περὶ τῶν ὑποστατῶν ὁ ' σωμάτων κατὰ Δημόκριτον. (accent reporté partout sur la dernière syllabe de ὑπόστατα dans les mss.) — 8. τὰ ὑποστατά (τὰ gratté) M. — Après σώματα] φησὶν ὁ Δημόκριτος add. Lb. — 12. φάσκειν M. — 14. ἐχρ. δὲ Lb. — 16. πεπραχότα M. — 19. ἕως οὗ Lb.. f. mel.

ἐργασία . Οὐχ οὕτως αὐτοὶ ἐργαζόμενοι, ὅταν λέγωσι τὸν ἡμῶν χαλκὸν, ἢ οἱονδήποτε σῶμα ποιεῖ πέταλον, καὶ ποιεῖ δίχυτον. Καὶ ὁ φιλόσοφος τοῦτον καθεὶς γενόμενον πέταλον · καὶ δεξάμενον πετάλου τομήν. Καὶ ἐὰν ῥεύσῃ, βέλτιον. Ταῦτα μὲν οὖν λέγουσιν · « Οὐ διὰ πετά-
5 λου, ἀλλὰ διὰ ξάνθωσιν ὡς ἀποτεινόμενοι περὶ τῶν ξ.....

2] Οὕτως καὶ ἐὰν λέγωσιν ἐκφυσᾶν, οὐ τὸν ἔξω λέγουσιν, ἀλλ' ἐν τῇ ἑαυτῶν ἐργασίᾳ · ἑαυτοῖς γὰρ ἐκφυσῶνται ἑψόμενα, καταλείψαντα τὸ εἰλικρινὲς αὐτῶν καὶ τὸ βαπτικὸν, ἅπερ ἑψόμενα, ἀποβάλλουσι καὶ ἐξατμίζουσι τὰ ἄχρηστα, καὶ ἕτερα ὀνόματα
10 καλοῦνται καθαρθέντα, ὥστε καὶ ἐκφυσῶνται, καὶ ἕως ᾗ τὸ εἰλικρινὲς αὐτῶν καὶ βαπτικὸν, καίονται ἐν ταῖς ἑψήσεσι καὶ τὰ ἐν ἑαυτοῖς ἐκφυσῶνται πάντα, καταλείψαντα τὸ χρήσιμον καὶ βαπτικὸν πνεῦμα.

3] ΠΕΡΙ ΤΩΝ ΑΥΤΩΝ ΣΤΑΘΜΩΝ ΩΜΩΝ ΤΕ ΚΑΙ ΕΦΘΩΝ. — Τῶν γραφῶν περὶ τούτων παρεγγυουσῶν, ἀμέλει οὖν ὁ μόλυβδος ἐκρυσηθεὶς
15 ἀπολείπεται · καὶ τοῦτο ᾐνίξατο ἡ Μαρία λέγουσα · « Εὑρήσεις γὰρ μέρη ε΄ ὑστεροῦντα μέρους ἑνὸς, δηλονότι τοῦ ἐκρυσηθέντος μολύβδου. Ὁμοίως καὶ ἐν τῇ τελείᾳ τῆς ἐκδόσεως τὸν χαλκόν φησιν κατ᾽ ἐξίωσιν, καὶ χώνευσιν, τὸ τρίτον τοῦ σταθμοῦ ἐλαττοῦται. » Τελείας δὲ εἴρηκεν αὐτὰς ὁμοῦ λευκαινούσας καὶ ξανθούσας · τὰ γὰρ
20 θειώδη βάπτουσιν, ἀλλὰ (f. 142 v.), φεύγουσιν. Ὑστερούμεθα γοῦν καὶ τῶν θειωδῶν διὰ τὴν φυγήν, τάχα δὲ καὶ τῶν βοτανῶν, εἴπερ ὅλως συλλειοῦνται. Τινὲς γὰρ σὺν τῷ ὕδατι τοῦ θείου ἥψησαν αὐτά, τὸ ξυλῶδες ἀποβάλλοντες.

---

2. διάχυτον B, etc. — (= BAKELb), f. mel. — 3. πέταλον] Le signe de πέταλον partout MA. — τομήν] · τὸ μήνις BAK. — 5. ἀλλὰ διὰ ξ MBAKE. Lu comme Lb. (*M. B.*). — ξ est un signe inconnu. E Lb ont lu, la première fois : ξάνθωσιν, leçon que nous adoptons, et la seconde fois : τῶν ὑδάτων θαλασσίων, confondant ce signe avec celui de la planche VI, l. 6 (*Introd.* de M. BERTHELOT, p. 116). et de plus Lb a ajouté τῶν ξανθῶν. — La secon-

de fois, lire peut-être περὶ τῶν ξανθῶν (*M. B.*) — 6. Interrompu ici la collation suivie de E. — 9. ἑτέροις ὀνόματι Lb. — 13. Titre du chapitre 35 de la compilation du Chrétien dans E Lb. — Réd. de Lb : Αἱ γραφαὶ παρεγγυῶσιν ὅτι ὁ μόλ. (d'après les corr. portées dans E). — 14. παραγνουσῶν (*sic*) M K mg. — 16. μέρους] μέρος M. — 17. ἐν τῇ τελείᾳ ἐκδόσει Lb. — 18. ἐλαττοῦσθαι Lb. — 22. F. l. αὐτάς.

4] Οὐ μάτην ὁ Ἀγαθοδαίμων φησὶ « καὶ ἑνούμενα ». ἀλλ' ἵνα
τῷ βάθει τοῦ σώματος τοῦ ἀργύρου προσομιλήσαντα τὴν ἀπὸ τοῦ
πυρὸς φθορὰν φυγεῖν δυνηθῶσιν. Στερούμεθα οὖν καὶ τῶν βοτανῶν,
μαθόντες τὴν ἀπ' αὐτῶν ποιότητα, καὶ βαρὴν οὐ λαμβάνοντες. Αἱ
5 γὰρ ποιότητες μόναι ἐνεργοῦσι · σῶμα γὰρ διὰ σώματος παρελθεῖν
ἀδυνατεῖ. Ὁ Ἀριστοτέλης · αἱ ποιότητες δι' ἀλλήλων παρέρ-
χονται · καὶ Ἀγαθοδαίμων ὁ καὶ κάτω ἀσώματα τὰ σώματα
λαμβάνει χρῆσαι πνεύματι χρυσοκόλλης · πνεῦμα δὲ πᾶσι κατάδη-
λον ὡς ἀσώματον λαμβάνων · αἱ αἰθάλαι αὗται πνεύματι ἐοίκασιν ·
10 αἰθάλη λευκή, ἡ τῆς κινναβάρεως νεφέλη,

... καὶ πνεῦμα μελάντερον, ὑγρόν, ἄχραντον.

Πᾶσα γὰρ αἰθάλη πνεῦμα, καὶ αὐταὶ αἱ ποιότητες αἱ βαπτικαί.
Καὶ ὁ θεῖος Δημόκριτος λέγει τὴν λεύκωσιν, καὶ ὁ Ἑρμῆς τὸν
καπνὸν εἴρηκεν. Οἱ γὰρ χρήσιμοι αὐτοὶ ἦσαν · παρέλαβον αὐτὰς ἐν
15 ταῖς οἰκονομίαις, ἀλλὰ δι' αἰνιγμάτων · διὰ τοῦτο καὶ μυστήριον.
Ταῦτα ἔγραψα εἰς τὸ κεφάλαιον τοῦ « Ἐὰν ᾖς νοήμων ». Αἰθάλη
θείου ἀθίκτου, ἀρσενίκου, σανδαράχης, καὶ αἰθάλη λευκὴ κινναβά-
ρεως. Ὁ Ἀγαθοδαίμων · « Ἀρσενίκου τῷ χρυσίζοντι τοῦτο ψυχῆς ·
δίχα τοῦ παχυτάτου αὐτοῦ καὶ καυστικοῦ, καὶ θειῶδες σῶμα ἐάσας,
20 λάμβανε ποιότητα. »

3. F. l. ὑστερούμεθα. Cp. p. précédente, l. 20. — οὖν] δὲ B etc. — 4. καὶ βαρὴν καὶ λαμβ. M : καὶ οὐ λαμβ. τὴν βαρὴν B, etc. — 6. Réd. de Lb : Διὸ καὶ Ἀρ. φησίν. — παρέχονται M. — 7. καὶ Ἀγ.] ὁ Ἀγ. δὲ καὶ ὁ Κόμαρις ἀσώματα Lb. — ὁ καὶ κάτω] F. l. ἄνω καὶ κάτω. — 8. πνεῦμα MBAK. — Réd. de Lb : χρῆσαι γάρ φασι Lb. — κατάδηλόν ἐστι ὅτι ὡς ἀσώμ. λαμβά- νουσι Lb. — 9. αἰ αἰθ. δὲ Lb. — 10. F. a traduit par στίψεως le signe de κινναβάρεως; Lb l'a suivi. De même, l. 17. — 11. Vers cité ailleurs (III, xix, 3) comme oracle d'Apollon. — 14. χρήσιμοι] F. l. χρήσιμοι. Réd. de Lb : εἰ γὰρ χρ. αὐταὶ ἦσαν. 15. — Après οἰκονομίαις] ἀλλ ' οὐχ οὕτως add. B, etc. — Réd. de Lb : Διὰ τοῦτο κ. μυστήρια ταῦτα ἔγραψεν εἰς τ. κ. τό Ἐάν. — 16. Réd. de Lb : ἡ αἰθάλη δὲ τό θεῖον τῶν ἀρσενικῶν καὶ ἡ αἰθ. δὲ ἡ λευκή ἐστιν ἡ τῆς στίψεως. — 17. ἀρσενίκου σανδαράχης] signe de l'arsenic redoublé, dans M, et ἀρσε- νίκου d'une main du xvᵉ siècle au-dessus du second signe, que nous lisons σανδα- ράχης comme BAK. Lb a lu ce double signe ἀρσενικόν — 18. Réd. de Lb : Ὁ Ἀγ. δὲ ἀρσενικόν φησι τό χρυσίζον τοῦτο εἶναι τήν ψυχήν.

5] Λίθάλη δὲ πνεῦμα, πνεύματι διὰ τὰ σώματα. Διενήνοχεν οὖν
ψυχὴ πνεύματος. Ψυχὴν καλεῖ τὴν ἀπ᾽ ἀρχῆς θειώδη καὶ καυστι-
κὴν φύσιν, ταύτην διὰ πυρὸς προσομιλοῦν τε καὶ καθαιρόμενον τὸ
πνεῦμα σώζει, ἐὰν τεχνικῶς τηρηθῇ · ἀπολέσθαι γὰρ οὐ δύναται.
5 Τοῦτο τὸ χρήσιμον τὸ βαπτικόν · τοιούτῳ δὲ χρὴ εἶναι ἀνθρώπῳ
λεπτῷ τῷ νοΐ, ἵνα ἐπιγνῷ πνεῦμα ἀπὸ σώματος ἐξερχόμενον, κἀκείνῳ
χρήσηται, καὶ ἐξ ἐκείνου διατηρή- [f. 143 r.] σας ἐπιτεύξηται τοῦ
σκοποῦ, δηλαδὴ τοῦ σώματος ἀπολομένου, καὶ τὸ πνεῦμα συνα-
πολέσθαι. Οὐκ ἀπώλετο δὲ, ἀλλὰ τῷ βάθει διέδυ, ποιήσαντος τὸ
10 πρᾶγμα.

6] Οἱ δὲ μὴ ἐπιγνῶντες τὸ καλῶς γεγονός, κακῶς ὑπέλαβον · οὐδὲν
γὰρ ἄλλο ὁρῶσιν, εἰ μὴ σώματα, καὶ ταῦτα καέντα, ἢ τεφρωθέντα ·
καὶ ὑπολαβόντες τούτων μόνον τὸ ὁρώμενον, ὥσπερ ζημιωθέντες οἱ
ἀποτυχόντες τὰ πάντα σφετερίζουσιν · καὶ οὐδ᾽ οὕτω φεύγουσιν τοῦ
15 τεφροῦντος · οὐδαμοῦ γὰρ τῶν γραφῶν εἴρηταί τι ὑπόστατον, εἰ μὴ
ἐκεῖ μόνος ὁ χαλκὸς ὃν ἡ Μαρία λέγει οἰκονομεῖσθαι χαλκὸν καὶ
ὕστερον καίεσθαι· καὶ ἔσται ὑποστατικός. Οὕτως ὁ τῆς ἐργασίας ἡμῶν
χαλκὸς ἢ ἄργυρος · οὔτε γε ποιότητα ἐξ αὐτῶν βουλόμεθα λαβεῖν ·
τὸ δὲ σῶμα αὐτῶν θνητὸν ἄχρηστον · οὔτε γὰρ βοτάναι · πυρὶ γὰρ
20 εἰώθασιν δαπανᾶσθαι.

7] Ὁ Ἀγαθοδαίμων λέγει · « Μαγνησία καὶ στίμι καὶ λιθάρ-

---

1. Le texte commençant avec notre § 5, et finissant sur les mots ὁ χαλκός ὁ ἡμῶν παρ᾽ αὐτοῖς αἰθάλη. cinquième ligne du § 7, reparaît dans M seul (= M²), à partir de cette ligne, avec des variantes nombreuses, mais sans importance. Le texte des mss. B etc. est généralement conforme à celui de cette reproduction; toutefois il est plus complet (Cp. l. 21). — Αἰθάλη δὲ πνεῦμά ἐστι Lb. Cp. p. suiv., l. 4. — οὖν] δὲ Lb. — 2. ψ. δὲ καλεῖ Lb. — 3. ταύτην — προσομιλοῦν τε] αὔτη γὰρ διὰ π. προσομιλοῦσα Lb. — 5. Réd. de Lb : τοιοῦτον δὲ χρὴ εἶναι τὸν ἄνθρωπον λεπτὸν τῷ νοΐ. — 6. εἶτα κἀκ. χρήσεται. et l. 7 : ἐπιτεύξεται B, etc. — 7. καὶ] ἢ M² — 8. συναπόλειται Lb. — 9. ποιήσ. τινος αὐτὸ τὸ πρ. Lb. — 13. καὶ om. M² B, etc. — ξηρ. τι M². — 14. καὶ om. M². — F. l. φεύγουσιν καὶ τεφροῦνται (leçon de M²). — 15. Après τεφροῦντος· Addition de M² B, etc. : ἡ δὲ ποιότης μόνη μετὰ τοῦ χαλκοῦ παραμένει · ἐκεῖνος γὰρ μόνος ἄρευκτος <καὶ add. L.> ὑπόστατος. — εἰ μὴ μόνον τὸν χαλκὸν Lb. — 16. ἐκεῖ om. M² B, etc. — χαλκὸν om. M² B etc., f. mel. — 19. δὲ] γὰρ M² B, etc.— γὰρ om. M². — 21. λέγει] φησὶ M² B, etc. — μαγνησία jusqu᾽à αἰθάλη: om. M² seul.

γυρος φεύγουσιν, τὸ εἰλικρινὲς καταλείψαντα. » Ἡ Μαρία · « Ἔκφυσα,
φησὶν, αἰθάλας ἕως ἐκφύγωσιν μετὰ τῆς σκιᾶς τὰ θειώδη, καὶ γέ-
νηται χαλκὸς ἀσκίαστος. » Οὕτως ὁ χαλκὸς ὁ ἡμῶν παρ' αὐτοῖς,
αἰθάλη · αἰθάλη δὲ πνεῦμα · πνεῦμα δ' ἐστὶ τὸ τοῦ σώματος. Διε-
5 νήνοχεν οὖν ψυχὴ πνεύματος. Ψυχὴν καλεῖ τὴν ἀπ' ἀρχῆς θειώδη
καὶ καυστικὴν φύσιν, ταύτην διὰ πυρὸς προσομιλοῦν τε καὶ καθαι-
ρόμενον τὸ πνεῦμα σώζει, ἐὰν τεχνικῶς τηρηθῇ · ἀπολέσθαι γὰρ οὐ
δύναται. Τοῦτο τὸ χρήσιμον τὸ βαπτικόν. Τοιούτῳ δὲ χρὴ εἶναι ἀν-
θρώπῳ λεπτῷ τῷ νοΐ, ἵνα ἐπιγνῷ πνεῦμα ἀπὸ σώματος ἐξερχόμε-
10 νον, κἀκείνῳ χρήσηται, ἢ ἐκεῖνο διατηρήσας ἐπιτεύξηται τοῦ σκο-
ποῦ, δηλαδὴ τοῦ σώματος ἀπολλομένου, καὶ τὸ πνεῦμα συναπολέσ-
θαι. Οὐκ ἀπώλετο δὲ, ἀλλὰ τῷ βάθει διάδυ, ποιήσαντος τὸ πρᾶγμα.

8] Οἱ δὲ μὴ ἐπιγνῶντες τὸ καλῶς γεγονός, κακῶς ὑπέλαβον ·
οὐδὲν γὰρ ἄλλο ὁρῶσιν, ἢ μὴ σώματα, καὶ ταῦτα καέντα, καὶ τεφρω-
15 θέντα ὑπολαβόντες τούτων (f. 143 v.) μόνον τὸ ὁρώμενον, ὥσπερ
ζημιωθέντες τι οἱ ἀποτυχόντες τὰ πάντα σφετερίζουσιν · οὐδ' οὕτω
γὰρ φεύγουσίν τε καὶ τεφροῦνται · ἡ δὲ ποιότης μόνη μετὰ τοῦ χαλ-
κοῦ παραμένει · ἐκεῖνος γὰρ μόνος ἄρευκτος ὑπόστατος · οὐδαμοῦ γὰρ
τῶν γραφῶν εἴρηταί τι ὑπόστατον, εἰ μὴ μόνος ὁ χαλκός · Μαρία
20 λέγει οἰκονομεῖσθαι καὶ ὕστερον καίεσθαι · καὶ ἔσται ὑποστατικός.
Οὗτος ὁ τῆς ἐργασίας ἡμῶν χαλκὸς ἢ ἄργυρος · οὔτε γὰρ ποιότητα
ἐξ αὐτῶν βουλόμεθα λαβεῖν · τὸ γὰρ σῶμα αὐτῶν θνητὸν ἄχρηστον,
οὔτε βοτανῶν ποιότητα · πυρὶ γὰρ εἰώθασι δαπανᾶσθαι. Ἀγαθοδαί-
μων φησὶν - - ἕως οὗ ἐκφύγωσιν μετὰ τῆς σκιᾶς τὰ θειώδη, καὶ
25 γένηται ὁ χαλκὸς ἀσκίαστος. Οὕτως ὁ χαλκὸς ὁ ἡμῶν αἰθάλη.

9] Τὰ σταθμὰ ἀπεσιώπησεν ὁ Δημόκριτος · φησίν · « Οὐδὲν ὑπο-
λέλειπται, οὐδὲν ὑστερεῖ πλὴν τῆς νεφέλης καὶ τοῦ ὕδατος ἡ ἄρσις.
Εἰ δὲ ὅπερ ἔλεγεν καὶ περὶ σταθμῶν · καὶ θείου σταθμὸν πεποίηται

---

4. Αἰθάλη δὲ πνεῦμα, κ. τ. λ. (lignes 4 à
25] Voir la note, p. 151, l. 1. — 24. Cp.
p. 151, l. 21. — 25. Fin de la répétition
dans M. — 28. εἰ δὲ ὅπερ ἔλεγεν] τοῦτο δὲ
ἔλεγε Lb. F. 1. ἔλεγον. — περὶ σταθμῶν
gratté dans M et corrigé par le copiste en
περισταθμόν. — καὶ θείου] και θείον BAK; καὶ
ἐκ τῶν θείων Lb. — πεποίηνται B, etc.

ἐν τῇ ὑστέρᾳ τάξει · καὶ τὸν λευκὸν ζωμὸν ἀρσενίκου γ° α′ », καὶ
τὰ ἑξῆς. Δύο γὰρ συνθέματα θείων καὶ οὐσίαι τῶν οὐσιῶν · καὶ
ἄλλαι αἱ οὐσίαι καὶ τὰ μέταλλα ἐν τῷ θείῳ, καί γε καὶ τὰ ὅμοια,
πλὴν πάντα ἀπολειφθέντα, χαλκὸς εὑρεθήσεται ποιωθείς, ὡς φύσιν
5 ἔχων συγγαμεῖσθαι, καὶ συγκρατεῖται, καὶ συντέρπεται · καὶ τοῦτο ·
« Ἡ φύσις τὴν φύσιν τέρπει. » Πάντα γὰρ τὰ σώματα λαβὼν ὁ
ἄργυρος οὐκ ἐλαύνεται, εἰ μὴ ὁ χαλκός, καὶ τοῦτο μόνον δέχεται,
ὥσπερ ἵππος ὄνον, καὶ κύων λύκον, καὶ ὅσα κατὰ τὸν αὐτὸν και-
ρὸν τὰ ὅμοια φυσικὰ πάσχουσιν. Καὶ γὰρ ἰώθη ὁ χαλκός, καὶ ἀνε-
10 ξιώθη · καὶ οὐκ ἀπαλλάττεται τῆς ἑαυτοῦ φύσεως. Ὁ Δημόκριτος
ἐν τῇ τάξει τῆς μαγνησίας · « Ἡ γὰρ μαγνησία λευκανθεῖσα οὐκ ἐᾷ
ῥήγνυσθαι τὰ σώματα, οὐδὲ τῇ σκιᾷ τοῦ χαλκοῦ ἐπιφαίνεσθαι. » Καὶ
ἀπεδώκαμεν τὸν περὶ σταθμῶν λόγον. Ἔρρωσο.

III. XIII. — ΠΕΡΙ ΔΙΑΦΟΡΑΣ ΧΑΛΚΟΥ ΚΕΚΑΥΜΕΝΟΥ

Transcrit sur M, f. 144 r. — *Collationné sur* B, f. 123 r.; — *sur* Λ, f. 115 v.; — *sur*
K, f. 20 r.; — *sur* E, f. 47 r.; — *sur* Lb *(copie de* E), p. 169. — *Chap.* 36 *de la
compilation du Chrétien dans* E Lb. — *Ce texte, dans son entier, forme le* § 1
du morceau III, XLVI. *Nous le donnons ici avec les principales variantes de ce
morceau, désignées par un astérisque.*

15 Χαλκὸν κεκαυμένον ποιοῦσιν πολλοὶ διὰ θείου, ὡς αἱ τάξεις τῶν
ἄλλων λέγουσιν ἀσαφῶς · μόνος δὲ Δημόκριτος ἀφθόνως. Τῷ χαλκῷ
ἐπιβάλλειν τὸν δ′ σίδηρον θειωθέντα, τουτέστιν χωνευθέντα μετὰ τοῦ

---

3. αἱ om. B etc., f. mel. — καί γε] καὶ
νεφέλη (γε lu νι ?) E, corrigé en ἐν τῇ
νεφέλῃ, (leçon de Lb.) — 4. πάντα · ἀπο-
λειφθὲν, χαλκὸς M. — 5. συγκρατεῖσθαι καὶ
συντέρπεσθαι B etc. — 7. καὶ τοῦτο] οὗτος
γὰρ Lb. — 8. αὐτόν] ταὐτόν M. — 9. ἀνε-
ξιώθη] ἐξιώθη B etc. — 10. ὁ Δημ. δὲ Lb.
— 12. καὶ οὗτος ἀπεδ. Lb. — 15. πολλοί]

τινὲς *. — 16. Réd. de Lb : μόνος δὲ ὁ Δημ.
ἀφθ. τῷ χαλκῷ ἐπιβάλλει τὴν λευκὴν λιθάρ-
γυρον θειωθεῖσαν τουτέστι χωνευθεῖσαν μετὰ
τοῦ τετάρτου τοῦ μαγν. ἢ θείου τοῦ ἡμίσεως.
— 17. ἐπιβάλλ′ B; ἐπίβαλλον A; ἐπιβάλλον
(ω sur ο) K; ἐπίβαλον * ἐπιβάλλων corr. en
ἐπιβάλλει E. F. 1. ἐπίβαλλε. — τὸ τέταρτον
ἢ σίδ. *. F. 1. τὸν Δ (= λευκόν) σίδ.

20

μαγνήτου τὸ δ΄, ἢ θείου ἀθίκτου ἥμισυ, ἵνα ῥεύσῃ ἐπὶ τὸν μόλυβδον
τὸν ἀπὸ στίμμεως καὶ λιθαργύρου · ἔπειτα πυρίτην, χαλκὸν, σίδηρον
κάῃς, ἵνα πρεπόντως γένηται σκωρίδιον. Τούτῳ ἐπίβαλλε νεφέλην
τὴν ἀπὸ ἀρσενίκου. Λευκαίνεται δὲ διὰ τοῦ θείου ἀθίκτου ἡ νεφέλη.
5 Ὅταν δὲ λέγῃ ψιμύθιον ἅμα θείῳ ὀπτηθὲν, τὸ θεῖον ἄθικτον δηλοῖ,
ἵνα γένηται χαλκὸς, μόλυβδος, ἐτήσιος · ὅταν δὲ λέγῃ · « τὸ δὲ
αὐτὸ ποιεῖ καὶ μαγνησία λευκανθεῖσα, » κιννάβαριν συνοικονομηθεῖ-
σαν ἔλεγεν. Ἀλλ᾽ ἐρεῖ τις · μαγνησίαν πρῶτον εἴρηκεν, καὶ πυρίτην.
Καὶ, ἵνα μάθῃς ὅτι ἅμα τῷ χαλκῷ σίδηρος καὶ ὁ μόλυβδος βάλ-
10 λεται, καὶ οἱ λίθοι, ἵνα γένηται χαλκὸς, μόλυβδος, ἐτήσιος χαλκός.

<hr>

III. xiv. — ΠΕΡΙ ΤΟΥ ΟΤΙ ΠΑΝΤΩΝ ΤΩΝ
ΥΓΡΩΝ ΤΟ ΘΕΙΟΝ ΥΔΩΡ ΚΑΛΟΥΣΙΝ · ΚΑΙ ΤΟΥΤΟ ΣΥΝΘΕΤΟΝ
ΕΣΤΙΝ, ΚΑΙ ΟΥΧ ΑΠΛΟΥΝ

*Transcrit sur M, f. 144 r. — Collationné sur B, f. 123 r.; — sur A, f. 116 r.; (A ou
A¹); — sur A, f. 242 v. (A²); — sur E, f. 47 v.; — sur Lb (copie de E), p. 173. —
A² ne contient que le § 1 jusqu'à la ligne 5 de la page 155. — Chap. 37 de la
compilation du Chrétien dans E Lb (non numéroté dans E).*

1] Τὴν προγεγραμμένην νεφέλην ἕψει ἐλαίῳ · ἡ προγεγραμμένη
15 νεφέλη ὅλον τὸ σύνθεμα · ἔοικεν γὰρ τὸ ὕδωρ τοῦ θείου καὶ ἔλαιον
λαμβάνειν. Μετὰ ὅλων δὲ τῶν ὑγρῶν οἰκονομοῦσιν, ἔνυγρον αἰνισσό-
μενοι · πρῶτον γὰρ ἐξάλμῃ, εἶτα ἐλαίῳ, εἶτα μέλιτι καὶ γάλακτι,
ὕδωρ θεῖον αἰνίσσονται · ἀλλὰ καὶ ὁ κρόκος καθ᾽ ἑαυτὸν ἀδυναμεῖ, εἰ
μὴ διὰ τοῦ σκεύους τοῦ θείου ὕδατος · καὶ οἱ βαρεῖς οὕτω χρῶνται ·

<hr>

1. τοῦ μολύβδου τοῦ *. — 2. Réd. de
Lb : ἔπειτα σὺν τῷ πυρίτῃ, ἡ χαλκολιθάργυρος;
— 3. κάῃς] καίεται B etc. — τοῦτο M; τούτου *;
ταύτῃ Lb. — 4. τὴν νεφέλην M. — 5.
ψιμύθιον — λέγῃ om. *. — 6 et 10. χαλκο-
μόλυβδος Lb. — αἰτήσιος; E (par correc-
tion) Lb. — 7. κιννάβαριν] σήψιν Lb. Cp.
p. 150. l. 10, note. — 8. μαγνησίαν] μέγα *
(Confusion causée par le signe commun
μ̄ de mss. antérieurs). — 9. καὶ om. *. —
σίδηρος] ἡ λιθάργυρος; Lb. — 10. Add. de * :
ὅ τι τὸ ἀπ᾽ αἰῶνος ζητούμενον ὤόν. — 15.
Après τὸ σύνθεμα] ἐστὶ A²; ἔχει Lb. —
τὸ θεῖον A². — 19. οὕτω] αὐτὸ A², f. mel.

Καὶ Μαρία· « λύσιν κομάρεως καὶ ἐλυδρίου. » Καὶ Δημόκριτος ἐν
τῇ ὑστέρᾳ τάξει τῶν λευκῶν ζωμῶν· « Ὕδωρ ἀσβέστου στακτικῆς διὰ
τοῦ ῥυτοῦ στάζον, ἢ δι' ὑλιστῆρος. » Ταριχεύονται τὰ εἴδη πάντα διὰ
τῶν ἁπλῶν ὑγρῶν· καὶ τὰ ἐνδεχόμενα πλύνεται· πλύνονται δὲ οἷον τὰ
5 στερεὰ σώματα· ταριχεύονται δὲ, ἢ λειούμενα, ἢ βρεχόμενα, καὶ τὰ
ἐνδεχόμενα (f. 144 v.) ἡλίῳ καὶ δρόσῳ λειοῦνται, ὡς τὸ λευκὸν θεῖον
ἢ λιθάργυρος· ταριχεύονται περὶ τὸν ἀριθμὸν οἷα ἡμέραν α' ἢ γ' ἢ ε'·
ἢ ζ', [ἕως] τοῦτο ἐπὶ πάσης λειώσεως.

2] Ταριχευθέντων οὖν αὐτῶν, συμμίξεις ποιήσεις καὶ συλλειοῖς ἐν
10 δρόσῳ καὶ ἡλίῳ. Καὶ ἀναξηράνας καὶ συλλειώσας αὐτοῖς νιτρελαίῳ
κατάσπα, καὶ εὑρήσεις μέλανα μόλυβδον. Τοῦτον λύε, ἀναλάμβανε
ὑδράργυρον καὶ ὕδωρ θεῖον καὶ κόμμι, καὶ ὄπτησον ἐλαφροῖς ρωσίν,
ἕως ἂν ἀπόθηται τὸ ὕδωρ, καὶ λύεις ἐν ἡλίῳ, ἕως οὗ λευκανθῇ
καλῶς.

15 3] Τοῦτο πολλάκις ποιοῦσιν βαπτίζοντες τὸ σκωρίδιον. Καὶ
Πηβίχιος· « Κατάβαπτε δὶς ζ' καὶ δὶς ὀκτὼ ἐπὶ ὀκτὼ καὶ ἐπι-
πλέω. » Καὶ Δημόκριτος, τὸ αὐτὸ ποιῶν ἐν τῇ ὑστέρᾳ τάξει τῶν
λευκῶν ζωμῶν, εἰς τοῦτο πόρον καταβάπτει καὶ τὰ ἔνσκια πέταλα, καὶ
ἀποσκιώσεις ποιεῖ. Καὶ ἀναξηράνας εἰ ἔστιν ἀσκίαστος, ἀναλάμβανε
20 νεφέλην, βάλλε τὰ ξανθῶσαι δυνάμενα ὕδωρ θεῖον, καὶ κόμμι,
πῆξον ἐλαφροῖς ρωσιν· Ὅταν πήξῃς, μεταβαλὼν [ἡμέρας ϛ' ἢ γ']
καταρρεῦσαι ποίησον εἰς τὸ τοῦ φαρμάκου λείψανον ἡμέρας ϛ' ἢ γ'

---

1. καὶ ἡ Μαρία B etc.; καὶ μηδύσιν λείωσιν
κομ. A². — Après ἐλυδρίου] καλαι add. Lb.
— 4. Après ὑγρῶν] Réd. de A²: φαίνεται ἐν
χωνεία πλυνόμενα. πλύναι τὰ στερεὰ σώματα
καὶ ταριχεύονται (Fin dans A²). — οἷον]
ὥσπερ Lb. — 7. ἤ] F. l. ἤ. — ταριχ. δὲ Lb.
— περὶ τὸν ἀριθμόν [en toutes lettres dans
les mss.]. F. l. περὶ τοῦ ὄξους. Les signes
de ἀριθμός et l'un de ceux de ὄξος sont
presque semblables. Voir dans l'Intro-
duction de M. Berthelot, p. 110 et 116,
les notations alchimiques, pl. III, l. 4
et pl. VI, l. 5. — 8. ἕως] καὶ F, f. mel.;
om. B etc. — τοῦτο δὲ ποίει ἐ. π. λ. Lb.
— 10. κατὰ Lb, f. mel. — 11. λύε M;
λείου B etc. Corr. conj. — 12. κόμμι] κομίδι
M. — 13. λείας A; λειώσεις Lb. F. l. λείοις.
— 16. ἐπιπλέων B etc. — 17. ποιεῖ B etc.
— 18. πόρον] γὰρ Lb; om. B etc. F. l.
εἰς τοῦτον πόρον. — 19. καὶ ἀναξηράναντες
MBAK; σὺ δὲ ἀναξηράνας Lb. F. l. ἀναξε-
ρευνήσας. — εἰ] ἤ M. — 20. ὕδωρ θεῖον] en
signe M; μετὰ ὕδατος θείου B etc. — 21.
καὶ πῆξον B etc. — [ἡμ. — γ'] om. B etc.

ἢ ζ' ἢ μα'. Τούτῳ ἐπιβάλλεις ἄργυρον κοινόν, καὶ βάπτεις. Ἑξῆς δὲ
καὶ περὶ τῶν καιρῶν ζητήσωμεν.

III. xv. — ΠΕΡΙ ΤΟΥ ΕΝ ΠΑΝΤΙ ΚΑΙΡΩ ΑΡΚΤΕΟΝ

Transcrit sur M, f. 144 v. — *Collationné sur* B, f. 124 r.; — *sur* A, f. 116 v.; — *sur*
K, f. 20 v.; — *sur* E, f. 48 v. ; — *sur* Lb, p. 177. — *Les variantes de* M, *par rap-
port à* BAK, *ont été reportées en marge de* K. — *Chap.* 38 *de la compilation du
Chrétien dans* E Lb.

1] Ἀναγκαῖον καὶ περὶ καιρῶν ζητήσωμεν. Τὸ πνεῦμα ἔλεγεν,
5 φησὶν, ἀπὸ ἄνθους ἡλιοῦσθαι καὶ ταριχεύεσθαι ἕως τοῦ ἔαρος · καὶ
τότε λοιπὸν ἐν παντὶ καιρῷ πυρός, ὁ χρυσὸς εἰς τὸ χρῆσθαι. Ὁ γὰρ
μέγας, φησὶν, ἥλιος ποιεῖ τοῦτο, ὅτι δι' αὐτοῦ, φησὶν, γίνεται. Ἄκουε
τοῦ Ἑρμοῦ λέγοντος ὅτι ἡ μάλαξις τῶν ἀλαξίμων γίνεται ἐν ψυχροῖς.
Περὶ τούτου ἰσχυρῶς διέλαβεν ἐν τῷ τέλει τῆς λευκώσεως τοῦ μολύβ-
10 δου · ἐκεῖ καὶ περὶ τοῦ χρυσοῦ λέγει · οὕτως πως ὁ ποιῶν τὸ πᾶν ·
ἐκεῖ καὶ περὶ τοῦ ἠθμῆσαι τὸ πᾶν διέλαβεν ὅν τινα ἠθμόν · οὕτε
Ἀγαθοδαίμονα λέληθε, καὶ ταύτην ἄμμου πλύσιν ἔφη καὶ
κάθαρσιν, ὅτε τὸ πᾶν λειω- f. 145 r.] θὲν καὶ γενόμενον ὕδωρ ἔλθῃ
διὰ ἠθμοῦ ἢ ὁλιστῆρος. Καὶ ὁ Ἑρμῆς φησιν · « Γίνεται ὡς ἡ
15 στάκτη ἀκακία. » Ἐὰν μὲν γὰρ ὑποστάθμην, δῆλον γέγονεν ὡς αἱ
οὐσίαι καὶ τὰ μέταλλα οὐδαμῶς λειοῦνται ·

2] Καὶ περὶ τούτων αὐτὸς ὁ Ἑρμῆς ἐν τοῖς κοσκίνοις ἰσχυρῶς διέ-
λαβεν, λέγων ἄνω καὶ κάτω · « Ἐὰν καταβῇ τὰ ὕδατα, αὐτὸ τὸ κοσ-

---

1. τοῦτο M ; καὶ τοῦτο Lb. — ἐπιβάλλεις Lb.
— ἄργυρον] en signe M ; ἀργύριον B etc. —
6. χρυσός] signe de l'or ou du soleil
MBAKE ; ἥλιος en toutes lettres Lb. —
Lu χρυσός (M. B.). — F. l. πυρρός ὁ χρ. —
χρᾶσθαι M. — 8. ἀλλαξίμων AKELb. — 9.
τῆς λειώσεως (λευκώσεως E) καὶ τῆς σκευάσεως
τοῦ μολ. Lb. — 12. Ἀγαθοδαίμων M. —
Réd. de Lb. : ὅστις ἠθμός οὔτε τὸν Ἀγ.

λέληθεν, οὔτε τοὺς ἄλλους · ταύτην γὰρ ἐργα-
σίαν πλύνσιν ἄμμου καὶ κάθαρσιν ὠνόμασαν.
— 12. ἔφη.] ὠνόμασαν A. — 13. τὸ πᾶν]
τὸ πνεῦμα A (en sigle) K. — 15. ἀκακία] καὶ
ἡ ἀκακία B ; καὶ ἡ ἀκαγία A (2e κ corrigé
en γ par le copiste); καὶ ἡ ἀκαγία K (κ sur
γ, d'une autre main); καὶ ἡ ἀκαγία E, et
en mg. : ἀκαία; καὶ ἡ ἀκαία Lb. — ὑποσ-
ταθμὴ ἤ Lb, f. mel. — 19. καταβῇ mss. —

κινον ὡς ἔοικε ῥοῦν. » Ὅλα ὁμοῦ καταϐαίνοντα αὐτὰ κατὰ τὸν μέγαν
Ἑρμῆν· τάχα καὶ ἀναϐαίνοντα δι' ὀργάνου, εἰς ὃ καὶ ἕψεσθαι δοκοῦσι.
Ταῦτα δὲ εἰρήκαμεν τῷ λόγῳ, πλὴν ὁ λόγος περὶ καιροῦ. Καιρὸς
γὰρ ὁ θερινός, ὅτε ὁ ἥλιος φύσιν ἔχει πρὸς τὸ πρᾶγμα. Ἀμέλει οὖν ἡ
5 Μαρία ἐν ταῖς ποιήσεσιν τοῦ προσωπιδίου · « Ὕδωρ θεῖον ληφθήσεται
τοῖς μὴ νοοῦσιν, ὡς γέγραπται, ὃ διὰ τῆς λωπάδος καὶ τοῦ σωλῆνος
εἰς ὕψος ἀναπέμπεται. » Ἀλλ' ἔθος τοῦτο λέγειν ὕδωρ τὴν αἰθάλην
θείου ἀθίκτου, ἀρσενίκων · οὗ ἕνεκεν ἐμυκτήρισάς με ὅτι περ δι' ἑνὸς
λόγου, τοσοῦτόν σοι τὸ μυστήριον ἐξέφρασα.

10   3] Τοῦτο μὲν τὸ ὕδωρ τοῦ θείου λευκαινόμενον διὰ τῶν λευ-
καινόντων, λευκαίνει, καὶ ξανθούμενον διὰ τῶν ξανθούντων, ξανθοῖ,
[καὶ ποιῶν] καὶ μελαινόμενον διὰ χαλκάνθου καὶ κικίδου, μελανοῖ ·
εἰς μέλανσιν ἀργύρου εἰς τὸν ἡμῶν μολυϐδόχαλκον, περὶ οὗ μολυϐ-
δοχάλκου ἐν τῷ πατροπαραδότῳ ἀργύρῳ σοι προσεφώνησα. Μελαι-
15 νόμενον οὖν καὶ τὸ ὕδωρ ἀναλαμϐάνοντα ⟨τὸν⟩ μολυϐδόχαλκον ἡμῶν
βάπτει ἄρευκτον μέλανσιν, ἥν τινα, μηδὲν οὖσαν, μέγα ἐπιθυμοῦσιν
οἱ μύσται πάντες εἰδέναι · τὸ δὲ αὐτὸ ὕδωρ οἷον λαμϐάνει τοιοῦτον,
καὶ βάπτει ἄρευκτον, ὑφεξαιρουμένου τοῦ ἐλαίου καὶ τοῦ μέλιτος.

   4] Καὶ ὁ φιλόσοφός φησιν ὅτι ὀλίγον θεῖον ἄθικτον οἶδε πολλὰ εἴδη
20 καῦσαι, ἀλλὰ καὶ τοὺς λίθους καὶ τὰ μέταλλα μαλάσσει. Ἐν τούτῳ
τῷ ὕδατι λειοῦται τὸ σύνθεμα τὸ θεῖον, ὡς εἰς τὸν ἀνδροδάμαντα
φησίν · « Ἐὰν ἄπυρον θεῖον προϐάλλῃς, ποι-[f. 145 v.] εῖς χρυσο-
ζώμιον, ὁμοῦ σὺν τῷ συνθέματι τῶν οὐσιῶν · καὶ τὸ σύνθεμα τῶν
θειωδῶν λειοῦται ». Καὶ οὕτως ἕψεται ἢ ὀπτᾶται, ἵνα ὁ νοῦς σωθῇ.
25 « Ἐὰν, φησὶν, θεῖον ἄπυρον προσϐάλλῃς, ποιεῖς χρυσοζώμιον διὰ πρίσ-

<hr>

3. F. l. ταὐτὰ. — 5. προσωπιδίου B etc.
ὕδωρ θεῖον (en signes) M; πρὸ ὕδατος τοῦ
θείου Lb. — 7. θείου ἀθ.] en signe MBAK;
τοῦ θείου Lb. — 8. ἀρσενίκων] signe de
l'arsenic redoublé MBAKE; τῶν ἀρσε-
νίκων Lb. — 10. M mg. : *nřm* (nos-
trum?), d'une main du XVIᵉ siècle. —
12. ποιῶν] ποιούμενον (ajouté) ποιῶν E; καὶ
ποιούμενον Lb. — 14. προπαραδότου Lb
seul — 15. ἀναλαμϐάνον BAK; ἀναλαμϐα-
νόμενον τόν μ. Lb. — 16. β' ἄπτε M. — 17.
χρῶμα τοιοῦτον BAK. χρῶμα τοιοῦτον λειοῦ-
ται καὶ β. Lb. — 18. ὑπεξ. Lb. — 22. signe
de θεῖον ἀθ. M. — προσϐάλλῃς BAK ; προσ-
ϐάλλῃς Lb. — 24. καὶ οὕτως ὁμοῦ Lb. —
25. διὰ πρίσματα M.

ματος, ἢ κηροτακίδος, τὸ θεῖον ὕδωρ, ἕως σῃῇ χρυσόν · ἕψει ἐλαφρῶς
κινῶν, ἐπιβάλλων τὰ μωτάρια τῆς ξανθῆς σανδαράχης. » Μωτάρια δὲ
εἰρήκασι διὰ τὸ παχὺ εἶναι αὐτὸ ὡς αἷμα · τὸ λοιπὸν ὄπτα σφοδρο-
τέρως ἡμέρας ϛ΄ ἢ γ΄, καὶ κατενέγκας, ἔκχεε εἰς τὸ τοῦ φαρμάκου
5 λείψανον ἐν ἑκάστῳ, καὶ γίνεται ἰός. Περὶ τούτου ἔλεγεν ὁ Πηβίχιος ·
« Διαμερίσατε τὸ φάρμακον εἰς μέρη δύο, καὶ τὸ ἥμισυ ἔχετε ἐν
ὀστρακίνῳ ἀγγείῳ, τὸ δὲ ἕτερον εἰς χαλκοῦν. » Τοῦτο αἰνιττόμενος
δι᾽ ἑνός, ἀπὸ μέν [τοι] τοῦ ὀστρακίνου τὴν ὄπτησιν, ἀπὸ δὲ τοῦ
χαλκοῦ τὴν ἴωσιν. Προεῖπε δὲ καὶ τὴν λεύκωσιν ἀπὸ τοῦ εἰρηκέναι
10 ἐν δαφνίνοις ξύλοις καίεσθαι τὸν χαλκόν, τουτέστιν τὸ θεῖον ἄθικτον
τῷ ἔχοντι φύλλα δάφνης, ἵνα ἔχῃς εἰδέναι τὴν τῶν ἀρχαίων ἀρετὴν,
πῶς φανερῶς πάντα εἰρήκασιν · δοκοῦντες πάντα κρύψαι, φανερῶς
εἰρήκασι · « Πρῶτον ἐλαφροῖς φωσίν, ἵνα συμπίῃ τὸ ὕδωρ τοῦ θείου
ἀθίκτου. » Περὶ ὧν φώτων ἡ Μαρία ἔλεγεν ἐκ προβάσεως τὰ φῶτα,
15 καὶ πάλιν ἐκ προσαγωγῆς τὸ πῦρ, ὅταν ἀρκούντως ποιῇ, προσωτέρως,
ἵνα σωθῇ ὁ νοῦς, ἐκ προβάσεως τὰ φῶτα. Ὁ δὲ καιρὸς ὁ θερινὸς, καὶ
ἡ πορφύρα καιρὸν ἴδιον ἔχει διὰ τὰς λύσεις καὶ ψύξεις τὸ ἁλιστέον,
ὅ τι καὶ τὸ κόμμι δάκρυον αὐτομάτως προερχόμενον, ἀπὸ τῆς ἰδίας
φύσεως, θέρος. Ἤκουσα δέ τινων ὅτι ἐν παντὶ καιρῷ γίνεται ἡ ἡμῶν
20 ἐργασία, καὶ ἀμφιβάλλω.

— 1. τὸ δὲ θεῖον Lb. 2. παχὺν M ; παχέα
εἶναι αὐτὰ Lb. — τότε λοιπὸν B etc. — 5.
Πηβήχιος B etc. — 6. καὶ τὸ μὲν ἓν (sur
grattage) Ev. Lb seul — 10. τὸ θεῖον ἄθικ-
τον (en signe) M ; τῷ et le même signe
B etc. sauf Lb, qui écrit θείῳ en toutes
lettres. — 12. δοκοῦντες τισὶν ἅπαντα κρ.
B etc. — M mg. : *nota* (main du xvi^e
siècle). — 13. δεῖ δὲ πρῶτον Lb — 14

et 16. προσβάσεως M — 17. ψύξεις, τοῦ
ἁλιστέου Lb. — 18. τὸ κόμμι ἐπὶ δάκρυον
Lb. — 19. κατὰ τὸ θέρος Lb. — τινων οἳ
λέγουσιν Lb. — 20. A mg. : Βλέπε ἔμπροσ-
θεν εἰς φύλλ᾽ κδ΄ τὴν ῥῆσιν τοῦ λόγου ὅπου τὸ
σημεῖον τοῦτο ,puis un signe de renvoi,
reproduit en rouge 21 ff. plus loin
(f. 139 r.) en regard des mots : Καὶ ὁ Ζώσι-
μος... ἀμφιβαλλόμενος (III, XXIX, 21).

III. xvi. — ΠΕΡΙ ΤΗΣ ΚΑΤΑ ΠΛΑΤΟΣ ΕΚΔΟΣΕΩΣ
ΤΟ ΕΡΓΟΝ

Transcrit sur M, f. 145 v. — *Collationné sur* B, f. 126 r.; — *sur* A, f. 118 r.; —
sur K.f. 21 v.(*suite f.* 113 v.) ; — *sur* E, f. 51 r.; — *sur* Lb (*copie de* E), p. 187. —
Les variantes et restitutions de M, *par rapport à* BAK, *ont été reportées en marge*
de K. — *Chap.* 39 *de la compilation du Chrétien dans* E Lb.

1] Καὶ ταῦτα μὲν οὕτως πρὸς τοὺς Αἰγυπτίους προφήτας ὁ
{f. 146 r.} Δημόκριτος γράφει. « Ἐγὼ δὲ πρὸς σὲ, ὦ Φιλάρετε,
5 πρὸς ὃν ἡ δύναμις, τὴν κατὰ πλάτος σοι γράφω τέχνην. Ὁ μὲν
τῶν εἰδῶν κατάλογος οὕτως ἔχει. Ὑδράργυρος ἡ ἀπὸ κινναβάρεως,
μαγνησία, καὶ στίμμι κοπτικὸν, χαλκηδόνιον, ἰταλικὸν, λιθάργυρος,
ψιμμίθιον, μόλυβδος, κασσίτερος, σίδηρος, χαλκός, χρυσόκολλα
κλαυδιανὸν, καδμεία, πυρίτης, ἀνδροδάμας, θεῖον ἄθικτον, ἀρσένικον,
10 σανδαράχη, κιννάβαρις.

2] Ταῦτα τὰ εἴδη ἐπίκοινα εἰς χρυσὸν καὶ ἄργυρον · λευκαινό-
μενα γὰρ λευκαίνουσι, καὶ ξανθούμενα ξανθοῦσιν. Τὰ οὖν λευκαίνοντα
αὐτὰ ταῦτα · γῆ χεία, καὶ ἀστερίτης, γῆ σαμία, γῆ κιμωλία, καὶ
ἀφροσέληνον.

15 3] Τὰ δὲ λειούμενα, αὐτὰ · θεῖον ἄθικτον, ἅλας καππαδοκικὸν,
ἅλες παντοῖοι, ἁλὸς ἄνθη, τίτανος, ὃς προσκέκληται ὁπὸς συκαμίνου,
συκῆς, στυπτηρία σχιστή, μύσι, χάλκανθος, φύλλα περσέας, φύλλα
δάφνης.

4] Τὰ δὲ ξανθοῦντα, ταῦτα · γῆ ποντική, ὅ ἐστιν ὁπτή, γῆ ἀττική,
20 ὅ ἐστιν ὁ κυανός, καὶ ἡ κυανὸς ἡ ἐπὶ τῶν δύο βαρῶν ἐπίκοινος · καὶ

---

1. Pas de titre dans B ; titre dans
AKELb : περὶ τῆς κατὰ πλάτος ἐκδ. τοῦ
λόγου πρὸς Φιλάρετον. — 6. εἰδῶν] ἰδίων
corrigé par une main assez récente M.
— 15. f. l. ταῦτα. — θεῖον ἄθικτον en signe
M. F. l. θεῖον. — 16. ἅλας παντοῖον, ἁλὸς
ἄνθος B etc. — 17. μύσυ Lb, mel. — ὁπὸς]

dernier mot du f. 21 de K ; la suite est
au f. 113; le f. 22 doit être lu après le
f. 115. — 19. ὁπῇ M. — 20. ὁ κυανός]
signe de κυανός dans MBAKE ; χαλκός en
toutes lettres Lb. — Le bleu mâle et
femelle. (*M. B.*) Cp. l'Introduction de
M. Berthelot, p. 245.

ἐν βοτάναις, κικίδιον, καὶ κηγκάνθιον, ἐλύδριον καὶ οἰχούμενον · καὶ
ἐν ὀποῖς, κόμμι · Ἔλεγεν δὲ ἀντὶ τοῦ κόμμεως, εἰς γὰρ τὸ λευκὸν
σύνθεμα τοὺς ὀποὺς βάλλουσι.

5] Φανερὰ δὲ ἔστω τὰ τῇ ἰώσει ὕστερον συλλειούμενα καὶ ὧδε
5 ἁρμῶσαι ἡ μαρτυρία ἡ λέγουσα ὅτι τὰ ἀνούσια σώματα καλῶς ἐνερ-
γοῦσιν χωρὶς πυρός. Τινὲς βούλονται δεύτερον καὶ τρίτον ἐν τῇ ἰώσει
βαλεῖν βοτάνας, ἄνθος ἀναγαλλίδος, καὶ ῥᾶ, καὶ τὰ ὅμοια · καὶ κρό-
κον τινὲς χρῶνται καὶ ῥίζαν μανδραγόρου τὴν τὰ σφαιρία ἔχουσαν.
Ἐγὼ δὲ προσθήσω ὅτι χωρὶς αὐτῆς οὐδὲν βάπτεται · καὶ ταύτῃ
10 πάντα συλλειοῦται ἐν τῇ ἰώσει μετὰ κόμμεως. Ἐμνημόνευσαν δὲ
πάντες ὅτι οὐ δεῖ εἰς τοῦτο τὸ ὕδωρ ζύμην καταφθείρειν · καὶ
ὁμοιοῦται τῷ μέλλοντι βάπτεσθαι σώματι.

6] Ἐὰν ἀργύρεον μέλλῃς βάπτειν, ἀργύρου πέταλον συνσήπειν ·
ἐὰν δὲ χρυσοῦν, χρυσοῦ πέταλον συνσήπειν · ὁ γὰρ σῖτος σῖτον γεν-
15 [f. 146 v.] νᾷ, καὶ ὁ λέων λέοντα, καὶ χρυσὸς χρυσόν. Ἐπίβαλλε
γάρ, φησίν, ἄργυρον κοινόν, καὶ βάπτεις. Ὁ γὰρ εἷς ζωμὸς κατὰ τῶν
ἀμφοτέρων σήπειν κατηγορεῖται · ὅτι τοιοῦτος λόγος ἐν τῷ παρόντι
περὶ τῆς τοῦ φαρμάκου βαφῆς · τὸ γὰρ θεῖον ὕδωρ σκευασθὲν κατὰ
ἀλήθειαν, καὶ τὸ καλῶς συγκραθὲν τὰ φάρμακα βάπτει, καὶ ὅταν
20 βαφῇ τὸ φάρμακον, τότε καὶ αὐτὸ βάπτει. Διὰ τοῦτο ζύμας καὶ
προζύμια καὶ ἐξυζύμια, καὶ χρυσοζύμια, καὶ ὅσα κέκρυπται · ἐν δὲ
πᾶσι τὸ πᾶν εὑρίσκεται τοῖς νοοῦσιν.

7] Ἰδοὺ οὖν τὰ δ΄ σώματα πυρίμαχα, ὑπόστατα, τουτέστιν τὸ
ὕστερον σύνθεμα, οὗ καὶ αὐτοῦ συντεθέντος, παραλαμβάνομεν μέρος
25 ἕν, ἐπιβάλλοντες ὕδωρ θεῖον ὁμοῦ, ἕως γένηται τὸ χρῶμα καὶ ὁ τόνος

---

1. χιμένιον BAK; χρμένιον Lb. Cp. II,
1, 18, texte et traduction. — 5. ἁρμῶσαι
BE; ἁρμόγαι AK : ἁρμόται Lc, f. mel. —
8. τινὲς δὲ χρ. καὶ ῥίζη μ. τῇ τὰ σφαίρας
ἐχούσῃ. — τὰς σφαίρας AK; ἔχουσιν A ;
ἔχουσιν (κ sur ι) K. — 10. M mg : σῇ (main
du xvi⁰ siècle). — 11. F. l. καταφέρειν.
— 13. ἐὰν — συνσήπειν om. B etc. —14.

συσσήπειν et plus loin σήπειν BAK. — δεῖ
συσσήπειν Lb. — 15. καὶ ὁ χρυσὸς χρυσὸν B
etc. — 19. κακῶς; M. Corr. d'après ELb.
— 21. ἐν δὲ (γὰρ Lb) — νοοῦσι] E aj. cette
phrase en marge, et Lb la transporte
après Μαρίαν (p. suiv., l. 1). — 23. ὑπόστατα
mss. ici et plus loin, comme p. 148. —
M mg.: ὧδε ἀληθὲς (main du xvi⁰ siècle).

τοῦ ὁμοίου κατὰ Μαρίαν. Ἐπειδὴ οὖν κατείληπται τὸ ὕστερον
σύνθεμα τὰ ὑπόστατα δ' σώματα, οἷς οὐ μόνον τὸ σύνθεμα τοῦ
χρυσοζυμίου, ἀλλὰ καὶ τὸ σύνθεμα ἐπιβάλλει τοῦ ὕδατος τοῦ θείου ·
ἐπιβάλλειν γὰρ δεῖ τὰ προδεχθέντα, σίδηρον, ἢ κασσίτερον, ἢ
5 μόλυβδον, ἢ χαλκὸν, καὶ τὰ ἑξῆς, πάντα τούτοις ἐπιβάλλεται.
Ἄκουε αὐτοῦ λέγοντος ἐν τῷ κεφαλαίῳ τῶν δύο συνθεμάτων · « Ἐὰν
εἰς σίδηρον προβαλών · ἐὰν εἰς χαλκὸν, προεξιοῖ · ἐὰν εἰς μόλυβ-
δον, ποιεῖ ἄρρευστον, ἄτριστον, τὸν κασσίτερον προεργάζου, καὶ
οὕτως ἐπίβαλλε, φησὶν, καὶ οὐ μὴ σφάλῃς, τουτέστιν προλεύκαναι. »
10 8] Περὶ δὲ ἐξιώσεως καὶ χαλκοῦ διαλάβωμεν · πάντα τὰ τοιαῦτα
εἴδη ἔχουσιν φύλλα περσέας καὶ δάφνης, καὶ γαῖ λευκαὶ, καὶ σύκα-
μίνου καὶ συκῆς καὶ τιθυμάλλου ὀπὸς, καὶ νίτρον πυρρὸν καὶ ἅλας
καππαδοκικὸν, καὶ τὰ ὅμοια · εἰς τοῦτον, φησὶν, τὸν ζωμὸν καθίενται
αἱ λεπίδες τοῦ χαλκοῦ ἡμέρας ιε', καὶ εὑρήσεις ἐξιωθέντα, τουτέστιν
15 λευκανθέντα. Αὕτη οὖν ἡ σύνθεσις τοῦ ζωμοῦ λευκοῦ θείου. Ἐν τῇ
ὑστέρᾳ ⟨τάξει⟩ τῶν ζωμῶν ὁ φιλόσοφος ἐξέδωκεν. Εἰ τοίνυν λευ-
κὸν θεῖον, ἀρα (f. 147 r.) τὸν χαλκὸν λευκαίνει; θεῖον γὰρ ξανθὸν
οἰκονομήσας ὁ χαλκὸς διὰ χαλκάνθου καὶ σώρεως, καὶ ἐπιβαλὼν χαλ-
κὸν, ξανθώσας αὐτὸν, τοῦτον τὸν χαλκὸν ἅμα τῷ θείῳ ἀποτίθεται
20 εἰς ὄξος, καὶ τὰ ἑξῆς, ἵνα ἰωθῇ. Καὶ γάρ φησιν χάλκανθον ποιεῖν τὸ
χρυσὸν ἴνιον · εἰ δὲ χάλκανθος τῷ θείῳ, τῷ πυρίτῃ συνελειώθη μετὰ
σώρεως, τὸ δὲ θεῖον τὸ ξανθὸν, ἔν τε τούτῳ τῷ ξανθῷ · ἐὰν ἐαθῇ
κάτω ἵνα ἐσθίῃ · ἤγουν τὸ θεῖον τὸ ξανθόν.

9] Καὶ τί ἀρα ἐξίωσις ἢ ξάνθωσις ; ἐξίωσις οὖν καὶ ξάνθωσις
25 χρώματι μόνον διενηνόχασιν ἀλλήλων · ἤγουν τὸ ἐξίωσις θείου λεύ-
κωσις, ἡ δὲ ἴωσις, ξάνθωσις. Φέρε καὶ τὰ ἄλλα ⟨ἃ⟩ εἶπεν · ἐὰν εἰς
σίδηρον προμάλαξιν ποιήσας τὸν σίδηρον λεπίδας λεπτὰς, ἐπίστρωσον

---

3. χρυσοζωμίου Lb. — 4. δεῖ] χρὴ B etc.
— προλεχθέντα B etc. — 7. προσβάλῃς, ἐξιοῖ ·
ἐὰν... Lb. — 8. ἄτρυτον B etc. F. l. ἄτρητον.
(Cp. ci-dessus, p. 45, l. 26). — 12. τηθυμ.
M. — πυρὸν M. — 14. καὶ εὑρ. ἄπαντα ἐξ.
Lb. — 15. ἦν ἐν τῇ ὑστ. Lb, f. mel. — 19.
ξανθώσι A; ξανθώσεις Lb. — 21. χρυσὸν ἴνιον]
χρυσάνθιον B Lb. — τὸ puis le signe de
πυρίτης M; om. B etc. — 22. τε] δὲ Lb. —
ἐὰν ἐαθῇ] ἐάσεις Lb. — 25. μόνῳ BAK.

γῆν σαμίαν, καὶ στυπτηρίαν σχιστὴν διπλώσας, ἔλασον, καὶ ἔσται
μαλακὸς καὶ λευκός. Τὰ δὲ τοιαῦτα εἴδη μέρη εἰσὶν τοῦ λευκοῦ
θείου. Ὁ Ἑρμῆς μάλαξιν προθέμενος, ὕστερον ἔλεγεν · « Καὶ
λευκανθήσεται ». Διὰ τοῦτο ὁ φιλόσοφος ἔλεγεν · « Ἐπίβαλε τοῦ
5 λευκοῦ φαρμάκου τὸ ἥμισυ, καὶ ἔσται πρῶτον τοῦτο τοῦ λευκοῦ
θείου.

10] Φέρε καὶ τὸ τί ἀτριστώσῃς ζητήσωμεν · Ὁ φιλόσοφος · « Λα-
6ὼν μόλυβδον λευκὸν τὸν γενόμενον ἄρρευστον διὰ γῆς χείας, καὶ
στυπτηρίας σχιστῆς. » Τὰ δὲ εἴδη ταῦτα μέρη εἰσὶ τοῦ λευκοῦ θείου.
10 Τὸ δὲ λευκὸν θεῖον, λευκαινόμενον, λευκαίνει. Δημόκριτος δέ ·
« Ἐπειδ᾽ ἂν ἐξιώσῃς, καὶ μαλάξῃς, καὶ ἀτριστώσῃς, καὶ ἀρρευστώ-
σῃς, ἢ λευκώσῃς ». Ἡ δὲ λεύκωσις ἐκ τοῦ λευκοῦ θείου. Ὅρα τὸν
φιλόσοφον περὶ τούτου τοῦ θείου τοῦ λευκοῦ ἐκβακχεύοντα · « Ἐὰν
γὰρ, φησὶν, γένηται τὸ φάρμακον μαρμάρῳ παρεμφερὲς, μέγα ἐστὶ
15 μυστήριον · τὸν γὰρ χαλκὸν λευκαίνει, τουτέστιν ἐξιοῖ, μαλάσσει
τὸν σίδηρον, ἄτριστον ποιεῖ τὸν κασσίτερον, ἄρρευστον τὸν μόλυβ-
δον, ἀρρήκτους τὰς οὐσίας, ἀφεύκτους τὰς βαφάς. Αὗται αἱ βαφαὶ
τὰ εἴδη ἀπὸ ὑδραργύρου ἕως χρυσοκόλλης καλούμενα χρυσάνθιον ·
εἰκότως εἴρηται παρά τινων τοῦτο τὸ θεῖον διὰ πάντων. Στέρα-
20 νος f. 147 v.) γὰρ, ὅταν ἔλεγεν · « Ἀρρήκτους τὰς οὐσίας »,
τὰ τέσσαρα σώματα ἔλεγεν · ἄλλοι δὲ · « τοῦτο τὸ θεῖον ὕδωρ τὸ
κατὰ πάντα μέγα μυστήριον, τὸ γενόμενον μαρμάρῳ παρεμφερὲς,
τὸ λευκαῖνον πᾶσαν οὐσίαν, τὸ λευκαῖνον τὸ σῶμα τῆς μολυβδο-
χάλκου · τοῦτό ἐστιν ὁ τῶν κωβαθίων καπνός. Τοῦτο ὁ τὰς βαφὰς

---

1. διπλ. ἔλασον] καὶ διπλ. ἄλλασσεν Lb.
— 7. ἀτριστώσῃς] ἀτρυτώσεις B ; ἀτρυτώσει
AK ; ἀτρυπτώσεις corrigé en ἀτρυττώσει
E ; ἀτρύτωσις Lb. (Variantes analogues
plus loin.) — 8. γενάμενον M, ici et
presque partout. — 16. ἄτριστον] ἄτρυ-
τον B etc. — 18. ὑδραργύρου] signe du
mercure M; signe de l'argent BAKE
(E ajoute ἔχουσι); ἀργύρου en toutes
lettres Lb. — καλούμενον ΒΑΚ ; κολλού-
μενον δὲ χρ. Lb. F. 1. καλοῦμεν. — 22.
μέγα μυστ. καλοῦσι Lb. — 23. μολυβδοχ.]
signe du molybdochalque M; signe de
la magnésie B etc., f. mel. — 24. κοβα-
φίων M. — M mg. : ὑδ. θείου ἀπύρου
(avec renvoi à κοβαφίων), main du
XVᵉ siècle (celle de Bessarion ?) —
τοῦτό ἐστι τὸ τ. θ. ποιοῦν Lb.

ἀρρήκτους τηρῶν, τοῦτο ὁ τὰς οὐσίας ἀρρήκτους διατηρῶν. Τὸ δὲ
ἀρρήκτους ἐὰν ἀκούσῃς, οὐχ ἵνα ἐλαιούμεναι αἱ οὐσίαι μὴ ῥαγῶ-
σιν, ἀλλ᾽ ἵνα μὴ ἀπορρήξωσι τὰ εἰωθότα τε τῷ πυρὶ ἀφαντοῦσθαι
ἀπὸ νεφέλης ἕως χρυσοκόλλης, ὅτι βαφὰς βούλεται αὐτὰς εἶναι.
5 Ἄκουε αὐτοῦ λέγοντος περὶ αὐτῶν · « Ἐπιβάλλειν οὖν δεῖ σίδη-
ρον, ἢ χαλκὸν, ἢ κασσίτερον, ἢ μόλυβδον .» Τοίνυν ταύτας βαφὰς
καλεῖ · τὰ δὲ βαπτόμενα δ' σώματα ἅτινα βαφέντα βάπτουσιν ·
τὸ δὲ βάπτον τὰς βαφὰς καὶ τὰ βαπτόμενα ὕδατα θείου, τὸ μέγα
μυστήριον, τὸ μαρμάρῳ παρεμφερὲς, τὸ τὰ πάντα ποιοῦν ἐπιτήδεια,
10 τὸ καῖον τὸν χαλκὸν καὶ λευκαῖνον, τὸ τὴν ὑδράργυρον πηγνύον, τὸ
ἐξιοῦν · τοῦτό ἐστι τὸ τῆς ὅλης τέχνης μέγα μυστήριον · τὸ γὰρ
ξανθὸν ὕδωρ ἐμφανὲς μυστήριον.

11] Ἐπίβαλε λοιπὸν καὶ κόμμι μικρὸν, καὶ πᾶν σῶμα βάπτεις ·
τοῦτο αἴτιον καύσεως, λευκώσεως, ξανθώσεως, ὑδραργύρου πήξεως,
15 ἰώσεως · τοίνυν ὅταν λέγῃ « ἀρρήκτους τὰς οὐσίας », περὶ τοῦ
ἀπορρηγνύναι τὰς οὐσίας, τὰ εἴδη τὰ φευκτὰ λέγει. Τοῦτο δὲ τὸ
λευκὸν θεῖον ἀνακεφαλαιοῦται ἐν τοῖς δυσὶ συνθέμασι. Λέγει γάρ ·
« Ἐὰν εἰς σίδηρον, προμαλάσσει », καὶ τὰ ἑξῆς, τουτέστιν πάντα
προλεύκαναι, καθὼς ἀποδέδεικται · ὅταν ἐξιώσῃς καὶ μαλάξῃς καὶ
20 ἀτριστώσῃς καὶ ἀρρευστώσῃς, τουτέστιν λευκάνῃς τὸ πᾶν, τὰ τεσ-
σαρα σώματα ὑπόστατα · αὕτη γὰρ ἡ ἀρχὴ κατὰ μίαν τάξιν τὸ
λευκάναι. Ἡ δὲ λεύκωσις ἐκ θείου λευκοῦ · ὁ δὲ τῶν λευκῶν θείων
σταθμὸς ἐν [f. 148 r.] τῇ ὑστέρᾳ ⟨τάξει⟩ τῶν λευκῶν ζωμῶν κεῖται,
ἔχων τὸ ἀρσενίκου χρυσίζοντος γ" α', καὶ νίτρου καὶ τῶν ὁμοίων,

<hr>

1. F. l. τὰς βαφὰς ἀφεύκτους. — ἀρρήκτους
διατηρῶν om. B etc. — 2. ἐλαιούμεναι M. —
5. A mg. : στῆται. — ἐπίβαλε οὖν σιδήρῳ
etc. (datif partout) Lb ; simple signe
dans les autres mss. — 7. M mg. : τό
ὅλον τῶν ἀληθῶν (?) avec renvoi à βάπτου-
σιν, au moyen du signe zodiacal de
la Vierge ♍ (main du xvᵉ siècle). — 8.
βαπτόμενα καὶ τῇ ὑδ puis le signe du θεῖον

ἄθικτον M (καὶ et ῃ d'une écriture plus
récente; βαπτόμενα ὕδωρ θεῖόν ἐστι Lb. F.
l. ὕδωρ θείου. — 13. καὶ πᾶν] καὶ om. M.
— 14. F. l. ὑδραργυροπήξεως. — 16. M
mg. : ἀπορρηγνύντας. — τὰς om. M. —
20. ἀτριστώσῃς] ἀτρυτώσῃς B etc. — τὸ πᾶν]
τουτέστι E; om. Lb. — F. l. τὸ πᾶν, του-
τέστι... — 21. τό] τοῦ Lb, f. mel. — 22.
F. l. τοῦ λευκοῦ θείου. — 24. τό] F. l. τοῦ.

καὶ φλοιῶν φύλλων περσέας καὶ δάφνης γο α΄, καὶ συκαμίνου χυλοῦ,
καὶ ἅλατος, καὶ τὰ ἑξῆς. Πάντα πρὸς ἀνάλογον τοῦ οὐγκιασμοῦ δεῖ
σε προσπλέξαι. Ἡ γὰρ ὑδράργυρος κατὰ τῶν δύο συνθεμάτων τὰ
πάντα μέλλουσα ἀναλαμβάνειν ἤτοι μαλαγματίζειν, περὶ ἧς καὶ ἐν
5 τῷ περὶ κινναβάρεως μηνύσω. Εἰ μὲν οὖν ἀναλήψεται, δεῖ μὴ ὠῶν
λευκοῖς καὶ ὑγρῷ κομμίῳ λευκῷ λειοῦσθαι μετὰ τῶν δύο συνθεμά-
των. Ἐν γὰρ τούτοις εἴωθεν ἡ ὑδράργυρος μολύνειν καὶ ἀναλαμβά-
νειν, καὶ πάντα μαλαγματίζειν, περὶ ὧν ἐν τοῖς μολυβδοχάλκοις
προσεφώνησα.

10 12] Τινὲς δὲ ὕδωρ θεῖον ἐλείωσαν παχύτερον ποιήσαντες, καὶ
ἀνέλαβον τὰ συνθέματα τὴν ὑδράργυρον. Καὶ γὰρ τὸ λευκὸν σύν-
θεμα καὶ ὠὰ ἔχει καὶ κόμμι. Ἄλλοι ἐν τρούλλῳ μεγάλῳ ὑελίνῳ
περιπηλώσαντες, ἔβαλλον τὰ πάντα καὶ ἀσθενεῖ πυρὶ ὤπτησαν, ἐπι-
βάλλοντες ὕδωρ θεῖον, ἐψήσαντες ὡς τὴν πορφύραν. Δεῖ δὲ προσέ-
15 χειν ἐν τῇ μεταβολῇ, πῶς ἐκ θαλάττης οὖσα καὶ ἐκλύσματος, εἰς
πορφύραν μετατρέπεται ἀληθινήν. Ἐντεῦθεν καὶ ὁ φιλόσοφος · « Τὸ
γὰρ ψιμύθιον ἄλλην ἔχει δύναμιν παρὰ τὸ ἔλκυσμα, τουτέστι παρὰ
τὸ χρυτίζον, ἢ πορφυρίζον, παρὰ τὸ λευκὸν ἢ ἀργυρῶδες. » Τὸ δὲ αὐτὸ
σύνθεμα λειωθὲν ἕξει καὶ τὰς ἐνεργείας · τὰ ὅλα ἐκ μιᾶς, φησίν, ὕλης
20 τοῦ μολύβδου · ὁ δὲ χαλκὸς οἶδας λοιπὸν ὡς ὅλον σύνθετον · ὅθεν ἐν
τῷ ἐλκύσματι μεταβολὴν ὠνόμασεν αὐτῷ ἐν ὑποδείγμασιν · ἐψήσαντες
γὰρ ὕδωρ θεῖον · τῷ γὰρ « ἐψήσαντες » χρῶμα ἀνέδειξαν · καὶ οὐ μόνον
ἤνωσαν τὴν ὑδράργυρον, ἀλλὰ καὶ ἐλεύκαναν καὶ ἐξάνθωσαν τὸ σύν-
θεμα ἐψοῦντες λεπτῷ πυρί, καὶ οὐκ ἐῶντες καπνὸν διὰ τοῦ τρούλλου

<hr>

1. καὶ φλ. κ. φ. Lb. — 2. οὐγκιασμοῦ
M. — 3. προσεπιπλέξαι Lb. — 4. μέλλει
Lb. — 5. κινναβάρεως] signe lunaire cou-
ché BAKE; ἀργύρου Lb; K mg. et E mg.
(d'après K ?) : signe du cinabre. —
Réd. de Lb. : ..... ἀναλήψεται, καλῶς ἔχει,
εἰ δὲ μὴ, ὠῶν λευκοῖς. — 6. καὶ λευκῷ ὑδραρ-
γύρῳ συλλειοῦσθαι μετὰ τῶν τοιούτων συνθη-
μάτων B etc. — 7. ὑδράργυρος] ἄργυρος
BAK; τὸν ἄργυρον Lb. — 11. τά συνθήματα
μετὰ τῶν συνθημάτων B etc. — M mg. :
ὧδε (en lettres retournées). — 12. κόμμι]
κόμεως M. — 15. ἐκλύσματος; et en sur-
charge à l'encre noire : ἐλκύσματος M;
ἐκ κλύσματος B; ἐκκλείσμ... AK; καὶ
κλύσματος ELb. — 21. ὠνόμασαν B etc.
— αὐτό BAK; αὐτόν Lb. — ὑποδείγματι
B etc. — 22. τῷ] τό mss. Corr. conj.
καὶ οὐ θείῳ μόνον Lb. — M mg. : abré-
viation probable de χρῶμα.

ἀναδοθῆναι. Μετ' αὐτοῦ γὰρ (f. 148 v.) τὸ πνεῦμα τὸ βαπτικὸν συναφίσταται. Ἑψοῦσι δὲ ἕως ἂν ἀραιώσῃ τὸ χρῶμα, οἱ μὲν ὥρας θ',
οἱ δὲ ἡμέρας. Ὅταν δὲ οὕτως γένηται, περισκεπάζουσιν τὸν τροῦλλον
φιάλῃ, καὶ τιθέασιν ἐν κηροτακίδι ἢ ἐν βωταρίῳ, ἐπάνω τῆς καμίνου,
5 καὶ καίουσι τὴν κάμινον ἐκ προβάσεως ἡμέραν α', ἄλλοι δύο · καὶ
θεωροῦσι διὰ τῆς φιάλης πότε γίνεται ψιμμύθιον, καὶ κατασπῶσιν
ὑπόψιμον.

13] Τινὲς χρόνον ποιοῦσι, καὶ τὸ μέσον τρήσαντες εὑρίσκουσιν
ὑποκάτω μόνα τῆς σκωρίας ἄνω ὑπολειφθείσης · εἰς γὰρ τὸ δίχρω
10 μον ἡ σκωρία μετὰ τοῦ μολύβδου εὑρίσκεται · καὶ ἀποτινάξαντες τὴν
σκωρίαν, ἔχουσι τὸ σῶμα · τοῦτον τὸν λίθον λειοῦσιν ἐν ἡλίῳ ἕως
λευκανθῇ, σὺν τούτῳ στήσαντες ὑδραργύρου τὸ ἥμισυ τοῦ σταθμοῦ
καὶ θεῖον πρὸς τὸ ὑπερέχειν, καὶ κόμμι λευκόν, πήσσουσιν ἐν θερμοσποδιᾷ ἡμέραν ὅλην, ἕως τὸ ὕδωρ τοῦ θείου, πρὸς ὃ ἀναξηραίνει ·
15 προσβάλλουσιν ὕδωρ θεῖον · καὶ ὅτε τὸ πᾶν ὕδωρ ἀναλωθῇ, μεταβαλόντες ὀπτοῦσιν βούκλας ἡμέραν μίαν εἱλικτῇ, καὶ εὑρίσκουσι ψιμύθιον. Τοῦτο ἔτι ζέον μεταβάλλουσιν εἰς θεῖον ἄπυρον, καὶ τὸ ὕδωρ
τοῦ θείου, τὸ ἄλλο ἥμισυ τοῦ σταθμοῦ, καὶ ἐῶσι κάτω ἡμέρας,
ἕως οὗ ἰωθῇ.

20 14] Τινὲς καὶ εἰς ἱππείαν κόπρον χωννύουσιν τὰς αὐτὰς ἡμέρας
ἐκεῖ · τούτῳ ἐπιβάλλουσιν χαλκὸν προσλαβόν τι μετὰ τὴν βαφὴν τοῦ
λευκοῦ σιδήρου, ἐὰν θέλωσι ποιῆσαι ἄργυρον · ἐὰν δὲ χρυσόν, συλλειοῦσι πάλιν ὑδράργυρον τὸ ἥμισυ τοῦ σταθμοῦ, καὶ θείου τὸ ἥμισυ,
ξανθοῦ λέγω, καὶ ὕδωρ θείου ἀθίκτου καὶ κόμμεως · καὶ πήσσουσι,

---

2. θ'] δώδεκα Lb. — 3. ἡμέρας] νυχθήμερον (en signe) B ; νυχθ. α' AKE Lb. —
5. προσβάσεως M. — νυχθήμερον α' B etc.
— 8. χρόνον] χ traversé verticalement par
un ρ dans BAK; ce signe et au-dessous :
ὑάλῳ E; Τινὲς δὲ ἐν ὑάλῳ π. Lb. (Les signes de χρόνος et de ὕελος [= X] ont pu
être confondus.) « ?? χρόνος, pour Κρόνος,
plomb » (M. B.). — Signe attribué au
κρόκος dans BA; Not. alch., pl. V, l. 8

(C. E. R.) — 9. ἄνωθεν τῆς νεφέλης B etc. —
δίχρονον M. — 13. καὶ ὕδωρ θεῖον BA ; καὶ
ὕδατος θείου KELb. — 14. πρός ὅ] F. l.
πρόσω. — 15. προσβάλλωσιν ὕδατι θείῳ Lb.
— 16. ἐν βούκλῃ ἑλικτῇ ἡμ. μίαν Lb. — 18.
ἡμέρας δύο Lb. — 20. F. l. τοσαύτας. —
22. λευκοῦ σιδήρου en signes M; λευκοῦ
λιθαργύρου Lb seul. F. l. τὸ Δ (= δ‴) σιδήρου. (même signe pour τέταρτος et pour
λευκός.) — Cp. p. 153, l. 17.

καθὼς καὶ τὸ πρῶτον, καὶ ὀπτῶσιν νυχθήμερα ϛ´ · καὶ ἐξενέγκαντες
ζέον, βάλλουσιν εἰς τὸ λείψανον τοῦ θείου καὶ ὕδωρ θείου · καὶ καί-
ουσιν ἡμέρας, καὶ ἕως οὗ καιῶσι τοῦτο · ἐπιβάλλουσιν ἄργυρον κοινόν.

15] Ἡ δὲ τοῦ λευκοῦ σκευὴ αὕτη · θεῖον, ἀρσένικον, σανδαράχη,
κιννάβαρις, ἐξ ἰσότητος προτεταριχευμένα, ἅλατος καππαδοκικοῦ τὸ
ἴσον, ἁλὸς ἄνθους, στυπτηρίας σχιστῆς, φέκλης ὀπτῆς, τιτάνου
ὀπτοῦ, ἀφροσελήνου, μίσεως ὠμοῦ καὶ ὀπτοῦ, καὶ νίτρου καὶ ἁλὸς
πρὸς (f. 149 r.) τὸ ἥμισυ ἑκάστου ἁλὶ θαλασσίῳ (?) ἐν ἡλίῳ ἡμέρας
ἀνίσους, ἕως γένηται ἄκαυστον. Ἔπειτα λύσον αὐτὰ ὕδατι θείῳ,
ἕως ἀκαυστωθῇ, λευκῷ λέγω τῷ δι᾽ ἀσβέστου ἀπολελυμένου ·
καὶ ποιήσας ἄκαυστον ἔχεις, ἐκ τούτου μίσγεις τῇ μνᾷ μνᾶν ἡμί-
σειαν, ὕδατος θείου τὸ ἀρκοῦν.

16] Τὸ δὲ ὕδωρ τοῦ θείου τὸ δι᾽ ἀσβέστου οὕτω γίνεται. Πάντα
τὰ ὕδατα τοῦ καταλόγου ἐξ ἴσου συμμίξας, πρόσβαλε γᾶς λευκάς,
ἵνα σφοδρὸν λευκὸν γένηται · καὶ βαλὼν ἐν χύτρᾳ, ἐπίθες τὸ ὄργα-
νον ὑποκαίων, καὶ λάμβανε τὸ στάζον · ἐκ τούτου χρῶ εἰς τὴν
λείωσιν τοῦ θείου καὶ εἰς τὴν ἕψησιν τοῦ συνθέματος.

17] Τὸ δὲ ξανθὸν θεῖον οὕτω ποίησον. Θείου, ἀρσενίκου, σαν-
δαράχης, κινναβάρεως, σώρεως, χαλκάνθου, χαλκίτου, μίσεως, στυπ-
τηρίας, νίτρου, ἅλατος, κυανοῦ ἀρμενίου · τοῦτο προταριχευθὲν
λείου ὄξει ἐν ἡλίῳ ἀνίσους ἡμέρας. Ἐκ τούτου τοῦ θείου βάλλεις
τῇ μνᾷ μνᾶν ἡμίσειαν.

18] Τὸ δὲ ὕδωρ τοῦ θείου τὸ ἄθικτον οὕτω γίνεται · τὰ δὲ ὕδατα
τοῦ καταλόγου ἐξίσου · καὶ γῇ ποντικὴ καὶ ἀττικὴ καὶ ἀρμένιον καὶ
βοτάναι, δηλονότι τοῦ κρόκου καὶ ἐλυδρίου τὸ διπλοῦν · ἐπίθες εἰς

---

3. ἡμέρας δύο Lb. — καὶ om. B etc.
— 8. M, à la marge inf. : κατάβαψιν :
κατάσπασιν (main du XVᵉ siècle). — ἀλὶ
suivi du signe de l'eau de mer (f. l.
θαλασσίων ὑδάτων. M. B.). — ἡλίῳ] signe
du soleil, M, devenu un 0 dans E; ἐν
ἐννέα ἡμέραις ἀνίσοις Lb seul. — 14. μίξας
B etc. — 18. θείου] Λάβε τὸ ἴσον θείου Lb.

— ἀρσ., σανδαρ.] en signe dans M ; signe
de l'arsenic redoublé BAKE ; ἀρσενικοῦ
ἑκατέρου Lb. — 20. ἀρμενείου M, et plus
loin ἀρμένειον ; ἀρμενικοῦ B etc.; κυανοῦ,
ἀρμ. Lb. — 21. ἐν ὄξει ἐν ἐννέα ἡμέραις
ἀνίσοις Lb seul. — βάλλεις] μίσγεις E ;
βάλεις Lb. — 24. ἐξ ἴσου γίνεται · λάμβανε
γῆν etc. (accusatifs) Lb. — καὶ] τοῦ Lb.

χύτραν, καὶ ἑνώσας τὸ ὄργανον, λάμβανε τὸ ὕδωρ ἐκ τούτου καὶ τὸ θεῖον
ἀκαύστοῖς · καὶ ποτίζεις τὸ σύνθεμα μετὰ κόμμεως, καὶ ὑδραργύρου καὶ
θείου ὕδατος, ὡς προεῖπον, πρὸς ἥμισυ · καὶ πήξας ἐν θερμοσποδιᾷ ἕως
τὸ ὕδωρ ὅλον ἀναλωθῇ, ὅπτα ἡμέρας ϛ' ἢ γ', ἕως ξανθήσῃ εἰς ὑπερ-
5 βολήν · καὶ ἐξενέγκας ἔτι ζέον, κατάβαπτε εἰς τὸ τοῦ φαρμάκου λεί-
ψανον, καὶ ἔα κάτω ἡμέρας ἀνίσους, ἕως ἰωθῇ. Καὶ οὕτω ξηράναντες
καὶ λειώσαντες, ἔχουσιν · ἐκ τούτου μίσγουσιν ἀργύρῳ κοινῷ, καὶ βάπ-
τουσιν. Τινὲς δὲ ἰώσαντες καὶ εἰς ἱππείαν κόπρον χωννύουσιν.

19] Ἀποδέδεικται οὖν πάντα τὰ εἴδη κοινὰ ἅμα τοῖς ζωμοῖς, πλὴν
10 ⟨ὅτι⟩ λευκαινόμενα, λευκαίνουσιν, καὶ ξανθούμενα, ξανθοῦσιν. Ἰστέον
μὲν ὅτι μετὰ τὸ τελειωθῆναι τῷ συνθέματι συμμίσγεις · τάχα οὐ
τοῦτο τὸ βαπτικώτερον, περὶ οὗ θείου οὐδεὶς ἀπεσιώπησεν. Μάλιστα
ὁ (f. 149 v.) Ἀγαθοδαίμων ἔλεγεν · « Λάμβανε θεῖον ποτὲ μὲν
λευκήν, καὶ ἄλλοτε ξανθήν, καὶ ἄλλοτε μέλαιναν, καὶ ἄλλοτε λευκὴν
15 ἀμετάτρεπτον, καὶ ἄλλοτε ξανθὴν ἀμετάτρεπτον. » Ἀποδέδεικται
οὖν, ὡς εἴρηται, πάντα τὰ εἴδη κοινὰ ἅμα τοῖς ζωμοῖς, πλὴν
ὅτι λευκαινόμενα, λευκαίνουσι, καὶ ξανθούμενα, ξανθοῦσιν.

III. xvii. — ΠΕΡΙ ΤΟΥ ΤΙ ΕΣΤΙΝ ΚΑΤΑ ΤΗΝ ΤΕΧΝΙΙΝ ΟΥΣΙΑ ΚΑΙ ΑΝΟΥΣΙΑ.

Transcrit sur M, f. 149 v. — *Collationné sur* B, f. 132 v.; — *sur* A, f. 122 r.; — *sur* K, f. 115 v., *puis* 22 r. ; — *sur* E, f. 57 v.; — *sur* Lb, p. 213. — *Les variantes de* M, *par rapport à* BAK, *ont été reportées en marge de* K. — *Chapitre* 40 *de la compilation du Chrétien dans* E Lb.

20 1] Οὐσίας ἐκάλεσεν ὁ Δημόκριτος τὰ τέσσαρα σώματα · χαλκὸν

---

1. τὸ ὕδωρ αὐτοῦ ⟨ἕως⟩ οὗ τὸ θεῖον B etc.
— 4. ἀναδοθῇ B etc. — ξανθήσει M ; γένηται
ξανθὸν B etc. — 6. ξηράνας κ. λειώσας ἔχεις
Lb. — Lb seul omet la suite jusqu'à
βάπτουσιν. — 11. Réd. de Lb : μετὰ τὸ τελ.

τὰ συνθήματα συμμιγέντα, τάχα τοῦ θείου τού-
του τὸ βαπτ. ποιοῦσι, περὶ οὗ... — 13. signe
de θεῖον M ; om. B etc. — 14. λευκὴν etc.
(féminin partout). Il faudrait le neutre.
— 19. καὶ ἀνούσια] καὶ τίνα ἀνούσια B etc.

ἔλεγε καὶ σίδηρον καὶ κασσίτερον καὶ μόλυβδον. Πάντες ἐπιβάλλουσιν
ἐν ταῖς δυσὶ βαφαῖς. Πᾶσαι αἱ οὐσίαι ἐν ταῖς δυσὶ βαφαῖς. Πᾶσαι
αἱ οὐσίαι κατεγνώσθησαν παρ' Αἰγυπτίοις ἀπὸ μόνου τοῦ μολύβδου
πεποιημέναι · ἐκ γὰρ τοῦ μολύβδου καὶ τὰ ἄλλα τρία σώματα
5 γεγόνασιν. Οὐσίας οὖν ἐκάλεσεν τὰ σώματα τὰ ὑφιστάμενα πυρὶ,
τὰ δὲ μὴ ὑφιστάμενα, ἀνούσια. Τὰ γὰρ ἀνούσια καλῶς ἐνεργοῦσι
χωρὶς πυρός. Ἔλεγε γὰρ δι' ἄγγους καὶ πρίσματος γίνεσθαι, τὸ δὲ
ἀληθὲς λείψανον τοῦ φαρμάκου, χωρὶς πυρός, ἐκεῖ καὶ βεβαιώσει
λευκαίνωσι, ξανθῶσι. Ἡ γὰρ τοῦ πυρὸς [τίει] εἴσκρισις τοῦ φθαρτοῦ
10 φαρμάκου ἐκ τῶν φώτων διαμαρτάνει μολυβδοχάλκου ξάνθωσις · ἔτι
ὃν ἀναιρεῖ · ἐκεῖ δὲ οὐ δεῖ ἀμαρτῆσαι. Ὅτι δὲ ἐπὶ τούτου εἴρηκεν,
βλέπε πῶς αὐτὸς εἶπε · « Ποίησον γλοιῶδες · χρῖσον τοῦ φαρμάκου τὸ
ἥμισυ ὑποκαίεσθαι, καὶ καταβάπτεις τὸ τοῦ φαρμάκου λείψανον · ὅτε
χωρὶς πυρὸς μένειν εἰάθη.

15 2] Καὶ ἀνούσια τὰ θειώδη τὰ μὴ ὑφιστάμενα τῷ πυρί · οἱ δὲ
ζωμοὶ ποιοῦσιν αὐτὰ ὑφίστασθαι τῷ πυρὶ καὶ πυρομαχεῖν · ὕδωρ γὰρ
ἐναντίον πυρός. Διὰ τοῦτό φησιν. « Ἡ φύσις λαβοῦσα τὸ ἴδιον ὡς
τοὐναντίον, ἰσχυρὰ καὶ ἀδίωκτος γίνεται, κρατοῦσα καὶ κρατουμένη.
Διὰ τοῦτο οὖν ὡς ἴδιον μὲν καὶ αὐτὸ (f. 150 r.) Θειῶδες ἀφ' οὗ
20 καὶ ὕδωρ θείου ἀθίκτου κέκληται · διατί καὶ τοὐναντίον, ἐπειδήπερ
τοὐναντίον ὕδωρ πυρός; ἐπιρρέον γὰρ ὡς ὕδωρ οὐκ ἐᾷ ἐκεῖνα πυρώδη
ἔντα ἐξηθαλῶσθαι καὶ φεύγειν · ἀλλὰ θάπτει αὐτὰ τῇ ὑγρότητι, καὶ κατέ-
χει ἕως βάπτωσιν. Καὶ ὕδωρ μὲν κατέρχεται διὰ τὸ ὑγρὸν εἶναι. Διὰ
τοῦτο γὰρ φησιν · « Ἡ φύσις λαβοῦσα τὸ ἴδιον ὡς τοὐναντίον »,

---

2. Πᾶσαι αἱ οὐσίαι ἐν τ. δ. — βαφαῖς om.
B etc. F. del. — 4. ἐκάλεσαν B etc. — 7.
πρίσματα M. — 8. βεβαιώσει] F. l. βεβαίως.
— 9. τίει om. B etc. — εἰσκρίσεις M.
— 10. φθαρτικὴ τῷ φαρμάκῳ B etc. — δια-
μαρτάνη M. — 11. ὅτι ὃν ἀν.] ἐπεὶ ἀναιρεῖ
B etc. — 12. γλυῶδες M. — Dernier
mot du f. 115 de K ; la suite est au
f. 22. — 13. ὥστε ἀποκαίεσθαι Lb. — ὅτι
K, f. mel. — 14. ὅταν... εἰάθῃ Lb. F. l.
ὅτι... εἰώθει. — 16. περιμαχεῖν, corrigé en
πυριμαχεῖν E ; ὑφ. καὶ πυριμαχεῖν Lb, f. mel.
— 19. M, à la marge supérieure du f. 150
r. : ἤγουν θερμοῦ (?), d'une main du
xve siècle. — 20. διότι Lb, f. mel. —
22. θάπτει] βάπτειν AK θάπτει καὶ βάπτει E ;
βάπτει Lb. — 23. καὶ ὕδωρ θεῖον μὲν Lb. —
ταχέρχεται] F. l. κατέχεται.

καὶ τὰ ἐξῆς. Ἐρρέθη πῶς ὑφίστανται τῷ πυρὶ διὰ τῶν ζωμῶν · οἱ
δὲ ζωμοὶ ὕδωρ θεῖόν εἰσιν.

III. xviii. — ΠΕΡΙ ΤΟΥ ΟΤΙ ΠΑΝΤΑ ΠΕΡΙ ΜΙΑΣ ΒΑΦΗΣ
Η ΤΕΧΝΗ ΛΕΛΑΛΗΚΕΝ

*Transcrit sur M, f. 150 r. — Collationné sur B, f. 133 v.; — sur A, f. 122 v.; —
sur K, f. 22 r.; — sur E, f. 58 v.; — sur Lb, p. 217. — Les variantes et restitu-
tions de M ont été reportées en marge de K. — Chapitre 41 de la compilation
du Chrétien dans E Lb.*

5   1] Ἑρμῆς καὶ Δημόκριτος ἀπὸ τοῦ καταλόγου γινώσκονται ὅτι
περ πάντα περὶ [ἑνὸς καὶ] μιᾶς βαφῆς εἰρήκασιν διὰ συντόμου, καὶ
οἱ ἄλλοι ᾐνίξαντο. Ἀμέλει γοῦν καὶ Ἀφρικανός φησι · « Τὰ ὑπά-
γοντα εἰς τὴν βαφὴν μέταλλα, καὶ ὑγρὰ καὶ γαῖ καὶ βοτάναι. »
Χύμης δὲ καλῶς ἀπεφήνατο · « Ἐν γὰρ τὸ πᾶν · καὶ δι᾽ αὐτοῦ τὸ
10 πᾶν γέγονεν · ἓν τὸ πᾶν · καὶ εἰ μὴ πᾶν ἔχοι τὸ πᾶν, οὐ γέγονε τὸ
πᾶν · δεῖ σε οὖν τοῦτο βάλλειν τὸ πᾶν, ἵνα ποιήσῃς τὸ πᾶν. »
Πηβίχιος διὰ τῶν τεσσάρων σωμάτων. Μαρία διὰ τοῦ πετάλου
τῆς κηροτακίδος. Ἀγαθοδαίμων · « Μετὰ τὴν τοῦ χαλκοῦ ἐξίωσίν
τε καὶ ἐξίσχνωσιν καὶ μέλανσιν, εἶτα λεύκωσιν, τότε ἔσται βεβαία
15 ξάνθωσις ». Ὁμοίως καὶ τὰ ἄλλα πάντα παρ᾽ αὐτοῖς σημιζόμενα.

2] Ὅταν οὖν λέγῃ Μαρία περὶ τοῦ αὐτοῦ, φησί · « Πολλὰ γὰρ
ἔχει σώματα ἀπὸ μολύβδου ἕως χαλκοῦ ». Ὅταν δὲ λέγῃ διπλωσίδια,
περὶ τούτου λέγει · « Δύο γὰρ αὐτὰ βολαί εἰσιν, ποτὲ ἀργυροχαλκοῦ
ποτὲ χρυσαργύρου, ποτὲ μολυβδοχάλκου, ὁμοίως καὶ ἄλλα πάντα
20 νοοῦνται. Περὶ δὲ ἄρσεως ἀργύρου εἰ πάντροπον, ἢ μελάνσεως · ὅτι

---

6. ἑνὸς καὶ om. B etc. — εἰρήκασι] λελα-
λήκασι B etc. — 10. οὐ γέγονε — βάλλειν
τὸ πᾶν om. AK, hab. BELb. — 12. Πη-
βίχιος B etc. — σωμάτων om. M. — 16.
λέγῃ] λέγωσι M. — Réd. de B etc. : ὅταν
οὖν καὶ ἡ Μαρία λέγῃ περὶ τούτου, φησί. —
18. βολαί B etc. Réd. de Lb seul : ποτὲ
μὲν ἄργυρος, π. δὲ χρυσός καὶ ἄργυρος, π. δὲ
μολυβδόχαλκος. — 20. εἰ πάντροπον] εἶπον
(ὡς εἶπον ELb) πρότερον B etc.

22

διὰ πάντα παρ᾽ αὐτοῖς ἔλεγεν, ἡ Μαρία μόνη ἀπέκραξεν, λέγουσα
« Ὅτι ἐὰν λέγω χαλκὸν, ἢ μόλυβδον, ἢ σίδηρον, τὸν ἰὸν λέγω. »

III. xix. — ΠΕΡΙ ΤΟΥ ΤΡΟΦΗΝ ΕΙΝΑΙ ΤΑ Δ΄ ΣΩΜΑΤΑ ΤΩΝ ΒΑΦΩΝ · ΕΙΣΙΝ ΔΕ

Transcrit sur M, f. 150 v. — Collationné sur B, f. 134 r.; — sur A, f. 123 r. : — sur K, f. 22 v.; — sur E, f. 59 r.; — sur Lb, p. 227. — Les variantes et restitutions de M ont été reportées en marge de K. — Chapitre 42 de la compilation du Chrétien dans E Lb.

5   1] Τὸν χαλκὸν ἡ Μαρία φάσκει βάπτεσθαι πρῶτον, καὶ οὕτω
βάπτειν. Ὁ χαλκὸς αὐτῶν τὰ δ΄ σώματα. Αἱ οὖν βαφαὶ αὖται ·
εἴδη δὲ τοῦ καταλόγου στερεὰ καὶ ὑγρὰ, βοτάναι · στερεὰ μὲν ἀπὸ
νεφέλης ἕως χρυσοκόλλης, ὑγρὰ δὲ πάντα τοῦ καταλόγου · τὸ δὲ
ἀληθὲς, ὕδωρ θεῖον.

10   2] Ὥσπερ οὖν ἡμεῖς ἀπὸ στερεῶν καὶ ὑγρῶν τρεφόμεθα καὶ βαπ-
τόμεθα ποιότητι μόνον, οὕτω καὶ ὁ χαλκὸς αὐτῶν · καὶ καθάπερ
ἀπὸ στερεῶν μόνων οὐ τρεφόμεθα ἢ ὑγρῶν, οὕτως οὐδὲ ὁ χαλκός.
Καθάπερ γὰρ ἡμεῖς τὸ στερεὸν μόνον δεξάμενοι φλεγόμεθα καὶ ἐκκαιο-
μεθα, καὶ φαρμακευόμεθα, καὶ ὁ χαλκὸς αὐτῶν. Πάλιν ἐὰν ἀπὸ
15 τοῦ μόνου δεξώμεθα ποτοῦ, μεθύομεν καὶ καρηβαροῦμεν, καὶ περὶ τὰς
παρείας βαπτόμεθα, καὶ ἐμοῦμεν. Καὶ ὁ χαλκός · χρωσθεὶς γὰρ καθά-
περ ὁ χρυσὸς ἐκ τοῦ ὕδατος τοῦ θείου, καρηβαρεῖ καὶ ἐμεῖ, καὶ
εὐθέως φεύγει. Ὥσπερ οὖν ἡμεῖς δεξάμενοι συμμέτρως ἀμφοῖν τὴν
τῶν στερεῶν καὶ ὑγρῶν τροφὴν, τρεφόμεθα κατὰ λόγον, καὶ αἱ παρείαι
20 βάπτονται κατὰ λόγον, καὶ ἡ θρεπτικὴ ἡ δύναμις διανέμει ἐν τῷ

1. μόνη, γὰρ ἀπέκραξεν Lb. — 4. εἰσὶν δὲ οὗτος AKE; om. Lb. — 5. φάσκει] φησὶ B etc. — 8. πάντα τὰ εἴδη τοῦ καταλόγου Lb. — 10. καὶ ὑγρῶν — ἀπὸ στερεῶν om. B etc. — 12. ἢ] ἀλλὰ καὶ L. — 14. καὶ πάλιν ὥσπερ Lb. — 15. δεξάμενοι Lb. — M mg. : groupe de points noirs — F. l. δαισώμεθα. — 16. οὕτω καὶ ὁ χαλκός Lb. — F. l. χρωσθείς. — 18. ἀμφὸν. M — 19 et 20. καταλόγον A.

στομάχῳ τὴν τροφὴν διὰ τῆς καθεκτικῆς δυνάμεως, οὕτως καὶ ὁ
χαλκὸς λαβὼν τὰ στερεὰ ἀντὶ τροφῆς τοῦ ὕδατος θείου μετὰ κομ-
μεως, ἀντὶ οἴνου τρέφεται καὶ χρωΐζεται διὰ τῆς ἐν αὐτῷ καθεκτι-
κῆς δυνάμεως. Καὶ ὧδε δὲ τῷ ῥηθέντι εἶπε · « τὰ θειώδη ὑπὸ τῶν
5 θειωδῶν κατέχεται · » τὸ δὲ ἀληθὲς · « Ἡ φύσις τὴν φύσιν τέρπει,
καὶ νικᾷ, καὶ κρατεῖ. »

3] Καθάπερ, φησὶν, ὁ ἄνθρωπος ἐκ τῶν δ' στοιχείων, οὕτω καὶ
ὁ χαλκός · καὶ ὥσπερ οὗτος ἐξ ὑγρῶν καὶ στερεῶν καὶ πνεύματος
σύγκειται · οὕτω καὶ ὁ χαλκός · πνεῦμα δὲ τὴν νεφέλην ὁ Ἀπόλλων
10 ἐν τοῖς χρησμοῖς λέγει ·

... καὶ πνεῦμα μελάντερον, ὑγρόν, ἄχραντον.

4] Περὶ τῆς νεφέλης καλῶς ἐρρέθη παρὰ τῆς Μαρίας · « Ὁ χαλ-
κὸς οὐ βάπτει, ἀλλὰ βάπτεται, καὶ ὅ- (f. 151 r.) ταν βαφῇ, τότε
βάπτει · καὶ τρεφόμενος τρέφει, καὶ τελειωθεὶς τελεοῖ. » Ἔρρωσο.

---

15 III. xx. — ΠΕΡΙ ΤΟΥ ΧΡΗΣΤΕΟΝ ΣΤΥΠΤΗΡΙᾼ ΣΤΡΟΓΓΥΛῌ
ΑΝΤΙΛΟΓΟΣ

Transcrit sur M. f. 151 r. — *Collationné sur* B, f. 135 r.; — *sur* A, f. 123 v.; — *sur*
K, f. 22 v.; — *sur* E, f. 60 r.; — *sur* Lb, p. 225. — *Les variantes de* M *ont été
reportées en marge de* K. — *Chap.* 43 *de la compilation du Chrétien dans* E Lb.

1] Ἔγνως ὅτι ἓν τὸ πᾶν, καὶ τοῦ παντὸς γέγονεν τὸ πᾶν. Ἰστέον
δὲ καθὼς ἀπεδείξαμεν ἐν τοῖς προτέροις μου ὑπομνήμασιν ὅτι πάντα

---

2. τοῦ θείου Lb seul. — 4. Καὶ ὧδε δὲ]
Οὕτω δὴ καὶ ἐνταῦθα B etc. — 5. κατέχεται]
κρατοῦνται καὶ κατέχονται Lb. — F. l. τόδε.
8. οὗτος...] ὁ ἄνθρωπος ἐκ στερεῶν καὶ ὑγρῶν
καὶ πνεύματος σύγκειται Lb. — 11. ἄχρανθον

M. Cp. p. 150, l. 11. — 12. Περὶ δὲ τῆς
νεφέλης Lb. — 14. ἔρρωσο om. B etc. — 15.
Titre dans Lb seul : περὶ τοῦ χρηστέον τῇ
κινναβάρει. — 17. καὶ ἐκ τοῦ παντός; Lb.

ὑρ᾽ ἓν γενόμενα ἕν τι τῶν σωμάτων καλοῦσι, μάλιστα τὸν χαλκὸν ·
καὶ σῶμα μαγνησίας φάσκουσιν οἱ φιλόσοφοι. Οὐ μόνον δὲ νεφέλη
ποιεῖ τὸν χαλκὸν ἀσκίαστον, ἀλλὰ καὶ ὁ χαλκὸς ἀπεδείχθη τὰ ὅλα ·
ὥσπερ καὶ σῶμα τῆς μαγνησίας ἄρα μετὰ ὅλων πήγνυται. Λαβὼν
5 γὰρ, φησὶν, ὑδράργυρον, πῆξον τῷ τῆς μαγνησίας σώματι. Ἄρα οὖν
τὴν νεφέλην ζητοῦμεν ἀναλαβεῖν τὸ πᾶν, ἵνα οὕτως πήξωμεν ; Πᾶσαι
γὰρ αἱ γραφαὶ ἄνω καὶ κάτω · « ἀναλαβὼν νεφέλην ». Ἐμάθομεν δὲ ἐκ
τῆς πείρας ὅτι εἰ μὴ χρυσὸς, καὶ ἄργυρος, καὶ κασσίτερος, καὶ μόλυβ-
δος, καὶ ἡ νεφέλη οὐκ ἀναλαμβάνει. Καὶ λοιπὸν τί ποιοῦμεν τοὺς λίθους
10 καὶ τὸν σίδηρον ;

2] Αἱ ἄλλαι γραφαὶ λέγουσιν · « Φάκινον δεῖ ποιεῖν τὸ πᾶν καὶ
ἀναλαμβάνειν ὑδροκομίῳ. » Ἄλλοι δὲ οὕτως τὴν νεφέλην περιγίνονται ·
Ἔγωγε νομίζω βέλτιον εἶναι κιννάβαριν συλλειοῦν · πλὴν, ὡς οἶδε
τις αὐτὴν γεννῶσαν δι᾽ ἑψήσεως ἧς χρῄζει νεφέλην, καὶ οὕτως
15 κατεργάζεται. » Καὶ γὰρ οἰκονομούμενα ἐν τῷ ἡλίῳ τὰ εἴδη ὕδατι ἢ
ὄξει νεφέλην ἀποτίκτουσιν · καὶ τοῦτο διὰ πείρας ἐπιστάμεθα. Καὶ
πᾶσαι αἱ γραφαὶ καὶ Χύμης καὶ ἡ Μαρία φησίν · Θυεία μολιβδίνη καὶ
δοίδυξ μολίβδινος · κιννάβαριν ὄξος λύει ἐν ἡλίῳ ἕως γένηται νεφέλη ·
ὁμοίως καὶ ἐπὶ κασσιτέρου πάλιν τὸ αὐτό · πάλιν δὲ ἑψόμενα ἤτοι
20 καιόμενα ἢ πηγνύμενα ἢ βαπτόμενα, εἰώθασιν ἀναδιδόναι μάλιστα τὴν
νεφέλην, ἐὰν τεχνικῶς ἑψηθῇ · καὶ ὅπερ κάμνει τις τῇ τῶν ὅλων
ἀναλήψει, ταῦτα ἡ κιννάβαρις δυνάμει οὖσα, νεφέλην ὁρᾷ, καὶ δια-
βαίνει, μετὰ πάντων λειωθεῖσα.

3] Ἀλλ᾽ ἴσως ἐρεῖ τις ὅτι βέλτιον τὴν νῦν πεπηγμένην συλλειοῦν
25 f. 151 v.) νεφέλη ἰουμένη, ὅτι ἁπλὴν πῆξιν αἱ γραφαὶ οὐ λέγουσιν,
ἀλλὰ τὴν κατὰ πάντων λευκὴν ἐπιβληθεῖσαν τῷ ἡμετέρῳ χαλκῷ

---

12. — ὑδροκομίῳ Lb. — ἄλλαι BA. —
15. — Après κατεργάζεται] ξ redoublé à
l'encre noire M. — 17. Réd. de Lb,
d'après les corr. de E : Θυεία μολυβδίνη
καὶ δοίδυκι μολυβδίνῳ τὴν ἄσβεστον καὶ τὴν
κιννάβαριν καὶ ὄξος λείου. — Χύμης E. —

18. λύει] λείου B etc. — 19. κασσιτέρου]
ὑδραργύρου Lb seul. — M mg. : Ο᾽ ὅλον
sur une ligne verticale. — 23. μετὰ] κατὰ
E et mg. : alias μετά. — τελειωθεῖσα Lb.
— 25. νεφέλην ἰωμένην Lb. — 26. πάντα
Lb, ici et l. suiv.

ποιεῖν αὐτὸν ἄσκιον ἄργυρον. Οὕτως ὁ κατὰ πάντων Στέφανος, του-
τέστιν καθ᾽ ὅλων τῶν εἰδῶν τὴν ἁπλῆν φαντάζεται · εἰ δὲ καὶ
ἁπλῆν λέγουσιν, ἴστε πάντες ὡς οὐδὲν ὁρῶσιν · προσεκπνεύσασα γὰρ
διὰ τῆς πήξεως εἰς τὸ πῦρ, καὶ ἀπολέσασα τὸ πνεῦμα τὸ βαπτικόν,
5 οὐδὲν ὁρᾷ. Ἡ δὲ κιννάβαρις ἑψομένη μετὰ τῶν εἰδῶν οὐκ ἀπολεῖ-
ται τὸ πνεῦμα · διωκόμενον γὰρ αὐτῆς τὸ πνεῦμα, τουτέστιν ἡ
νεφέλη ὑπὸ τοῦ πυρός, καὶ ἀναδιδομένη εἰς φυγὴν κατέχεται ὑπὸ
τῶν συγγενῶν καὶ διωκόντων αὐτὴν σωμάτων, μάλιστα τοῦ κασ-
σιτέρου.

10 4] Ἔχομέν τινα συνηγοροῦντα, ἃ δεῖ χρήσασθαι στυπτηρίᾳ στρογ-
γύλῃ ἀντὶ νεφέλης. Καὶ ἡ Μαρία συνηγορεῖ λέγουσα · « Αἱ δὲ χύσεις
τῶν καταβαφῶν γίνονται ἐν ληκυθίοις χλωροῖς, τὸ πῦρ ἐκ προσαγωγῆς. »
Ἡ δὲ κάμινος φουρνοειδής, ἔχουσα ἄνω τοὺς μαζούς. Ἐὰν δὲ μὴ εὐπο-
ρήσῃς, βάλε στυπτηρίας στρογγύλης τὸ διπλοῦν, ἤγουν κινναβάρει χρωϊ-
15 σάμενον, τὸ αὐτὸ ὁρᾶται κάλλιον · ἐπειδὴ μετὰ ἄλλων φακινίνων καὶ
εὐεργές. Ἡ γὰρ νεφέλη ἀναλαβοῦσα μόνον τὰ δ᾽ σώματα. Λέγουσι γὰρ
τινες ὅτι καὶ ἐκ τῶν ἄλλων σωμάτων ἀναλαμβάνεται, καὶ μάλιστα τῆς
χρυσοκόλλης · ἐγὼ δὲ οἶδα ὅτι μόνον χρυσόκολλα οὐκ ἀναλαμβάνει,
ἀλλὰ τάχα οὐδὲ ζῶντα καὶ ἐκλειωθέντα τὰ σώματα πάντα φέρουσι τὴν
20 νεφέλην.

5] Ὅτι παρὰ Ἀγαθοδαίμονος εἴρηται ὅτι ἡ χρυσόκολλα καὶ ἡ
νεφέλη φίλαι ἀλλήλων εἰσίν · καὶ ἀναλαμβάνει αὐτήν. Καὶ ἡ μὲν ὡς
τὰ ρινίσματα [φίλαι ἀλλήλων], ἡ δὲ οὐδὲ διὰ τῆς συλλειώσεως τῆς κιν-
νιβάρεως ἔχει τὴν φιλίαν. Ἀμφότερα γὰρ ξηρὰ ὄντα συλλειοῦνται,
25 καὶ κατὰ τοῦτο φίλαι εἰσίν. Πάλιν δὲ, δυνάμει οὖσα, νεφέλη τὸν δυ-
νάμει χαλκὸν ἀπεργάζει · καὶ εὑρίσκονται φίλαι.

2. φαντάζονται M. — 3. λέγουσιν] ἄγουσιν M (et en marge de E, mais biffé). — 5. M mg. : καλόν avec renvoi à ὁρᾷ. — οὐδὲν ὁρᾷ καλῶς Lb, f. mel. — 8. κασσιτέρου] Ἑρμοῦ B etc. — μάλιστα τοῦ κασσιτέρου. Ἑρμοῦ] Μάλιστα δὲ τοῦ Ἑρμοῦ · ἐχ. Lb seul. — 10. M mg. : ἐψ. avec renvoi à στυπτ. στρ. — ἃ] F. l. ὅτι. — 14. M mg. : ·b· en noir, et πξ puis le signe de στυπτ. στρ. en gris. — 15. φακίνων Lb. — 16. ἐνεργές AKELb ; ἐνεργὲς γίνεται Lb. — 23. φίλα E. — M mg. : ÷. — λειώσεως Lb. — κινναβαρώσεως BAK ; κινναβαρωσέως Lb. — 26. ἀπεργάζεται B, etc.

6] Δεῖ δὲ ζητεῖν ὅπως τὰ [f. 152 r.] πάντα ἀναλήψεται ἡ νεφέλη, οὐ μόνον ζῶντα λεληςμένα σώματα, ἀλλὰ καὶ κεκαυμένα. Καὶ γὰρ τῇ ἀληθείᾳ καὶ μέταλλα ἀναλαμβάνει, μάλιστα ὅσα χαλκοῦ γένεσιν ἔχουσι. Εἰ δὲ οὐκ εὐπορεῖς, βάλλε κινναβάρεως τὸ διπλοῦν · πάντων
5 δὲ εὐπορία. Τὸν δὲ καὶ νοῦν ὁ φιλόσοφος αἰνίττεται. Δεῖ σε οὖν πάντα ἐπινοεῖν, ἐν πρώτοις δὲ μὴ ἀργεῖν ἀπὸ τῆς τέχνης · ἡ γὰρ μελέτη ἐπὶ τὴν ἀληθινὴν ὁδὸν ἄγει. Ταῦτα δέ μοι λέλεκται, δεῖξαι βουλομένῳ ὅτι τάχα καὶ ἡ στυπτηρία στρογγύλη ὁμοίως δρᾷ, καθὼς εἶπε μάλιστα καὶ ἡ θεία Μαρία.

10 ## III. xxi. — ΠΕΡΙ ΘΕΙΩΝ

Transcrit sur M, f. 152 r. — *Collationné sur* B, f. 136 v.; — *sur* A, f. 125 r.; — *sur* K, f. 23 ; — *sur* E, f. 62 v.; — *sur* Lb, p. 233. — *Les variantes et restitutions de* M *ont été reportées en marge de* K. — *Chap.* 44 *de la compilation du Chrétien dans* E Lb.

1. Οὐκ ἐμὲ ἐπηρώτησας τὸν περὶ θείων λόγον, μέχρι τῆς σήμερον εὐορκοῦσα; Σοὶ οὖν ὁ λόγος καιρίως λεχθήσεται · ἔγνως γὰρ ὡς οὐ μόνον ὁ φιλόσοφος θείων ἐμνημόνευσεν, ἀλλὰ καὶ πάντες οἱ προφῆται · ἄνευ γὰρ αὐτῶν οὐδὲν ἔσται, τουτέστιν ἄνευ τοῦ θείου ὕδατος. Τὸ
15 γὰρ ὅλον σύνθεμα δι᾿ αὐτοῦ ἀναλαμβάνεται, καὶ δι᾿ αὐτοῦ ὀπτᾶται, καὶ δι᾿ αὐτοῦ καίεται, καὶ δι᾿ αὐτοῦ πήγνυται, καὶ δι᾿ αὐτοῦ βάπτεται, καὶ δι᾿ αὐτοῦ ἰοῦται, καὶ δι᾿ αὐτοῦ ἐξιοῦται. Φησὶν γὰρ · « Ἐπίβαλλε ὕδωρ θείου ἀθίκτου καὶ κόμμι ὀλίγον, πᾶν σῶμα βάπτεις. » Τὸ δὲ αὐτὸ ἄκουε · « Ἔα κάτω καὶ γίνεται · τὸ γὰρ ἐμφα-
20 νὲς μυστήριον τοῦτο ». Ἀλλ᾿ ἐρεῖ τις · τί ὅμοιον ὕδατι θείῳ θειω-

---

2. ἀλλεληςμένα B etc. F. l. λελειω-
μένα, délayés, dissous *(M. B.)*. — 5. τὸν δὲ νοῦν καὶ B etc. — 7. λέλεχθαι (*sic*) M. — 8. ἡ] ὁ M. — 10. Titre dans B etc. : περὶ τῶν θείων ὑδάτων. — 12. ἐνορκοῦσα Lb.— κυρίως AKELb. — 14. Τὸ γὰρ ὅλον σύνθεμα — πᾶν σῶμα βάπτεις;] Cp. III, x, 2,

p. 144. — Ligne verticale en marge de Lb jusqu'à πᾶν σῶμα βάπτεις. — 18. F. l. Ἐπιβάλλων. Cp. p. 145, l. 3. — 19. Ἔα κάτω, καὶ γίνεται.] Cp. Stephanus, p. 247, éd. Ideler. — 20. τοῦτό ἐστιν Lb. — Réd. de Lb : Τί ὅμοιον θεῖα καὶ θειώδη, καὶ ὕδατι θείου.

δῶν, καὶ ὕδωρ θεῖον; πρὸς ὃν πρῶτον ἐροῦμεν ὅτι ποτέ τίς ἀπὸ θείων
ἐποίησέν τι μετὰ ἄλλων · ἐπειδὴ δὲ οὐδὲν ἐποίησεν, δικαίως ὁ ἐμὸς
φιλόσοφος αὐτὰς οὐ παρέλαβεν, καθὼς ἡμῖν νοεῖται.

2] Λοιπὸν θεῖον καλεῖται τὸ ὕδωρ τοῦ θείου · ἄκουε. Λέγεται θεῖον
5 ἡ κάτωθεν ἄνω ἀναπεμπομένη αἰθάλη, ἔνθεν καὶ τὴν τέφραν τὴν
γινομένην ἐν τοῖς τοίχοις τοῖς καπνιζομένοις θεῖον καλοῦσιν · ὁμοίως
τὰς ῥαθάμιγγας τὰς ἀποπιπτούσας ἀπὸ τῶν λοετρῶν, καὶ τὰς εἰς τὰ
πώματα τῶν λεβήτων ἐστη-(f. 152 v.) κυίας σταγόνας, θεῖα καλοῦ-
σιν · καὶ πάλιν ἀπὸ πυρὸς κάτωθεν ἀναπεμπόμενον ἄνω, θεῖα καλοῦ-
10 σιν · καὶ τὴν ὑδράργυρον λευκὴν θεῖα καλοῦσιν, διὰ τὸ καὶ αὐτὸ
ἀναπέμπεσθαι.

3] Εἰώθασιν δὲ οἱ ἀρχαῖοι λεπτῷ πυρὶ καὶ λευκανθίοις ἀκαυστοῦν
τὰ θειώδη · ὅπερ δὲ τὸ πῦρ ποιεῖ χωρὶς φύσεως, τοῦτο ὁ ἥλιος ποιεῖ
μετὰ θείας φύσεως. Καὶ ὁ Ἑρμῆς ὁ μέγας φησί · « Ἥλιος ὁ πάντα
15 ποιῶν ». Πάλιν ὁ Ἑρμῆς πανταχοῦ ἔλεγεν · « Θὲς ἐν τῷ ἡλίῳ,
καὶ · τρίβε νεφέλην ἐν τῷ ἡλίῳ · καὶ ἄνω καὶ κάτω τὸν ἥλιον
σημαίνει · πάντα που ὁρᾷ, καὶ πῦρ ἡλιακόν, ὡς προείπαμεν ἐν τοῖς
λευκανθίοις · εἰκότως καὶ τὸ ἄλλο σύνθεμα οὕτως ζώννυται ἄλμῃ,
ἕως οὗ λευκανθῇ. Καὶ κατὰ τοῦ εἰπόντος εἰς τὰ ὑπὸ κύνα καὶ τὰς
20 ἡλιακὰς, τῶν ἀμφοτέρων πεῖρα διδάσκει. Ὥσπερ γὰρ ἡ ζύμη, τοῦ
ἄρτου ὀλίγη οὖσα τοσοῦτον φύραμα ζυμοῖ, οὕτως καὶ τὸ μικρὸν
χρυσοῦ ἢ ἀργύρου πέταλον τὸ πᾶν τέλειον γίνεται ξηρίον, ⟨καὶ⟩
ἄπαντα ζυμοῖ. Καὶ ἐὰν ἀκούσωμεν γ΄ ἢ ε΄ ἢ ζ΄, τὰς ὅλας ιε΄ · οὕτως
ποιοῦντες δοκοῦσιν, καὶ ἀναμαλάξαντες πάντα ἐν ὑαλίνοις σκεύεσιν ·

1. πότε τίς B etc., f. mel. — 2. μετ᾽ ἄλ-
λων (ἄ sur grattage) A ; μέταλλον Lb. —
3. αὐτὰ Lb, f. mel. — καθ᾽ὧν MBAK ;
καθ᾽ὅν ELb. Corr. conj. — 5. αἰθάλη om.
M ; souspointillé dans K. — 6. στοίχοις
M. — 8. λεκήτων M (confusion du ϐ et
du κ, fréquente aux xᵉ et xiᵉ siècles).
— 9. τὰ ἀπὸ πυρὸς ἀναπεμπόμενα Lb. —
10. M mg. : ὁρ (ὡραιότατον ?) ἁπάντων,
sur une ligne verticale et en lettres re-
tournées. — αὐτό, αὐτὴν Lb. — 12 et
18. λευκανθίαις Lb. F. l. λαχανθίοις (M. B.).
— 13. δὲ] γὰρ B etc.). — 20-22. Cp. une
phrase semblable, p. 145, l. 9-11. —
22. τέλειον] μελισόν M. F. l. μελλῆσον. Cp.
l. c., l. 10 : μέλλει. — 23. Réd. de E :
καὶ οὕτω γὰρ ποιοῦντες δοκοῦσι μὲν ἀναμαλά-
ξαντες... — Réd. de Lb : οὕτω γὰρ ποιεῖν
δοκοῦσι (corrigé en δοκοῦμεν) ἀναμαλά-
ξαντες...

τὰ γὰρ ὄστρακα καὶ παρατηρούμεθα ἐν τῇ ἰώσει, ἵνα μὴ πίῃ τὴν
βαφὴν καὶ τὸ τῆς βαφῆς ἄνθος · ἅπαξ γὰρ φθάσασα κορεσθῆναι καὶ
βαφῆναι ἡ δεκτικὴ αὕτη φύσις τοῦ χρυσανθίου, ἢ σκωρία χαλκοῦ
οὐκέτι πίνει τὸ ἄνθος τῆς ἰώσεως.

5   4] Τῆς βαφῆς ἐκεῖ ἐν ὑαλίνοις ποιοῦμεν (ἐπειδὴ συμπάσχει τῇ
ἰώσει), οὐ ψηλαφοῦντες χερσίν · θανατηφόρος γάρ ἐστιν, ὅτε καὶ ὁ
χρυσὸς ἐν αὐτῷ σαπῇ, ὁ πάντων τῶν μετάλλων δηλητηριωδέστερος.
Οἱ μὲν συλλειοῦσι τῷ ἰῷ ὃ μεμάθηκας, θείῳ λέγω, χρίουσιν πέταλον
ἀργύρου. Καὶ οὕτως ἐκ προβάσεως ὀπτοῦσιν τὸ τεχνικὸν ὄργανον
10 καμίνῳ τῷ ἐοικότι δινιγεῖ καὶ τῷ χωνίῳ τῷ βαθμοειδεῖ, καὶ γίνεται
χρυσός.

5] Τινὲς δὲ, καὶ Μαρία τῶν ὑποκάτω τοῦ ζῳδίου ἐμνημόνευσαν · καὶ
οὕτως ἐποίησαν, ὑδράργυρον, φησίν, καὶ θεῖον καὶ ἰὸν λειοῦντες ὅλα
ὁμοῦ ἐν ἡλίῳ, ἕως οὗ (f. 153 r.) γένηται ὅλον ὄλβιος. Καὶ λέγουσιν
15 ὅτι οὗτος εἰσακτικώτερός ἐστιν. Τινὲς αὐτὴν τὴν ἴωσιν μόνην ἐλείω-
σαν ἐν ἡλίῳ, ὡς μηδὲν βάλλοντες, ἀλλὰ φάσκοντες ἔχειν αὐτῶν τὰ
ζητούμενα · ἄλλοι τὸν ἰὸν ὕδατι θείῳ ἐλείωσαν, φάσκοντες αὐτὸ εἶναι
θεῖον · αὐτὸ καὶ ὑδράργυρον. Καὶ μᾶλλον αὐτοὺς τῶν ἄλλων ἀπεδε-
ξάμην. Ἄλλοι ὑδράργυρον ἔβαλον, οἱ μὲν ὠμήν, οἱ δὲ παγεῖσαν ξαν-
20 θήν. Τινὲς δὲ μετὰ τὴν ἴωσιν οὐδὲν περαιτέρω περιειργάσαντο.

6] Οἱ φιλόσοφοι δὲ ᾐνίξαντο μετὰ τὴν ἴωσιν, λέγοντες · « Καὶ
χρυσὸν καταβάπτεις », ὥστε κάλλιον μετὰ τὴν ἴωσιν ἐνεργεῖν. Ἕτεροι
δὲ τῶν ἱερογραμματέων τῶν συγγραψαμένων περὶ μόνην τὴν τέχνην,
ἀσχολουμένων ἐν τῇ λειώσει, μόνην ἔφασαν τὴν ἴωσιν τὰ πάντα
25 ποιεῖν, μάλιστα καὶ ἰόν. Καὶ οὕτως αὐτοῖς ἤρεσεν. Ἄλλοι δὲ ἑψή-
σαντες, ὤπτησαν καὶ ἤψησαν ἐκ χώνης, οἷς τὸ πᾶν τῆς λειώσεως

2. κορεσθῆναι M. — 3. χρυσανθίου] χρυσοῦ
τοῦ θείου F; τοῦ χρυσοῦ Lb. — σκωρίας
mss. — 5. Cp. III, xxix, tout le § 15
(= *). — 6. ψηλαφῶντας Lb, mel. — Réd.
de *: ὅτι ὑδράργυρος καὶ ἐν αὐτῷ χρυσός σαπῇ·
ὅτι πάντων... — 8. ὁ μεμάθ. θείον · λέγω
δὲ χρ. Lb. — 10. δινιγι B etc. F. l. δοίδυ-
κι. — 12. τοῦ ὑποκάτω Lb. — ζωμίου B E
mg. Lb. — 14. ὄλβιος] ὅλον ἰὸς B etc.
— 15. ἴωσιν] λείωσιν B etc. — 16. αὐτῶν]
F. l. αὐτοῖς. — 19. ἄλλοι δὲ Lb. — 24.
ἔρξασαν M. — 26. ἐν χωνείοις Lb.

ἤρεσεν · οἷς οὖν λείωσις μόνη ἤρεσεν, πέταλα ἀργύρου χρίοντες
ὤπτησαν καὶ ἥψησαν. Εἰς τοσοῦτον δὲ ἐλείουν ὥστε πάντα μιμεῖσθαι
τὸ λειούμενον, καὶ ὕδατι καὶ ὑδραργύρῳ, καὶ εἴ τινι τοιούτῳ.

7] Καὶ ὥσπερ ἐν τῇ ἐψήσει τῇ τεχνικῇ διάφορα γράμματα ἀνα-
5 δείκνυνται, οὕτως καὶ ὁ Ἀγαθοδαίμων ὅτι μᾶλλον οὗτος πλέω
πάντων περὶ τῶν λειώσεων ἐφρόντισεν. Εἰς τοῦτο συνηγοροῦσιν ἐν τῇ
λειώσει τοῦ προσωπιδίου θείου μετὰ χρυσοκόλλης, καὶ ἁλὸς ἀνθίου.
Ἐὰν δοκιμάσῃς, φησὶν, διάφορα καίεται, ἕψει, φησὶ, λειῶν ἐν ἡλίῳ
ἕως γένηται · ἐκ τούτου μᾶλλον τὴν ἕψησιν, λείωσιν ἐτεκμήραντο ·
10 τοῦτο ποιοῦσιν, βουλόμενοι ἐπιδείξασθαι τὴν τοῦ φαρμάκου δύναμιν,
σκεύη τὰ ἀργύρου λαμβάνοντες, καὶ τὸ ἥμισυ χρίσαντες, τὸ φάρμακον
ὀπτοῦσι καὶ ἐκφέρουσι τὸ σκεῦος κεχρυσωμένον τὸ μέρος τὸ χρισθέν ·
Τὸ δὲ ἕτερον ἀκέραιον μένει. Καὶ οὕτως μὲν ὁ περὶ θείου ὕδατος
λόγος.

15 ## III. xxii. — ΠΕΡΙ ΣΤΑΘΜΩΝ

*Transcrit sur M, f. 153 r.; — Collationné sur B, f. 139 r.; — sur A, f. 127 r.; —
sur K, f. 24 v.; — sur E, f. 65 r.; — sur Lb, p. 243. — Les variantes et resti-
tutions de M ont été reportées en marge de K. — Chap. 45 de la compilation du
Chrétien dans E Lb.*

1] (f. 153 v.) Ὁ περὶ σταθμῶν λόγος τὸ πᾶν τῆς ἐψήσεως φαίνεται
συνέχων μυστήριον · αὐτὸ γὰρ σύνθεσις, αὐτὸ σταθμὸς, αὐτὸ λεύκωσις,
αὐτὸ ξάνθωσις. Ἠρέμα δέ πως ἐν τῷ περὶ συνθέσεως λόγῳ, ταῦτα
πάλιν περὶ χαλκοῦ καὶ ἰώσεως. Φαίνεται δὲ καὶ αὐτὸς τοιοῦτον
20 μόλυβδον λαμβάνων, ἀφ᾽ οὗ καὶ αὐτός · Σκόρπισον μολύβδῳ · οὐχ

---

4. γράμματα] γρώματα BAK Lb ; γρω-
μάτων E. — ἀναδείκνυται B etc. — 7.
προσωποπιδίου BE (πο surpointillé E). —
τοῦ θείου Lb. — 8. διαφόρως Lb seul. —
9. F. l. ἕως γένηται ⟨ἰός⟩. Cp. p. précéd.

l. 14. — 11. τὰ ἀπό ἀργύρου B etc. — 13.
F. l. οὗτος. — 18. Ἠρέμα δ. π. ὅτα... Lb.
— 19. καὶ ἰώσεως εἴρηκε Lb. — 20. μόλυβ-
δον] μολύβδῳ Lb seul. Le signe du plomb
dans les autres mss.

ἁπλῶς ἔλεγεν, ἀλλὰ τὸ ἀπὸ κοπτικοῦ καὶ λιθαργύρου μέλανι τῷ
ἡμῶν. Ἡ δὲ σκέρπισις ἐμοὶ λείωσις φαίνεται, ὡς ἀποδείξω ἐκ πασῶν
τῶν γραφῶν ἐν τῇ ἐμῇ κατενεργείᾳ περὶ τοῦ σταθμοῦ. Εἰώθασιν γὰρ
δι᾽ ὧν καίουσιν ἢ σκορπίζουσιν ἢ ἐπιβάλλουσιν, διὰ τούτων συστα-
5 θμίζειν κεκρυμμένως · σταθμίζουσι τὸν μόλυβδον · ὃς καὶ διὰ τῆς
διασκορπίσεως, καὶ συσταθμίζεται λεύκωσις καὶ ἴωσις διὰ τῆς ἐπι-
βολῆς. « Ἐπίβαλλε γὰρ τοῦ λευκοῦ φαρμάκου τὸ ἥμισυ », καὶ τὰ ἑξῆς.

2ʲ Πάντα οὖν ἐν πᾶσι κέκρυπται τῇ τέχνῃ ἀπὸ συσταθμίσεως καὶ
ἰώσεως, ὁμοῦ πάντα · ἐπειδὴ ἐκ τῆς προϊξανούσης θείου τῇ φιάλῃ,
10 οὐχ ὁρᾶται τὸ ὑποκείμενον σύνθεμα πότε λευκανθῇ ἐξ αὐτῆς θείου
γινώσκουσιν. Ὅταν γὰρ λευκὴ γένηται, τὸ τηνικαῦτα γινώσκεται
καὶ τὸ ὑποκείμενον λευκανθέν. Ἔνθεν ὁ Ἀγαθοδαίμων καθ᾽ ἑκάσ-
την λαμβάνειν θεῖον ἔλεγεν, ἢ λευκὴν ἢ οἵαν δήποτε. Ἐκείνη γὰρ ἡ
μηνύουσα τὴν ὄπτησιν, ἢν ἁρπάζουσι καὶ κατακαίουσιν εἰς τὸ λεί-
15 ψανον τοῦ θείου, καὶ ἐκκρίνουσιν μᾶλλον ἢ ἐξίουσιν · λευκανθὲν γὰρ
ἁρπάζουσιν. Ἐὰν γὰρ ἐάσωσιν, ἐπὶ τὸ ξανθὸν τρέπεται. Διὸ τοίνυν
καὶ τοῦ θείου τοῦ λευκαίνοντος, τὸ πᾶν τοῦ σταθμοῦ παρὰ τῶν φιλο-
σόφων ζητήσωμεν. Ἔχει οὖν ἐν τῇ ὑστέρᾳ τῶν ζωμῶν ἀρσενίκου γ° α΄,
καὶ νίτρου ἥμισυ, καὶ φλοιῶν φύλλων περσέας ἁπαλῶν γ° β΄, καὶ
20 ἅλας ἥμισυ, καὶ συκαμίνου χυλοῦ γ° α΄, καὶ στυπτηρίας σχιστῆς · τού-
τοις συλλειώσας ἕλα ὁμοῦ ἐν ἕξει ἢ οὔρῳ, ἢ ἀσβέστου στάκτῃ,
ἕως (154 r.) γένηται ζωμός. Εἶτα ἐν σκιᾷ [πυρὸς] καταβάπτει πέταλα

---

1. τό] τοῦ B ; τῷ AKE Lb, mel. —
3. ἐν τῇ ἐ. κατ᾽ ἐνέργειαν συνθέσει Lb. —
5. ὅς] ὁ M. — 6. γάρ, φησὶ Lb. — 7. πάσῃ
Lb seul, f. mel. — συσταθμιώσεως M; συσ-
ταθμίσεως B. — 9. Après προϊξανούσης, le
signe, ou de νεφέλης, ou de θεῖον dans M ;
signe de θεῖον dans BAKE ; signe de θεῖον
surmonté de celui de ὑδράργυρος dans E ;
ὑδραργύρου en toutes lettres Lb. Cp.
p. 167, l. 13. — 10. ὁρᾶται] ὁρα M ; ὁρᾶ
BAK. — θεῖον] signe de θεῖον MBAK.
A mg. : λοιπὸν τῆς ; puis le signe de θεῖον.

Réd. de E Lb : ἐξ αὐτῆς λοιπὸν τῆς ὑδραρ-
γύρου (en toutes lettres Lb) γινώσκεται. —
11. λευκὴ ὑδράργυρος γένηται Lb. — 13.
θεῖον] mêmes variantes que ligne 9;
ὑδράργυρον (en toutes lettres) Lb. — 15.
εἰσκρίνουσιν BE Lb. — 16. M mg. : περὶ
ὕδατος θείου, 1ʳᵉ main. — Διὸ τοίνυν] Διὸ
πῶς E. Réd. de Lb : Διὸ πῶς; ἔχει οὖν καὶ
τοῦ θείου τοῦ λευκ. τὸ πᾶν, τοῦ σταθμοῦ... —
19. φλοιόν M; φλοιόν E. — ἁπλὸν M. —
20. τούτοις] τοῖς M. — 21. σταλακτῇ ἕνωσον
ἕως B, etc. — 22. πυρ° M.

καὶ ἀποσκιώσεις ποιεῖ. Δεῖ οὖν τὰ λείποντα πάντα βάλλειν, πρό γε
πάντων, ἀσβέστου μέρη ϛ΄ πρὸς θείου καὶ ἀρσενίκου, καὶ σανδαράχης
μέρος α΄, καὶ τὰ ὕδατα · καὶ ποιήσαντες ὕδωρ λευκὸν μαρμάρῳ παρεμ-
φερὲς, ἐν αὐτῷ ποτίζειν ἢ ἑψεῖν τρούλλῳ τὸ προειρημένον σύνθεμα.

---

5 ## III. xxiii. — ΠΕΡΙ ΚΑΥΣΕΩΣ ΣΩΜΑΤΩΝ

*Transcrit sur M, f. 154 r. — Collationné sur B, f. 139 v.; — sur A. f. 127 v.; — sur
K, f. 25 r.; — sur E, f. 66 v.; — sur Lb, p. 249 — Les variantes et restitutions de
M ont été reportées en marge de K. — Chap. 46 de la compilation du Chrétien
dans E Lb.*

1] Φέρε τοίνυν ἐκ τῶν φιλοσόφων καὶ τί ἐστιν καῦσις σωμάτων ζητή-
σωμεν. Ὁ λόγος γὰρ ὁ περὶ σταθμῶν ἀνῆκεν · ἀλλὰ μὴν καὶ τὸ ὅλον
συνέχει. Ἄγαγε τὸν φιλόσοφον λέγοντα · « Λαβὼν νεφέλην τὴν ἀπὸ
ἀρσενίκου, πῆξον ὡς ἔθος, καὶ ἐπίβαλλε χαλκῷ ἢ σιδήρῳ θειωθέντι,
10 καὶ λευκανθήσεται. Τινὲς τὸ θειωθέντι καέντι λέγουσιν · μὴ ἀγνοοῦντες
γὰρ οὗτοι τὸν χαλκὸν καίουσι τῷ θείῳ, καὶ τὸν σίδηρον μαγνησίᾳ. Οὐκ
ἔστιν δὲ αὕτη καῦσις, ἀλλὰ φθορά. Ἡ δὲ τοῦ φιλοσόφου καῦσις αὕτη
λεύκωσις ὀνομάζεται. Ὥσπερ ἡ ἐξίωσις καὶ τὰ ἄλλα ἀποδέδεικται λεύ-
κωσις, οὕτως καὶ ἡ καῦσις ἡ παρ᾽ αὐτῷ ἐν τούτῳ τῷ προκειμένῳ λεύ-
15 κωσις · ἐν γὰρ δευτέρῳ, ξάνθωσις.

2] Αὐτὸς οὖν ὁ φιλόσοφος καίει τὸν χαλκὸν διὰ τοῦ ὕδατος τοῦ θείου,
ἑψῶν καθὰ προλέλεκται. « Ἐπίβαλλε γὰρ, φησὶν, τοῦ λευκοῦ φαρμάκου
τὸ ἥμισυ · καὶ ἔσται πρῶτον · τοῦτο ἕψει · τὸ γὰρ ἄλλο ἥμισυ ἐν τῇ
ἰώσει τηροῦμεν ». Διὰ τοῦτο καὶ Πιβήχιος ἄνω καὶ κάτω · « Διαμε-
20 ρίσατε εἰς δύο μοίρας τὸ φάρμακον ». Ἔλεγεν · « Καύσατε τὸν χαλ-

---

2. σανδαράχῃ M. — 3. καὶ τὸ ὕδ M. —
ποιήσαντα; Lb, mel. — 4. ἤ] καὶ E. —
τρούλλου M. — 9. λειωθέντι K. — 10. τό]
τῷ M; τῷ E Lb. — μὴ om. B. etc., f. mel.
— 11. μαγνησία om. M. — A mg. : σῇ. —
13. M mg. : Λεξ, à l'encre noire. (Cp.
Lexique, ci-dessus, p. 10, l. 4). — ἤ

ἐξίωσις καὶ ἡ λεύκωσις Lb (λεύκωσις biffé
dans E). — 14. Après λεύκωσις γίνεται
et au-dessus : ὀνομάζεται E. — λευκ. ὀνο-
μάζεται Lb. — 15. γὰρ] F. l. δὲ. — ξάν-
θωσίς ἐστι E. — 19. Πιβήχιός φησιν Lb.
— 20. M mg. : ὧδε N° (sc. νόει ?), à
l'encre noire.

κὸν ἐν δαφνίνοις ξύλοις, τουτέστιν ἐν τῷ λευκῷ συνθέματι · φύλλα
γὰρ δάφνης οὕτως καίονται τὰ σώματα ἑψόμενα διὰ τοῦ ὕδατος τοῦ
θείου, ὁμοῦ δὲ καὶ λευκαίνονται · τὸ γὰρ « ἐπίβαλλε χαλκῷ ἢ σιδήρῳ
θειωθέντι · τούτῳ καὶ λευκανθήσεται. Καὶ ὁ Ἀγαθοδαίμων οὕτως
5 παρεγγυᾷ, ἵνα ζῶσιν τὰ σώματα καὶ ἑψῶνται μετὰ τῆς νεφέλης τῷ θείῳ
ὕδατι. Καὶ οὕτως ἐστὶν καῦσις καὶ λεύκωσις · ἐν γὰρ τῷ κασσιτέρῳ ὁ
φιλόσοφος (f. 154 v.) τὴν ἕψησιν ὑπέθετο · « τὴν προγεγραμμένην
νεφέλην ἕψει ἐλαίῳ κικίνῳ ἢ ῥαφανίνῳ προσμίξας βραχὺ στυπτηρίας.
Εἶτά φησιν · « Ποίει μίγματα τοῦ κασσιτέρου », καὶ τὰ ἑξῆς · πάντα
10 τέλεια διὰ μιᾶς τάξεως. Ἀπὸ γὰρ τῶν ἡμερῶν τὰ ὅλα ἐμνημόνευσεν ·
ἀπὸ τῶν ἐλαίων τοῦ ὕδατος τοῦ θείου · ἀπὸ τῆς στυπτηρίας, τὸ θεῖον ·
ἀπὸ τοῦ κασσιτέρου, τὰ δύο συνθέματα · ἡ γὰρ νεφέλη κατ ' αὐτὸν
δύει.

3] Αἱ γοῦν ἐπιβολαὶ κατὰ τῶν τοῦ θείου πάλιν ζωμῶν · ἡ δὲ
15 ὄπτησις κατὰ τοῦ ὅλου, ἥτις καῦσις ἢ ἕψησις καὶ λεύκωσις. Ἐν
τούτῳ καίουσιν καὶ ἐψοῦνται τὰ σώματα. Αὕτη ἡ καῦσις ἡ ἀπ ' αἰῶνος
κηρυττομένη, τοῦτον ὃν πᾶσαι αἱ γραφαὶ μυστικῶς διδάσκουσιν τὸν
χαλκὸν θείῳ καίειν. Αἱ δὲ ἄλλαι καύσεις φθοραί εἰσιν μᾶλλον ἢ καύσεις.
Οὗτος ἐὰν καῇ, εὔχρηστος χαλκὸς εἰς πάντα καὶ ἕτοιμος εἰς καταβαφήν,
20 ὡς καὶ ἐκταθεὶς ἠλεκτροῦται. Καὶ ἐὰν πλεονάσῃς τὰ φῶτα, γίνεται
ξανθὸν τὸ ἥμισυ τὸ θεῖον καιόμενον · τῆς γὰρ μαγνησίας τὸ τέταρτον ·
καὶ οὕτως χρώμεθα ἐν τῷ χαλκῷ γ° δ', σιδήρου γ° α', καὶ μαγνησίας γ°
ϛ', κασσιτέρου δὲ καὶ μολύβδου χαλκία ⟨ϛ⟩, καὶ καδμίας, καὶ κλαυ-
διανοῦ, καὶ χρυσοκόλλης, καὶ κινναβάρεως πρὸς ἀνάλογον τούτων

2. τὰ δὲ σώμ. ἔψονται Lb. — 4. θειωθέντα M. — 5. ἐν τῷ θ. ὕ. Lb. — 6. ἐν γὰρ τ. κ.] ἐὰν γ. τῷ κ. E ; ἐὰν γ. τῇ ὑδραργύρῳ Lb (même variante plus loin, l. 9 et 12). — 8. στυπτ. σχιστῆς Lb seul. — 9-12 καὶ τὰ ἑξῆς — κασσιτέρου om. BAK. — 11. τὸ ὕδωρ Lb mel. — 12. καθ ' ἑαυτὴν Lb. — 15. καὶ λεύκωσις καλεῖται, καὶ ἐν ταύταις καίονται Lb. — 17. τοῦτον ὅν] τοῦτο οὖν B etc., mel. — 19. Réd. de Lb : Οὕτως οὖν ἐὰν καῇ, καλὸς καὶ εὔχρηστος χαλκὸς εἰς πάντα γίνεται, καὶ ἔτ. — χαλκὸς om. M. — 20. ὕς καὶ ἐκτ. Lb. — πλέον ἐάσης M. F. l. πλεονάσῃ. — 21. καιόμενος M. — τὸ τέταρτόν ἐστι Lb. — 22. Réd. de Lb (d'après les corr. et add. de E) : ἐκ τοῦ χαλκοῦ ὀγγίαις τέσσαρσι, καὶ ἐκ τοῦ σιδήρου ὀγγίᾳ μιᾷ, καὶ ἐκ τῆς μαγνησίας γραμμαρίοις ἐξ, ἐκ τῆς ὑδραργύρου δὲ καὶ μολ. καὶ χαλκίων, καὶ καδμίας...

τῶν οὐγγιῶν. Κἄν τε γὰρ ἐξ ἴσου ποιήσῃς ἢ πλέον ἢ ἔλασσον, ἐπιτυγ-
χάνεις · οὕτως οἰκονομεῖσθαι ἐργῶδές ἐστι καὶ εὐηθές. Δεῖ δὲ μετὰ
σταθμοῦ ἐκθέσθαι, Δημοκρίτου εἰρηκότος · « Οὐδὲν ὑπολέλειπται,
οὐδὲν ὑστερεῖ ». Καὶ μὰ τὴν Δημοκρίτου ἀρετήν, οὐδὲν ὑπολείπει.
5 Ἡ γὰρ σύνθεσις τοῦ ἀπολελυμένου, λέγω δὲ ὕδατος θείου καὶ νεφέλης
ἄρσις, ἀφθόνως ὑμῖν ἐξεδόθη · ἡ δὲ ἔκδοσις αὕτη ἡ τῆς βίβλου ἑρμηνεία.
Ἐπειδὴ τοίνυν περὶ σταθμοῦ καὶ καύσεως ἀποδέδεικται, φέρε καὶ περὶ
σταθμῶν ξανθώσεως ζητήσωμεν.

III. xxiv. — ΠΕΡΙ ΣΤΑΘΜΟΥ ΞΑΝΘΩΣΕΩΣ

Transcrit sur M, f. 154 v. — *Collationné sur* B, f. 141 r.; — *sur* A, f. 128 v.; — *sur*
K, f. 26 r.; — *sur* E, f. 68 r.; — *sur* Lb, p. 257. — *Les variantes et restitutions de* M
ont été reportées en marge de K. — *Chap. 47 de la compilation du Chrétien dans*
E Lb.

10 1] Διατί ὁ Ἀγαθοδαίμων ἐμνημόνευσεν; οὐχ ἵνα σταθμὸν
(f. 155 r.) διδάξῃ, ἀλλ' ἵνα κρόκου καὶ ἐλυδρίου τὸ διπλάσιον τῶν
ἄλλων ποῶν βάλλῃ · αὗται γάρ εἰσι βαπτικώτεραι · τὸν γὰρ σταθμὸν
κατὰ ἀνάλογον τοῦ λευκοῦ θείου ποιεῖ · ἔκ τε θείων καὶ ὑδάτων καὶ
ποῶν ὕδωρ θεῖον, ὃ καλεῖται παρ' αὐτοῖς ὕδωρ ἄθικτον. Ἐκ τούτου
15 ποτίζουσιν ἑψοῦντες τὸ λευκὸν σύνθεμα καὶ ξανθοῦται. Καὶ ὄπτα ὡς
ἤκουσας πρότερον, ἁρπάζων πάλιν ἕως οὗ ξανθωθῇ. Ὁμοίως δέ ἐστιν
τοῦτο σταθμὸς καὶ ξάνθωσις. Οὗτος ὁ περὶ σταθμῶν καθὼς προεῖπεν
ὁ λόγος.

2] Δεῖ δὲ εἰδέναι ὅτι ἐν τῷ ἐπιχειρεῖν τὸ πρᾶγμα πολλὰ αἴτια
20 συμβαίνει · τὰ μὲν ὀφθαλμοφανῶς, τὰ δὲ οὔ. Ἔστι δὲ τὰ πρῶτα
πλυνόμενα ἢ μιγνύμενα, μολυβδόγαλκος, καὶ τὰ ὅμοια, πυρίτης καὶ
τὰ ὅμοια. Δεῖ δὲ καὶ τὸν πυρίτην καὶ τὸν ἀνδροδάμαντα, μὴ ὄξει

---

2. οὕτως οὖν οἰκονομεῖν Lb. — 3. τὰ πάντα ἐκθέσθαι Lb. — 4. μάτην ΜΛ. — 6. ὑμῖν Lb seul. — 10. ἐμν. τοῦ σταθμοῦ Lb. — 13. θεῖον ποιεῖ Lb seul. — 14. παρ' αὐτ M. — 15. Réd. de Lb : ποτίζουσιν ἐψ. καὶ ξανθοῦντες καὶ ὀπτῶντες, καὶ πάλιν ἁρπάζοντες ἕως...

πρῶτον οἰκονομεῖσθαι, καθὼς ἔχουσιν αἱ γραφαί, ἵνα μὴ τὸ χαλκῶδες αὐτοῦ ἰωθῇ, τὰ δὲ ὕστερον συμμισγόμενα κινναβάρει, καὶ τὰ ὅμοια · ἢ ἐγχωρεῖ καὶ ἐν ἡλίῳ, καὶ τὰ ὅμοια.

3] Μαρία γὰρ πρὸ πάντων μολυβδόχαλκον καὶ τὰς ποιήσεις · ἢ
5 γὰρ καῦσις ἣν πάντες οἱ ἀρχαῖοι κηρύττουσιν, Μαρία πρώτη φησίν ·
« Ὁ χαλκὸς καεὶς θείῳ καὶ ἀνακαμφθεὶς νιτρελαίῳ καὶ ἐκτιναχθείς,
καὶ πολλάκις τὰ αὐτὰ παθῶν, χρυσὸς κρεῖττον ἀσκίαστος γίνεται. »
Καὶ τοῦτο ὁ Θεὸς εἶπεν · « Ἴστε πάντες ἀπὸ τῆς πείρας ὅτι καύσαν-
τες τὸν χαλκὸν θείῳ οὐδὲν ἐποιήσατε · ἐπὰν δὲ καύσῃ τοῦτο τὸ θεῖον,
10 τότε οὐ μόνον ἀσκίαστον ποιεῖ, ἀλλὰ καὶ ἐπὶ τὸν χρυσὸν βαδίζοντα. »
Ἔνθεν καὶ Μαρία ἐν τοῖς ὑποκάτω τοῦ ζωδίου καὶ δεύτερον αὐτὸ
ἐβόα, καὶ φησιν · « Καὶ τοῦτό μοι ὁ Θεὸς ἐχαρίσατο · ὅτι χαλκὸς
πρῶτον καίεται θείῳ, εἶτα σῶμα τῆς μαγνησίας · καὶ ἐκφυσᾶτε ἕως
ἐκφύγωσιν ἀπ’ αὐτοῦ μετὰ τῆς σκιᾶς τὰ θειώδη. Καὶ γίνεται χαλ-
15 κὸς ἀσκίαστος.

4] Οὕτως οὖν πάντες καίουσιν. Ἡ Μωσέως μάζα · « Οὕτως καίε-
ται θείῳ, καὶ ἁλὶ καὶ στυπτηρίᾳ, θείῳ (f. 155 v.) λευκῷ λέγω.
Οὕτως καὶ Χίμης εἰς πολλοὺς τόπους καίει μάλιστα τὴν δι’ ἐλυ-
δρίου. Οὕτως καὶ Πηβέχιος · « Καὶ ἡ ἐν δαφνίνοις ξύλοις ». Περι-
20 φραστικῶς τῷ λευκῷ θείῳ ἀπὸ τῶν φύλλων δάφνης αἰνίττεται.
Οὗτος ὁ περὶ σταθμῶν λόγος.

5] Τοῦτο οὖν ἄνω καὶ κάτω Μαρία εἰς μυρίας τάξεις ἔλεγεν.
« Τὸν ἡμέτερον χαλκὸν καῦσον τῷ θείῳ, καὶ ἐκτιναχθείς, ἔσται
ἀσκίαστος. » Οὐ γὰρ μόνον οἶδεν καίειν τῷ λευκῷ αὐτῷ θείῳ, ἀλλὰ

2. συμμιγνύμενα B etc. — 3. ἐν om. M.
ἡλίῳ en signe M ; ἐν χρυσῷ (en toutes
lettres) Lb seul. — 4. γὰρ] F. l. δὶ.
— Réd. de Lb : καὶ τὰς π. λέγει · τὴν
γὰρ καῦσιν... — 5. φησίν] εἶπεν Lb. —
6. ἀνακαυθεὶς B etc. — 7. χρυσοῦ Lb
seul. — κρείττων B etc. — καὶ ἀσκ. γίν.
E. — 9. καύσητε τούτῳ τῷ θείῳ B etc., f.
mel. — 13. ἐκφυσᾶται MB Lb ; φυσσᾶται

AKE. Corr. conj. — 17. στυπτ. σχιστῇ
(en toutes lettres) Lb. — 18. Χίμης Lb
seul. — καίει] καὶ B etc. — τὴν] ἡ Lb. —
19. Πηβέχιος BAKE ; Πεβέχιος Lb. — καὶ
ἡ] καίει B etc. F. l. καὶ. Cp. p. 179, l. 20.
— 20. τὸ λευκὸν θεῖον Lb seul, mieux. —
ὑπὸ Lb. — 23. καῦσον] καύσατε B etc. —
καὶ] ὃς Lb. — 24. καίειν αὐτὸν τῷ λ. θ.
Lb, f. mel. — αὐτόν] αὐτὴν BA ; αὐτὴν K.

καὶ λευκαίνειν καὶ ἄσκιον ποιεῖν. Ἐν τούτῳ Δημόκριτος καίει,
καὶ λευκαίνει καὶ ἄσκιον ποιεῖ. Πάλιν τὸ ξανθὸν θεῖον οὐ μόνον
καίουσιν, ἀλλὰ καὶ ἀσκιαστοῦσιν καὶ ξανθοῦσιν. Τοῦτο ὁ Δημόκριτος
λέγει · « Τὴν γὰρ αὐτὴν ἐνέργειαν ἔχει ὁ κρόκος τῇ νεφέλῃ, ὡς
5 ἡ κασία τῷ κινναμώμῳ. » Καὶ ἐν τῇ μάζῃ Μωϋσέως ἐπὶ τέλει
ὁμοίως κεῖται · « Πότιζε ὕδατι θείου ἀθίκτου, καὶ ἔσται ξανθὸν,
ἀσκίαστον ». Δηλονότι καεῖς.

6] Αὕτη οὖν καῦσις, αὕτη λεύκωσις ἢ ξάνθωσις, αὕτη ἐν ταῖς
δυσὶν ἀσκίαστος · Οὕτως καίονται καὶ ἐκτινάσσονται τὸν χαλκὸν,
10 χρυσῷ ἴσον, ἀσκίαστον ποιήσετε, καὶ πρὸς δίπλωσιν ἀργύρου καὶ
χρυσοῦ ἕτοιμον. Οὐδεὶς δὲ ⟨πλὴν⟩ τὴν πᾶσαν ὁδὸν ἐπιστάμενος
δίπλωσιν κατεργάζεται · ἐπεὶ ὅμοιος τῷ τὰς σταφυλὰς ὄμφακας ὄντας
ἔτι τρύγοντι. Τινὲς τῷ παντὶ ὀστράκῳ ἐν ὑαλοῖς κύβοις ἑψοῦσιν καὶ
ὀπτῶσιν ἐπὶ τῆς κηροτακίδος · καὶ ταῦτα καλοῦσιν ληκύθια. Ὁ
15 Ἀγαθοδαίμων ἐν ταῖς λειώσεσιν ἰσχυρῶς καὶ ἰατρικῶς κολλούρια
ἀγωγῇ εἶπεν λειοῦσθαι.

7] Αὕτη οὖν ἐστιν καῦσις σώματων · οὗτος ὁ περὶ σταθμῶν
λόγος · αὕτη καλεῖται καῦσις, λεύκωσις. Ἡ δὲ τοῦ θείου αὕτη
καλεῖται λεύκωσις καὶ ἀσκίαστος · ἡ λεύκωσις αὕτη καλεῖται ἴωσις,
20 (f. 156 r.) καὶ ἐξίωσις καὶ λεύκωσις. Πάλιν δὲ καὶ εἰς δεύτερον
καλεῖται λεύκωσις ξάνθωσις, καὶ ἀσκίαστος ξάνθωσις, καὶ ἴωσις,
ξάνθωσις. Καὶ ὁ προφήτης Χίμης χορεύων, μετὰ ἐξεπιβολὰς ἔλε-
γεν · δεὶς [ἔλεγεν] αὐτὸν ἄσκιον ξανθὸν. Ἑξῆς δέ σοι ὁ περὶ θείου
ὕδατος καὶ ἰώσεως ἤτοι σήψεως λαληθήσεται τρόπος.

---

4. τῆς νεφέλης (en signe) M. — 5. τοῦ
κινναμώμου M. — Μώσεως B etc. — ἐπιτε-
λείτω M ; ἐπιτέλει BAKE ; om. Lb. Corr.
conj. — 6. M mg. :)(« avec renvoi à
ἄθικτον. — ξανθός, ἀσκίαστος Lb, f. mel. —
8. M mg. : ξα (à l'encre noire). — 9. F.
l. ἀσκιάστωσις (Cp. l. 19). — F. l. καίον-
τες καὶ ἐκτινάσσοντες. — 12. ὅμοιος ἔσται
Lb seul. — ὄντας] οὔσας Lb. — 13. ὑέλοις
M ; ὑαλίνοις Lb. — 14. ὀπτοῦσι M, ici

et presque partout. — λεκύθια mss. ex-
cepté Lb. — 15. F. l. ἰσχυρᾷ καὶ ἰατρικῇ.
— Lire κολλύρια. — 19. ἀσκιάστωσις B
etc., f. mel. — M mg. : ἰω. — 21. λεύκω-
σις] F. l. καῦσις (M. B.). — Lire ἀσκιά-
τωσις (M. B.). — 22. Καὶ ὁ πρ. δὲ Νύμης
Lb. — χορεύων] F. l. ἀγορεύων. — ἐξ ἐπιβο-
λὰς BAKE. — 23. ἔλεγεν · δεὶς ἔλεγεν αὐτὸν
ἄ. ξ.] δὶς αὐτὸν ἄ. ξ. BAK ; ἔλεγεν δὶς (mot
biffé) αὐτὸν ἄ. ξ. E ; ἔλεγεν αὐτὸν ἄ. ξ. Lb·

III. xxv. — ΠΕΡΙ ΘΕΙΟΥ ΥΔΑΤΟΣ

Transcrit sur M, f. 156 r. — Collationné sur B, f. 143 r.; — sur A, f. 129 v.; — sur K, f. 26 v.; — sur E, f. 70 v. ; — sur Lb, p. 267. — Les variantes et restitutions de M ont été reportées en marge de K. — Chap. 48 de la compilation du Chrétien dans E. Lb.

1] Πρῶτον δεῖξαι δεῖ ὅτι σύνθετον τὸ ὕδωρ τοῦ θείου ἐκ πάντων τῶν ὑγρῶν, ἔχον τὴν σύγκρασιν, καὶ διὰ πάντων τῶν ὑγρῶν ὀνομάζεται. Καθάπερ τὸ στερεὸν σύνθεμα δι᾽ ἑνὸς ἑκάστου αὐτῶν εἴδους ἐκάλεσεν,
5 οὕτως καὶ τὸ ὑγρὸν δι᾽ ἑνὸς ἑκάστου ὑγροῦ ὕδωρ θεῖον, διὰ δὲ μυρίων ὀνομάτων τὰ δύο συνθέματα καλοῦσιν. Καλεῖται ὕδωρ θεῖον δι᾽ ἅλμης, διὰ ὕδατος θαλαττίου, διὰ οὔρου ἀφθόρου, δι᾽ ὄξους, δι᾽ ὀξάλμης, δι᾽ ἐλαίου κικίνου, ῥεφανίκου, βαλσάμου, γάλακτος γυναικὸς ἀρρενοτόκου, καὶ γάλακτος βοὸς μελαίνης, καὶ δι᾽ οὔρου δαμάλεως, καὶ προβάτου
10 θηλείας · τινὲς οὔρου ὀνείου · ἄλλοι καὶ ὕδατος ἀσβέστου, καὶ μαρμάρου, καὶ ῥέκλης, καὶ θείου, καὶ ἀρσενίκου, καὶ σανδαράχης, καὶ νίτρου, καὶ στυπτηρίας σχιστῆς, καὶ γάλακτος πάλιν ὀνείου, καὶ αἰγείου, καὶ κυνίνου · καὶ ὕδατος σποδοκράμβης, καὶ ἄλλων ὑδάτων ἀπὸ σποδοῦ γινομένων · ἄλλοι καὶ μέλιτος, καὶ ὀξυμέλιτος, καὶ ὄξους, καὶ νίτρου,
15 καὶ ὕδατος ἀερίου, καὶ Νείλου, καὶ ἄρκτου, καὶ οἴνου ἀμηναίου, καὶ ῥοιτοῦ, καὶ μορίτου, καὶ σικερίτου καὶ ζύθου · καὶ ἵνα μὴ τὰ πάντα ἀναγινώσκω, διὰ παντὸς ὑγροῦ.

2] Καὶ τὸ λευκὸν καὶ τὸ ξανθὸν πολλάκις ἐκάλεσαν οἱ παλαιοὶ διαφόρως. Δοκεῖ μοι ὅπως ὁ φιλόσοφος Πηβίχιος διέσταλκε τῷ φιλοσόφῳ ἐπὶ

---

1. Titre dans BAK : περὶ θείου ἀθίκτου ὕδατος ; — dans Lb : περὶ ὕδατος θείου ἀθίκτου. — 3. M mg. : ὧ (pour ὧδε), à l'encre noire. — 4. F. l. ἐκάλεσαν. — ὕδωρ θεῖον] ὕδωρ et le signe de θεῖον M ; ὕδατος θείου E. ὕδωρ θείου Lb. — ὑγροῦ ὕδ. θ. om. BAK. — ὕδωρ θεῖον jusqu'à σικερίτου καὶ ζύθου (l. 16) Cp. III, xxix, 14 (= *). — 5. διὰ δὲ μυρ. ὀν. κ. τ. λ.] ὅτι τὰ δύο συνθέματα καλ. πολλοῖς ὀνόμασιν οἷον ὕδωρ ἅλμης *.

— 7. διὰ ὕδ. θαλ. om.*. — 10. θήλεος Lb. — τινὲς] καὶ *. — ἄλλοι καὶ om.*. — ὕδατος (en signe)] ὕδωρ*. — 11. καὶ φ. κ. σανδ. κ. στ. σχ. κ. νίτρου *. — 13. κυκίνου B etc. F. l. κυνικοῦ. — 14. ἄλλα καὶ M ; ἄλλοι BAK; ἄλλα καὶ Lb; om.*. — 15. καὶ ἄρκτου καὶ σαπφείρου *. — 17. F. l. ἀναμιμνήσκω. — 19. Δοκεῖ — Πηβίχιος] Ἀπορῶ δὲ πῶς ὁ Πηβίχιος ὁ φιλ. Lb. — διέσταλκε] επ audessus de δι E. — ἐπὶ] περὶ Lb.

τῶν ξανθῶν ζωμῶν · « ἄ-[f. 156 v.] νες οἴνῳ ἀμηναίῳ ». Ὅπερ οἴνῳ νέῳ
πάσαις ταῖς λευκώσεσιν οὐ κατέλεξαν ζωμόν. Πηβίχιος δὲ · « Σίκερα
καὶ μορίτην καὶ ῥοίτην, πλὴν οὕτω διαστείλαντες οὐδὲν ὠφέλησαν τοὺς
ἀκροατάς, πάνυ δυσνοήτως οὕτως · ἐν γὰρ ἕκαστον εἶδος οἰκονομῶν ὁ
5 φιλόσοφος διὰ λευκώσεως καὶ ξανθώσεως οἰκονομεῖ, καὶ διὰ τῶν δύο
ὧν προήκουσας, καύσεων ἢ ἑψήσεων. Φησὶν οὖν ἐπὶ τοῦ πυρίτου ·
« Λαβὼν πυρίτην, οἰκονόμει, λείου ἢ ὀξάλμη καὶ τοῖς ἑξῆς » ὃ αἰνίτ-
τεται ὕδωρ θεῖον λευκόν. Εἶτα ἐπὶ τῆς κινναβάρεως · « Τὴν κιννάβαριν
ποίει λευκὴν δι᾽ ἐλαίου ἢ ὄξους καὶ μέλιτος καὶ τῶν ἑξῆς. » Ἐπὶ δὲ τοῦ
10 ἀνδροδάμαντος · « Ὁμοίως πάλιν, ἅλμη ἢ ὀξάλμη. » Εἶτα ἐπιφέρει ·
« Ἕψει ὕδωρ θείου ἀθίκτου, ἵνα γνῷς ὅτι ὕδατα θαλάσσια, καὶ οὖρον,
καὶ ὄξος, καὶ τὸ ἐν τῇ κινναβάρει ἔλαιον, καὶ μέλιτος, ὕδωρ θεῖόν ἐστιν.
Δι᾽ ἑνὸς γὰρ εἴδους τὸ ὅλον αἰνίττεται.

3] Ὕστερον ἐν τῷ ἀνδροδάμαντι κηρῦξαι θέλων ἔλεγεν · « Ἕψει
15 ὕδωρ θείου ἀθίκτου · τὰ γὰρ αὐτὰ ὑγρὰ καὶ ὕδατά εἰσιν ἀθίκτων ·
καὶ τῶν δι᾽ ἀσβέστου ἐπιβολῶν ἀμειβουσῶν καὶ τὸ χρῶμα καὶ τὸ
ὄνομα, ἐν μὲν τῷ θείῳ τῷ λευκῷ, « γῆ χεία καὶ ἀστερίτης καὶ ἀφρο-
σέληνον ἐν τῇ τάξει τοῦ χαλκοῦ » · ἐν δὲ τῷ ξαντῷ · « ἐπίβαλλε ὤχραν
ἀττικήν, σινώπην ὀπτὴν ποντικὴν καὶ τὰ ὅμοια ». Πάλιν τε ἐπὶ τῆς
20 χρυσοκόλλης · « Πυρῶν καὶ ποτίζων αὐτὴν ἐλαίῳ ἕως ἑπτάκις ».
Καὶ ἐν χρυσοποιΐᾳ ἕκαστον αὐτῶν προελεύκανεν. Ὁμοίως καὶ τὴν
λιθάργυρον ἐν τοῖς ἀμφοτέροις συνθέμασιν · πλέω γὰρ δύο ἑψήσεων
οὐ γίνεται ἐν τῇ κατενεργείᾳ · ἀλλὰ καὶ τὴν νεφέλην καὶ τὴν λιθάρ-
γυρον ἐν τοῖς ζωμοῖς μέλιτι λευκοτάτῳ ἀναλαμβάνει. Καὶ οὐ παρέ-
25 λειψέν τι τῶν ὑγρῶν, ἀλλ᾽ ἐν τοῖς ἀμφοτέροις συνθέμασιν · συνέ-
θετο γὰρ λύσιν κομάρεως καὶ ῥάκινον, (f. 157 r.) καὶ δι᾽ ἐλυδρίου

---

1. Ὅπερ ὡς ΒΑΚΕ. — 2. ἐν πάσαις δὲ τ.
λ. Ε. — 3. ῥοίτην εἶπον Lb. — 4. πάνυ γὰρ
δυσν. ἐλάλησαν Lb. — ἐν Μ. — 6. F. l.
καύσεως ἢ ἑψήσεως. — 8. θείου Lb. —
ἐ. τ. κιννάβ. φησὶν Lb. — 9. ἢ] καὶ Lb. —
11. ὕδωρ] ὕδατι Lb. — 17. γῆν etc. (accu-
satif partout) Lb. — 18. τοῦ χαλκοῦ λέγει
Lb. — ἐπίβαλε, φησὶν Lb. — 19. τὰ] δὲ
Lb ; om. ΒΑΚ. — 20. ἐλαίων Μ ; ἔλαιον
Β etc. Corr. conj. — 22. Μ mg. : ἕψησις
sur une ligne verticale, en lettres retour-
nées. — 23. ἐνεργείᾳ Β etc.

24

σκευαστοῦ γίνεσθαι ἔλεγε σύνθετον τὸ ὕδωρ τοῦ θείου · καὶ τὴν
χρυσόκολλαν κελεύει ζέννυσθαι ὕδωρ μαρμαρικῆς ἀσβέστου ἐλαίῳ ·
καὶ τὸν πυρίτην σὺν μέλιτι ὕδωρ θεῖον διὰ τῶν τεσσάρων βιβλίων
διαφόρως διέρχεται οἰκονομῶν, ἐν μὲν τῷ ἀργύρῳ « γῆν χείαν, ἀστε-
5 ρίτην καὶ ἀφροσέληνον, καὶ τῆς ἰδίας αὐτοῦ ἐπιβολῆς » · ἐν δὲ τῷ
ξανθῷ, « σινώπην, ὤχραν ἀττικήν, καὶ λιθοφρύγιον, ἐὰν εὕρῃς » · ἐν δὲ
τοῖς λίθοις, « αἷμα τράγου καὶ χυλὸν ἁλικακάβου » · ὕστερον δέ · « εἴ πώ
τι χρήσιμον · τὰ θειώδη ὑπὸ τῶν θειωδῶν κρατεῖται, καὶ τὰ ὑγρὰ ὑπὸ
τῶν καταλλήλων ὑγρῶν · τὰ γὰρ θειώδη ὑπὸ τῶν θειωδῶν κατέχεται. »

<hr>

10   III. xxvi. — ΠΕΡΙ ΣΚΕΥΑΣΙΑΣ ΩΧΡΑΣ

Transcrit sur M, f. 157 r. — *Collationné sur* B, f. 144 v.; — *sur* A, f. 131 r.; — *sur*
K, f. 27 v., *puis* 108 r; — *sur* E, f. 73 r.; — *sur* Lb, p. 277. — *Les variantes et
restitutions de* M *ont été reportées en marge de* K. — *Chap.* 49 *de la compila-
tion du Chrétien dans* E Lb.

1] Σκευασία ὤχρας γίνεται ἐν τῷ ὄρει τῆς Ἀδριανοῦ πλαγίας
λεγομένης. Ἐκεῖ λακήματα τοῦ ὄρους · καὶ διὰ τῶν ῥαγάδων θεω-
ρήσεις ζώνας ὤχρας πλακώδεις. Γίνεται δὲ καὶ εἰς Βαβυλωνίαν εἰς
τὸ ὄρος. Θεωρεῖς διὰ τῶν ῥαγάδων · ἀροῦνται καὶ ὀπτῶσιν, καὶ γίνε-
15 ται μίλτος, ὅντινα καὶ σινώπην καλοῦσιν. Ἡμεῖς δὲ οὐδὲ αὐτῇ τῇ
ὤχρᾳ χρώμεθα, οὐδὲ ταύτῃ τῇ σινώπῃ, ἀλλὰ ὤχρα μὲν ἡ ἀληθὴς

<hr>

1. ἔλεγε γὰρ (om. E) τὸ δὲ. τοῦ θ. συνθ.
ἐστι Lb. — 2. ζευγνύσθαι B etc. — τὸν
ἐλαίῳ B etc. — 3. τὸ δὲ ὕδωρ τοῦ θείου Lb
seul. — 4. ἐν μὲν τῇ. puis le signe de l'ar-
gent MBAKE; ἐν μὲν τῷ λευκῷ Lb. F.
l. ἐν μὲν τῇ ἀργύρου ⟨βίβλῳ⟩. — « C'est
le livre de l'argent, c'est-à-dire du
blanc. » (M. B.) — 5. καὶ τὴν etc. (accu-
satif partout) Lb. — 7. εἴπω MBAKE;
λέγω Lb. — 8. τὰ θειώδη — ὑγρῶν] Cp.
p. 142, l. 21. — κρατεῖται] κατέχεται B etc.

— 9. κατέχεται] κρατεῖται B etc. — 10.
σκευασία] σημασία; mss. Corr. conj. —
11. σκευασία] σημασία mss. Corr. conj. —
Réd. de E Lb : ἡ σημασία καὶ ἡ συλλογὴ
τῆς ὤχρας γίν. ἐν τῷ ὄ. τοῦ Ἀδριατικοῦ (Lb
seul) πελάγους · συλλεγομένη (Lb seul) ἐκεῖ
κατὰ λακκήματα τοῦ ὄρους. — 13. Βαβυλῶνα
B etc. — εἴς τι ὄρος; Lb seul. — 14. ἡ θεω-
ρεῖται Lb. — αἴρουσι δὲ ταύτην καὶ ὀπτ. Lb.
— 16. M mg. ωχ (à l'encre noire). —
ταύτης τῆς σινώπης M.

βαρὴ ἔσται · πλὴν τὸ προκείμενον ἤτοι σῶμα μαγνησίας, ἤτοι μέλας μόλυβδος.

2] Καὶ οἵαν τάξιν λέγουσιν χωρὶς τῶν βαφικῶν, περὶ αὐτῆς λέγουσιν πᾶσαι αἱ γραφαί. Εἴ ποτε οὖν ἀναγιγνώσκεις οἱανδήποτε τάξιν, 5 ἐν τούτῳ τοίνυν ἔχε, καὶ θηράσεις πρᾶγμα τὸ ζητούμενον, μάλιστα ἐὰν Μαρία καὶ τῷ φιλοσόφῳ ἀκολουθήσῃς. Καὶ γὰρ πυρίτας, κιννά-βαριν ὁ φιλόσοφος, ἢ κλαυδιανόν, ἢ καδμίαν, ἢ ἀνδροδάμαντα, ἢ χρυσόκολλαν · ἢ ὅτι δεῖ ὑπὸ τὸν μολυβδόχαλκον, κιννάβαριν, σῶμα μαγνησίας ὃ λέγεται μέλας μόλυβδος. Κἄν τε πάλιν ἐν τῇ χρυσο-10 ποιίᾳ ἀπέλθῃς καὶ εὑρήσῃς αὐτὰ κασσίτερον σκορπίζοντα ἢ σίδηρον ἢ χαλκὸν κιννάβαριν ὄντα, ἢ λιθάργυρον λευκὴν, σὺ πάλιν τὸ σὸν νόει, τῇ μαγνησίᾳ τὸν μολυβδόχαλκον ἢ μόλυβδον τὸν μολυβδό-χαλκον. Κἂν γὰρ ἀργυροποιίαν λέγουσιν, ἢ χρυσοποιίαν [f. 157 v.] περὶ τοῦ μολυβδοχάλκου λέγουσιν · ὅπερ ἀπαρτίσαντες ἔχουσιν ἀπο-15 κείμενον · καὶ ὅτε θέλουσιν, σκορπίσαντες πήσσουσιν · καὶ τότε λευκαίνουσιν ἢ ξανθοῦσιν ἄρρευστον αὐτοῖς.

3] Λευκαίνουσι δὲ θεῖον, καὶ λειώσαντες ἔχουσιν εἰς τὰ ἑπόμενα τοῦ ἀποτελέσματος · ταύτην τὴν μετὰ θείου καὶ ὑδραργύρου καλοῦσιν καῦσιν · καὶ χαλκὸν κεκαυμένον τὸν αὐτόν, ὡς καὶ λεύκωσιν αἵμω-20 τον, κατὰ τὴν ἐπιφάνειαν, καὶ κατὰ τὸ βάθος ἔχων εὑρίσκεται. Τοῦτο οὖν λέγουσι καῦσιν · διὰ δὲ τούτου τὸ ὅλον σύνθεμα αἰνιττόμενος, τὰς εἰς ἀμφοῖν αὐτοῦ λειώσεις ἐμήνυσεν, ὀρθῇ ὁδῷ χρησάμενος, πρῶ-τον τὸ λευκαίνειν εἴρηκεν, ἔπειτα τὸ ξανθῶσαι.

---

3. οἵαν δήποτε Lb mel. — 5. ἐν τούτῳ ἔχε τὸν νοῦν Lb. — 8. ὅ τι δεῖ Lb. — 10. ἔλθῃς B etc. — κασσίτερον] ὑδράργυρον Lb seul. — 11. τὸ σὸν] τὸ... (lettres effacées) M. — 12. νόει, ἤγουν τῆς μαγνησίας τὸν μολυβδόχαλκον ἢ τὸν μόλυβδον Lb seul. — 14. ὅπερ Lb. — 17. Θείῳ Lb seul. — 18. M mg. : κράτει (à l'encre noire, sur une ligne verticale, avec renvoi à ἀποτελέσματος). — 19. ὡς] ὥστε E. — 20. ἔχων] ἔχον BAK ; ἔχον ωντων et ιν superposés E ; ἔχειν Lb.

III. xxvii. — ΠΕΡΙ ΟΙΚΟΝΟΜΙΑΣ ΤΟΥ ΤΗΣ ΜΑΓΝΗΣΙΑΣ ΣΩΜΑΤΟΣ

Transcrit sur M, f. 157 v. — *Collationné sur* B, f. 145 v.; — *sur* A, f. 131 v.; — *sur* K, f. 28 r.; — *sur* E, f. 73 v.; — *sur* Lb, p. 281. — *Les variantes et restitutions de* M *ont été reportées en marge de* K. — *Chap.* 50 *de la compilation du Chrétien dans* E Lb.

1] Πάλιν τοὺς ἀρχαίους εἰς μέσον φέρωμεν · κιννάβαριν λέγουσιν λοιπὸν τὴν λεύκωσιν τῆς μαγνησίας · ὡς καὶ τοὺς πρώην λόγους [καὶ]
5 οὓς ἔγραψα ἀργοὺς γενέσθαι · περὶ οὗ τὰ ὑπόστατα τέσσαρα σώματα · καὶ ὅτι περὶ αὐτῶν ἔχει σταθμόν, ὠμὸν καὶ ἐρθὸν τὸ σύνθεμα, καὶ διὰ τὸν λόγον τῆς μαγνησίας πάντα ἐκεῖνα ἀναδέξασθαι. Πῶς οὖν γίνεται τὸ σῶμα τῆς μαγνησίας, εἰ ἔχει διαφορὰν κατὰ τὴν ταριχείαν ἢ λεύκωσις, οὕτως ὡς πρώην σοι εἶπον, ἀφεὶς ἀπέναντι τῆς καμίνου; Η δὲ
10 κάμινος καιέσθω τοῖς ξύλοις καὶ λεπύροις φοινίκων [καὶ] κωβαθίων. Ὁ γὰρ καπνὸς τῶν λεπύρων πάντα λευκαίνει. Ἐὰν οὖν λάβῃ τὸν καπνόν, συλλαμβάνει ἡ μαγνησία καὶ λευκαίνεται.

2] Οὐκ ἐμνήσθημεν δὲ ἐν τῷ ἑβδόμῳ λόγῳ περὶ τῶν κωβαθίων τῶν φοινίκων ⟨ὅτι⟩ ὀφείλομεν μαθεῖν πρῶτον ποίαν μαγνησίαν λέγουσιν οἱ
15 φιλόσοφοι, τὴν ἁπλῆν τὴν ἀπὸ Κύπρου, ἢ τὴν σύνθετον τὴν ἀπὸ τῆς ἡμῶν τέχνης; ὅτι τὴν ἁπλῆν λειώσαντες, σύνθετον αἰνίττονται. Ἔλεγον δὲ ὁμοῦ καὶ περὶ τῆς (f. 158 r.) ἁπλῆς. Οὕτω γὰρ ἐκρύβη ἡ τέχνη, ἐκ τοῦ περὶ διπλῶν διαλέγεσθαι.

3] Ὅτι ὁ φιλόσοφος Ἑρμῆς, μετὰ τὴν θαλασσίαν βάλλει νίτρον
20 καὶ ὄξος καὶ κνίπειον αἷμα, χυλὸν στύρακος, καὶ στυπτηρίαν σχιστὴν καὶ

---

3. μέστην M. — A mg. : Παφνουτίας καὶ Παφνουτίου ⟨π⟩ ορίσεις ...ντὸς τοῦ λόγου. — 4. [καὶ] om. B etc. — 5. ὑποστατὰ mss. (Oxyton.) Cp. p. 148, l. 6 (note). — γενέσθαι λέγουσι Lb. — 7. λέγουσιν ἀναδέξασθαι Lb seul. — 9. εἶπον, πάλιν λέγω · ἄρας Lb. — ἄρας B etc. — (Cp. p. suiv.,l. 1). — 13. κωβαθίων M. — 14. ὀφείλομεν δὲ Lb. — 16. φανερόν δὲ ὅτι Lb seul. — 18. ἐκ τοῦ περὶ αὐτῶν διπλῶς διαλέγεσθαι B etc. — 19. νίτρον en signe M ; signe du molybdochalque BAKE; μολυβδόχαλκον en toutes lettres Lb. — 20. κνίπιον M, ici et partout.

τὰ ὅμοια · καί φησιν · « Ἄρες αὐτὴν ἀπέναντι τῆς καμίνου, ὡς προεῖ-
πεν λεπύροις φοινίκων κωβαθίων. Ὁ γὰρ καπνὸς φοινίκων τῶν κωβα-
θίων, λευκὸς ὢν, πάντα λευκαίνει.

4] Ταῦτά φησιν ὁ Ἑρμῆς · Ὀφείλομεν εἰδέναι ὅτι τὸ νίτρον καὶ ὁ
5 στύραξ καὶ ἡ στυπτηρία σχιστὴ καὶ ἡ σποδὸς τῶν θαλλῶν τῶν φοινί-
κων, τὸ λευκὸν θεῖόν ἐστιν ὃ λευκαίνει πάντα · τὸ δὲ κνίπειον αἷμα
καὶ τὸ ὄξος, ὕδωρ θεῖον τὸ δι' ἀσβέστου · τὰ δὲ λέπυρα τῶν κωβα-
θίων τῶν φοινίκων τὰ θειώδη εἰσὶν, μάλιστα ἀρσένικον, ὅπερ ἔοικεν
κωβαθίοις, τὸ χρυσίζειν. Καί φησιν · « Ὁ καπνὸς τῶν κωβαθίων
10 πάντα λευκαίνει », ἅπερ κωβάθια θέλων διδάξαι ὁ φιλόσοφός φησιν ·
« Ὁ γὰρ καπνὸς τοῦ θείου λευκαίνει πάντα. »

5] Πάλιν δὲ τὸν σποδὸν τῶν θαλασσίων τῶν φοινίκων σε θέλων
διδάξαι, ὁ φιλόσοφος, ὅ ἐστιν ὕδωρ θεῖόν φησιν οὕτως · « Ἀναλύσας
ἐν ὕδατι ⟨θείῳ⟩ σποδῷ λευκίνων ξύλων, ἐν τῇ δευτέρᾳ τῶν λευκῶν
15 ζωμῶν, σποδὸν λευκίνων οὐκ ἔστιν ἁπλῶς, ἀλλ' ὕδωρ θεῖον τὸ δι'
ἀσβέστου, ὅπερ ἀπὸ σποδοῦ λευκῆς τῆς τοῦ μαρμάρου ἢ ἀσβέστου
γεγονέναι. Ὥσπερ οὖν τὰ θειώδη ἀπὸ τῶν κωβαθίων τῶν φοινίκων
ἐρρήθη, ὡσαύτως καὶ τὸ ὕδωρ τοῦ θείου ἀπὸ θείου ἔχον τὴν σύνθε-
σιν, τὸ τηνικαῦτα καὶ αὐτὸ ἀπὸ τοῦ φοινικοῦ προσηγορεύθη. Ἔτι
20 οὖν ἡ λεύκωσις τῆς συνθέτου μαγνησίας ἀπὸ θείου συνθέτου λευκοῦ,
καὶ ὕδωρ σύνθετον λευκοῦ τὸ δι' ἀσβέστου, ὧν τὴν σύνθεσιν ἐν τῷ
περὶ συνθέσεως λόγῳ, τὸν δὲ σταθμὸν ἐν τῷ περὶ σταθμῶν λόγῳ,

---

1. προεῖπον · ἡ δὲ κάμινος καιέσθω Lb,
puis add. de Lb seul : τοῖς ξύλοις καὶ. —
2. λεπ. τῶν κωβ. τῶν φοιν. Lb seul. —
3. λευκὸς ὢν om. M. — 4. ἀρ. δὲ, B etc.
— Au-dessus de νίτρον et des autres
noms : θεῖον en signe MB etc. — 5. ἡ
σποδιὰ τῶν αἰθαλῶν Lb. — M mg. : signes
de νεφέλη et de θεῖον. — 7. Signe du
cinabre au-dessus de ἀσβέστου MBAK.
— δι' ἀσβέστου καὶ κινναβάρεως Lb. — 8.
τὸ θειῶδές ἐστι, μάλιστα τῆς σανδαράχης, ὅπερ
Lb. — 9. κωβαθίῳ, καὶ χρυσίζει. B etc.

— Au-dessus de κωβαθίων, le signe du
soufre B. — 11. Au-dessus de θείου, le
signe du mercure M. — 12. τὴν σποδὸν
B etc. — 14. ὶσποδοῦ Lb. F. l. σποδόν. —
15. σποδὸς Lb. — θείου Lb seul. — 16.
M mg. : μη puis le signe de l'or, avec
renvoi à μαρμάρου. — τῆς τοῦ μαρμάρου
γεγονέναι φησὶν ἢ ἀσβέστου Lb. — 20. μαγ-
νησίας λευκοῦ B etc. — 21. F. l. λευκόν.
— ὧν M. — 22. λόγῳ εἰρήκαμεν E. —
M mg. : ερμ (Ἑρμῆς ?) en lettres re-
tournées.

τὴν δὲ ὄπτησιν καὶ τῆς καμίνου ἀγωγὴν ἐν τῷ περὶ ὀπτήσεως λόγῳ.

6] Καὶ ταῦτα μὲν περὶ λευκώσεως σώματος μαγνησίας (f. 158 v.).
Ἔξεστιν δὲ καὶ ὑμῖν τοῖς ἐχέφροσιν τὸ βέλτιον ἐπιβάλλεσθαι ἡμᾶς
καὶ ὠφελῆσαι, μᾶλλον δὲ κατ᾽ ἐκείνου βαράθρου κατακρημνίσαι
5 ἡμᾶς. Ὁ γὰρ περὶ αὐτὴν τὴν διδασκαλίαν ἕτερόν τι λογιζόμενος, ἐν
σκότῳ μεγάλῳ ἀνεχόμενος, ψηλαφᾶν ταῖς χερσὶ τὸν ἀέρα ἔοικε, καὶ
τὸν πόντον τοῖς ποσίν, οἱ κενεμβατοῦντες καὶ εἰς αὐτὸν λαλοῦντες
τὸν ἀέρα μάταια, διόλου τὸν τύπον τοῦ σώματος πρὸς τὴν ἰδίαν
αὐτῶν ἐνέργειαν ματαιοπονούμενοι.

10 7] Σὺ δέ, ὦ μακαρία, παῦσαι ἀπὸ τῶν ματαίων στοιχείων, τῶν
τὰς ἀκοάς σου ταραττόντων. Ἤκουσα γὰρ ὅτι μετὰ Παφνουτίας τῆς
παρθένου καὶ ἄλλων τινῶν ἀπαιδεύτων ἀνδρῶν διαλέγῃ · καὶ ἅπερ ἀκούεις
παρ᾽ αὐτῶν μάταια καὶ κενὰ λογύδρια, πράττειν ἐπιχειρεῖς. Παῦσαι
οὖν ἀπὸ τῶν τε τυφλωμένων τὸν νοῦν καὶ ἄγαν καιομένων. Καὶ
15 γὰρ κἀκείνους ἐλεηθῆναι δεῖ καὶ ἀκοῦσαι τὸν λόγον τῆς ἀληθείας,
καθώς εἰσιν ἄξιοι. Ἐπειδὴ καὶ αὐτοὶ ἄνθρωποί εἰσιν, ἀλλ᾽ οὐ βού-
λονται ἐλέους ἐπιτυχεῖν, οὐδὲ παρὰ διδασκάλων ἀνέχονται διδάσκεσθαι,
καυχώμενοι διδάσκαλοι εἶναι, ἀλλὰ καὶ τιμᾶσθαι βούλονται ἐκ τῶν
ματαίων αὐτῶν καὶ κενῶν λογυδρίων. Καὶ διδασκόμενοι βαθμοὺς
20 ἀληθείας, τὴν τέχνην οὐκ ἀνέχονται, οὐδὲ πέπτουσιν, χρυσοῦ μᾶλλον
ἢ λόγων ἐπιθυμοῦντες · καὶ ἀπὸ θερμότητος καὶ πολλῆς ἀνοίας, ἄμοι-
ροι γίνονται τῶν λόγων καὶ τῶν χρημάτων. Εἰ γὰρ ἡνιοχοῦντο ὑπὸ
τοῦ λόγου, εἵπετο ἂν αὐτοῖς καὶ ἠκολούθει ὁ χρυσός · ὁ γὰρ λόγος
δεσπότης ἐστὶν τοῦ χρυσοῦ, καὶ ὁ τοῦτον προσπίπτων καὶ ποθῶν καὶ

— 1. καὶ τὴν τῆς καμ. ἀγ. Lb. — 2. λευκώ-
σεως] λευώσεως B etc. — 3. ἐπιβαλέσθαι B
etc. ; E mg. : *alias* ἐπιβαλέσθαι. — M
mg. : Nο (νόει) puis le signe de l'or. —
4. μᾶλλον δὲ μή B etc. F. l. μᾶλλον ἤ. —
5. περί] παρὰ M. — οἱ γὰρ jusqu'à la fin
du §]. Tous les nominatifs au pluriel
Lb. — 9. ματαιοπονούμενος M. — 10).
Zosime s'adresse à Théosébie. — 11.
ταραττουσῶν mss.; – ὄντων au-dessus de
ουσῶν E. — Ταρνουτίης M. — 12. ἄλλων
om. B etc., f. mel. — 14. καὶ ἐκείνους
διαληθῆναι B etc. — Le mot διαληθῆναι
termine le fol. 28 du ms. K. La suite
est à la première ligne du fol. 108. —
22. χρημάτων] ῥημάτων B etc. — 22. εἰ
μή γὰρ BAK. — M mg. : Nο M. — 23.
ἠκολούθη M. — 41. τούτῳ Lb.

προσκολλώμενος εὑρήσει τὸν χρυσὸν τὸν ἔμπροσθεν ἡμῶν κείμενον, σκολιῶς διακεκρυμμένον.

8] Ὁ οὖν λόγος δείκτης ἐστὶν πάντων τῶν ἀγαθῶν, ὡς καθώς πού φησιν, ἡ φιλοσοφία γνῶσις ἐστὶν ἀληθείας, εἰ ὄντα εἰσίν · καὶ ἐάν τις
5 τὸν λόγον δέξηται, ἕ-(Γ. 159 r.) ξει αὐτὸν δεικνύοντα αὐτῷ ἐν τοῖς ὀφθαλμοῖς κείμενον χρυσόν. Οἱ δὲ μὴ ἀνεχόμενοι τῶν λόγων πάντοτε κενεμβατοῦσιν, γέλωτος ἰσχυρότερα ἔργα ἐπιχειροῦντες · οἷόν ποτε γέλωτα ἐκίνησεν Νεῖλος ὁ σὸς ἱερεύς, μολυβδόχαλκον ἐν κλιβάνῳ ὀπτῶν · ὥστε ἐὰν βάλῃς ἄρτους καίων κωβαθίοις πανημέριος τύχοις ·
10 καὶ τυφλούμενος τοὺς σωματικοὺς ὀφθαλμούς, οὐκ ᾤετο τὸ βλαβησό-μενον, ἀλλὰ καὶ ἐφυσιοῦτο, καὶ μετὰ τὸ ψυγῆναι ἀνενέγκας, ἐπεδείκ-νυεν τὴν τέφραν. Καὶ ἐπερωτώμενος ποῦ ἡ λεύκωσις, καὶ ἀπορήσας ἔλεγεν ἐν τῷ βάθει αὐτὴν δεδυκέναι. Εἶτα ἐπέβαλεν χαλκόν, ἔβαπ-τεν σποδόν. Οὐδὲν γὰρ στερρὸν διατραπεὶς, ἀνέστη καὶ ἔρυγεν αὐτὸς
15 ἐν τῷ βάθει, καθὼς ἡ λεύκωσις τῆς μαγνησίας. Ταῦτα δὲ ἀκούσας παρὰ τῶν διαφερόντων Παφνουτία, ἀπὸ τοῦ πολλοῦ γέλωτος ἐκα-κώθη, ὡς καὶ ὑμεῖς κακοῦσθε ἀπὸ ἀνοίας. Ἄσπασαί μοι Νεῖλον τὸν κωβαθηκαύστην, πλήρης.

III. xxviii. — ΠΕΡΙ ΣΩΜΑΤΟΣ ΜΑΓΝΗΣΙΑΣ ΚΑΙ ΟΙΚΟΝΟΜΙΑΣ ‹ΑΥΤΟΥ›

Transcrit sur M, f. 159 r. ; — *Collationné sur* B, f. 148 r.; — *sur* A, f. 133 v.; — *sur* K, f. 108 r. ; — *sur* E, f. 76 v.; — *sur* Lb, p. 295. — *Les variantes et resti-*

4. φησὶν ὁ φιλόσοφος, ἡ φ. Lb. — ὅ. ἐστὶ B etc. — Réd. de Lb : ἡ φ. ἐστι γν. ὄντων (biffé E) ἡ ὄντα ἐστί. — 8. ὁ Νεῖλος Lb. — ὅσος MBA. Noter qu'une lettre de l'ascète Nilus (liv. 11, l. 15, éd. Allatius) est adressée à « Théosébius ». — 11. F. l. ἐφυσιᾶτο. — 15. F. l. ἀκούσασα. — 16. παρά] περὶ B etc. — Ταφνουτίη M ; παφνουτ B ; παφνουτίου A ; π τ αφνουτίου K ; τῆς Παφνουτία ELb. — 18. κωβατικαύστην BAK ; κωβαθιοκαύστην ELb. — πλήρης (pleinement édifiée) περὶ οἰκονομίας ‹τοῦ› τῆς μαγνησίας σώματος M (signe final après πλήρης, d'une main plus récente). — 19. Titre dans Lb seul : Περὶ τοῦ σώμ. τῆς μαγν. καὶ τῆς οἰκ. αὐτῆς.

tutions de M ont été reportées en marge de K. — Chap. 51 de la compilation du Chrétien dans E Lb.

1] Ταῦτα μὲν ἡ Μαρία ἄρτους ὄνομα ⟨τὸ σῶμα⟩ τῆς μαγνησίας ἀφθόνως καὶ φανερῶς ἐξέθετο. Ὁ γὰρ πρῶτος βαθμὸς ἀληθὴς τοῦ μυστηρίου ἐν τούτοις διηγόρευται. Μαρία οὖν βούλεται εἶναι τοῦτο τὸ σῶμα τῆς μαγνησίας · καὶ οὐ μόνον εἰς ἕνα τόπον κηρύττει, ἀλλὰ καὶ εἰς 5 πολλούς. Ἀμέλει ἐν ἄλλῳ τόπῳ φησί · « Χωρὶς τοῦ μέλανος μολύβδου, οὐδὲν γίνεται ὃ ἀπηρτίσαμεν καὶ ἐτελειώσαμεν σῶμα μαγνησίας. » Αὗταί εἰσιν, φησίν, αἱ διδασκαλίαι · καὶ οὐκ ἀποκάμνει, δεύτερον γὰρ καὶ τρίτον διδάσκουσα καὶ καλοῦσα σῶμα μαγνησίας, καὶ μέλανα μόλυβδον καὶ μολυβδόχαλκον, περὶ οὗ φησιν « κιννάβαρις ἢ μόλυβδος 10 ἐτήσιος λίθος ». Ἑξῆς ὁμορρευστήσαντα ποιεῖ πάντα χρύσοπτα δυνάμει, τὰ ὠμὰ ὀπτὰ, ὀπτὰ διπλοῖ · δυνάμει, φησίν, ποιεῖ πάντα χρύσοπτα · οὔπω γὰρ ἐνεργείᾳ. Καὶ περὶ (f. 159 v.) μὲν τούτου ἕτερός μοι λόγος ἀναγραφήσεται, ἐν δὲ τῷ παρόντι ⟨ἐπὶ⟩ τοῦ προκειμένου γινώμεθα.

15 2] Ἐδείχθη οὖν τῇ Μαρίᾳ τὸ πᾶν σῶμα μαγνησίας τοῦτο μολυβδόχαλκος μέλας · οὔπω γὰρ ἐβάφη, καὶ τοῦτο · καὶ μολυβδόχαλκος · ὃ μέλλεις βάπτειν καὶ ἐπιβάλλειν αὐτῷ τὰ μωτάρια τῆς ξανθῆς σανδαράχης · ἵνα μηκέτι εἴη δυνάμει, ἀλλ᾽ ἐνεργείᾳ χρυσὸς ὀπτός. Οὕτως ἡ Μαρία ἄρτους ὀνομάσασα τὸ σῶμα τῆς μαγνησίας · ὀφεί 20 λομεν πρό γε πάντων δεῖξαι καὶ τὸν φιλόσοφον ταῦτα φρονοῦντα ⟨περὶ⟩ σώμα τῆς μαγνησίας, ὅπερ καὶ ΤΟ ΠΑΝ ἔλεγον · καὶ μέλανα μόλυβδον τοῦτο · μολυβδόχαλκος · Ἀλλ᾽ ὅταν λέγωσι τὴν

---

1. ὀνομάσασα B etc. — ⟨τὸ σῶμα⟩ [Cp. l. 19. — 2. τοῦ μυστ. ὅλου ELb. (mots placés après διηγ. dans Lb). — 6. ὅ] Lb seul mg. : « *Puto legendum* ὁ, h. e. », puis les signes du plomb et du cuivre. — 9. κιννάβαρις en signe M ; signe du cuivre BAK; ὁ χαλκός ELb. — 10. ποιεῖ] ποιοῦσι Lb. — 11. καὶ τὰ ὠμὰ ὀπτὰ · τὰ ὀπτὰ διπλῆ δυν. π. φ. BAK; καὶ τὰ ὠμὰ ὀπτὰ · καὶ διπλῇ δυν. π. φ. ELb. — F. l. τὰ ὠμὰ ὀπτᾷ, ὀπτὰ διπλοῖ δυνάμει, φησίν · ποιεῖ π. χρ. — 15. Réd. de E Lb : τὸ πᾶν σ. κατὰ τὴν μαγνησίαν εἶναι καὶ τοῦτο μολυβδόχαλκός ἐστι μέλας (μ. ἐ. E). — 16. Réd. de Lb : καὶ οὗτός ἐστιν κ. μολ. ὃν μ. φ. — 19. Réd. de Lb seul : οὕτως οὖν ὀνομ. ἡ Μαρία τ. σ. τ. μ. ἄρτους φαν. ἐξέθετο τὴν τέχνην · ὀφ. — ὀφ. δὲ B etc. — 22. ταῦτα Lb.

ὑδράργυρον πήγνυσθαι μετὰ τοῦ τῆς μαγνησίας σώματος, δι' ὅλου
τοῦ σώματος ἔλεγον, ὅπερ κατήχθη ἐν τῷ προτέρῳ μου ὑπομνήματι,
ὥσπερ ἡ Μαρία λέγει ἐν τῷ προλεχθέντι σώματι τῆς μαγνησίας.
Καί φησιν · « Εὑρήσεις μόλυβδον μέλανα · τοῦτον ἄρας, χρῶ, μίξας
5 αὐτῷ ὑδράργυρον. Ὃ δὲ καλοῦσιν αἱ τάξεις, τοῦτο ἐν προοιμίοις ὁ
φιλόσοφος λέγει · ὑδράργυρον μῖξον τῷ τῆς μαγνησίας σώματι, ὅτι
μέλανα αὐτὸ οἶδεν ὁ φιλόσοφος, μόλυβδον, φησὶν ἐν τῷ πυρίτῃ · οὐκ
ἁπλῶς λέγει, ἵνα μὴ πλανηθῇς, ἀλλὰ « μέλανι τῷ ἡμῶν ». Ὅτι δὲ καὶ
μολυβδόχαλκον οὐκ ἀγνοεῖς, φησίν, ὅτι μόνη ὑδράργυρος τὸν χαλκὸν
10 ἀσκίαστον ποιεῖ. Οὐκέτι σῶμα μαγνησίας πήσσει, ἀλλὰ καὶ χαλκόν.
Οὕτω καὶ ὁ φιλόσοφος τὸ πᾶν οἶδεν σῶμα μαγνησίας καὶ μόλυβδον
μέλανα · καὶ μολυβδόχαλκος ἐν τοῖς βιβλίοις τῶν ἀρχαίων μεληδὸν
ἀπεδόθη, κατὰ μίαν τάξιν κηρυττόμενος . διὰ ὑδραργύρου κηρύττεται
διὰ παντὸς λίθου, καθὼς καὶ ἐν τοῖς πρώτοις προσεφώνησα.

15 3] Τοῦτο οὖν δυνάμει χρυσὸς ὀπτός ἐστιν. Καὶ ἐὰν λευκανθῇ ἢ
ξανθωθῇ, τότε καὶ ἐνέργειαν ἔχει τὰ ὠμὰ μετὰ τῶν ὀπτῶν, τουτέστιν
ἐὰν μὲν λευκὸν ἐπιβαλλόμενον χαλκῷ ὠμῷ, κυπρίῳ, ποιεῖ ἄργυρον ·
ἐὰν δὲ ξανθωθῇ, ἐπιβαλλόμενον ἀργύρῳ ὠμῷ κοινῷ, ποιεῖ χρυσόν,
χαλκάνθῳ βρέξας οἴνῳ ἀμιναίῳ ⟨ἢ⟩ ὄξει κοινῷ, ἔασον ἡμέρας ιδ', τοῦτο
20 ἐστὶν τὸ ζητούμενον ἐπὶ τῆς τοῦ ἀργύρου ποιήσεως.

4] Ὡς πολλάκις ἀποτυγχάνουσι τῆς [f. 160 r.] οἰκονομίας, διὰ τὸ
μὴ εἰδέναι τὸ ἀληθὲς τῆς λειώσεως. Τοιούτων οὖν καὶ ἐπὶ τῶν νεφελῶν
ἐρρήθη, ὅτι ἡ χάλκανθος ἐπὶ τὸ χρυσίζον ἄγει τὴν νεφέλην. Ὁμοίως
καὶ ὁ Ἀγαθοδαίμων ἐν τῇ διδασκαλίᾳ τοῦ προβαρίου τοῦτο ἔλεγεν ·

---

1. μετὰ (f. l. σὺν) τῷ τ. μ. σώματι M. —
2. κατήχθη MBAK ; κατελέχθη Lb seul.
(Corr. de E.) — 6. ὑδράργυρον om.
M. — 7. αὐτόν Lb. — φησὶ γὰρ Lb. —
8. ἀλλὰ τῷ μολύβδῳ τῷ μελ. τ. ἡ. Lb
seul. — 9. μολ. λέγει Lb. — φησὶ γὰρ
Lb. — 10. ἧς οὐκέτι μόνον τὸ σ. ἡ μαγνησία
πήσσει, ἀλλὰ καὶ τὸ τοῦ χαλκοῦ Lb. — πή-
σει M. — καὶ χαλκόν] καὶ om. M. —
11. μόλυβδον en signe M ; μολυβδόχαλκον

en signes BAKE ; μόλυβδον χαλκοῦ Lb.
puis : μέλανα καὶ μολυβδόχαλκον · ἐν δὲ τοῖς
βιβλίοις... — 12. βίβλοις M. — 13. καὶ
κηρυττ. · διὰ δὲ ὑδρ. Lb. — 15. ἤ] καὶ Lb.
— 17. λευκόν ἢ Lb. — 18. χρυσόν om. M.
— Réd. de Lb : χρυσόν · καὶ πάλιν λέγω
βρέξας χαλκανθον οἴνῳ ἀμιναίῳ, τουτέστι ὄξει
κ. — 19. ἀμιναίῳ BAKE (qui corrige en
ἀμιναίῳ. — 21. ὡς] δὲ Lb. — 22. τοιοῦτον
B etc.. f. mel.

« Ἵνα εἰδέναι ἔχῃς ὃ ἐνεργεῖς, ἐλθὼν εἰς τὴν χάλκανθον ἣν οἶδας, τὸ
βαπτικὸν αὐτῆς τὴν νεφέλην ἐπὶ τὸν χρυσὸν ἄγει. Ἐφάνη οὖν ἡ
ἀναγραφὴ περὶ ἐξιώσεως, ἐμνήσθη δὲ περὶ τῶν ἀμφοῖν ὅτι περὶ σταθ-
μοῦ ὁ λόγος περὶ τῶν καλλίστων καὶ θεοφιλῶν λίθων καὶ λευκῶν,
5 καὶ αἱμωπῶν · οὓς οἱ μὲν ἐκάλεσαν πυρίτην, ὡς πολύχροον καὶ πολυώ-
νυμον, οἱ δὲ ἀλάβαστρον · οἱ δὲ καὶ ἀμφοῖν εἶπον πυρίτην ὃ καὶ
ἀπεδειξάμην. Ἄλλος γὰρ οὐκ ἂν εἴη κάλλιστος καὶ θεοφιλῆς, εἰ μὴ
ὁ πυρίτης.

3] Νῦν δὲ περὶ σώματος μαγνησίας ὁ λόγος πρόκειται · ὅτι περ τὰ
10 πάντα ὡς ’ ἓν γενόμενα μετὰ τοῦ ἀληθοῦς σταθμοῦ τῆς δεούσης
ταριχείας · ἡ κιννάβαρις ποιεῖ τὸ ἀληθινὸν σῶμα μαγνησίας. Καὶ
τοῦτο ἀληθῶς μὴ πλανῶν, ἤθελον κἀγὼ τηλικοῦτος εἶναι κατ’ ἐκεῖνον
τὸν εἰπόντα · « Ὦ γύναι, οὐχ ἁπλῶς ἔλεγον, ἵνα μὴ πλανηθῇς. »
Ἀλλ’ ἐπειδὴ οὐκ εἰμὶ ὁ Δημόκριτος, ὠμνύω σε κατὰ τῆς ἐκείνου
15 ἀρετῆς τοῦτο, ὅτι μὴ πλανῶ · καὶ αὕτη μετὰ τῶν τὴν ἀνεπίστροφον
πλάνην πλανωμένων, καὶ λεγόντων ὅτι ὁ σπόρος ἀσώματος λέλεκται
τὸ τῆς μαγνησίας σῶμα. Φησὶν αὐτῆς τὸ ἀσώματον ὑδράργυρον εἶναι.
Φημὶ κἀγὼ ὅτι νενόηταί τι αὐτοῖς. Δείξουσιν τοιγαροῦν ἡμῖν τὸ
ἀποτέλεσμα, ἐξ οὗπερ ὁ νοῦς αὐτῶν συσταθμίζεται. Ἀλλ’ οὔτε ἀπο-
20 τέλεσμα ἔχουσιν · οὐ γὰρ σῶμα μαγνησίας ἐλέχθη ὁ σπόρος, ἀλλ’
ἀσώματον. Καὶ γὰρ ἡ ὑδράργυρος σῶμα. Κἂν λεπτομερές μοι τοῦτο
εἴπῃς τὰ ὅλα σώματα, ἄρα οὖν ὁ σπόρος τῶν ἀσωμάτων ἐλέχθη σῶμα
μαγνησίας; οὔ, ἀλλὰ τί βούλεται ; ἐπειδήπερ θειώδη ὄντα φεύ-
γουσιν. Τὸ τηνικαῦτα οὖν κρατηθέντα καὶ μηκέτι φεύγοντα, σῶμα

1. ἔχοις M ; ἔχεις AKLb. — ἐλθὼν γὰρ
Lb. — τὸν χ. ὃν Lb seul. — 2. αὐτοῦ Lb
seul. — ἄγει] λέγει M ; ἄγε Lb. — 3. ἡ
ἀναγραφὴ] τῇ γραφῇ B etc. — ἀμφοτέρων
Lb. — 4. αὐτῷ ὁ λόγος καὶ Lb. — 5. αἱμω-
πὸν ὢν M. — πολυχρόους καὶ πολυωνύμους
BAKE ; om. Lb. — 6. M mg. : ⚥, avec
renvoi à οἱ δὲ. — ἀμφω Lb seul. — 7.
ἄλλος E. — 11. ἡ] ἢ MELb. — κινναβά-
ρεως Lb. — σῶμα τῆς μαγνησίας B etc. —
12. κατὰ τοῦτο ἀληθῶς μὴ πλανῶ Lb. —
14. ὀμνυμί σοι B etc. — 16. ἀσώματον mss.
Corr. conj. — 17. καὶ τὸ τῆς μαγνησίας
σῶμα Lb. φασίν, Lb seul. — 18. τῇ τις
BA ; τοῖς ELb. — δεῖξον B etc. — 20. ἔχ-
ουσιν οὔτε ἄλλο τι · οὐ γὰρ Lb. — 21. λεπτό-
μερόν M. F. 1. λεπτομερῶς. — 23. οὐκ B
etc., mel.

(f. 160 v.) προσαγορεύονται · ἀφ ' οὗ καὶ ἡ Μαρία · « τὸ σῶμα τῆς μαγνησίας τὸ ἀπόκρυφον, φησὶν, ἐκ μολύβδου καὶ ἐτησίου καὶ χαλκοῦ γίνεται. »

6] Λοιπὸν ὅσα ὅμοια τοῖς φεύγουσι συγκραθέντα, σῶμα προσαγο-
5 ρεύονται · οἷον ἐπὶ τῆς ὑδραργύρου ἐν τοῖς λευκοῖς ζωμοῖς φησι ·
« Πρόσμιξον αὐτὴν στυπτηρίαν σχιστὴν ἢ μόλυβδόχαλκον, ἢ ἄσβεσ-
τον, ἵνα γένηται σῶμα ἡ ἀσώματος. Πάλιν ἐπὶ τῆς χρυσοκόλλης.
Καὶ γὰρ καὶ αὐτὴ φεύγει · ἀφ ' οὗ καὶ ὁ Ἀγαθοδαίμων · « Πρό-
σεχε, φησὶν, ἵνα μὴ τὸ πνεῦμα αὐτῆς τὸ βαπτικὸν φύγῃ. » Καὶ αὐτὴν
10 φευκτὴν οὖσαν σῶμα καλοῦσιν · συγκραθεῖσαν ὁ φιλόσοφός φησιν ἐν
τῇ τάξει τῆς χρυσοκόλλης. Ἐπιβάπτε πᾶν σῶμα χαλκῷ, ἀργύρῳ,
χρυσῷ. Ἡ Μαρία περὶ τῆς χρυσοκόλλης, μολυβδόχαλκόν φησι ·
μονοήμερον οὐγγιάσας, ἢ λαβών, φησὶν, χρυσοκόλλαν καὶ κιννάβαριν,
συλλείου αὐτῇ λιθάργυρον λευκὴν καὶ κατάσπα. Καὶ ἐὰν στραφῇ καὶ
15 γένηται σῶμα χαλκοῦ, ἐπίβαλλε χρυσάνθιον, καὶ ἔσται χρυσός.
Λοιπὸν καὶ ἡ χρυσοκόλλα χρηματίζει συγκραθεῖσα καλῶς, καίτοι καὶ
αὕτη φευκτὴ οὖσα, ὅτι καὶ αὐτὴν ποιήσεις σῶμα διὰ τῆς στροφῆς.

7] Οὐκοῦν τὸ στρέψαι ἢ ἐκστρέψαι παρ ' αὐτοῖς ἐστιν, ἵνα τὰ
ἀσώματα, τουτέστιν τὰ φεύγοντα, σωματωθῇ, καὶ κατασπασθεὶς γένηται
20 μολυβδόχαλκος ὁ μέλας μόλυβδος ὁ μέλλων οἰκονομεῖσθαι μετὰ τῆς
ὑδραργύρου, καὶ γένηται σῶμα μαγνησίας. Καὶ οὐχ ὡς τινες τὴν
ἐκστροφὴν τὸ στρέψαι καὶ ἐκστρέψαι ὑδάργυρον βούλονται · ἀλλ '
ὅταν σωματωθῶσιν τὰ φεύγοντα, ὡς ἐπὶ πάντων τῶν σωμάτων, ἡ
στροφὴ εἰς τὸ λευκὸν ἢ εἰς τὸ ξανθόν. Καὶ γὰρ αὕτη ἡ στροφὴ ἐκ-
25 τροφὴ καλεῖται, μετὰ τὸ σωματωθῆναι τὰ ἀσώματα, ὥσπερ ⟨κατὰ⟩

---

2. M mg. : ὧδε, à l'encre noire (XVᵉ siècle). — 4. ὅσα εἰσὶν ὅμ. Lb. — συγκραθέντα] συναχθέντα Lb. — 6. αὐτῇ Lb, mel. — 10. M mg., sur une ligne verticale : Nᵒ ἀλη (νόει ἀληθές ?). — 11. χαλκοῦ etc. (génitif partout) Lb seul ; signes dans les autres mss. — 13. οὐγκιάτας M. — φησὶν] μέρος Lb. — χρυσοκόλλη; B etc. — κιννάβαρεως Lb seul ; signe dans les autres mss. — 14. ἐστραφῇ M ; ἐκστραφῇ B etc. — 18. ἢ καὶ Lb. — 19. σώματα MBAK. — κατασπασθέντα Lb. — 21. γίνεται Lb. — τὸ ξανθὸν. σῶμα τῆς μαγνησίας; B etc. — 23. Réd. de Lb : τῶν σωμάτων ἐστίν · ἡ δὲ στροφή... — 24. εἰς τὸ ξανθόν γίνεται Lb.

τὴν τέχνην, ὡς πρὸς τὸ πῦρ ἐν τῇ παλιντροπῇ, τουτέστιν τῇ λευκώσει
ἢ ξανθώσει λειούμενα σφόδρα καὶ πυρὶ προσομιλοῦντα πάλιν ἐξαιθα-
λοῦνται, καὶ γίνονται ἀσώματα. Εἰώθασιν γὰρ πάνυ λελειωμένα εἶναι.
Αἰθάλη δὲ, ὡς πρώτη ἀσώματος, f. 161 r.) ὡς πρώτην τέχνην λέγει.

5 8] Ἀπὸ ἀσωμάτων οὖν καὶ πάλιν σωματοῦνται μετὰ τὴν ὑδράρ-
γυρον ἐν τῇ ἰώσει, ἵνα γένηται σώματος. Καὶ σαπέντα ἀσωματοῦνται,
ἔχοντα καλῶς ἐνεργοῦντα χωρὶς πυρός. [α'] Ἀλλαχοῦ ἐλέχθη ·
χολαὶ καὶ τὰ ὅμοια, ἅπερ καὶ αὐτά εἰσιν ⟨μετὰ⟩ τοῦ θείου ἤγουν μετὰ
θείου ὕδατος. Τί δὲ ἄλλο καλῶς ἐνεργεῖ χωρὶς πυρός, ἢ ὕδωρ θεῖον;
10 ἀρ᾽ οὗ καὶ Πηβίχιος ὅτι παντὸς πυρὸς δυναμικώτερον καὶ ἐν τοῖς
θείοις, ὅτι χωρὶς πυρὸς δρᾷ. Καὶ Μαρία · « τὸ πύρινον φάρμακιν. » Καὶ
πάλιν λέγει ὅτι « εἰ μὴ τὰ σώματα ἀσωματωθῇ, καὶ τὰ ἀσώματα
σωματωθῇ, οὐδὲν τῶν προσδοκωμένων ἔσται, » τουτέστιν, ἐὰν μὴ τὰ
πυρίμαχα συγκραθῶσιν μετὰ τῶν φευγόντων τὸ πῦρ, οὐδὲν ἔσται τῶν
15 προσδοκωμένων.

9] Τί οὖν ἄρα καὶ τὰ σώματα καὶ τὰ ἀσώματα τῆς ἡμῶν τέχνης;
Ἀσώματα μὲν πυρίτης καὶ τὰ ὅμοια, μαγνησία καὶ τὰ ὅμοια,
ὑδράργυρος καὶ τὰ ὅμοια, χρυσόκολλα καὶ τὰ ὅμοια, πάντα ἀσώ-
ματα · τὰ δὲ σώματα χαλκός, σίδηρος, κασσίτερος, μόλυβδος ·
20 ταῦτα οὐ φεύγουσι τὸ πῦρ · ταῦτα σώματα. Ἐπὰν ταῦτα ἐκείνοις
συγκραθῶσι, γίνονται τὰ σώματα ἀσώματα, καὶ τὰ ἀσώματα, σώματα.
Οὕτως πρόσμισγε ὑδράργυρον ἣν καλοῦσιν αἱ τάξεις, καὶ ποιεῖς πᾶν
προσδοκώμενον, περὶ οὗ ἔλεγεν ἡ Μαρία · « Ἐὰν μὴ τὰ δύο γένηται
ἕν, τουτέστιν, ἐὰν μὴ τὰ φεύγοντα συγκραθῶσι τοῖς μὴ φεύγουσιν,

---

2. προσομιλ. λέγομεν · πάλιν δὲ Lb. —
4. αἰθάλην δὲ ὡς πρώτην ἀσώματον Lb. —
F. l. εἰς πρ. τέχνην ἄγει. Cp. § 4, p. 194,
l. 2). — 5. ἀσωματοῦνται mss. Corr.
conj. — μετὰ τῆς ὑδραργύρου B etc., f.
mel. — 6. σώματος] ἀσώματα B etc. F.
l. σωμάτωσις. — 7. F. l. λέγοντα ⟨τ⟩
καλῶς ἐνεργοῦν χ. π. — καὶ ἐνεργ. Lb. —
α' dans M seul. — ἀλλαχοῦ δὲ Lb. —
9. θεῖον Lb seul ; signe dans les autres
mss. — 11. θεῖον] signe figuré dans les
notations alch. (Introd., p. 112, pl.
IV, l. 18), et confondu avec celui de
la pl. V, l. 2. dans ELb, qui écrivent : ἐν
δὲ τοῖς πετάλοις σιδηροῖς. — δρᾷ] δρῶσι
Lb. — 16. Τί] τίνα Lb. — ἄρα M. — 18.
πάντα] F. l. ταῦτα. — καὶ τὰ πάντα ὅμοια,
ἀσώματα B etc. — 19. M mg., sur une
ligne verticale, à l'encre noire : ἀπ'ὧδε
τέλειον. — 20. ταῦτα γὰρ οὐ φεύγ. Lb seul.

οὐδὲν ἔσται τῶν προσδοκωμένων · ἐὰν μὴ λευκανθῇ, καὶ γένηται τὰ
δύο τρία μετὰ τοῦ λευκοῦ θείου, τοῦ λευκαίνοντος αὐτό. Ἐπειδὰν δὲ
ξανθωθῇ, γέγονε τὰ τρία τέσσαρα · διὰ γὰρ ξανθοῦ θείου ξανθοῦται.
Ἐπειδὰν δὲ ἰωθῇ, γέγονε τὰ ὅλα ἕν.

5   10] Τί βούλεται Ὀστάνης; λέγει γὰρ περὶ τῆς συγκράσεως τῶν
φευγόντων καὶ τῶν μὴ φευγόντων · « Πάλιν συγγένειαν ἔχει ὁ πυρίτης
λίθος πρὸς τὸν χαλκόν. » Ὁ γὰρ Ὀστάνης οὐ περὶ ὑδραργύρου
[f. 161 v.] ἔλεγεν, ἀλλὰ περὶ τῆς ἄγαν λειώσεως, ἵνα λειούμενος
ὑποστάθμην μὴ ἔχῃ, ἀλλ᾽ ὅλος ᾖ ὅλον ὕδωρ. Πόῃ δεῖ σε νοεῖν περὶ
10 ὕδατος ἢ ἐξυδατισμοῦ ⟨ἅ τινα⟩ ὁ φιλόσοφος καλῶς ἐν ταῖς πλύσεσιν
καὶ λειώσεσιν διέλαβεν περὶ τῆς λειώσεως, καὶ ἔλεγεν · « Ἵνα γένηται
ὡς ὕδωρ. Ὁ φιλόσοφος πάλιν · « Συγγένειαν ἔχει ἡ μαγνησία καὶ ὁ
μαγνήτης πρὸς τὸν σίδηρον. » Πάλιν ὁ διδάσκαλος · « Πάλιν συγγέ-
νειαν ἔχει ἡ ὑδράργυρος πρὸς τὸν κασσίτερον. Ὁ φοιτητὴς φησιν ·
15 « Ὑδράργυρος ποιεῖ μίγμα κασσιτέρου. » Φησίν · « Τοῦτο λευκαίνει πᾶν
σῶμα. Ὁ μόλυβδος πάλιν συγγένειαν ἔχει ὁ λίθος ὁ ἐτήσιος πρὸς
τὸν μόλυβδον. » Ταῦτα μιμούμενος ὁ φιλόσοφος ἔλεγεν περὶ τῆς ἡμῶν
τέχνης ὅτι ἡ φύσις τὴν φύσιν τέρπει.

11] Περὶ δὲ μαγνησίας ὁ λόγος · « Πάντα κατασπάσας εὑρήσεις
20 σῶμα μέλαν ἢ μέλανα μόλυβδον, πολλάκις, καὶ σκωρίαν ἐπάνω πολ-
λήν, ἣν εἴ τις [ἐὰν] γεύσηται, εὑρήσει αὐτὴν δριμεῖαν ὥσπερ στρέκ-
λην. Ταύτην ἀποκρούσαντες εὑρίσκουσιν ἔσω μέλανα μόλυβδον, τὸν ἐν
αὐτῷ χαλκόν, τὴν ἐν αὐτῷ μαγνησίαν · ταύτην καλοῦσιν μολυβδό-
χαλκον καὶ σῶμα μαγνησίας · αὕτη περὶ ἧς μοι γέγραπται · αὕτη
25 ἐστὶν περὶ ἧς πᾶσαι αἱ γραφαὶ κηρύττουσιν εἶναι ταύτην ἣν πλά-
ζονται ζητοῦντες τοῦτον τὸν μολυβδόχαλκον, τοῦτο ὁ κηρύττουσιν

---

1. λέγω δὲ, ἐὰν... Lb. — 2. Après αὐτό]
Suppléer οὐδὲν ἔσται τ. προσδ.? — 5. ὁ
Ὀστ. λέγειν περὶ τ. συγκρ. ELb; γὰρ om.
BAK. F. 1. δὲ. — 6. φησὶ γάρ, πάλιν E. —
9. M mg. : ὑποστάθμην, à l'encre noire.
— ᾖ M ; ῇ B ; ῆ AK. — ὅλος] ὅλως E. —
13. πάλιν συγγ.] πάλιν om. Lb. F. 1. πολ-

λὴν συγγ. Cp. III, xxix, 5. — 16. πάλιν
F. 1. πολλήν. — Après ἔχει] πρὸς τὸν πυρί-
την add. B etc. — καὶ ὁ ἐτήσιος λίθος Lb.
— 17. μιμούμενος] λογιζόμενος B etc. —
20. μέλαν] μελανόν M. F. 1. μελανοῦν. —
21. M mg.: καλῶς sur une ligne verticale,
en lettres retournées. — 23. τὴν] τὸν M.

αἱ τῶν προγόνων γραφαί. Ἡ τοῦ Ἀπόλλωνος ἔκδοσις, τουτέστιν τὸ
σῶμα τῆς μαγνησίας · τοῦτό ἐστιν ὁ χαλκὸς, ὃν καὶ αὐτὸς Θεόφιλος
ἔλεγεν · ἕνα δέξαι χαλκὸν στέφανον. Καὶ ὁ Ἑρμῆς πάλιν ἔλεγεν ·
« Τὸ σῶμα τῆς μαγνησίας ὃ ἐπεθύμησας μαθεῖν, εἰς τὴν οἰκονομίαν καὶ
5 τὸν σταθμὸν, εἴπομεν ὅτι κιννάβαριν λέγουσιν τὴν λεύκωσιν · λοιπὸν
ἢ τὴν ξάνθωσιν. Τὰ γὰρ προλευκανθέντα, ἡ οἰκονομία αὕτη ἐστὶν ὡς
γέγραπται ἡμῖν.

III. xxix. — ΠΕΡΙ ΤΟΥ ΛΙΘΟΥ ΤΗΣ ΦΙΛΟΣΟΦΙΑΣ

*Transcrit sur A, f. 136 v. (= A ou A¹). — Collationné sur K, f. 110 v. : — sur des
fragments contenus dans A, f. 9, 10, 11 (= A²), à partir du § 18; — sur E, f. 82
r.; — sur Lb, p. 321. — Chap. 52 de la compilation du Chrétien dans E Lb.*

Ἡ Μαρία φησίν · « Ἐὰν ὁ μόλυβδος ἡμῶν μέλας γένηται,
10 ἰδοὺ γεγένηται · ὁ γὰρ μόλυβδος ὁ κοινὸς ἐξ ἀρχῆς μέλας ἐστίν ·
πῶς γὰρ γένηται; ἐὰν μὴ τὰ σώματα ἀσωματώσῃς, καὶ τὰ ἀσώματα
σωματώσῃς καὶ ποιήσῃς τὰ δύο ἕν, οὐδὲν τὸ προσδοκώμενόν ἐστιν.
Καὶ ἐὰν μὴ τὰ πάντα ἐν τῷ πυρὶ ἐκλεπτυνθῇ, καὶ ἡ αἰθάλη πνευ-
ματωθεῖσα βασταχθῇ, οὐδὲν εἰς πέρας βασταχθήσεται ». Καὶ πάλιν ·
15 « οὐχ ἁπλῶς λέγω, φησίν, ἀλλὰ μολύβδῳ μέλανι τῷ ἡμῶν. Ἰδοὺ
γὰρ ὅλως σκευάζουσιν μέλανα μόλυβδον · ὡς γὰρ ἡπτημένον μετὰ
κοινὸν μόλυβδόν ἐστιν · Ὁ γὰρ μόλυβδος μὲν ὁ κοινὸς (f.137 r.) ἐξ
ἀρχῆς μέλας ἐστὶν, ὁ δὲ ἡμέτερος γίνεται μέλας, μὴ ὄντος αὐτοῦ
πρότερον. »

---

2. θεόφιλος ὃν ἔλεγεν E. — 3. ἕνα δέξῃ
χαλκοῦ στέφ. Lb. F. l. χαλκοῦν στέφ. —
4. ὁ] τὸ M. — 5. λοιπὸν biffé E. —
6. M mg. : προλ' avec renvoi à ξάνθωσιν.
— τῶν γὰρ προλευκανθέντων ἡ οἰκ. B etc. —
8. Deux titres dans A ; second titre,
en marge : λόγος τῆς σοφωτάτης (sic) μαρίας
περὶ τοῦ λ. τ. φ. (seul titre de E Lb.) —

11. F. l. γεγένηται. — ἐὰν μὴ... Cp. Olym-
piodore, II, iv, 40. — 12. F. l. τῶν
προσδοκωμένων. Cp. *ibid.* (p. 93, l. 15).
— 13. Cp. plus bas le § 11. — 14. ἀχθή-
σεται, dans Olympiodore. — 15. Ἰδοὺ...
Cp. Ol. § 41. — 16. ὅλως ici et dans Ol.
F. l. ὅπως. — ἡπτημένον] ὀπτημένος E
par correction, Lb.

2] Ὅτι πάντα οἱ φιλόσοφοι τὰ ἔργα τοῦ λίθου εἰς ὃ διῄρουν · πρῶτον μελάνωσιν, δεύτερον λεύκωσιν, τρίτον ξάνθωσιν, καὶ τέταρτον ἴωσιν · μεταξὺ δὲ μελάνσεως καὶ λευκώσεως καὶ ξανθώσεως ἐστιν ἡ χρωποίησις, ἤτοι ἡ ταριχεία, καὶ τῶν εἰδῶν ἡ πλύσις. 5 Ἀδύνατον δὲ ταῦτα γενέσθαι πλὴν διὰ τοῦ ὀργάνου τοῦ μασθωτοῦ οἰκονομίᾳ, καὶ τῆς ἑνώσεως τῶν μορίων.

3] Πελάγιος ὁ φιλόσοφός φησιν · « Σημείωσις οὖν ἐστιν ἀρχομένης ἰώσεως, εἰ δὲ ἐντὸς γενομένη ἴωσις, αὕτη ἐστὶν ἡ ἀληθινὴ ἴωσις, ἥτις καὶ ἰὸς χρυσὸς ἑρμηνεύθη, ἐὰν μία τις ποιήσῃ, γίνεται, εἰ δὲ μή, οὐ 10 γίνεται. Σκόπει οὖν ἵνα ἐν τῷ βάθει γίνηται · εἰ δὲ μή, οὐ γίνεται. »

4] Ἀλάβαστρον τὸν πάνυ λευκότατον λίθον τὸν ἐγκέφαλον τὸν ὡς ὄζον ἔχοντα ὡς θέρμην. Τοῦτον λαβών, λείωσον καὶ ταρίχευσον ὄξει. Καὶ βαλὼν εἰς ὀθόνιον, καὶ μετὰ πάντων ἔγκρυψον εἰς κόπρον ἱππείαν ἢ ὀρνιθείαν ἄχρις εἴκοσιν ἡμερῶν, ὥς φησιν ὁ θεῖος Ζώσιμος.

15 5] Ὅτι τὰ θεῖα τὰ ὄντα δύο, ἓν ἐστι σύνθημα. Δύο τοίνυν ὄντων ὑδραργύρων τὸ λευκὸν σύνθημα καὶ τὸ ὕδωρ τοῦ θείου, κατὰ τὸν Δημόκριτον · τὸ θεῖον θείῳ μιγὲν θείας ποιεῖ τὰς οὐσίας, πολλὴν ἔχοντα πρὸς ἄλληλα τὴν συγγένειαν.

6] Συνέσιός φησιν ἐν μὲν τῆς χρυσοποιίας ⟨λόγῳ⟩ · « Δημόκριτος 20 εἶπεν · ὑδράργυρος ἡ ἀπὸ κινναβάρεως... ἐν δὲ τῷ λευκῷ εἶπεν · ὑδράργυρον τὴν ἀπὸ σανδαράχης καὶ τὰ ἑξῆς. »

7. (f. 137 v.) Διόσκορος εἶπεν · « Καθὰ ὁ κηρὸς οἷον ἂν χρῶμα προσομιλήσῃ αὐτῷ μεταβάλλεται · τὸ αὐτὸ καὶ ἡ ὑδράργυρος μεταβάλλεται. »

25 8] Ὅτι δύο ξανθώσεις εἰσὶν καὶ δύο λευκώσεις, καὶ δύο συνθέματα, ξανθὸν καὶ ὑγρὸν τουτέστιν ἐν τῷ καταλόγῳ τοῦ ξανθοῦ βοτάνας καὶ

5. πλὴν διὰ τῆς τοῦ ὁ. μ. οἰκονομίας E, f. mel. — 9. χρυσοῦ E mg. Lb. — ἑρμηνεύεται Lb seul, mieux. — 11. τὸν ὡς καὶ (add. Lb) ὅ. ἔχ. καὶ θ. ELb. — 15. ὄντων ὑδρ.] εἰσὶν αἱ ὑδράργυροι Lb. — 17. πολλὴν...] Cp. III, xxviii, 10. — 19. Συνέσιος ..] Cp. II, iii, 10, 12 et 18. — τῇ χρυσοποιίᾳ Lb seul. — 22. οἵῳ ἂν χρώματι Lb seul. — 23. αὐτῷ εἰς αὐτὸ Lb seul. — οὕτω καὶ τὸ αὐτὸ E. — ἡ, puis le signe de l'argent AKE. — 25. ὅτι...] Cp. Olympiodore, § 50. — 26. ξανθόν] Lire ξηρόν comme dans Ol. — Après ξανθοῦ] λέγει γὰρ ὅτι. Lb.

μέταλλα, καὶ ζωμοὺς δύο, ἕνα ἐν τῷ ξανθῷ, καὶ ἕνα ἐν τῷ λευκῷ ·
καὶ ἐν μὲν τῷ ξανθῷ ζωμῷ, διὰ ξανθῶν βοτανῶν, οἷον κρόκου, καὶ
ἐλυδρίου καὶ τῶν ὁμοίων · ἐν δὲ τῷ λευκῷ πάλιν συνθέματι, ἐν μὲν
τῷ ξηρῷ πάντα τὰ λευκά, οἷον γῆν κρητικήν, κιμωλίαν, καὶ ὅσα τὰ
5 τοιαῦτα · καὶ ἐν μὲν τῷ ὑγρῷ τοῦ λευκοῦ, ὅσα λευκὰ ὕδατα, οἷον
ζύθου ⟨καὶ⟩ χυλὸς καὶ τὰ ὅμοια.

9] Ὀλυμπιόδωρός φησιν · « Γίνεται ἡ ταριχεία ἀπὸ μηνὸς μεγὶρ
κε´ ἕως μετοπωρινῶν κε´ · ὅσα ἂν δύνῃ ταριχεῦσαι καὶ πλῦναι ἕως
ἀρῆς αὐτὰ ἐν ἄγγεσιν ἀποκείμενα. Γίνεται δὲ ἡ ταριχεία περὶ τῆς
10 πηλώδους γῆς, μέχρις ἂν τὸ πηλῶδες ἐξέλθῃ, καὶ εἰς ψάμμον κατα-
λήξῃ. Ὅτι ἡ τέχνη αὕτη διὰ πυρὸς οὐ γίνεται.

10 Ὅτι μ´ ἡμερῶν ἐστι τὸ πῦρ τῆς ὅλης τέχνης. Ὅτι οἱ ἀρχαῖοι
τὴν τέχνην ἐκάλυψαν τῇ πολυπληθείᾳ τοῦ λόγου, καὶ ὀνόμασι πολλοῖς
ἐκάλεσαν τὸ ὕδωρ τὸ θεῖον.

15 11 Ὅτι Μαρία φησὶν · « Ἐὰν μὴ τὰ πάντα τῷ πυρὶ ἐκλεπτυνθῇ,
καὶ ἡ αἰθάλη πνευματωθεῖσα βασταχθῇ, οὐδὲν εἰς πέρας βασταχθή-
σεται. » Ὅτι ὁ χαλκομόλυβδος ἐτήσιος λίθος ἐστίν. Ὅτι τῆς ὅλης
πραγ- f. 138 r.] ματείας τὸ σκεύασμα ἐξ ἀρχῆς μέλας ἐστίν. Ὅτι
ὅταν τὰ πάντα ἴδῃς σποδὸν γινόμενα, τότε νόει ὅτι καλῶς ἐσκεύασας.

20 Τοῦτο οὖν τὸ σκωρίδιον λείωσον καλῶς, καὶ ἐξυδάτωσον καὶ ἀπό-
πλυνον ἑξάκις καὶ ἑπτάκις ἐν γλυκέσις ὕδασιν καθ᾽ ἑκάστην γωνείαν
ποιῶν · πρὸς γὰρ τὴν δύναμιν τοῦ ψάμμου καὶ ἐν γωνείᾳ γίνονται.
Διὰ γὰρ ταύτης τῆς ἀγωγῆς, ἤγουν τῆς πλύσεως, φησὶν ἡ Μαρία,
γλυκαίνεται τὸ σύνθημα · καὶ ἰδοὺ ἐπιστοιχειοῦται. Μετὰ γὰρ τὸ
25 τέλος τῆς ἰώσεως, ἐπιβολῆς γινομένης τῶν ὑγρῶν, γίνεται καὶ βεβαία
ξάνθωσις. Τοῦτο δὲ ποιῶν, ἐκφέρει ἔξω τὴν φύσιν τὴν ἔνδον κεκρυμ-

μένην. Ἔκστρεψον γάρ, φησίν, αὐτὴν τὴν φύσιν, καὶ εὑρήσεις τὸ ζητούμενον.

12] Ὅτι τὰ συνθέματα δύο εἰσίν, λεύκωσις καὶ ξάνθωσις · καὶ δύο μὲν λευκώσεις, καὶ δύο ξανθώσεις, ἤγουν μία διὰ λειώσεως, καὶ ἑτέρα δι᾽ ἑψήσεως. Οὐ γὰρ ἁπλῶς συλλειοῦται, ἀλλ᾽ ἐν τῷ δώματι ἱερατικῷ · καὶ ἐκεῖσε γίνεται λίμνη καὶ κήτη.

13] Ὅτι ἡ Μαρία φησίν · « Ζεύξατε ἄρρενα καὶ θήλειαν, καὶ εὑρήσετε τὸ ζητούμενον. » Καὶ ἀλλαχοῦ φησιν ἡ Μαρία · « Μὴ θέλετε ψηλαφεῖν χερσίν, ὅτι ἐστὶν πύρινον φάρμακον. »

14] Ὅτι τὰ δύο συνθέματα καλοῦσιν πολλοῖς ὀνόμασιν, οἷον ὕδωρ δι᾽ ἅλμης κ. τ. λ.

15] Ὅτι τὰ σκεύη τῶν συνθεμάτων ὑάλινα χρὴ εἶναι, ἐπειδὴ συμπάσχει [ἐν] τῇ ἰώσει, οὐ ψηλαφῶντες χερσί · θανατηφόρος γάρ ἐστιν ὅτε ὑδράργυρος καὶ ⟨ὁ⟩ ἐν αὐτῷ χρυσὸς σαπῇ · ὅτι πάντων τῶν μετάλλων δηλητηριωδέστερός ἐστι.

Chapitre 53 de la compilation du Chrétien dans E Lb.

16] Ὅτι προκείμενόν ἐστιν ἐν τῇ καύσει πρῶτον λεύκωσις, δεύτερον ξάνθωσις. Ἐπίβαλε, φησί, τοῦ λευκοῦ φαρμάκου τὸ ἥμισυ, καὶ ἔσται πρῶτον, καὶ οὕτως ἕψει · τὸ γὰρ ἄλλο ἥμισυ ἐν τῇ ἰώσει τηρούμενον. Διὰ τοῦτο καὶ Ἐπιβήχιός φησιν ἄνω καὶ κάτω · « Διαμερίσατε εἰς δύο μοίρας τὸ φάρμακον ». Ἔλεγεν καί · « Τὸ μὲν ἐν ἔχει ἐν ὀστρα-

6. κήτη] κοίτη Lb. Hœfer : « dépôt ». — 7. Ζεύξατε corrigé en ζεύξαται (sic) E. Cp. Ol., § 53. — εὑρήσεται AKE. — 8. A mg. : une main, d'une encre plus pâle. — Μὴ θέλετε...] Cp. Ol., § 54, et Zosime, III, xxi, 4. — 10. Tout le § 14 est emprunté, à partir de ὕδωρ, au morceau III, xxv, 1. Nous en supprimons le texte. Les variantes de ce § ont été rapportées au passage cité. — 12. Τὰ δὲ σκεύη Lb. Cp. III, xxi, 4. — συμπάσχουσιν Lb seul. — 13. A mg. : Une main, d'une encre plus pâle. — 14. ὅτι] ἥ τι Lb. — καὶ ὁ ἐν αὐτῷ χρυσὸς σαπῇ; πάντων γάρ... Lb. — 16. Titre en marge de E (f. 85 v.) et en vedette dans Lb (p. 337) : ΠΕΡΙ ΞΙΝΨΕΩΣ. — 18. τηροῦμεν Lb. — 19. Πηβήχιος; Lb seul, par correction. — 20. Ἔλεγεν — λεύκωσιν (p. suiv. l. 3)] Réd. de Lb seul : καὶ τὴν μὲν μοῖραν ἔχε ἐν ὀστρακίνῳ ἄ., τὴν δὲ ἑτέραν ἑ. χ. καὶ τὸ μὲν ὄστρακον δηλοῖ τοῦ ὀστρακίνου (en marge : *lego* λευκοῦ τὴν ὄπτησιν, ἀπὸ δὲ τοῦ χαλκοῦ τὴν ἴωσιν · προσπα καὶ τὴν λεύκωσιν. (τὴν λεύκωσιν reporté, par un trait, après ὄπτησιν.)

κίνῳ ἀγγείῳ, τὸ δὲ ἕτερον εἰς χαλκοῦν · δηλοῖ ⟨ἀπὸ⟩ τοῦ ὀστρα-
κίνου τὴν ὄπτησιν, ἀπὸ δὲ τοῦ χαλκοῦ τὴν ἴωσιν · προεῖπεν καὶ τὴν
λεύκωσιν, ἤγουν · « Καύσατε τὸν χαλκὸν ἐν δαφνίνοις ξύλοις », του-
τέστιν ἐν τῷ λευκῷ συνθέματι.

5   17] Καὶ ὁ Ἀγαθοδαίμων φησίν · « Ἕψει τὸ (f. 139 r.) θεῖον
ὕδωρ μετὰ τῆς νεφέλης · καὶ οὕτως ἐστὶν ἡ καῦσις καὶ ἡ λεύκωσις ».
Καὶ πάλιν · « Τὴν προγεγραμμένην νεφέλην ἕψει ἐλαίῳ κικίνῳ, ἢ
ῥαφανίνῳ, προσμίξας βραχὺ στυπτηρίας.

18] Καὶ ὁ Ζώσιμός φησιν · « ... Χρὴ γὰρ ἀκριβῶς ἐπὶ τῆς
10 παρούσης ἐργασίας ἀμφιβαλόμενον δι' ὅλων τῶν τριακοσίων ἑξηκον-
ταπέντε ἡμερῶν λούειν τὸν χαλκοῦν ἀετόν, καὶ ἀνανεῶν, καὶ ἑξῆς
δι' ὅλης αὐτοῦ τῆς πραγματείας.

19] Φησὶν ὁ θεῖος Σοφάρ · εἶδον κ. τ. λ.

20] Μαγνησία ἐτυμολογεῖται ἀπὸ τοῦ μιγνύειν τὰς κράσεις ἑνώσεις
15 συμπλοκῇ τῶν δύο.

21] Ὅτι ὁ θεῖος Ζώσιμός φησιν · « Ἐπειδὴ ὁ Δημόκριτος
ἐκεῖνος ὁ ἐμὸς ἀγαθῶς λέγει · » Δέξαι κ. τ. λ.

22] Ὅτι ὁ Ζώσιμος ἔλεγεν · « Μὴ φοβηθῇς τὴν πολλὴν καῦσιν καὶ
ἐξυδάτωσιν τῶν σωμάτων... Ὅτι εἰσὶ μυρίαι καύσεις τοῦ χαλκοῦ,
20 βαπτικώτεραι αὐτὸν ποιοῦσιν τὸν χαλκόν. Ἔκστρεφον τὴν φύσιν, καὶ
εὑρήσεις τὸ ζητούμενον · ἡ γὰρ φύσις ἔνδον κέκρυπται · ἐκστρεφο-
μένης δὲ τῆς φύσεως, οὐκέτι λευκὸν ὁρᾶται, κατὰ τὴν προφανεῖσαν
ἐξυδραργύρωσιν, ἀλλὰ ξανθὸν κατὰ τὴν ἐπηγγελμένην τοῦ ἰοῦ ξάν-

---

9. ἐπὶ τῆς παρ. ἐργ.] Réd. de A² : ἐπὶ τὸν τῆς παρ. ἐργ. ἀφικόμενος οὖν διὰ φιλοσο-φίας δι' ὅλων... — 10. ἀμφιβαλόμενος KE; ἀναμφιβόλως Lb. — 11. χαλκὸν AKE; χάλκινον Lb. Corr. conj. — ἀνανέον A²; ἀνανέων K; ἀνανεοῦν ELb. — ὡς οὖν καὶ ἕξις (sic) A²; καὶ ἑξῆς ἀπὸ τῆς πραγμ. E; καὶ ἕξεις ὅλην πραγματείαν Lb. — 13. Le texte du § 19 est emprunté au morceau III, IV, 5, où l'on a reporté les variantes de ce §. — 14. Réd. de Lb : ... τὰς κράσεις·

ἔστι γὰρ ἕνωσις καὶ συμπλοκή τῶν δύο. — Après le contenu de notre § 19, A² continue ainsi : χρή γὰρ π. τ. λ. (§ 18). — 15. συμπλοκή mss. — 17. ἀγαθός Lb. — Le § 21, depuis ἐπειδὴ est emprunté au morceau III, VI, 6. On en a reporté les principales variantes au passage cité. — 20. βαπτικώτερον Lb. — Réd. de A² (f. 11 r.) : καὶ τοῦτο φησίν · ἐκστρεφον, φησίν, τ. φ.; Réd. de ELb : ἐκστρ. δὲ αὐτοῦ τ. φ. — 22. λευκός Lb. — 23. ξανθός Lb.

θωσιν. Καὶ ποῦ ποτέ εἰσιν οἱ λέγοντες ἀδύνατον μεταβάλλεσθαι
φύσιν; Ἰδοὺ γὰρ μεταβάλλεται ἡ φύσις στερεὸν γενομένη κατὰ
τὴν ποιότητα χρυσοῦ καὶ εἰς μέλαν κατασπασθήσεται. Ἐὰν γὰρ μὴ
ὑγρότης τῆς ἐξυδραργυρώσεως περιελθοῦσα κατὰ τὴν γεώδη τοῦ
5 στερεοῦ σώματος καὶ τὸ ξηρίον διαλύσεις καὶ ἐξυδατώσεις κατὰ τὴν
οὐσίαν τῆς ἐξυδραγυρώσεως ποιότητα, εἰς οὐδὲν ἔσται τὸ προσδοκώ-
μενον· ἐὰν μὴ καὶ διαλυθείη καὶ ἐξυδατωθείη, καὶ θερμανθείη δὲ,
εἰς οὐδὲν ἔσται τὸ προσδοκώμενον Ἐὰν δὲ καὶ μὴ διαλυθείη καὶ
θερμανθείη, περιψυχθῇ δὲ, εἰς οὐδὲν ἔσται τὸ προσδοκώμενον Ἐὰν
10 δὲ πάντα τὰ κατὰ τὴν τάξιν ὁμοῦ κατακολούθως γένηται, ἐλπὶς καὶ
ἐκβάσεως, σὺν τῇ θείᾳ προνοίᾳ, τυχεῖν [εἰς οὐδὲν ἔσται (f. 140 r.)
τὸ προσδοκώμενον].

23] Βλέπε καλῶς τὸν μὲν τῆς κυοφορίας καιρὸν μὴ ἐλάττονα τῶν ἐννέα
μηνῶν, ἐπεὶ ὡς ἔκτρωμα συμβήσεται, τὸν δὲ τῆς ὀπτήσεως κατὰ πάντα,
15 κατὰ τὰ πέταλα μὴ ἔλαττον ὡρῶν ἐννέα, ἡ τῆς κυοφορίας γὰρ τρόπος,
καὶ οὕτως ἐστίν· τὸν δὲ κατὰ τὴν ἄσκησιν τοῦ φιαλοβώμου καιρὸν
συγκρίνῃ κατὰ τὴν ταριχείαν. Ἐπιθεωρῆσαι γὰρ ὅτι τρεῖς τρόποι
τῆς ἐργασίας· εἰ μὲν ὅτι τῆς συγκράσεως πρῶτος τρόπος, καὶ κατα-
νοήσῃς μου, ἔχει καταφυρώμενα καὶ ζυμούμενα ἐπιτεύχως καὶ
20 ἀλεύρου. Ὥσπερ γὰρ τὸ ὑγρὸν οὐ κατὰ τὰ μέτρα αἰθάλεται, ἀλλὰ
καθόσον ἡ χρεία ἐπιζητεῖ, οὕτω καὶ ἐπὶ τοῦ συνθέματος ὀπὴν ἔχει
τὸ ὀστράκινον ἄγγος, κ. τ. λ.

24] Ὅτι αὐτός ἐστιν ὁ ἐτήσιος λίθος. Γλυκάνῃς οὖν τὸ ξηρίον,
καὶ ξήρανον, στῆσον καὶ ἐξίωσον τὸ ξηρίον τοῦ χαλκάνθου μέρη γ΄,

---

2. ἡ φύσις τῶν στερεῶν Λ² E. — στερεὰ E
(en surcharge) Lb. — 4. γεώδη φύσιν Lb
luc. — 5. διαλύσῃ καὶ ἐξυδατώσῃ Lb. —
6. οὐσίαν] οὐσιώδη Λ². — οὐσίαν καὶ τὴν
ποιότ. τῆς ἐξ. Lb. — 8. ἐὰν δὲ καὶ μὴ —
προσδοκ. (l. suiv.) biffé dans E. — 9. ἐὰν
μὴ δὲ E, f. mel. — 13. βλέπε δὲ (om. E)
καλῶς τὸν μὲν (om. Lb) τῆς κ. κ. ELb. —
14. τὸ δὲ mss. — 15. μηνῶν au-dessus de
ὡρῶν E; μηνῶν Lb. — ἡ] ὁ Lb. — 16. τὸ
δὲ AK. — 17. σύγκρινε Lb seul. — F. l.
ἐπιθεώρησαι. — 19. ἐπὶ τεύχως corrigé en
τέρρα; E. F. l. ἐπὶ στάχυος. — 21. ἐπὶ τοῦ
συνθέματος] Le texte compris depuis ces
mots jusqu'à la fin du § est emprunté
au morceau III, vii, 5. On en a reporté
les principales variantes au passage cité.
— 23. αἰτήσιος Lb.

μαγνησίας μέρος ἓν, χαλκοῦ μέρος ἕν. Ἐξίωσον τὸ ξηρίον μέρος ἕν ·
λείωσον ὁμοῦ ποτίζων ἐν ἡλίῳ ἀπὸ τοῦ ὄξους τοῦ λευκοῦ ἡμέρας
ἑπτὰ, καὶ ὕστερον ὀπτᾶσθαι ἡμέρας δύο ἢ τρεῖς, καὶ ἐξενεγκὼν εὑρή-
σεις βαφέντα τὸν χρυσὸν πυρρὸν ὡς τὸ αἷμα. Αὕτη ἐστὶν ἡ κιννά-
5 βαρις τῶν φιλοσόφων, καὶ ὁ χαλκάνθρωπος χρυσός · ἀλλὰ καὶ αὐτὸ
ξηρίον ποτιζόμενον ἀπεστύφη ἐν τοῖς ζωμοῖς · ἐὰν γὰρ πλεονάσῃ τὰ
φῶτα, γίνεται ξανθὸν, ἀλλ᾽ οὐ χρησιμεύει.

III. xxx. — ΠΕΡΙ ΑΦΟΡΜΩΝ ΣΥΝΘΕΣΕΩΣ

Transcrit sur M, f. 161 v. *(ms. unique).*

Ἡ περὶ ἀφορμῶν σύνθεσις, ὦ Θεοσέβεια, τὰς κατὰ μέ- (f. 162 r.)
10 ρος τῶν ἀρχαίων συνθέσεις εἰς ἕνα νοῦν συνῆξεν · ἔτι γε μὴν καὶ
ὀνόματα σύνθετα ἐν ταῖς αὐτῶν συντάξεσιν ἀγνοούμενα διὰ τοῦ πράγ-
ματος δηλοῖ, ὡς τὴν σποδὸν καὶ τὰ ὁμοιότροπα. Εἰδέναι δὲ δεῖ τίνα
κατὰ τοῦ φιλοσόφου ποιεῖ τὸ ⟨μὲν⟩ πυρίμαχον, τὸ δὲ προσπλακὲν
ποιεῖ πυρίμαχον, καὶ τὰ ἑξῆς. Ὁ γὰρ σοφὸς, ἀφορμὰς λαβὼν, πάν-
15 τως ἀπὸ τῆς ἀρχῆς ἐπὶ τὸ πέρας ἀφίξεται. Ἔνθεν ἐγὼ τὰ τέλεια
ἐνθεῖναι οὐκ ἠδυνήθην, ἐπείπερ οὐδὲ παρ᾽ αὐτοῖς εὗρον · οὔτε μὴν
τοῦτο προσεθέμην ὅπερ οὐδὲ τοσοῦτος, εἰ μὴ μόνον καθὼς δυνατὸν ὡς
εἰκότα τὰ σκορπισθέντα συνάξαι, καὶ τὰ ἀλληγορικὰ εἶναι ἑρμηνεῦσαι ·
καὶ ὅσα ἐγχωρεῖ ὑπομνήμασιν γενέσθαι ἐπόιησα. Ἔρρωσο.

---

3. λεῖπε ὀπτᾶσθαι Lb. — 4. πυρὸν mss.
— 5. χαλκάνθρ. ὁ χρυσοῦς Lb. — 6. ποτίζ.
καὶ ἀποστυφόμενον Lb seul. — γὰρ biffé
dans E; om. Lb. F. l. δὲ. — 7. Après
χρησιμεύει] Τέλος τοῦ Χριστιανοῦ Lb seul.
— 9. ὡς Θεοσέβειαν M. Corr. conj. —
13. M mg. :)(puis le signe du mer-
cure (lire Ἑρμοῦ ?). — 16. F. l. ἐκθεῖναι.

III. xxxi. — ΠΕΡΙ ΞΗΡΙΟΥ

Transcrit sur M, f. 136 v. — *Collationné sur* A, f. 110 r.; — *sur* E, f. 37 r.; — *sur* Lb,
p. 129. — *Chap. 28 dans* E, *29 dans* Lb, *de la compilation du Chrétien.*

Τρεῖς δυνάμεις εἰσὶ τοῦ ἀληθεστάτου ξηρίου, καὶ τρεῖς ἐνέργειαι
ἐκ τούτων προιοῦσαι τῶν δυνάμεων · βαφὴ, εἴσκρισις, κάτοχον. Καὶ τὸ
μαθηματικὸν τρεῖς διαστάσεις ἔχει, μῆκος, πλάτος καὶ βάθος. Καὶ τὸ
5 φυσικὸν σῶμα τὸ τριχῇ διάστατον καὶ ἀντίτυπον, ὃ μῆκος ἔχει, καὶ
πλάτος, βάθος τε καὶ ἀντιτυπίαν · οὕτω καὶ εἴδους ἐροῦμεν βαφὴν
εἴσκρισιν, κάτοχον καὶ στίλψιν. Καὶ τὸ τριχῇ διάστατον προσαγο-
ρεύομεν ἴδεον καὶ ἀνίδεον καὶ πανίδεον ὕλην τὴν ὑποδεχομένην τὰς
δυνάμεις καὶ ἐνεργείας.

10
III. xxxii. — ΠΕΡΙ ΙΟΥ

Suite du texte précédent. — *Chap. 29 dans* E, *30 dans* Lb, *de la compilation
du Chrétien.*

Ἡ μὲν γὰρ ἰώδης δύναμις συμπληρωτική ἐστιν τῆς ὅλης ὑποκει-
μένης οὐσίας ἀτόμου, καὶ μέρος αὐτῆς, καὶ ἄνευ ταύτης ἀτελὴς ἡ ὅλη
οὐσία καθέστηκεν. Τὰ γὰρ μέρη τῶν οὐσιῶν οὐσίαι εἰσὶν, ὥς φησιν
Πορφύριος, ἡ γὰρ οὐσία προβάλλεται δύναμιν, καὶ ἡ δύναμις ἐνέρ-
15 γειαν, καὶ ἡ ἐνέργεια τὰ ἐνεργήματα. Αἱ τοίνυν δυνάμεις αἱ οὐσιώδεις
ἑκουσίως προέρχονται, καὶ ἀχώριστοί εἰσι τῶν οὐσιῶν.

3. κάτοχος M. Réd. de E : καὶ τὸ μαθ.
δὲ καὶ φυσικὸν τρ. διαστ. ἔχει... — Réd.
de Lb : καὶ τὸ μαθ. δὲ κ. φυσ. σῶμα τὸ
τριχῇ διάστατον κ. ἀντίτ. τρεῖς διαστάσεις ἔχει
γ. πλ. κ. βάθος. Puis, d'après E corrigé :
διὸ καὶ τούτου τοῦ εἴδους λέγομεν βαφὴν
εἴσκρ. κάτοχον... — 5. ὁ M. — ὃ μῆκος —
ἀντιτυπίαν om. AE Lb. — 6. εἴδους] τὸ
εἶδος AE avant les corrections. — 8. εἴ-
δεον καὶ (om. E) ἀνείδεον κ. πανείδεον AELb,
mel. — ἡ ὑποδεχομένη M. — 12. διὸ καὶ
μέρος αὐτῆς καλεῖται Lb. — 14. ἡ γὰρ
οὐσία] Cp. Damascius, περὶ ἀρχῶν, p. 183,
éd. Kopp. — 16. Après τῶν οὐσιῶν, AE
Lb continuent, sans division et sans
titre, avec le morceau suivant.

III. xxxiii. — ⟨ΠΕΡΙ ΑΙΤΙΩΝ⟩

Suite du texte précédent.

Τέσσαρα γάρ εἰσιν αἴτια κατὰ τὸν φυσικὸν Ἀριστοτέλην
παντὸς γενητοῦ · ποιητικὸν, ὑλικὸν, (f. 137 r.) ὀργανικὸν καὶ εἰδικὸν,
οἶον ἡ θύρα ποιητικὸν αἴτιον ἔχει τὸν τέκτονα τὸν ποιήσαντα, ὑλικὸν,
5 ξύλον, σίδηρον, κόλλαν, ὀργανικὸν σκέπαρνον, τέρετρον, καὶ τὰ λοιπὰ,
εἰδικὸν, αὐτὸ τὸ ἔνυλον εἶδος θύρας, ἢ ἄλλο τι. Κατὰ δὲ Πλάτωνα
καὶ ἕτερα δύο εἰσίν, παραδειγματικὸν καὶ ἀποτελεσματικόν.

III. xxxiv. — ENCHAINEMENT DE LA VIERGE

Suite du texte précédent (sans titre).

1] Ὑδραργύρου πῦρ πυρὶ κρατοῦντες, καὶ πνεῦμα πνεύματι συνά-
ψαντες, ἵνα δεσμεύσωμεν τὴν φυγαδοδαίμονα κόρην διὰ χειρῶν.
10 Διαφόρων ὀστέων Περσῶν κατακαυθέντων διὰ τῆς τοῦ πυρὸς βίας,
ἀπώλεσεν τὴν ἰδίαν πνευμάτωσιν.

2] Καὶ αὖθις ἀναγάγωμεν τὰ δύο σώματα καὶ συνερχομένων τῇ
μίξει καὶ μεταμορφουμένων, εἰς παλιγγενεσίαν τρέπονται · ὁ ἄψυχος
ψυχοῦται, καὶ ὁ ἀσώματος σωματοῦται, καὶ ἕτερόν τι οὐ δέχονται.

---

1. Titre ajouté dans M : περὶ ἰτίον
(main du xvᵉ siècle ?). — 3. Sur ποιητικόν,
Cp. Aristote, Génération et Corruption,
I, 7 ; sur ὑλικόν, Métaphys. I, 3 ; sur
ὀργανικόν, Morale à Eudème, VII. 10 ;
sur εἰδικόν, Physique, II, 3. — 4. κόλλα
M. — 6. Πλάτωνα] Cp. Platon. Timée,
p. 37 D (?). — 8. E mg.: *Corrige* ἡμεῖς
δὶ διὰ τοῦ ἰοῦ ὑδραργύρου πῦρ... et au-des-
sous : I Λ. ιος αργυρου (*sic*). Réd. adoptée
par Lb. — κροτοῦντες M. — 9. ἵνα δὲ
τμήσωμεν M. — 10. διαφόρων ὀστᾶ περσ.
κατακαυθέντα M ; (διαφ. γὰρ ὀστέων περσῶν
— πν.) *sic* E. — 11. ἀπώλεσαν M. — 13.
ἀγαγὼν Lb. — καὶ συν.] συν. γὰρ AE Lb. —
13. καταμεταμορφ. Lb. — τρέπεται AE Lb.

III. xxxv. — LES HOMMES MÉTALLIQUES

Suite du texte précédent (sans titre).

Οὗτος ὁ χαλκάνθρωπος ὃν ὁρᾷς ἐν τῇ πηγῇ μετεβλήθη τοῦ σώματος, καὶ γέγονεν ἀσημάνθρωπος. Μετ' ὀλίγας οὖν ἡμέρας βλέπεις αὐτὸν καὶ χρυσάνθρωπον · πότιζε δὲ αὐτὸν μετὰ ὀξάλμης · οὕτω γὰρ γίνεται λευκὸν καὶ ἁρμόδιον.

5

III. xxxvi. — ΚΑΔΜΙΑΣ ΠΛΥΣΙΣ

Transcrit sur M, f. 137 r. — *Collationné sur A, f.* 110 v.; — *sur E, f.* 38 v.; — *sur Lb, page* 133. — *Chap.* 30 *dans* E, 31 *dans* Lb, *de la compilation du Chrétien.*

Λαβὼν καδμίαν τὴν ἐν τῷ χαλκῷ βλισκομένην βοτρυΐτην, κόψον · σείσας, λείωσον ἐπιμελῶς · εἶτα βαλών, τρίψον καὶ εἰς ὕδωρ βάλε · καὶ ἐν τῷ ὕδατι πάλιν τρίψον τῷ δοίδυκι · εἶτα λείωσον τῇ χειρί · καὶ ὅταν εὖ ἔχῃ, ἔασον ἀπο-(f. 137 v.) καταστῆναι. Καὶ
10 ἀποσειρώσας, πάλιν βάλε ὕδωρ, καὶ τὸ αὐτὸ ποίει πολλάκις, ἕως ὕδωρ μείνῃ καὶ ἀπομφολύγωτον · καὶ ἀποσειρώσας, ξήρανον ἐν ἡλίῳ.

III. xxxvii. — ΠΕΡΙ ΒΑΦΗΣ

Transcrit sur M, f. 137 v. — *Collationné sur A, f.* 111 r.; — *sur E, f.* 39 r.; — *sur Lb, p.* 133. — *Suite du chap.* 30 (E), 31 (Lb) *dans la compilation du Chrétien. (Cet article compte néanmoins comme chap.* 31 *dans* E.)

Ἐὰν μὴ ἐπιεικῶς ἐργάσητε μέλαιναν βαφήν, ἐκφέρει ἄφευκτον τὴν

---

1. οὗτος ὁ χ.] Rapprocher ce texte du morceau III, 1, 5 ; Τὸν γὰρ ἱερέα τὸν χαλκάνθρωπον... — 6. βλισκομένην] (F. l. βλισσομένην) οἰκονομουμένην Lb. — 7. σεῖσαν M, — 9. ἀποκαταστῆναι M. — 10. ἀποσυρώσας A E Lb, ici et plus loin. — ἕως ἄν εἰς ὕδωρ μένῃ Lb. — 11. ἀποπομφυλογώσας ὀλίγον Lb. — 12. Titre omis AE Lb. E Lb l'insèrent dans le texte après ἐργάσηται. — 13. ἐργάσηται mss. — Réd. de Lb : ἐργ. περὶ βαφῆς, κ. μελ. 6. ἐκφέρῃ ἄφρ. τὴν ἐργ. αὐτοῦ. — μελαίνην M. — ἐκφέρῃ mss.

ἐργασίαν τοῦ ἀργύρου. Οἱ Ἀγαθοδαιμονῖται καλοῦσιν ⟨κατα-
βαφὴν⟩ τὴν οὕτω λειουμένην · τὴν δὲ ἕψησιν ἐκάλουν βαφήν. Ἄλλο
γὰρ θέλουσιν εἶναι βαφήν, καὶ ἄλλο καταβαφήν. Βαφὴν οὖν λέγουσι
τὸν ἄργυρον, καταβαφὴν δὲ τὸν χρυσόν. Καὶ ἐπὶ τῆς καύσεως τοῦτο
5 εὑρήσεις · ἄλλην καῦσιν βαφικὴν, καὶ ἄλλην καταβαφικὴν, καὶ τὰ
ἄλλα πάντα ἕως ἀραιώσεως καὶ παρατροπῆς, καὶ τῶν ἄλλων πάντων τῷ
λόγῳ διοποπτεύουσι.

III. xxxviii. — ΠΕΡΙ ΞΑΝΘΩΣΕΩΣ

Transcrit sur M, f. 137 v. — *Collationné sur* A, f. 111 r.; — *sur* E, f. 39 r.; —
sur Lb, p. 137.— *Chap.* 32 *de la compilation du Chrétien dans* E Lb.

« Οὐ πᾶσιν ἔδοξεν, ὦ γύναι, ἀπὸ τῆς λευκώσεως αὐτίκα συνάπ-
10 τειν τὴν ξάνθωσιν. Ἑψόμενον γὰρ τὸ λευκὸν σύνθεμα ἐπιπολὺ ἐπὶ
τὸ ξανθὸν τρέπεται ». Καὶ μετ᾽ ὀλίγον · « Ἄλλοι τι περιττόν τι
τούτων ἐποίησαν. Ἐάσαντες γὰρ ἕως ψυγῇ, κατήνεγκαν καὶ ἐλείωσαν
ἐν ἡλίῳ ὕδωρ θεῖον ξανθόν, ἃς ἐδιδάχθησαν ἡμέρας, καὶ μετὰ τοῦτο
ἕψησαν καὶ ὤπτησαν ». Καὶ μετ᾽ ὀλίγον · « Τὸ δὲ ἀπολελυμένον ὕδωρ
15 θεῖον, τὸ δι᾽ ἀσβέστου μέρη δύο, καὶ θείου μέρος ἕν, τὸ ἐν χύ-
f. 138 r.) τρᾳ ἑψημένον καὶ ἀποσειρούμενον · καὶ πάλιν ἐψούμενον,
τουτέστι τὸ ὕδωρ τὸ θεῖον, τὸ εἰς ἄμφω χρώματα βαλλόμενον. »

---

3. λέγων M. — 4. ἄργυρον] ἄσημον A E Lb ; E mg. : signe de l'argent. — καύσεως] οὐσίας A E Lb. E mg. aj. δὲ τῆς καύσεως. — 6. ἀρεώσεως M ; ἀρεύσεως A. — 11. καὶ μετ᾽ ὀλίγον om. A E Lb, qui lisent ensuite καὶ τινὲς τὸ περιττὸν τούτων ἐποίησαν. — 13. ἡλίῳ signe du soleil et de l'or MAE ; χρυσῷ Lb. — ἃς] ἐφ᾽ ἃς AE Lb. — 14. ἀπολύμενον M ; ἀπολυμένον A. Corr. conj. — 15. δ. θείου Lb. — δι᾽ ἀσβ. ἐποίησαν Lb. — μερῶν M. — 16. ἀποσυρούμενον Lb. — 17. Réd. de Lb : τὸ ὕδ. τοῦ θείου, τὸ εἰς θεῖον ὕδωρ χρώματα βαλλόμενον, τὸ ἀέριον ὕδωρ φημί. — Après βαλλόμενον, M continue avec le fragment d'Agatharchide (voir la notice du ms. M.)

III. xxxix. — ΤΟ ΑΕΡΙΟΝ ΥΔΩΡ

Transcrit sur A, f. 111 r. — *Collationné sur* E, f. 39 v.; — *sur* Lb, p. 137. — E et d'après lui Lb continuent le texte précédent sans séparation.

1] Πρώτων ὑγρῶν τινος δεῖται τὸ τοιοῦτον σύνθεμα, ἵνα, φησὶν, ἡ ὕλη φθαρεῖσα ἀμετάτρε-(f. 111 v.) πτον τὸ εἶδος φυλάξῃ, καὶ ἐκ τούτου φθαρεῖσα ἐσήμανεν ἐπὶ χρόνου τινός, διὰ τὸ « εἰς τοῦτο
5 σήπεται ». Σῆψις γὰρ οὐ γίνεταί ποτε, εἰ μὴ δι᾽ ὑγροῦ τινος. Ὁ γὰρ κατάλογος τῶν ὑγρῶν, φησὶν, ἐπιστεύθη τὸ μυστήριον.

2] Περὶ δὲ τῶν ψάμμων · ὅτι περὶ αὐτῶν πάντες φροντίζουσιν λόγον, ἄρξομαι πάλιν τῆς ἐξ αὐτῶν μαρτυρίας, χάριν τῆς σῆς δυσπιστίας.

3] Ζώσιμος τοίνυν, ἐν τῇ τελευταίᾳ ἀποχῇ πρὸς Θεοσέβειαν ποιού-
10 μενος τὸν λόγον, φησίν · « Ὅλον τῷ τῆς Αἰγύπτου βασιλεῖ, ὦ γύναι, ἀπὸ τῶν δύο τεχνῶν τούτων καθέστηκεν, τῶν τε μερικῶν καὶ τῶν φυσικῶν καὶ ψάμμων. Ἡ γὰρ ἀλλοιουμένη θεία τέχνη, τουτέστιν ἡ δογματικὴ περὶ ἧς ἀσχολοῦνται ἅπαντες οἱ ζητοῦντες τὰ χειροτμή- ματα ἅπαντα καὶ τὰς τέχνας, τὰς τέσσαράς φημι ⟨αἳ⟩ δοκοῦσι τοῦ
15 ποιεῖν, μόνοις ἐξεδώθη τοῖς ἱερεῦσιν. Ἡ γὰρ φυσικὴ ψαμμουργικὴ βασιλέων ἦν, ὥστε καὶ ἐὰν συμβῇ ἱερεῖ σοφῷ λεγόμενον, ἑρμηνεύσαντα τοῖς ἐκ τῶν παλαιῶν, ἢ ἀπὸ προγόνων, ἐκληρονόμησαν καὶ ἔσχον. Καὶ ἰδὼν ταύτης τὴν ἀκολουθίαν τὸ συνετὸν οὐκ ἐποίει · ἐτιμωρεῖτο γὰρ, ὥσπερ οἱ τεχνῖται οἱ ἐπιστάμενοι βασιλικὸν τύπτειν νόμισμα
20 οὐχ ἑαυτοῖς τύπτουσι, ἐτιμωροῦντο οὗτοι. »

---

1. Voir Olympiodore, II, iv, 33, 34 et 35. — 2. Réd. de Lb : Πρὸ δὲ τῶν ὑγρῶν τίνος δεῖται... Πρῶτον ὑγροῦ τινος δεῖται Ol. — 3. καὶ ἐκ τούτου τοῦ φθ. Lb. (Cp. Ol. § 35). — 7. φροντιζ., λόγον ἄξιωμεν Lb. — 10. Ὅλον... Début du livre intitulé περὶ τελευταίας ἀποχῆς (III, LI) dont les variantes sont désignées ici par un astérisque. F. l. ὅλον τὸ τῆς Αἰγ. τὸ βασίλειον comme dans et dans Ol. § 35. — 11. μερικῶν] κεριχῶν, *alias* κυρικῶν*. F. l. καιριχῶν. — 12. ἀλλοιουμένη] καλουμένη*. — 13. περὶ ἣν ἀσχολ.*. La suite se sépare de la τελευταία ἀποχή pour se rapprocher de la citation faite par Ol. — 14. τὰς τιμίας τέχνας Ol. — τι ποιεῖν Ol. ; δοκεῖ τὸ πᾶν ποιεῖν Lb. — 16. ἱερέα ἢ σοφὸν λεγ. Ol.

3] Τοῦτό ἐστι τὸ παρὰ τῶν ἀρχαίων γραφῶν φημιζόμενον κοσμικὸν
μήνυμα, ἡ μυστικὴ ἡ τῶν Αἰγυπτίων καὶ ἱερογραμματέων Αἰγύπτου,
θυσία, ἀπὸ ' ἧς ἡ τῶν φύσεων συγγένεια τέρπει τὰς ὁμοουσίους φύσεις.
Τοῦτό ἐστι τὸ ὀρρα- f. 112 r. ικὸν ὁμοούσιον, καὶ ἡ ἑρμαϊκὴ λύρα,
5 ἐν ᾗ τῶν οὐσιῶν ποθεινή τε καὶ ἐναρμόνιος ἀποτελεῖται συμπλοκή.
Μιγνύμεναι γὰρ καὶ ὡς προσῆκεν ἀπὸ τῆς ⟨γῆς⟩ ἐπὶ τὸν οὐράνιον
χορὸν, καὶ ἀμείβοντος αὐτὰς πυρὸς ἀνατρέχουσιν.

4] Κἀντεῦθεν μεταξὺ μελάνσεως καὶ λευκώσεώς ἐστιν ἡ ταριχεία
καὶ τῶν εἰδῶν ἡ πλύσις · μεταξὺ δὲ λευκώσεως καὶ ξανθώσεώς
10 ἐστιν ἡ χρωποίησις · καὶ οὕτω ξανθώσεως καὶ ἰώσεως, μέσος δέ ἐστιν
ὁ τοῦ συνθέματος διχασμός. Τῆς δὲ λευκώσεως πέρας ἡ διὰ τοῦ
ὀργάνου μασθωτοῦ οἰκονομία.

5] Μελάνωσις α' τοῦ χωρισθῆναι τὸ ὑγρὸν ἐκ τοῦ σποδίου ·
ταριχεία ϛ' τοῦ σποδίου ὑγροῦ · πλύσις εἰδῶν τρίτη, ἑπτάκις καέντων
15 ἐν τῇ ἀσκαλωνίτιδι γάστρᾳ, ἥτις ἐστὶν α' λεύκωσις καὶ ἀπομελά-
νωσις τῶν εἰδῶν. Λεύκωσις δ', ἥτις μιχθεῖσα λευκοῖς ὀλίγοις
ὕδασιν, ἢ ξανθοῖς, ποιεῖ κηρίον πρὸς τὸ ζητούμενον χειροποιητοῖς. Ε'
ἐπὶ ξάνθωσιν ἡ λεύκωσις φέρουσα, ἡ ξάνθωσις. ϛ' ὡς πρόκειται ὁ
διχασμὸς τοῦ συνθέματος. Ζ' ἥτις μερισθεῖσα εἰς δύο, καὶ τὸ μὲν ἓν
20 μέρος διχαζόμενον καὶ ἰούμενον, μαλάττει, λειοῖ καὶ πηγνύει.

Addition marginale du ms. A seul :

6] Ἄλλοι δὲ, φησὶν, περὶ χρώμ⟨ατος⟩ καὶ ἑψήσεως καὶ ἔργου
μυστικῆς θεωρίας. Ἀρχ⟨ὴ⟩ μὲν ὁ χαλκὸς ἐμβαλλόμενος μετὰ τῆς
οἰκονομίας ἐν τῷ ἐργαλείῳ τῆς πρ⟨ά⟩ξεως ἐπιδείκνυται ὀμμάτων

2. μήνυμα] μίμημα Lb. — 3. Après
θυσία] addition de Lb : καὶ αὖθις ἐπὶ τὸ
προκείμενον ὁ λόγος · ἡ τ. φύσεων... — 4.
ὀρραικὸν Lb. F. l. ὀρραικόν. — 7. χῶρον Lb.
— 9. πλύσεις mss. ici et presque partout.
— 10. Réd. de Lb : καὶ οὗτός ἐστιν ὁ τρό-
πος τῆς ϛ. καὶ τῆς ί. — 14 et suiv. ταριχεία
δὶ... τρίτη δὲ et ainsi de suite Lb. —
17. κυρίον A. — Réd. de Lb : ποιεῖ
κηρίον, καὶ πρὸς τὸ ξηρίον τὸ ζητ., χειροποιεῖ.
— 20. Réd. de Lb : μαλάσσει, καὶ λύα· ·
τὸ δὲ ἕτερον μέρος πηγνύει.

τέρψιν, ἐν δὲ τῷ χρονίζειν γιν ⟨ο⟩ μένης ἀπαμαυρώσε ⟨ως⟩ μετὰ
τοῦ κόμμεως χρυσ⟨ὸν⟩ σύνθετον, χρυσὸν ζώμιον καὶ τὰ ἑξῆς.

III. XL. — ΠΕΡΙ ΛΕΥΚΩΣΕΩΣ

Transcrit sur M, f. 118 r. — *Collationné sur* B, f. 90 v. ; — *sur* A, f. 14 v. (= A); — *sur* A, f. 92 (= A²) *(mêmes leçons)*; — *sur* A, f. 250 v. (= A³); — *sur* K, f. 5 v. ; — *sur* Lc, p. 217.

1] Γιγνώσκειν ὑμᾶς θέλω ὅτι πάντων ἐστὶν κεφάλαιον ἡ λεύκω-
5 σις · μετὰ δὲ τὴν λεύκωσιν, εὐθὺς ξανθοῦται τὸ τέλειον μυστήριον.

2] Ἡ λεύκωσις καῦσίς ἐστιν · ἡ δὲ καῦσις, ἀναζωπύρωσις · αὐτὰ
γὰρ ἑαυτὰ καίουσι καὶ ἀναζωπυροῦσι, καὶ αὐτὰ ἑαυτὰ ὀχεύει, καὶ
ἐγκυοποιεῖ καὶ ἀποτίκτει τὸ ζητούμενον ζῶον κατὰ τοὺς φιλοσόφους.

3] Ἐὰν λευκώσῃς, εὐκόλως βάψεις · εἰ δὲ καὶ ἰώσεις ἢ κινναβα-
10 ρίσεις, μακάριος ἔσῃ, ὦ Διόσκορε · τοῦτο γάρ ἐστιν τὸ λυτρούμενον
πενίας, τῆς ἀνιάτου νόσου.

III. XLI. — ΒΙΒΛΟΣ ΑΛΗΘΗΣ ΣΟΦΕ ΑΙΓΥΠΤΙΟΥ ΚΑΙ ΘΕΙΟΥ ΕΒΡΑΙΩΝ ΚΥΡΙΟΥ ΤΩΝ ΔΥΝΑΜΕΩΝ ΣΑΒΑΩΘ. ΣΩΣΙΜΟΥ ΘΗΒΑΙΟΥ ΜΥΣΤΙΚΗ ΒΙΒΛΩΣ

Transcrit sur A, f. 251 r. — *Contenu aussi dans Laur.*, art. XXXII. — *Toutes les variantes insérées dans le texte sont des corrections conjecturales.*

15   1] ⟨Ο⟩ ΤΗΣ ΥΔΡΑΡΓΥΡΟΥ ΣΤΑΘΜΟΣ. — Ἀγαθοδαίμων · πέψον, ῥύου

---

2. F. l. χρυσοζώμιον. (Cp. III, XVI, 6.)
— 4. Ce 1ᵉʳ § forme le début de III, LIV.
— Δεῖ γιν. AK Lc. — Réd. de A³ : περὶ
λευκώσεως χρὴ γιν. ἡμᾶς. — M mg. sur
une ligne verticale : τέλεον μ² φησὶν. —

6. Cp. les §§ 2 et 3 avec Synésius (II,
III, 4). — 7. Réd. de A³ : ὀχεύουσι καὶ
ἀναζωοπυροῦσι καὶ ἐγγυοποιεῖ. — 10. Διόσ-
κορε M. — 11. ἐκ πενίας A. — 12. αἰγύπ-
του A Laur. — 13. θεῖον A.

τὸν χρυσόν, καὶ ἐπιβάλλεται ὁ χαλκός · καὶ γίνεται τὸ δίχυτον πέτα-
λον Μαρίας, ἵνα πυρὸς καταβαφῇς ἐλαίῳ πίπτῃ ⟨ἢ⟩ μέλιτι, καὶ
θραβαθῇ καὶ ἀναληφθείη ὑδράργυρος ὡσεὶ διὰ καμ⟨άτ⟩ου. Ὁ χαλκὸς
πάλιν ἰὸς ἴσος συγχωνεύεσθαι τῷ χρυσῷ εἰς ὑδράργυρον σταθμοῦ. Καὶ
5 ἡ Μαρία · « Ὁπόταν οὖν γένηται μάλαγμα καθ᾿ ἑαυτὸ, ἢ δι᾿ ὀξάλμης,
καὶ περθῇ, συλλείου τῷ θείῳ, ἤγουν αἰθάλη θείου, ἢ ληκυθίῳ, καὶ
κηροτακίδι · καὶ ἐπίβαλε ἢ συλλείου καὶ βλέπε εἰ ἐτελείωσας · εἰ δὲ
μὴ ἐτελείωσας ξανθῷ τινι ἰὸν ἡμῶν, ὃς ἦν μετὰ τοῦ προβαφίου, καὶ
ὁποιὸν χρυσόν ἐστι τέλειον, ἵνα μὴ ξανθωθέντα αὐτόν · ἐπίβαλε πάλιν
10 σὺν τῷ προβαφίῳ ἢ συλλείου ⟨μετὰ⟩ τραπέντος ἀργύρου, τοῦ κελοῦ
ἀστράπτοντος, τοῦ ἰοῦ μέρος α΄, τοῦ ὠμοῦ μύσεως, προβαφίου, ὡς
εἶπεν, χαλκοῦ τὸ μέρος λύει.

2. Πέπτεται, κἂν γὰρ μὴ ἔχῃ ὑδράργυρον δεῖ πέπτειν, ὅτι πρὸ τοῦ
πυρὸς οὐ βαρή · τὸ δὲ ἀπὸ τῶν ὑλῶν καθάρσιον, ἵνα δείξῃ [f. 251 v.] ὅτι
15 ἐστὶ καθαρόν. [Πείραζε δὲ ἀπὸ τῶν ὑλῶν καθάρσιον, ἵνα δείξῃ ὅτι
ἐστὶ καθαρόν ·] πείραζε δὲ ἢ καὶ χώνευε · ἂν ἔχῃς τὰς δύο ἀγωγὰς, καὶ
τὴν Ἰουδαίων καὶ τοῦ..., μὴ ὀκνήσῃ οὖν πειράζειν κατὰ μέρος πάντα
οἷα ὑπεθέμην σοι. Οὐ γὰρ ἀμφιβολίας ⟨αἰτία⟩ ἐστὶν ἡ ὑπόθεσις, ἀλλ᾿
ἵνα σὺ πειράσῃς ἔσοι ἡ τύχη ἐνήλατός ἐστιν ἢ εἰς πάνυ εὐτυχής.
20 Ἐμπεσὼν εἰς τὰ μαθήματα ταῦτα, οὐκ ἔστι ἔσοι ἀτυχής · ἀλλὰ γὰρ
νικήσεις μεθόδῳ πενίαν, τὴν ἀνίατον νόσον, μάλιστα ἐὰν εὐεὶ εἰσοὶ
καὶ φροντίσῃς, διῶξον τοὺς κωλύτας, ὅτι διὰ τῶν μυρίων βίβλων, καλὸν
λευκωθεὶς καὶ ξανθωθεὶς ὁ χαλκὸς, εἰς τὴν δίπλωσιν χύμεντος μόνον
ἐστὶν ἐπιτήδειος, καὶ ἰωθῇ, καὶ διὰ μυρίων μεθοδευθῇ μόνον χύμεντός

---

1. Cp. III, xii, 1, p. 149, l. 2. — 2. F.
l. ἵνα πρὸς καταβαφὴν ἐλ. πίπτῃ. — 3. Θρα-
βαθῇ] F. l. Θραυσθῇ (?) — F. l. ἀναληφθῇ
ἢ ὕδρ. — 4. F. l. ἰῷ ἴσος (M. B.). — F.
l. συγχωνευέσθω. — F. l. εἰς ὑδράργυρος
σταθμόν. — 6. αἰθάλης A. — 7. εἰ] ἢ A.
— 8. ὃς] ὁ A. — 9. F. l. ὁποιὸς χρυσός ἐ.
τέλεος. — 10. κελοῦ] lire εἰκέλου, comme
dans III, xliii, 1. — 11. ὠμοῦ A. — 13.
πέμπεται A. — δὴ πίπτειν A. — 16. ἔχῃς
A. — 19. ἔσοι] F. l. εἴ σοι. — ἐνήλατος A.
— F. l. ἢ εἰ πάνυ εὐτυχής. — 20. F. l.
οὐκέτι ἔσῃ. — 21. νικήσεις μεθόδῳ πενίαν...]
Cp. Synésius, II, iii, 4. — ἀνίαρον A.
— εὐεὶ εἰσοί...] F. l. εὖ εἴσῃ καὶ φροντίσῃς;
διῶξαι. — 22. F. l. καλῶς. — 23 et 24.
F. l. χυμευτός. — 24. F. l. καὶ ἰώσῃ A.
F. l. κἂν ἰωθῇ.

ἐστιν ἁρμόδιος, ὁ δὲ χαλκὸς ἡμῶν, τουτέστιν τὸ πᾶν σύνθεμα · ὅπερ
μὲν ἦν ἡ λημματικὴ (καὶ αὐτῇ αὐτοῖς ἐδήλωσαν), ἡ ἀπὸ αἰῶνος
ζητουμένη καταβαφή, καὶ μὴ εὑρισκομένη εἰ μὴ ὧδε · Καὶ τίς ἡ
αἰτία αὐτοῦ ἐπιτήδειος, ἐδήλωσά σοι περὶ τοῦ χαλκάνθου στίχον ·
5 λέγει ὅτι ὧδε καὶ ὁ χαλκὸς βάπτει, καὶ ὁ μόλυβδος, καὶ πᾶν τὸ δεκτικὸν
τῆς βαφῆς.

III. xlii. — ΒΙΒΛΟΣ ΑΛΗΘΗΣ ΣΟΦΕ ΑΙΓΥΠΤΙΟΥ ΚΑΙ ΘΕΙΟΥ ΕΒΡΑΙΩΝ ΚΥΡΙΟΥ ΤΩΝ ΔΥΝΑΜΕΩΝ ΣΑΒΑΩΘ

*Transcrit sur Λ, f. 260 r. — Contenu aussi dans Laur., art. xxxvi. —
Les variantes insérées dans le texte sont des corrections conjecturales.*

1] Λόγος βίβλου ἀληθὴς Σοφὲ Αἰγυπτίου, καὶ θείου Ἑβραίων κυρίου
10 τῶν δυνάμεων σαβαώθ. Δύο γὰρ ἐπιστῆμαι καὶ σοφίαι εἰσίν · ἡ τῶν
Αἰγυπτίων καὶ ἡ τῶν Ἑβραίων βεβαιοτέρα ἐστὶν δικαιοσύνης θείας ·
ἡ γὰρ τῶν ἀγαθωτάτων ἐπιστήμη τε καὶ σοφία κυριεύει ἀμφοτέρων
ἐκ τῶν αἰώνων ἔρχεται · ἀβασίλευτος γὰρ αὐτῶν ἡ γενεὰ καὶ αὐτό-
νομος · ἄϋλός τε καὶ μηδὲν ζητοῦσα τῶν ἐνύλων καὶ παναφθόρων
15 σωμάτων · ἀπαθῶς γὰρ ἐργάζεται · νῦν δωρεὰς δὲ εὐχῇ, χημείας
σύμβολον φέρεται ⟨ἐκ⟩ κοσμοποιίας, τοῖς τε σώζουσιν καὶ καθαιροῦσιν
τὴν ἐν τοῖς στοιχείοις συνδεθεῖσαν θείαν ψυχήν, μᾶλλον δὲ θεῖον
πνεῦμα φυραθὲν τῇ σαρκί, ὑποδείγματος χάριν, ὥσπερ ὁ ἥλιος ἄνθος
πυρὸς καὶ ἥλιος οὐράνιος, καὶ δεξιὸς ὀφθαλμὸς τοῦ κόσμου, οὕτω καὶ ὁ
20 χαλκός, ἐὰν ἄνθος γένηται διὰ τῆς καθάρσεως, ἥλιός ἐστιν ἐπίγειος,
βασιλεὺς ὢν ἐπὶ γῆς, ὡς ὁ ἥλιος ἐν οὐρανῷ.

1. F. l. ὧδε. — 2. αὐτῇ] F. l. αὐτήν. —
3. τίς] τι A. — 5. F. l. λέγων. — 7. αἰγύπ-
του A Laur. Corr. conj. — Θείου A. Cor-
rigé d'après Laur. cité par Bandini,
Catalogue de la Laurentienne. — 11.
Θείας] Θὲ (sc. Θεός?) A. — 13. ἐκ] ἐκτέων Λ.
— 14. ζητὸν A. — Παμαευθόρων A. F. l.
παμφόρων. — 18. φυραχθέντι σαρκὴ A.

2] Οὐδαμοῦ εὑρίσκω τὰς παντελείας καταβαφὰς λαμβανούσας ἥλιον,
οἷον τὴν Δημοκρίτου, καὶ τὴν μονάδα τὴν παραδιδοῦσαν τὴν σκυθικὴν
κώμαριν · τῆς δὲ τελείας εὑρίσκω λαμβάνουσαν, οἷον τὴν Ἴσιδα, ἣν
προσφωνεῖ ὁ Ἡρῶν. Εὑρίσκω ἡλίου ἐξίωσιν · χρυσοζώμιον καὶ ἀργυρο-
5 ζώμιον ἐπὶ σελήνην ποιεῖ σελήνης, ἵνα σαπῇ μετὰ τοῦ σιδηρογάλκου ·
ὁμοίως αὗται εἰς τὰς (f. 260 v.) σήψεις ἀργύρωσιν λαμβάνουσιν.
Ὁμοίως δὲ καὶ εἰς οὐ μόνον καὶ διπλώσεις καὶ τριπλώσεις λαμβά-
νουσιν, καὶ χρυσοῦ καὶ ἀργύρου [καὶ] τὰς μίξεις · ὥστε χρὴ ⟨διὰ⟩
τῶν μεθοδειῶν, ἄνευ χρυσοῦ καὶ ἀργύρου ἐργάσασθαι καὶ τὰς διπλώ-
10 σεις μὴ χωρίζειν χρυσὸν ἢ ἄργυρον, ὡς καὶ πορνείαν καὶ μῆνιν ·
χρυσὸν οὐ λαμβάνουσιν τὸ μεῖζω ὅτι ἐὰν τὸν χαλκὸν ἀσκίαστον ποιήσῃς,
λευκανεῖς τοῖς λευκαίνουσιν φαρμάκοις, καὶ ξανθώσεις τοῖς ξανθοῦσιν
φαρμάκοις, καὶ βάψεις τὴν καδμίαν ἢ κιννάβαριν χρυσὸς ποιεῖται
εἰς τὰ ἡφαίστεια προσερώνησα, εἰς σκοροποιία, ἐν ᾗ τὸ πᾶν μυστήριον
15 τῆς καταβαφῆς κέκρυπται.

3΄ Τοῦ δὲ χαλκοῦ λευκανθέντος καὶ μελανωθέντος καὶ ξανθωθέντος,
βάπτεις τὸν ἄσημον, χρυσὸν ὁρῶν, ἢ τὸν λευκανθέντα χαλκόν · ἀπὸ
γὰρ τοῦ χαλκοῦ γίνεται ὅλα τὰ εἴδη, λέγω κιννάβαριν, καδμίαν,
χρυσόν, σαθὴν ?, καὶ ὅσα ἄλλα. Ὁ γὰρ μόλυβδος εἰς πολλὰ τρέπεται ·
20 οὕτως καὶ ὁ ἐξ αὐτοῦ χαλκὸς ὁ στεφανίτης. Εὑρήσεις δὲ εἰς τὰ
ἐφέπεια τὰς ποιήσεις χρυσοῦ, ἔκ τε τούτων ἐπιπλοκαὶ ὅλα τὰ εἴδη
γίνεται · ἀλλήλων γάρ εἰσιν αἱ οὐσίαι οἰκονομίαι · πολλαὶ δὲ μορφαὶ
ἐν οἰκονομίαις · ὅλα δὲ κρίναντες βελτίοσιν χρῶ.

3. σκ. καὶ κώμαριν A. — F. l. τὰς δὲ τελ.
εὑρ. λαμβανούσας. — F. l. Ἴσιδος. — 4.
προσφωνεῖ A. — ἡλίου en toutes lettres.
F. l. χρυσοῦ. — ἀργυρο.] σεληνοζώμιον
A avec le signe de la lune ou de l'ar-
gent au-dessus du mot. — 5. σελήνην
puis σελήνης. surmontés du signe, A.
F. l. ἐπὶ ἀργύρου π. ἄργυρον. — 6. ἀργύ-
ρωσιν] signe de l'argent surmonté de
σιν A. — 10. πορνίαν καὶ μήνην B. — 11.
F. l. τὸν μεῖζω. — 12. ξανθωνοῦσιν A. —
βάψει A. — 13. F. l. τῇ καδμείᾳ ἢ κιννάβάρει.
— 14. F. l. σκωριοποιίαν (mot supposé).
— 17. βάπτει A. — 19. σαθὴν] σαθ suivi
d'un signe figurant un C couché, sur-
monté de l'abréviation de ἢν ou de ιν,
A. — F. l. ὡς γὰρ ὁ μόλ. — 20. ἐξ αὐτὸν
A. Les papyrus offrent des exx. de ἐξ
avec l'accusatif. — 21. ἐφέπεια] F. l.
ἡφαίστεια. — F. l. ἐπιπλοκῶν.

III. xliii. — ΖΩΣΙΜΟΥ ΠΡΟΣ ΘΕΟΔΩΡΟΝ ΚΕΦΑΛΑΙΑ

Transcrit sur M, f. 179 r. ; — *Collationné sur* A, f. 237 r. ; — *sur* K, f. 89 r. ; — *sur* Lc, p. 231; — *sur* E, f. 182 v. (*texte écrit dans* E *par le copiste de* La, Lb, Lc, *probablement d'après* Lc. — *Contenu aussi dans Laur.*, art. xxix ; *dans le Vind.*, art. xii. — *Sauf indication spéciale, les variantes de* Lc *existent aussi dans* E.

1] Περὶ ἐτησίου, τουτέστιν ἐκ τοῦ παντὸς συνισταμένου, ὡς ἐτησίου λίθου, καὶ ταῦτα πολυχρησίμου. Πρὸς γὰρ τὰς οἰκονομίας ἕτερον χρῶμα δείκνυσιν · ἄλλο ἀπὸ κηροτακίδος καὶ ἄλλο ἀπὸ τῆς ἐλαιώσεως, 5 ξανθὸν ἢ μέλαν ξανθὸν, ἢ ἡπατίζον, ἢ σμυρνίζον, ἢ κηρίζον, ἢ ὅσα οἶδας · ἢ μέλαν, χρυσῷ εἰκέλιον, ἀστράπτον, ὡς καὶ ἐπὶ μέλανσιν ποιεῖ, ὡς καὶ εἰς ξάνθωσιν. Ὁ ξανθὸς γίνεται καὶ αἱματώδης καὶ ἀρραγής, καὶ τὸ τελευταῖον ὡς κρόκος ξηρός. Καὶ ἐὰν δὶς ἢ τρὶς τῷ θείῳ καῇ κατὰ τὰς αὐτῶν γραφάς, καὶ ἄλλοτε ἐπ᾽ ὀλίγον βολβίτοις, 10 ταῦτά εἰσιν τὰ χρώματα τὰ μετάτρεπτα βεβαίως ξανθούμενα τὴν πρώτην ἐπὶ τὸ βέλτιον καὶ οὐκ εἰς τὸ χεῖρον ἔχοντα. Λύται αἱ οἰκονομίαι κάτοχοι καλοῦνται βαφῶν ἀληθῶς ἀρεύκτων.

2] Περὶ τοῦ ἔτι ἡ βαφή, ἤτοι ἀλλοίωσις ἡ γινομένη ἐν τῇ ἰώσει, οὔτε λευκή, οὔτε ξανθὴ ἐπαγγέλλεται · τὰ γὰρ προλαβόντα δύο 15 θεῖα, τό τε λευκὸν καὶ ξανθὸν, ταῦτα τὰ ὀνόματα ἐπιστεύθησαν καὶ τὰς βαφάς · αὕτη δὲ ἡ βαφή, ἤτοι ἀλλοίωσις ἡ σηπτική, ἐπάνω πάντων ἐστίν.

3] Περὶ ἄλλων δύο θείων μὲν λεγομένων, οὐκ ὄντων δὲ θείων ὡς τὰ πρῶτα, ἀλλὰ συνθέματα νῦν παρ᾽ αὐτοῖς καλούμενα θεῖα, οὐχ 20 ὡς θεῖα, ἀλλὰ διὰ τὸ ἀποτελούμενον ἀπ᾽ αὐτῶν θεῖον ἔργον.

4] [f. 179 v.] Περὶ τοῦ ἔτι πρῶτον ἐν τῷ συνθέματι γίνεται τὸ

---

1. Titre dans A : Περὶ αἰτησίου λίθου τουτέστιν ἐκ τοῦ παντὸς γινομένου. Début du texte : ὡς αἰτησίου λίθου καὶ ταῦτα πολὺ χρησίμου. — 4. Réd. de Lc : ἐλαιώσεως λευκὸν ἢ μέλαν, ἢ ξ. ἢ ἡπ. — 6. χρ. εἰκελλον M ; χρυσοείκελον Lc. — 10. χρ. ὧν μετατρέπονται A. — 11. F. l. ἔργοντα· — 13. ἤγουν ἡ ἀλλοίωσις ἡ γιν. Lc. — 14 λευκὴν ο. ξανθήν MK. — 15. λ. κ. ξ. εἰσι. καὶ ταῦτα Lc. — καὶ τὰς βαφάς] κατὰ τὰς γραφὰς τῶν βαφῶν Lc. — 16. αὕτη δὲ ἡ ἀλλ. τῆς βαφῆς ἡ σηπτ. Lc.

κατόχιμον, καὶ πυρίμαχον καὶ βαφικόν · ἀφ᾽ ἑνὸς ἡμῖν καὶ δευτέρου
ἐν τῷ ἀσήμῳ τῷ φυσικῷ, τῷ βαπτομένῳ χρυσῷ τὸ λοιπὸν ἡμῖν φανε-
ρούμενον. Ἡ δὲ τοῦ ζητουμένου λύσις ἐστὶν αὕτη.

5] Περὶ τοῦ ὅτι τὸ πρῶτον ἐν τῇ μήτρᾳ ἀφανῶς ἡμῖν γίνεται τὸ
5 κατόχιμον ἐκ δύο, ἔκ τε σπέρματος καὶ αἵματος · καὶ πυριμαχεῖ τὸ
πλασσόμενον ζῶον πρὸς τὸ τῆς μήτρας πῦρ, καὶ βάπτεται · τουτ-
έστιν χρῶμα λαμβάνει καὶ σχῆμα καὶ μέγεθος, πάντα ἐν τῷ ἀφα-
νεῖ. Ὅταν δὲ ἀποτεχθῇ, καὶ ἡμῖν πεφανέρωται · καὶ οὕτω χρὴ ἐργά-
ζεσθαι, καὶ μὴ τῇ ὁμωνυμίᾳ τῶν γραφῶν ἢ ἄλλων τινῶν πλανᾶσθαι.

10 6] Περὶ σήψεως καὶ ἐξαιματώσεως καὶ ζυμιώσεως καὶ μεταβολῆς,
καὶ παλιγγενεσίας · καὶ περὶ ἰώσεως καὶ ἐξιώσεως, καὶ τῶν τοῦ
ἰοῦ διαφόρων ὀνομάτων. Καὶ ὅτι καὶ ὁ ἰὸς λέγεται ὕδωρ θείου ἄθικ-
τον, καὶ κώμαρις σκυθικὴ καὶ φονοειδὴς, καὶ χρυσόσπερμον · καὶ πᾶν
σπέρμα, καὶ ἰὸς χαλκοῦ, καὶ ὕδωρ χαλκοῦ, καὶ ὕδωρ χαλκάνθου,
15 καὶ ἄνθος χαλκοῦ, καὶ ⟨φάρμακον⟩ χαλκειῶδες, καὶ φάρμακον μελι-
τῶδες, καὶ γλυκύ, καὶ ἀρραγὲς, ἀντὶ τοῦ ἐγλυκισμένον, ἀπὸ τῆς τῶν
δηλητηρίων καταφορᾶς. Καὶ οὐ μόνον ἀρσενικῶς καὶ θηλυκῶς καὶ
οὐδετέρως αὐτὸ κεκλήκασιν, ἀλλὰ καὶ ὑπὸ κοριστικῷ μέτρῳ χαλ-
κύδριον · ἄλλοι δὲ ὕδωρ μαζυγίου · μάζα δὲ ὁ χαλκός · ἀφ᾽ οὗ καὶ
20 ἐν ταῖς ἰουδαϊκαῖς καὶ ἐν πάσῃ γραφῇ μαζὺς ἀνέκλειπτος, ἣν ἔλα-
βεν Μ ο υ σ ῆ ς παρὰ κυρίου λόγου · παραφθαρὲν δὲ τῷ χρόνῳ τὸ
ὄνομα ἐγένετο μαζύγιον · ἄλλοι [f. 180 r.] ἀπὸ τοῦ φανοῦ τοῦ ἀνασ-
πῶντος, τοῦ ἔχοντος μαζούς.

7] Περὶ οἰσμοῦ, τουτέστιν ἐκφωνήσεως, ἐναποσβεννυμένου πυρός ·

---

1. M mg. : Mᵛ, avec renvoi à ἀφ᾽
ἑνός. — 2. Signe du mercure au-dessus
de ἀσήμω M. — χρυσῷ en signe MK;
signe de la chrysocolle A; εἰς χρυσόν
Lc. — 3. λῦσις M; λεύκωσις A. — 6.
πῦρ, καταβάπτεται Lc. — 11. παλιγγενη-
σείας MK. — Après ἰώσεως] καὶ με-
add. A. — M mg. : περὶ ἰοῦ (main du
xiiiᵉ siècle). — 15. χαλκυῶδες MK; χαλ-
κουδὶς A. — 16. ἐγλυκισμένως MK; ἐγλυ-
κισμένος A. — 17. καταφ.] μεταφορᾶς Lc.
— 20. ἐμ πάσῃ M, comme dans les papy-
rus et dans les inscriptions. — 21. Après
λόγου] ⅄ M. F. l. π. κυριακοῦ λόγου — 23.
Ce passage trouve son interprétation
dans un article du papyrus X de Leyde
sur le ferment métallique. Voir l'In-
troduction, p. 29 et 41 (*M. B.*).

καὶ σιγμοῦ, τουτέστιν συριγμοῦ, πνεύματος ἐκπεμπομένου ἐξ ὑποσ-
τροφῆς [ἢ σιγμοῦ, τουτέστιν πνεύματος ἑπομένου καὶ ἐφελκομένου],
ἤγουν ἀναρροφωμένου καὶ εἰσφερομένου.

8] Περὶ τοῦ ὅτι εὑρόντες τινὲς τῶν ἱερέων γραφὴν ἄφθονον οὐκ
5 ἐπίστευσαν ἐργάσασθαι, εἰ μὴ διὰ τούτων τῶν συγγραμμάτων διὰ
τὴν ἀπόδειξιν.

9] Περὶ τοῦ ὅτι τὴν τέχνην τῆς ἰώσεως ἔχειν τινὰ μετουσίαν,
εἰς τὰ ἄλλα δύο βιβλία. Καὶ γὰρ εἰ κατ᾽ εἶδός ἐστιν ἄλλη, ἀλλ᾽
οὖν γε κατὰ γένος ἡ αὐτή. Καὶ γὰρ αὐτὴ πάλιν ἐστὶν βαρική.

10 10] Περὶ τοῦ ἐὰν λέγῃ ἐξίωσιν ἢ ἀσκιάστωσιν ἢ στροφὴν ἢ ἐκστρο-
φὴν ἢ φύσει κεκρυμμένην ἢ ἀκαύστωσιν, περὶ τῆς λευκώσεως λέγει.

11] Περὶ τῶν οἰκονομιῶν τῶν χρησιμευόντων ἀπὸ τοῦ λευκοῦ
ἐπὶ τὸ ξανθόν, καὶ ἀπὸ τοῦ ξανθοῦ ἐπὶ τὸ λευκόν, μάλιστα ἐπὶ τῶν
θείων δεῖ ζητεῖν οἷον οὕτως, ἐν τῇ ὑστεραίᾳ ⟨τάξει⟩ τῶν ζωμῶν,
15 φησὶν ὁ φιλόσοφος · « Πῆξαι ἀρσενίκου γ° α΄, καὶ θείου γ° Ϛ ἢ
φλοιοῦ λίτραν τῷ αὐτῷ συστάθμιζε · ἐπὶ τοῦ ξανθοῦ, ἀντὶ τῆς
συσταθμίας τῶν φλοιῶν, βάλλε κρόκον καὶ ἐλύδριον, καὶ ἀντὶ τῶν
λευκῶν γῶν, τὴν αὐτὴν συσταθμίαν ὤχρας καὶ σινώπιδος ἢ χαλ-
κάνθου ἢ σώρεως. Καὶ τὰ μὴ ἔχοντα συσταθμίαν ὡς σοφὸς ἅρμο-
20 σον ὡς ἰατρῶν παῖδες. Τὰ γὰρ ὑγρὰ σχεδὸν ἐπίκοινά εἰσιν, πλὴν
ὀλίγα ἅτινα οἶδας. »

12] Περὶ τοῦ δεῖν κατανοεῖν ὅτι τε δεινὸν ὑπέστημεν κάματον
ἔστ᾽ ἂν συνουσιωθῶσιν, τουτέστιν συγγαμήσωσιν αἱ φύ- f. 180 v.
σεις τὸ τηνικαῦτα, καὶ ὅτι πᾶς χρήσιμος λόγος αὐτοῖς ἐφάνη · καὶ

2. ἐπομ. καὶ add. A. — 3. Tout ceci s'in-
terprète aussi par l'un des papyrus gnos-
tiques (M. B.). — F. l. ἀναρροφωμένου.
— 7. ἡ τέχνη τ. ἰ. ἔχει Lc. — ἔχει A. —
9. καὶ γὰρ ἡ αὐτή Lc. — 13. μάλιστα δὲ Lc.
— 14. οἷον οὕτως] ὡς Lc. — ὑστέρα Lc. —
δεῖ ζητεῖν] ζήτει (pour ζήτει) A, puis : ἵνα
γὰρ αὐτὸς ἐν τῇ ὑστέρᾳ ἀπὸ τοῦ λευκοῦ εἰς τὸ
ξανθὸν τῶν ζ. φησὶν ὁ φ. — 15. Réd. de Lc :
πῆξον ἀρσ. οὐγγίαν μίαν καὶ θ. οὐγγίαν μίαν
καὶ τῷ αὐτῷ συστα[θμ.. καὶ ἐ. τ. ξ. ἐπὶ τῆς
συστ. — M mg. : grosse étoile. — 16. τὸ
αὐτὸ συσταθμιάζειν] A. — F. l. τὰ αὐτὰ συστάθ-
μιζε. — 19. ἄρμοσον] ἔνοσον A. — 21. ὀλίγων
Lc, mel. — οἶδας] οἶσθα E, mel. — 22.
καμ.] κίνδυνον καμάτων A. — 24. τὸ τηνικαῦ-
τα] τὰ χρονικότατα A ; Lc. om. — A et
Laur. (?) continuent avec le morceau
suivant (Καὶ ὅτι τοὺς χρησίμους... III,
XLIV).

ὅτι δεῖ ζητεῖν τοῦτον τὸν λόγον · ἢ ὅτι τέχνη ἢ ὁτιοῦν ποτέ ἐστιν
τὸ τί ἐστιν, καὶ ὁποῖον τί ἐστιν, καὶ ἵνα τί ἐστιν.

13] Περὶ τοῦ ὅτι ἕλαι αἱ καταβαφαὶ τῶν ἀρχαίων ἀληθεύουσιν
τῇ ἀγωγῇ τοῦ στερεοῦ συνθέματος, τουτέστι τῆς ἰώσεως. Ἐὰν γὰρ
5 βάλῃς τῆς ἰώσεως μέρος αʹ, καὶ τῶν οἰκονομηθέντων εἰδῶν, ἤγουν
ξηρίων ὧν καλοῦσιν ἐπιβαρίων, μέρος αʹ, καὶ ὀπτήσῃς, ἕξεις τὴν
ἀλήθειαν.

14] Περὶ τοῦ ὅτι ἄκαυστόν ἐστι τὸ μηκέτι ἔχον ὃ καυθήσεται,
ἀλλ ᾽ ἀποκεκαυμένον, ὡς τὰ ξύλα καὶ οἱ χυλοὶ ἐπὶ τῶν πυρετῶν τῶν
10 μὴ κεκριμένων.

15] Περὶ τοῦ ὅτι ἡ ὑπόσταθμις τῶν κεκαυμένων, τουτέστιν ἡ
σποδός, αὕτη ἐστὶν τοῦ παντὸς ἐνέργεια.

16] Περὶ τῆς τῶν τεσσάρων στοιχείων εἰς ἑαυτὰ μεταβολῆς, καὶ
ὅτι οὐ τὰ μόνον ἀπὸ γῆς καὶ ὕδατος μεταβαλλόμενα πῦρ γίνονται,
15 ἀλλ ᾽ ὅτι καὶ ἀναφέρονται · ἀνωφερὲς γὰρ τὸ πῦρ · ταύτην δὲ τὴν
εἰκόνα οὐκ εἰκῇ λαμβάνει, ἀλλὰ διὰ τὴν τέχνην καὶ τὰ ταύτης
εἴδη. Ὅτι πρῶτον γῆ ὄντα καὶ ὕδωρ, ὕστερον γίνονται πῦρ, καὶ
ἄνω φέρονται · καὶ ὅτι τῇ ποιότητι μόνῃ τὰ στοιχεῖα ἐναντιοῦνται
ἀλλήλοις, καὶ οὐχὶ τῇ οὐσίᾳ · ἡ γὰρ οὐσία τῇ οὐσίᾳ οὐκ ἔστιν
20 ἐναντία, καθὸ οὐσία. Διὰ τοῦτο καὶ οὐσίας ἐκάλεσεν τὰ τέσσαρα
γράμματα ὁ φιλόσοφος τῇ ἑνώσει τῆς οὐσιότητος ἑλκούσας τὸ ἔξωθεν
διαχριόμενον φάρμακον. Καὶ ὅτι ὥσπερ τὰ στοιχεῖα εἰς ἑαυτὰ ἀνα-
λυόμενα πάντα κατεργάζεται, οὕτω καὶ ἡ τέχνη · καὶ ὥσπερ αἱ
τέσσαρες τροπαὶ μεταβαλλόμεναι νικῶσιν τὰς προτέρας κράσεις, οὕτω
25 καὶ αἱ τέχναι ταῖς μεταβολαῖς νικῶσι τὰς φύσεις.

<hr>

2. ἵνα τί, pour διὰ τί, comme dans la
Bible des Septante. — 6. ὧν καλ.] τῶν
καλουμένων Lc, f, mel. — 8. ὅ] F. l. ᾧ.
— 13. M mg. : grosse étoile. — 14. F.
l. οὐ μόνον τὰ. — 15. Signe du cinabre
au dessus de ἀναφέρονται M. — 17. Même
signe au-dessus de πῦρ M. — 20. M
mg. : série de points ascendants, avec
renvoi à τέσσαρα. — 21. γράμματα] γράμ-
ματα vel σώματα E. F. l. στοιχεῖα ? — 25.
M mg. inf. : λίαν ἡ πυκτὶς καὶ πάνυ παχίως
ξένη, φίλοι.

III. xliv. — SUR LES DIVISIONS DE L'ART CHIMIQUE

Texte fort corrompu dans A (f. 238 v.) et dans Laur., manuscrits dans lesquels il est la continuation du texte précédent (p. 217, l. 24). Nous avons reconnu récemment qu'il se trouve aussi dans le Philosophe anonyme (ci-après VIᵉ partie). Nous avons cependant cru devoir conserver une partie du texte et de la traduction, répondant au titre ci-dessus. A partir de la 4ᵉ ligne, nous avons suivi le texte de M (fol. 181 et 182).

1] Καὶ ὅτι τοὺς χρησίμους λόγους αὐτοὺς δεῖ ζητεῖν · καὶ τί δεῖ
φάναι τὴν τῶν λόγων, ἢ ὅτι τέχνη, ἢ ὅτι πρότερόν ἐστιν ἢ τὸ τί δέ ἐστιν,
ἢ ὁποῖον τί δεῖ, ⟨καὶ⟩ ἵνα τί δεῖ · καὶ περὶ νοημάτων ἀνεπιγράφησαν ἃ
ἦν καθέκαστα καὶ ἄτομοι πάντες, ὃν καὶ ἄπυρα, καθὼς ἔστιν εὑρεῖν
5 ἀπειρίαν ἄτομον. Ὥσπερ δὲ δ' ὄντων τῶν μουσικῶν γενικωτάτων στο-
χῶν, α', ϛ', γ', δ', γίνονται παρ' αὐτοῖς τῷ εἴδει διάφοροι στοχοὶ κδ',
κέντροι καὶ ἴσοι καὶ πλάγιοι καθαροί τε καὶ ἄηχοι · καὶ ἀδύνατον ἄλ-
λως ὑφανθῆναι τὰς κατὰ μέρος ἀπείρους μελῳδίας τῶν ὕμνων,
ἢ θεραπειῶν ἢ ἀποκαλύψεων, ἢ ἄλλου σκέλους τῆς ἱερᾶς ἐπιστή-
10 μης, καὶ οἷον ῥεύσεως, ἢ φθορᾶς, ἢ ἄλλων μουσικῶν παθῶν ἐλευ-
θέρας · τοῦτο κἀνταῦθα ἔστιν εὑρεῖν τὸν δυνατὸν ἐπὶ τῆς μιᾶς καὶ
ἀληθοῦς κυριωτάτης ὕλης τῆς ὀρνιθογονίας.

Les § 2, 3, 4, se retrouveront dans la VIᵉ partie.

5] Καὶ ὥσπερ τετραμερῆ τὴν ἀρίστην φιλοσοφίαν, ἤτοι τὴν ὕλην
ὑπὸ τῆς φύσεως δεδειγμένην εὑρίσκομεν τὴν γενικήν τε καὶ εἰδικήν,
15 καὶ τάξεων τὰς διαφορὰς, οὕτω καὶ τὴν καλὴν φιλοσοφίαν ζητοῦντες,
τετραμερῆ ταύτην εὑρήκαμεν, τὸ πρῶτον ἔχουσαν μέλανσιν, δεύ-
τερον λεύκωσιν, καὶ τὸ τρίτον ξάνθωσιν, καὶ τέταρτον ἴωσιν. Πάλιν δὲ,
ὡς ἕκαστος τῶν εἰρημένων στοχῶν ἐξ ὧν γενικῶν ἔχει πλησίον ἑαυτοῦ

---

1. αὐτοὺς] F. l. αὐτοῦ. — 4. καὶ ἄτομοι
πάντως καὶ ἄπειροι. M. — στοίχων A. — 6.
στοίχει A. — 7. καθὰ εἴρηται καὶ ἃ ἔχει A.
— 8. μέρους A. — 13. Cp. ce paragraphe
avec III, xxix, 2. — 17. Réd. de A :
Πάλιν δὲ, ὥσπερ ἑκάστου τῶν εἰρημένων
ἀπάντων ἀπὸ στίχου ἐξ ἑνὸς γενικοῦ ἔξει πλύ-
σιν αὐτοῦ παντὸς ἡμισοστοίχειον.

πάντως ἡμιστόχιον ἢ μεσόκεντρον, δι ' οὗ κατὰ τάξιν προσβαίνει ἢ ἀπο-
βαίνει, οὕτω κἀνταῦθα, μεταξὺ μελανώσεως καὶ λευκώσεώς ἐστιν ἡ
ταριχεία, καὶ τῶν εἰδῶν ἡ πλύσις · μεταξὺ δὲ λευκώσεως καὶ ξανθώ-
σεώς ἐστιν ἡ χροποίησις · τούτων ξανθώσεώς τε καὶ ἰώσεώς ἐστιν
5 ὁ τοῦ συνθέματος διχασμός. Τῆς δὲ ἰώσεως πέρας ἡ διὰ τοῦ ὀργάνου
τοῦ μασθωτοῦ οἰκονομία, καὶ ἡ ἕνωσις τῶν μερῶν · καὶ ἀδύνατον
ἄλλως, οἷον (f. 182 v.) τὴν καθ ' εἰρμὸν ἐπιστήμης. Εἰ γὰρ καὶ
τινες ξάνθωσιν ἄνευ λευκώσεως ἐπετήδευσαν, ὧν ἐστιν ὁ Πηβίχιος,
ἀλλ ' οὐκ ἄνευ ταριχείας, ἢ πλύσεως τῶν εἰδῶν, ἅτινά ἐστι μέρη τῆς
10 τελείας λευκώσεως.

Le § 6 sera donné dans la VIe partie. — Reprise du ms. A.

7] Ὅτι τὸ παρὸν βιβλίον ὀνομάζεται βίβλος μεταλλικὴ ⟨καὶ⟩
χυμευτικὴ περὶ χρυσοποιίας, ἀργυροποιίας, ὑδραργύρου πήξεως, ἔχων
αἰ- (f. 240 v.) θάλας, βαρὰς φούρμουσαι ἀπὸ βροτισίων, ὡσαύτως
καὶ λίθων πρασίνων, καὶ λυγχιτῶν, καὶ ἑτέρων πάντων χρωμάτων,
15 καὶ μαργάρων, καὶ δερμάτων ἐρυθροδανώσεις βασιλικῶν. Ταῦτα δὲ
πάντα γίνονται ὑπὸ ὑδάτων θαλασσίων, ὠῶν, διὰ τέχνης μεταλλικῆς.

III. xlv. — ΥΔΡΑΡΓΥΡΟΥ ΠΟΙΗΣΙΣ

*Transcrit sur M. f. 107 r. — Collationné sur A, f. 146 v.; — sur K, f. 32. v. —
Presque toutes les variantes de M ont été reportées dans K, sur la ligne.*

1] Λαβὼν ψιμύθιον καὶ σανδαράχην ἴσα λείωσον μετὰ ὄξους ἕως
γένηται γλοιῶδες. Εἶτα βαλὼν εἰς (f. 107 v.) λωπάδα ἀγάνωτον,

---

5. Après πέρας] ἀδύνατον add. A. — 7.
ἄλλως οἰκονομεῖθαι A. — καθ ' ἡμῶν A. F. l.
καθ ' Ἑρμῆν. — 8. ἐπὶ τι δεύτυσαν A. — ἂν
ἐν ταρυχει A. — 10. Après λευκώσεως] A
ajoute ἔχει. — 12. πήξεως] ποιήσεως A.
Corr. conj. — ἔχων] F. l. ἔχουσα. — 13.

F. l. ἀφορμώσας; ἄ. βροντησίων. — 17. περὶ
ἀργυροποιίας ΛΚ. — 18. K mg. : ὑδραργύρου
ποίησις (en signes) et d'une main plus
récente : *cf.* 75. 75 est le plus ancien
n° de E, qui toutefois ne contient pas
ce morceau.

πώματον πώματι χαλκῷ, περιπήλωσον, καὶ ὑπόκαιε ἄνθραξιν ἠρέμα,
καὶ ὅτ᾿ ἂν εἰκάσῃς ὅτι καλῶς ἔχει, ἀναπώματον ἐλαφρῶς, καὶ πτερῷ
ἄφελε τὴν ὑδράργυρον.

2] Λαβὼν ἄμμον τὴν χρυσίζουσαν, λείωσον, ψῦξον ἕως ἂν ξηρανθῇ,
5 καὶ συμμίξας πάλιν ἄλατι, ὄπτησον ἐν καμίνῳ ἡμέραν καὶ νύκτα. Καὶ
ἄρας πλῦνε ἕως ⟨ἂν⟩ τὸ ἄλας ἀπορρεύσῃ · καὶ πάλιν ξήρανον, καὶ
φύρασον ὄξει, καὶ ἔασον βραχὺ ἕως συμπίῃ καὶ ξηρανθῇ · καὶ πάλιν δὸς
εἰς τὴν κάμινον μὴ ἀποπλύνας, καὶ τοῦτο ποίει καθάπαξ, φυρῶν τῷ
ὄξει, καὶ διδοὺς εἰς τὴν κάμινον τετράκις ἢ πεντάκις, ἵνα γένηται ὡς
10 μίλτος. Ἔπειτα λαβὼν ἕλκυσμα ἀσήμου ἰσόσταθμον, λείωσον καὶ
ἀνάμιξον. Εἶτα χωνεύσας χώρισον, καὶ μόλυβδον ἐπίπασσε ἐπ᾿ ἀμφοτέ-
ροις, μέχρις ἂν ἀναλωθῶσι, καὶ ψύξας εὑρήσεις τὸν μόλυβδον σκληρόν ·
τοῦτον ψωμαρίῳ χώνευσον · ἐκρύσησον ἵνα δείξῃ.

3] Λαβὼν γῆν ἀπὸ τῆς ὄχθης τοῦ ἐν Αἰγύπτῳ χρυσορρόου ποταμοῦ,
15 συμφύρασον ἀραιρέματι ἐκ τοῦ σιλιγνοπωλίου προσείσας καὶ τοῦ
λεπτοῦ προσμίξας καὶ ποιήσας φύραμα, ἀναμίγνυε εἰς λεκάνην ὀστρα-
κίνην, ἄχρις ἂν κολληθῇ β΄ ἐπιμελῶς καὶ γένηται ὡς φύραμα ἄρτου.
Εἶτα ἀναλαβὼν καὶ πλάσας ἀρτίσκους, καὶ στοιβάσας ἐπιμελῶς ἐπὶ
σανίδος, ψῦξον εἰς ἥλιον ἄχρις οὗ ξηρανθῇ λίαν. Καὶ βαλὼν εἰς
20 ὅλμον, καὶ ἀναλαβών, βάλε εἰς χύτραν καινήν · καὶ πωμάτας ἐπιμελῶς
τὴν χύτραν, θὲς ἀπέχουσαν τοῦ χαμαὶ πα-[f. 108 r.] λαιστήν. Καὶ
ἀνακάλυψον αὐτὴν βολβίτοις, καὶ ὑπόκαυσον ὑποκάτω. Καὶ ὅτ᾿ ἂν
ἀποσχῇ ἡ φλόξ, ἀνακαλύψας, κίνει σιδήρῳ ἄχρις ἂν ἴδῃς ὅλον ὠπτη-
μένον καὶ ὅμοιον σποδῷ μελαίνῃ. Ἐὰν δὲ μὴ ᾖ γεγονώς, ἀνακινήσας

---

1. ὑπόκαιε] ὑποκάπνισον, ἤγουν ὑποκαίων
ΑΚ. — 4. ἄμμον] ἄμμυλλον ΑΚ. — Κ
mg. : ἄμμον, puis, comme ci-dessus :
cf. 75. — 6. ἀπορεύσει Μ ; ἀπορεύσῃ ΑΚ.
Corr. conj. — 7. Réd. de ΑΚ : ἔασον
βραχεῖναι (pour βραχῆναι) ἕως τοῦτο ἄλας
συμπίῃ.—10. ἀσημίου ΑΚ (d'où le néogrec
ἀσήμι). — λείωσον puis le signe de l'ar-
gent ΑΚ. — 13. τοῦτον — δείξῃ] καὶ τοῦτο
τὸ ψωμάριον χων. Α. Après δείξῃ (lire
δείξῃ ?), M continue seul. — 14. χρυσορόα
Μ. — 15. ἀραίρεμά τι Μ. — F. l. σιλιγνο-
παλίου (de σίλιγνις, fleur de farine et de
πάλη, même sens). — 16. F. l. τῷ λεπτῷ.
— 18. στοιβάσας Μ. Corr. conj. — 21.
M mg. inf. du f. 107 v. : ἐκρύσησον
(pour ἐκρύσησον καὶ πλύνον. (xiv ou xvᵉ
siècle). — 24. μή] μοι Μ. Corr. conj.

πάλιν τῇ αὐτῇ ἀγωγῇ καὶ ἀνακαλύψας, κατάμαθε καὶ κάθελε ἀπὸ τοῦ
πυρὸς, καὶ ἔα ψυγῆναι ἡμέραν μίαν. Καὶ ἄρας δράκα ταῖς δύο χερσὶ,
βάλε εἰς λεκάνην ὀστρακίνην, καὶ ἐπιβαλὼν ὑδράργυρον, κίνει τῇ χειρὶ
γυμνάζων. Εἶτα ἄρας ἄλλην δράκα ἐκ τῆς χύτρας, ἐπίβαλλε ἄλλην
5 δράκα ὕδατος, καὶ ἀπόπλυνε. Καὶ πάλιν ἑτέραν δράκα ἐπίβαλλε, καὶ
ὁμοίως ἀπόπλυνε. Ποίει δὲ τοῦτο ἕως κενωθῇ ἡ χύτρα, καὶ τότε πλῦνον
καθαρῶς ἕως ἂν καταντήσῃ εἰς τὴν ὑδράργυρον. Καὶ βαλὼν εἰς ῥάκος,
ἐκπίασον ἐπιμελῶς ἕως κενωθῇ· καὶ λύσας τὸ ῥάκος, εὑρήσεις τὸ στερρόν.
Τοῦτο ποιήσας, σφαιρίον βάλε ⟨εἰς⟩ βατάνιον καινὸν, καὶ ποίησον εἰς τὸ
10 μέσον ἐκ τῆς ἀπαλειφῆς ὡς βοθύνιον, καὶ κάθες τὸ σφαιρίον. Καὶ πωμά-
σας, θὲς ἵνα φθάσῃ ἴσως · καὶ τὸ περὶ τὸ ἥμισυ μέσον τοῦ βατανίου πάλιν
περιπώμασον τὴν χύτραν · καὶ ἔστω πρόσκολλος τῷ βατανίῳ. Καὶ ἐπι-
θεὶς ἐπὶ κυθρόποδος, ὑπόκαιε ξύλοις στερροῖς ἢ βολβίτοις λαμπρῶς καίων,
ἄχρι πυρρωθῇ λίαν τοῦ βατανίου ὁ πυθμήν. Μόνον ὕδωρ ἔστω σοι
15 παρακείμενον, ἐξ οὗ τὴν οὔσκην σπόγγῳ παράβρεχε, προσέχων μὴ τὸ
ὕδωρ εἰς τὸ βατάνιον γένηται · ὅτ᾽ ἂν δὲ γένηται ἔμπυρον, κάθελε
τὸ βατάνιον ἐκ τοῦ πυρὸς, καὶ ἀνακαλύψας, εὑρήσεις ὃ ζητεῖς.

III. xlvi. — ΠΕΡΙ ΔΙΑΦΟΡΑΣ ΧΑΛΚΟΥ ΚΕΚΑΥΜΕΝΟΥ

*Transcrit sur A, f. 249 v. — Toutes les variantes insérées dans le texte sont des
corrections conjecturales.*

1] Χαλκὸν κεκαυμένον ποιοῦσίν τινες διὰ θείου, ὡς αἱ τάξεις

---

4. F. l. γυμναζόμενος. — 6. M mg. : μάλαγμα, sur une ligne verticale, en lettres retournées. — τούτῳ M. — 7. ῥάκκος M ici et partout. — 11. F. l. καὶ τῷ π. τ. ἥ. μέσῳ. — 13. M mg. : πυροστάτης (1ʳᵉ main) avec renvoi à κυθρόπ. — 14. πυρρωθῇ M. Corr. conj. — 15. οὔσκην (sans accent) M. Le signe ῀ au-dessus de ce mot . — M mg. : πόμα (lire πῶμα) ἐστὶν κακάβου (l. κακκάβου), de la 1ʳᵉ main, avec renvoi à οὔσκην. Cp. Hésychius, *voce* ὑρτάνα, ὑρτάνη (même sens). — 17. ὃ ζητεῖς] ὄξη τρεῖς M. Corr. conj. — 19. Ce 1ᵉʳ § est une reproduction de III, xiii, avec quelques variantes, qui ont été reportées au passage cité.

τῶν ἄλλων λέγουσιν ἀσαφῶς, μόνος ὁ Δημόκριτος ἀφθόνως...

2] Αἰθάλη ἐστὶν δι' ἀμβίκων καιόμενον λεπτῷ πυρὶ κοβαθίων. Περὶ δὲ πήξεων τῶν κατασπωμένων σκωριδίων, τοῦτο ἐπεθύμησαν ἰδεῖν οἱ τῶν ἀρχαίων προφῆται, ἀλλ' ὅτι καὶ περὶ τῶν ψάμμων
5 πάντες φροντίζουσι. Ὅτι ἡ ὕλη τῶν σωμάτων τετρασωμία λέγεται. Ὅτι καὶ μόλυβδον μέλανα ἐπεθύμησαν ἰδεῖν οἱ Αἰγύπτιοι · ἐν δὲ τῇ ἐργασίᾳ ἐστὶν ἀπομέλανσις. Γίνωσκε δὲ ὅτι καὶ τὰ σκωρίδιά εἰσι τὸ ὅλον μυστήριον · μέλανα γὰρ οἴδασιν οἱ ἀρχαῖοι τὸν μόλυβδον ⟨ὅτι⟩ ἐστὶν ὁ ὑπὸ οὐσίας. Καὶ πῶς γίνεται; ἐὰν μὴ τὰ σώματα ἀσωμα-
10 τώσῃς καὶ ποιήσῃς τὰ δύο ἕν, οὐδὲν τὸ προσδοκώμενον ἔσται. Καὶ ἐὰν μὴ τὰ πάντα [τῷ] περιεκλεπτυνθῇ, καὶ ἡ αἰθάλη πνευματωθεῖσα καὶ πηχθῇ, οὐδὲν εἰς πέρας ἀχθήσεται · χαλκὸν δὲ μόλυβδον εἶναι αἱ οἰκονομίαι τῶν δύο σκωριῶν. Σκεύαζε δὲ ζωμὸν ἀπὸ μολύβδου · λαβὼν νίτρου μέρη δ', στυπτηρίας στρογγύλης μέρος α', μύσεως
15 μέρη δύο, ἅλατος καππαδοκικοῦ μέρη δ' · βάλε ἐν ὄξει λίαν δριμυ-τάτῳ, καὶ ποίησον ζωμόν · ἐν τούτοις γὰρ ἀποσκιάσεις τὰ πέταλα. οὕτως γὰρ ὁ ζωμὸς ἀρχὴ καὶ τέλος ἐδοκι-(f. 250 v.) μάσθη. Ἐὰν γὰρ ἴδῃς τὰ πάντα σποδὸν γινόμενα, τότε νόει ὅτι καλῶς ἐσκεύασας ταῦτα τῷ πυρί. Τοῦτο τὸ σκωρίδιον λείωσον καλῶς καὶ ἐξυδάτωσον
20 καὶ ἀπόπλυνον ἑξάκις καὶ ἑπτάκις ἐν γλυκοῖς ὕδασι καθ' ἑκάστην χωνείαν ποιῶν · διὰ γὰρ τῆς δυνάμεως τοῦ ψάμμου καὶ αἱ χωνείαι γίνονται · διὰ γὰρ ταύτης τῆς πλύσεως γλυκαίνεται τὸ σύνθεμα · μετὰ γὰρ τὸ τέλος τῆς ἰώσεως, ἐπιβολῆς γινομένης, γίνεται τοῦτο καὶ βεβαία ξάνθωσις · καὶ τοῦτο ποιῶν ἐκφέρεις ἔξω τὴν ἔνδον κε-
25 κρυμμένην. « Ἔκστρεψον γάρ, φησὶν, τὴν φύσιν, καὶ εὑρήσεις τὸ ζητούμενον · ἐκστρεφομένης τῆς φύσεως, οὐκέτι λευκὸν ὁρᾶται. »

1. ἀσαφῶς] σαφῶς M. Lu comme dans III, xiii. — 7. Cp. Olympiodore, II, iv, 37. — 10. Cp. Ol. § 40. — F. l. οὐδὲν τῶν προσδοκωμένων ἔσται, comme dans Ol. — 12. καὶ] F. l. μή. — 13. F. l. ⟨δηλοῦσιν⟩ αἱ οἰκ. — 14. Signe du cinabre au-dessus de στρογγύλης A. — 17. ἐδοκιμάσθην A. — Ἐὰν γὰρ ἴδῃς jusqu'à εὑρήσεις τὸ ζητ. (l. 26)] Olympiodore a cité ce passage (probablement de mémoire) en l'attribuant à Zosime (II, iv, 47). — 18. γὰρ] F. l. δέ. — 23. γινομένων A. — 25. ἐκφέρει A. — 26. φύσεις A.

III. xlvii. — ΖΩΣΙΜΟΥ ΠΕΡΙ ΟΡΓΑΝΩΝ ΚΑΙ ΚΑΜΙΝΩΝ

Transcrit sur M, f. 186 r. — *Collationné sur* K, f. 94 v. — *Contenu aussi dans le*
Vaticanus 1174, f. 42.

1] Ἡ τῆς ὁρωμένης καμίνου διαγραφὴ κεῖται, ἧς ὁ φιλόσοφος οὐκ
ἐμνημόνευσεν, εἰ μὴ μόνον πρισμάτων καὶ τῶν ἄλλων, περὶ ὧν ἠρέμα
ἐν τῷ περὶ ποσότητος πυρὸς ὑπομνήματι γεγράφηκα · ἑώρακα εἰς τὸ
5 ἱερὸν Μέμφιδος ἀρχαῖον κατὰ μέρος κειμένην τινὰ κάμινον, ἣν οὐδὲ
συνθεῖναι εὖρον οἱ μύσται τῶν ἱερῶν. Ἔρρωσο.

2] Πολλαὶ μὲν οὖν ὀργάνων κατασκευαὶ γεγραμμέναι εἰσὶν τῇ
Μαρίᾳ · οὐ μόνον ὑδάτων θείων, ἀλλὰ καὶ κηροτακίδων εἴδη πολλὰ
καὶ καμίνων. Τὰ οὖν τοῦ θείου ὄργανα πρὸ πάντων ἀναγκαῖον ἐκδοῦ-
10 ναι · μάλι- f. 186 v. στα ἐπειδὴ καὶ αὐτῶν πρὸ πάντων χρεία,
βῖκος ὑέλινος, σωλὴν ὀστράκινος, πῆγος, λωπὰς, ἄγγος στενόστομον,
ἐν ᾧ ἔστω ὁ σωλὴν εἰς τὸ πάγος τοῦ βικοστόμου αὐτοῦ. Καὶ ἄλλος
τρόπος κομιδῆς ὕδατος θείου · ἀλλ᾽ οὐχ ὡς τρίβικος ἔστω σωλὴν,
ἀλλ᾽ εἰς πυθμένα χαλκείου ἐντεθεὶς μήκους πήχεως ἢ ἑνὸς ἥμισυ ·
15 τῷ αὐτῷ τρόπῳ καὶ βῖκος εἷς, καὶ ὑποκάτω λωπὰς θείου ἀπύρου,
καὶ συναρμόσας, κάε. Ὁ δὲ τύπος οὗτος. Ἔχειν δὲ δεῖ ἐπὶ ὅλων
κρατῆρα ὕδατος καὶ περιψᾶν σπόγγῳ τὸ ἄγγος.

3] Καὶ ἐπὶ τῶν θείων τινὲς τῷ φανῷ ⟨χρῶνται⟩ καὶ τοῖς ὁμοίοις
ὀργάνοις τοῖς ἔχουσι κάθισμα ὡσεὶ δρακοντῶδες. Πήσσουσιν καὶ ὑδράρ-
20 γυρον ξανθὴν αὐτὴν καθ᾽ ἑαυτὴν διὰ τῆς τοῦ θείου ἀναθυμιάσεως ·
τῶν ἀρχαίων γραφῶν, τοῦτο παρέγνωσαν, ἀμοιροῦντος μέντοι γε τοῦ
φανοῦ κρύβοντες. Καὶ ἐθαύματα ἐπὶ ταύτῃ τῇ γραφῇ καὶ ὅτι δύο
μυστήρια ἐν αὐτῇ ἐκρύβη φανερά. Καὶ οὐ ζητοῦμεν [ὅτι] πῶς τοῦ
θείου ἀπύρου λευκὴ οὖσα καὶ πάντα λευκαίνουσα μόνη τῇ ὑδραργύρῳ

---

1. Cp. III, l, 4. — 2. Lire πρόκειται
(leçon de III, l. 4). — 9. ὄργανα] der-
nier mot de ce morceau dans le Vat. —

11. βῆκος MK, ici et partout. — 13. ἔστω]
F. l. ἔσται. — 16. Lire καὶ. — 17. κρατῆ-
ραν MK. — 24. F. l. τὴν ὑδράργυρον ξανθήν.

ξανθὸν ἀναδείκνυσιν μή τοι γε καῦσις αὕτη τούτῳ, ἔτι δὲ καὶ αὕτη
λευκὴ οὖσα καὶ δυνάμει καὶ ἐνεργείᾳ, καὶ ὑπὸ λευκοῦ καιομένη,
πηγνυμένη, πῶς ἐξέρχεται ξανθόν. Ἔδει οὖν πρό γε πάντων τοὺς
νέους ταῦτα ζητεῖν, τὸ δὲ ἕτερον μυστήριον μὴ μόνον μετ' αὐτοῦ
5 πήγνυσθαι, ἀλλὰ μεθ' ὅλου τοῦ συνθέματος.

4] Ἐγέλασα δὲ εἰς ἐξάκουστον γράφων ταύτην τὴν τάξιν λέγου-
σαν. Ἐχέτω ἡ λωπὰς, φησὶν, μνᾶν θείου ἀπύρου · καὶ ἐθαύμασα καὶ
ἐν τούτῳ ὅτιπερ οὐκ ἀνεχομένη [ἢ] τοῦ φθόνου ἠξιώσας καὶ τοῦτο
γραφῆναί σοι · κατέγνως μάτην τούτου φύσιν · οὐ γὰρ ἐνόησας τί
10 εἶπεν · καὶ ἐν τοῖς προτέροις ὑπομνήμασιν εἶπον ὅτι τῶν ὑδάτων
ποίησιν οὐκ εἶπον, ἀλλ' ἄρσιν · ἕτερον γὰρ ποίησις καὶ ἕτερον ἄρ-
[f. 187 r.) σις. Τὴν ἄρσιν ⟨ἕκαστος⟩ αὐτῶν εἶπεν ἀφθόνως · τὴν δὲ
ποίησιν οὐδεὶς αὐτῶν ἐξέθετο · τοῦτο γὰρ ἦν τὸ ἐμφανὲς μυστήριον,
τουτέστιν τὸ σφόδρα κεκρυμμένον. Ἡ μὲν ἄρσις τοιάδε, ἡ διὰ τού-
15 των τῶν ὀργάνων · ἡ δὲ ποίησις, ἤτοι σύνθεσις τούτου τοῦ ὕδατος,
ἐν τῇ κατὰ πλάτος ἐκδόσει τοῦ ἔργου συγγέγραπται.

5] Ἐξῆς καὶ τρίβικον συγγράψω. Ποίησον ἐκ χαλκοῦ ἐλατοῦ,
φησὶν, σωλῆνας τρεῖς · λεπτὸν τὸ ἔλασμα, ἐχέτω ἠθμοῦ πάχος ἢ
μικρὸν παχύτερον ὡσεὶ χαλκοῦ ἑνὸς ἥμισυ πάχος. Ποίησον οὖν
20 σωλῆνας τρεῖς τοιούτους, καὶ ποίησον χαλκεῖον μακρὸν πήχεως, ἔχον
τὸ μῆκος παλαιστὴν, ἄνοιγμα δὲ τοῦ χαλκείου σύμμετρον · οἱ δὲ
τρεῖς σωλῆνες ἔχοντες τὸ ἄνοιγμα, οἷον τράχηλον βίκου κούρου.
Ἱλαροῦντος δὲ ἀντίχειρας δύο εἶναι λιχανοὺς αὐταῖς ταῖς δυσὶ συνα-
ρηρότας ἐκ πλευρῶν τοῦ χαλκείου περὶ τὸν πυθμένα · ἐν ᾧ πυθμένι

---

1. F. l. μὲν τοί γε. — αὐτῇ MK. Corr.
conj. — 6. M mg. : groupe de quatre
cercles accolés, avec point à leurs cen-
tres, et rejoints deux à deux par un angle.
C'est peut-être un renvoi à III, ι., 3. —
9. τούτου φύσιν] F. l. τοῦ φιλοσόφου. Cp.
III, ι., 3. — 13. F. l. ἀφανὲς. — 16. Cp.
III, xvi, 10-12. — 17. Cp. III, ι., 1. —
18. λεπτόν] λίπανον MK. Corrigé d'après
III, ι, 1, leçon de B. — ἠθμοῦ MK. F. l.
σταθμοῦ, comme III, ι., 1. — 19. χαλκοῦ]
F. l. χαλκείου vel χαλκίου. — 20. ἔχων MK.
— 21. μῆκος] F. l. βάθος (mot suppléé
dans III, ι., 1). — 22. ἔχοντες] F. l. ἔχουσι.
— 23. Ἱλαροῦντος] Ce mot n'offre ici aucun
sens. F. l. ἱλαρίῳ. — Réd. proposée,
d'après le texte de III, ι, 1 : οἷον
τράχηλον βίκου κούρου · ἱλαρίῳ δὲ τοὺς
ἀντίχειρας δύο εἶναι λιχανοὺς αὐτοῦ τοῖς δυσὶ
συναρηρότας...

τρεῖς τρώγλαι προσαρμόζουσαι τοῖς σωλῆσιν καὶ ἁρμοσθέντες προσ-
κολλάσθωσαν, παραδόξως τοῦ ἄνωθεν πνεῦμα ἔχοντος · καὶ ἐπίθες τὸ
χαλκεῖον ἐπάνω λωπάδος ὀστρακίνης, ἐχούσης τὸ θεῖον · συμπηλώσας
τὰς συμβολὰς στέατι ἄρτου, ἔνθες ἐπὶ τὰ ἄκρα τῶν σωλήνων βίκους
5 ὑελίνους μεγάλους, παχεῖς, ἵνα μὴ ῥαγῶσιν ἀπὸ τῆς θέρμης τοῦ
ὕδατος. Καὶ κομίζου τὸ ἀναβαῖνον ἐν οἷς φάσκει ὁ φιλόσοφος αἴρεσ-
θαι τὸ ὕδωρ.

6] Τὸ δὲ γίγνεσθαι ἢ συντίθεσθαι οὐκ ὀκνήσω σοι γράψαι, δέσ-
ποινα · ἔχει δὲ ἡ ποίησις τῶν ὑδάτων οὕτως. Ὕδωρ θείου, ἀρσενίκου,
10 σανδαράχης, νεφέλη, ὕδωρ φέκλης, ὕδωρ ἀσβέστου, ὕδωρ σποδο-
κράμβης, ὕδωρ στυπτηρίας, οὔρου, γάλακτος ὀνείου, αἰγείου · κυνὸς
γάλα πολλάκις καὶ βόειον ἢ γυναικὸς ἀρσενοτόκου, κατὰ τὸν Ἀγαθο-
δαίμονα, καὶ ὄξος καὶ ὕδωρ θαλάσσιον καὶ μέλι, καὶ κίκινον ἢ γρὺ,
καὶ οὖρον (f. 187 v.) ἄφθορον, καὶ κόμμι. Γίνεται δὲ οὕτως · ἕκαστον
15 ὕδωρ ὡς ἄλμη δικαία · ἐπὶ δὲ τῶν σποδῶν ὡς ἡ σαπωναρικὴ στάκτη,
ἥντινα ἐν τοῖς γραφικοῖς τῶν χειροτμήτων σοι προσεφώνησα. Ἐὰν δὲ
μὴ δυνηθῇς συντιθέναι τῇ κοτύλῃ τοῦ ὕδατος εἴδους γ° α΄, οἷον θείου
γ° α΄, ὕδατος καθαροῦ γ° α΄, ἀρσενίκου γ° α΄, ὕδατος κ° α΄, δο (?) γ°
α΄, ὕδατος κ°, φέκλης ὀπτῆς, ἀποσβεσθείσης εἰς ὄξος, ἀσβέστου ἀποσ-
20 βεσθείσης εἰς οὐρόγαλον κ° α΄, στυπτηρίας γ° λυθείσης εἰς ὕδωρ θαλάσ-
σιον κ° α΄, καὶ νίτρου πυρροῦ ὁμοίως · καὶ ἐψήσας ἰδίᾳ ⟨καὶ⟩ ὁμοῦ
τὰ ὕδατα ὀλίγον, ἵνα τὴν δύναμιν λάβῃ, ἀποσειρωσον ἢ ἀπόσταξον
εἰς ἄλλην χύτραν, συνεμβάλλων τὸ μέλι καὶ τὸ ἔλαιον. Καὶ ἐὰν μὲν
λευκοῦ θείου χρεία, συλλείου τῷ ὕδατι γῆν χείαν, ἀστερίτην, ἀφρο-
25 σέληνον ὀπτὸν κοπτικὸν, ταμία, καρικὴ, κιμωλία ἢ στιλβάδα · καὶ
βαλὼν εἰς χύτραν [καὶ] κυάνεον γενόμενον τὸ ὕδωρ · μάρμαρον ἐκ

---

2. παραδόξοστοῦ M : παραδόξως τοῦ K.
F. l. παραλόξως (mot supposé) τοῦ. (On
connaît παραλοξαίνω). — 9. Cp. III, xxv,
1. — 14. ἀφθόρων MK. — 16. F. l. χει-
ροτμημάτων. (Cp. III, xxxix, 3 ; li, 1.) —
Ἐὰν δὲ... Cp. III, xvi, 15. — 18. δο]

C'est peut-être une altération du signe
de la sandaraque, lequel dans BA res-
semble à un Λ terminé par deux boucles.
La confusion était possible dès le xi⁰
siècle. — 21. πυρροῦ MK. — 24. M mg. :
χεία. — 26. γενόμενον MK, ici et partout.

τῆς γῆς βάλλε καὶ μύσι ὠμὸν, καὶ ἄλλο μέρος ἀσβέστου, ἵνα εἰς μέρη
β΄, κατὰ τὰς τῶν ἀρχαίων γραφὰς, ἵνα λέγηται τοῦτο τὸ δι᾽ ἀσβέστου ·
καὶ ἐπίθες τὸ ὄργανον τῇ χύτρᾳ, καὶ ἀνακόμιζε τὸ ὕδωρ, καὶ χρῶ.

7] Τὸ δὲ ξανθὸν ὕδωρ γίνεται οὕτως. Εἰς πάντα τὰ ὕδατα κατὰ
5 τὴν συσταθμίαν τὴν πρὸς τὴν δεδηλωμένην οὐκέτι λαμβάνουσαν
ἀσβέστου μέρη β΄, ἁλὸς α΄, καὶ ἀφεψήσασα ἓν ἕκαστον, καὶ συμμίξατα
συλλείου, οὐκέτι γᾶς λευκὰς, ἀλλὰ ξανθὰς γᾶς · ξανθὸν γὰρ ὕδωρ
βουλόμεθα. Αἱ δὲ γαῖ εἰσιν ὤχρα ἀττικὴ καὶ σίνωπις ποντικὴ καὶ
μύσι ὀπτὸν, καὶ χάλκανθος ὀπτὴ, καὶ τὰ ὅμοια, βοτάναι πᾶσαι ἃς
10 οἴδασι κοινῶς · καὶ λέκιθος, καὶ ὠῶν κρόκος, καὶ ἐλύδριον (f. 188 r.)
τὸ διπλοῦν. Τὰς μὲν πόας οὐ συνενοῖς τῷ ὕδατι, ἀλλὰ μόνον τὰς
γᾶς. Καὶ μεταβάλλουσα ὡς ἔθος ἐστὶν λωπάδα, σύμβαλε τὰς βοτάνας,
καὶ ἔψει τετράκις ἢ πεντάκις, ἐπιθεῖσα ἐν τῷ ὀργάνῳ, καὶ ἀνακόμιζε
τὸ ὕδωρ καὶ χρῶ μετὰ κόμμεως · καὶ ἀποσκεπάσασα, εὑρήσεις τὰς
15 πόας κατακαείσας, ἀλλὰ καὶ ἀφιείσας τὸ ἴδιον βάμμα, ἤτοι τὸ ἴδιον
πνεῦμα · τούτου τοῦ ὕδατος τοῦ θείου τὸ ἄθικτον ἔχει δύναμιν καὶ
φύσιν, ἐὰν ζεστῷ τῷ ὕδατι ἐπιβάψῃς ἄργυρον, ἔστω ἀνεξάλειπτον.
Ἔρρωσο.

III. xlviii. — ΠΟΙΗΣΙΣ ΕΚ ΤΟΥΤΙΑΣ ΑΡΓΥΡΟΥ

Transcrit sur M, f. 188 r. (*main du* xvᵉ-xviᵉ *siècle.*) — *Collationné sur* K, f. 96 r.

20 ⟨Λαβὼν⟩ τουτίας Ϲϒ κ΄, τρίψον ἕως ἂν γένηται χρυσός · καὶ θείου
ἀπύρου Ϲϒ ε΄, τρίψον ἕως ἂν γένηται μόλυβδος. Εἶτα ὠῶν Ϲ λευκὰ
λαβὼν, σμήξας, βάλε εἰς βικίον, καὶ ἔψει νυχθήμερα ϛ΄. Καὶ ἐκβα-

---

2. ἵνα λέγηται M, leçon à retenir si l'on
prend ἵνα dans le sens de *où*. — F. l. διάσ-
βεστον (*M. B.*). — 5. πρὸς τὴν] F. l. πρόσθεν.
— 8. Cp. III, xvi, 4. — 10. λέκυθος; MK.
— 13. ἔψει Δ΄ ἢ Π², MK. Corr. conj.
(*M. B.*). — F. l. ἔψει δ΄ ἢ Μ² scil. ἡμέρας;
(*C. E. R.*) — 15. κατακαείσας] MK. Corr.
conj. — 17. ἔστω] F. l. ἔσται. — 20. Ϲϒ]
Ϲϒ K, abréviation de ἑξάγιον, 6ᵉ partie
de l'once. Cp. du Cange, Glossarium
infimæ græcitatis, et H. Estienne, The-
saurus, éd. Didot, *voce* Ἑξάγιον.

λῶν ἐὰν κόπτηται, αὖθις βαλὼν ἕψει ἡμέραν α΄. Εἶτα λαβὼν χαλκοῦ
Ϛ ι΄, βάλε εἰς χώνην · καὶ ἐπίβαλε ἀπὸ τούτου κ° Ϛ · καὶ γίνε-
ται ἄργυρος.

III. xlix. — ΤΟΥ ΑΥΤΟΥ ΖΩΣΙΜΟΥ
5 ΠΕΡΙ ΟΡΓΑΝΩΝ ΚΑΙ ΚΑΜΙΝΩΝ ΓΝΗΣΙΑ ΥΠΟΜΝΗΜΑΤΑ
ΠΕΡΙ ΤΟΥ Ω ΣΤΟΙΧΕΙΟΥ

*Transcrit sur M, f. 189 r. — Collationné sur K, f. 97 r.; —sur d'autres manuscrits
à partir du § 14 (voir ci-après).*

1] Τὸ Ω στοιχεῖον στρογγύλον τὸ διμερὲς, τὸ ἀνῆκον τῇ ἑβδόμῃ
Κρόνου ζώνῃ, κατὰ τὴν ἔνσωμον φράσιν · κατὰ γὰρ τὴν ἀσώματον
ἄλλο τί ἐστιν ἀνερμήνευτον. Ὁ μόνος Νικόθεος κεκρυμμένος οἶδεν ·
10 κατὰ δὲ τὴν ἔνσωμον τὸ λεγόμενον ὠκεανός, θεῶν, φησὶ, πάντων γένεσις
καὶ σπορὰ, καθάπερ, φησὶν, αἱ μοναρχικαὶ τῆς ἐνσώμου φράσεως. Τὸ
δὲ λεγόμενον μέγα καὶ θαυμαστὸν Ω στοιχεῖον περιέχει τὸν περὶ ὀργά-
νων ὕδατος θείου λόγον, καὶ καμίνων πασῶν μηχανικῶν [καὶ ἁπλῶν]
καὶ ἁπλῶς πασῶν.

15 2] Ζώσιμος Θεοσεβείῃ ευηειαει. Αἱ καιρικαὶ καταβαραὶ, ὦ
γύναι, εἰς χλευασμὸν ἐποίησαν τὴν περὶ καμίνων βίβλον. Πολλοὶ γὰρ
εὐμένειαν ἐσχηκότες παρὰ τοῦ ἰδίου δαιμονίου, ἐπιτυγχάνειν τῶν καιρι-
κῶν ἐχλεύασαν, καὶ τὴν περὶ καμίνων καὶ ὀργάνων βίβλον ὡς οὐκ
οὖσαν ἀληθῆ. Καὶ οὐδεὶς λόγος αὐτοὺς ἀποδεικτικὸς ἔπεισεν ὅτι
20 ἀλήθειά ἐστιν, εἰ μὴ αὐτὸς ὁ ἴδιος αὐτῶν δαίμων, κατὰ τοὺς χρόνους
τῆς αὐτῶν εἱμαρμένης μεταβληθεὶς, παραλαβόντος αὐτοῦ, κακοποιοῦ
δὲ εἰπεῖν · καὶ τῆς τέχνης καὶ τῆς εὐδαιμονίας αὐτῶν πάσης κωλυ-

---

7. M mg. : ὁ λγ (λόγος?) μῦθος, d'une
encre grise. — 9. F. l. κεκρυμμένως. —
15. ευηειαει M ; εὐήει άει K. F. l. χαίρειν (?).

Cp. III, li, 1. — καιρικαὶ] κερικαὶ MK :
Cp. III, li, 1. Rapprocher aussi le § 11
du présent morceau.

θείσης, καὶ ἐφ ' ἑκάτερα τραπέντων τῶν αὐτῶν τύχῃ ῥημάτων, μόλις
ἐκ τῶν ἐναργῶν τῆς εἱμαρμένης αὐτῶν ἀποδείξεων, ὡμολόγησαν εἶναί
τι, καὶ μετ ' ἐκείνων ὧν πρότερον ἐφρόνουν. Ἀλλ ' οἱ τοιοῦτοι οὐκ
ἀποδεκτέοι οὔτε παρὰ Θεῷ οὔτε φιλοσόφοις ἀνθρώποις · πάλιν γὰρ τῶν
5 χρόνων σχηματισθέντων κατὰ τοὺς (f. 189 v.) λεπτοὺς χρόνους, καλῶς
καὶ τοῦ δαιμονίου σωματικῶς αὐτοὺς εὐεργετοῦντος, πάλιν μεταβάλλεται
ἐφ ' ἑτέραν ὁμολογίαν, τῶν προτέρων ἐναργῶν πραγμάτων πάντων
λελησμένοι, πάντοτε τῇ εἱμαρμένῃ ἀκολουθοῦντες, καὶ εἰς τὰς λεγο-
μένας καὶ εἰς τὰ ἐναντία, μηδὲν ἕτερον τῶν σωματικῶν φανταζόμενοι,
10 ἀλλὰ τὴν εἱμαρμένην. Τοὺς τοιούτους δὲ ἀνθρώπους ὁ Ἑρμῆς ἐν τῷ
περὶ φύσεων ἐκάλει ἄνοας, τῆς εἱμαρμένης μόνους ὄντας πομπάς, μηδὲν
τῶν ἀσωμάτων φανταζομένους, μήτε αὐτὴν τὴν εἱμαρμένην τοὺς
αὐτοὺς ἄγουσαν δικαίως, ἀλλὰ τοὺς δυσφημοῦντας αὐτῆς τὰ σωμα-
τικὰ παιδευτήρια, καὶ τῶν εὐδαιμόνων αὐτῆς ἐκτός, ἄλλο φανταζο-
15 μένους.

3] Ὁ δὲ Ἑρμῆς καὶ ὁ Ζωροάστρης τὸ φιλοσόφων γένος ἀνώ-
τερον τῆς εἱμαρμένης εἶπον, τῷ μήτε τῇ εὐδαιμονίᾳ αὐτῆς χαίρειν,
ἡδονῶν γὰρ κρατοῦσι, μήτε τοῖς κακοῖς αὐτῆς βάλλεσθαι, πάντοτε
ἐναυλίαν ἄγοντες, μήτε τὰ καλὰ δῶρα παρ ' αὐτῆς καταδεχόμενοι,
20 ἐπείπερ εἰς πέρας κακῶν βλέπουσιν. Διὰ τοῦτο καὶ ὁ Ἡσίοδος τὸν
Προμηθέα εἰσάγει τῷ Ἐπιμηθεῖ παραγγέλλοντα · τίνα οἴονται οἱ
ἄνθρωποι πασῶν μείζονα εὐδαιμονίαν ; γυναῖκα εὔμορφον, φησί,
σὺν πλούτῳ πολλῷ, καί φησι · μήτε δῶρον δέξασθαι παρὰ Ζηνὸς
Ὀλυμπίου, ἀλλ ' ἀποπέμπειν ἐξοπίσω, διδάσκων τὸν ἴδιον ἀδελφὸν
25 διὰ φιλοσοφίας ἀποπέμπειν τὰ τοῦ Διὸς, τουτέστι τῆς εἱμαρμένης
δῶρα.

4] (f. 190 r.) Ζωροάστρης δὲ εἰδήσει τῶν ἄνω πάντων καὶ μαγείᾳ
αὐγῶν, τῆς ἐνσώμου φράσεως φάσκει ἀποστρέφεσθαι πάντα τῆς εἱμαρ-

---

μένης τὰ κακά, καὶ μερικὰ καὶ καθολικά. Ὁ μέντοι Ἑρμῆς ἐν τῷ
περὶ ἀναυλίας διαβάλλει καὶ τὴν μαγείαν, λέγων ὅτι οὐ δεῖ τὸν πνευ-
ματικὸν ἄνθρωπον τὸν ἐπιγνῶντα ἑαυτόν, οὔτε διὰ μαγείας κατορ-
θοῦν τι, ἐὰν καὶ καλὸν νομίζηται, μηδὲ βιάζεσθαι τὴν ἀνάγκην, ἀλλ᾽
5 ἐᾶν ὡς ἔχει φύσεως καὶ κρίσεως · πορεύεσθαι δὲ διὰ μόνου τοῦ
ζητεῖν, ἑαυτὸν καὶ θεὸν ἐπιγνῶντα, κρατεῖν τὴν ἀκατονόμαστον τρι-
άδα · καὶ ἐᾶν τὴν εἱμαρμένην ὃ θέλει ποιεῖν, τῷ ἐᾶν τῇ σπηλῷ,
τουτέστιν τῷ σώματι. Καὶ οὕτως φησί · « Νοήσας καὶ πολιτευσά-
μενος θεάσῃ τὸν Θεοῦ υἱόν, πάντα γινόμενον τῶν ὁσίων ψυχῶν ἕνε-
10 κεν · ἵνα αὐτὴν ἐκσπάσῃ ἐκ τοῦ χώρου τῆς εἱμαρμένης ἐπὶ τὸν
ἀσώματον, ὅρα αὐτὸν γινόμενον πάντα, θεόν, ἄγγελον, ἄνθρωπον παθη-
τόν · πάντα γὰρ δυνάμενος πάντα ὅσα θέλει γίνεται, καὶ πατρὶ ὑπα-
κούει διὰ παντὸς σώματος διήκων, φωτίζων τὸν ἑκάστης νοῦν, εἰς
τὸν εὐδαίμονα χῶρον ἀνώρμησεν, ὅπουπερ ἦν καὶ πρὸ τοῦ τὸ σωμα-
15 τικὸν γενέσθαι, αὐτῷ ἀκολουθοῦντα καὶ ὑπ᾽ αὐτοῦ ὀρεγόμενον καὶ
ὁδηγούμενον εἰς ἐκεῖνο τὸ φῶς.

5] Καὶ βλέψαι τὸν πίνακα ὃν Κέβητος γράψας, καὶ ὁ τρίσ-
μεγας Πλάτων, καὶ ὁ μυριόμεγας Ἑρμῆς, ὅτι Θωῦθος ἑρμη-
νεύεται τῇ ἱερατικῇ πρώτῃ φωνῇ, ὁ πρῶτος ἄνθρωπος ἑρμηνεὺς
20 πάντων τῶν ὄντων, καὶ ὀνοματοπο-(f. 190 v.) ιὸς πάντων τῶν
σωματικῶν. Οἱ δὲ Χαλδαῖοι καὶ Πάρθοι καὶ Μῆδοι καὶ Ἑβραῖοι
καλοῦσιν αὐτὸν Ἀδάμ, ᾧ ἐστιν ἑρμηνεία γῆ παρθένος, καὶ γῆ
αἱματώδης, καὶ γῆ πυρά, καὶ γῆ σαρκίνη. Ταῦτα δὲ ἐν ταῖς βιβλιο-
θήκαις τῶν Πτολεμαίων ηὕρηνται · ὃν ἀπέθεντο εἰς ἕκαστον ἱερόν,
25 μάλιστα τῷ Σαραπείῳ, ὅτε παρεκάλεσεν Ἀσενὰν τῶν ἀρχιεροσολύ-
μων πέμψαντα Ἑρμῆν ὃς εἱρμήνευσε πᾶσαν τὴν Ἑβραΐδα ἑλλη-
νιστὶ καὶ αἰγυπτιστί.

---

2. F. 1. π. ἀναυλίας. Un des livres her-
métiques est intitulé περὶ σιγῆς. — 7. θέλειν
MK Corr. conj. — τῇ σπηλῷ] F. 1. τῷ
πηλῷ (M. B.). — 13. F. 1. ἑκάστου. — 14.
πρὸ τοῦτο MK. Corr. conj. — 17. καὶ βῖτος

MK. F. 1. Κέβης τι ἔγραψε. — 22. Cp.
Olympiodore (II, iv, 32). — 23. F. 1.
πυρρά. — 25. ἀσεναν M. — F. 1. ἀρχιερέα
Σολόμων. — 26. ἑρμήνευσε M. F. 1. ὁ ἑρμη-
νεύσας.

6] Οὕτως οὖν καλεῖται ὁ πρῶτος ἄνθρωπος ὁ παρ' ἡμῖν Θωύθ, καὶ παρ' ἐκείνοις Ἀδὰμ, τῇ τῶν ἀγγέλων φωνῇ αὐτὸν καλέσαντες. Οὐ μὴν δὲ ἀλλὰ καὶ συμβολικῶς διὰ τεσσάρων στοιχείων ἐκ πάσης τῆς σφαίρας αὐτὸν εἰπόντες κατὰ τὸ σῶμα. Τὸ γὰρ ἄλφα αὐτοῦ στοι-
5 χεῖον ἀνατολὴν δηλοῖ, τὸν ἀέρα · τὸ δὲ δέλτα αὐτοῦ στοιχεῖον δύσιν δηλοῖ τὴν κάτω καταδύσασαν διὰ τὸ βάρος · τὸ δὲ Μ στοιχεῖον μεσημβρίαν δηλοῖ, τὸ μέσον τούτων τῶν σωμάτων πεπαντικὸν πῦρ τὸ εἰς τὴν μέσην τετάρτην ζώνην. Οὕτως οὖν ὁ σάρκινος Ἀδὰμ κατὰ τὴν φαινομένην περίπλασιν Θωὺθ καλεῖται · ὁ δὲ ἔσω αὐτοῦ ἄνθρωπος
10 ὁ πνευματικός, ⟨ὄνι⟩ καὶ κύρομα ἔχειον καὶ προσηγορικόν. Τὸ μὲν οὖν κύριον ἀγνοῶν διὰ τὸ τέως · μόνος γὰρ Νικόθεος ὁ ἀνεύρετος ταῦτα οἶδεν · τὸ δὲ προσηγορικὸν αὐτοῦ ὄνομα φῶς καλεῖται, ἀφ' οὗ καὶ φῶτας παρηκολούθησε λέγεσθαι τοὺς ἀνθρώπους.

7] Ὅτε ἦν φῶς ἐν τῷ Παραδείσῳ διαπνεόμενος ὑπὸ τῆς εἱμαρ-
15 μένης, ἔπεισαν αὐτὸν ὡς ἄκακον καὶ ἀνενέργητον ΄f. 191 r.΄ ἐνδύσασθαι τὸν παρ' αὐτοῦ Ἀδὰμ, τὸν ἐκ τῆς εἱμαρμένης, τὸν ἐκ τῶν τεσσάρων στοιχείων. Ὁ δὲ διὰ τὸ ἄκακον οὐκ ἀπεστράφη. Εἰ δὲ ἐκαυχῶντο ὡς δεδουλαγωγημένου αὐτοῦ τὸν ἔξω ἄνθρωπον, δεσμὸν εἶπεν ὁ Ἡσίοδος, ὃν ἔδησεν ὁ Ζεὺς τὸν Προμηθέα. Εἶτα μετὰ
20 ⟨τοῦτον⟩ τὸν δεσμὸν, ἄλλον αὐτῷ δεσμὸν ἐπιπέμπει τὴν Πανδώρην ἣν οἱ Ἑβραῖοι καλοῦσιν Εὔαν. Ὁ γὰρ Προμηθεὺς καὶ Ἐπιμηθεὺς εἷς ἄνθρωπός ἐστι κατὰ τὸν ἀλληγορικὸν λόγον, τουτέστι ψυχὴ καὶ σῶμα. Καὶ ποτὲ μὲν ψυχῆς ἔχει εἰκόνα ὁ Προμηθεὺς, ποτὲ δὲ νοός, ποτὲ δὲ σαρκὸς, διὰ τὴν παρακοὴν τοῦ Ἐπιμηθέως ἣν παρήκουσεν
25 τοῦ Προμηθέως τοῦ ἰδίου ⟨ἀδελφοῦ⟩ · φησὶ γὰρ ὁ νοῦς ἡμῶν · ὁ δὲ υἱὸς τοῦ Θεοῦ πάντα δυνάμενος, καὶ πάντα γινόμενος, ὅτε θέλει, ὡς θέλει φαίνει ἑκάστῳ · Ἀδὰμ προσῆν Ἰησοῦς Χριστὸς ⟨ὃς⟩ ἀνήνεγκεν, ὅπου καὶ τὸ πρότερον διῆγον φῶτες καλούμενοι.

8] Ἐφάνη δὲ καὶ τοῖς πάνυ ἀδυνάτοις ἀνθρώποις, ἄνθρωπος γεγονὼς

---

2. F. l. καλέσαντι. — 11. F. l. ἀγνοοῦμεν εἰς τὸ τέως. — 19. Cp. Hésiode, Théo- | gonie. vers 521. — 21. γάρ] F. l. δὲ. — 27. F. l. προσῆν Ἰ. Χ. ἀνήνεγκε.

παθητὸς καὶ ῥαπιζόμενος, καὶ λάθρα τοὺς ἰδίους φῶτας συλήσας, ἅτε
μηδὲν παθών, τὸν δὲ θάνατον δείξας καταπατεῖσθαι, καὶ ἐῶσθαι καὶ ἕως
ἄρτι καὶ τοῦ τέλους τοῦ κόσμου τόποισι λάθρα, καὶ φανερὰ συλλῶν τοῖς
ἑαυτοῦ, συμβουλεύων αὐτοῖς λάθρα καὶ διὰ τοῦ νοὸς αὐτῶν καταλλαγὴν
5 ἔχειν τοῦ παρ᾽ αὐτῶν Ἀδάμ, κοπτομένου καὶ φονευομένου παρ᾽ αὐτῶν
τυφληγοροῦντος καὶ διαζηλουμένου τῷ πνευματικῷ καὶ φωτεινῷ
ἀνθρώπῳ, τὸν ἑαυτῶν Ἀδὰμ ἀποκτείνουσι.

9] Ταῦτα δὲ γίνεται ἕως οὗ ἔλθῃ ὁ ἀντίμιμος δαίμων, δι᾽ οὗ ζηλού-
μενος αὐτοῖς καὶ θέλων ὡς τὸ πρώην πλανῆσαι λέ- [f. 191 v.) γων
10 ἑαυτὸν υἱὸν Θεοῦ, ἄμορφος ὢν καὶ ψυχῇ καὶ σώματι. Οἱ δὲ φρονιμώτεροι
γενόμενοι ἐκ τῆς καταλήψεως τοῦ ὄντως υἱοῦ τοῦ Θεοῦ, διδοῦσιν αὐτῷ
τὸν ἴδιον Ἀδὰμ εἰς φόνον τὰ ἑαυτῶν φωτεινὰ πνεύματα, σώζοντες ἴδιον
χῶρον ὅπουπερ καὶ πρὸ κόσμου ἦσαν. Πρὶν ἢ δὲ ταῦτα τολμῆσαι, τὸν
ἀντίμιμον, τὸν ζηλωτὴν, πρῶτον ἀποστέλλει αὐτοῦ πρόδρομον ἀπὸ τῆς
15 Περσίδος, μυθοπλάνους λόγους λαλοῦντα, καὶ περὶ τὴν εἱμαρμένην
ἄγοντα τοὺς ἀνθρώπους. Εἰσὶ δὲ τὰ στοιχεῖα τοῦ ὀνόματος αὐτοῦ ἐννέα,
τῆς διφθόγγου σωζομένης, κατὰ τὸν τῆς εἱμαρμένης ὅρον. Εἶτα μετὰ
περιόδους πλέον ἢ ἔλαττον ἑπτά, καὶ αὐτὸς ἑαυτῷ φύσει ἐλεύσεται.

10] Καὶ ταῦτα μόνοι Ἑβραῖοι καὶ αἱ ἱεραὶ Ἑρμοῦ βίβλοι περὶ τοῦ
20 φωτεινοῦ ἀνθρώπου καὶ τοῦ ὁδηγοῦ αὐτοῦ υἱοῦ Θεοῦ, καὶ τοῦ γηίνου
Ἀδάμ, καὶ τοῦ ὁδηγοῦ αὐτοῦ ἀντιμίμου τοῦ δυσφημίᾳ λέγοντος ἑαυτὸν
εἶναι υἱὸν Θεοῦ πλάνη. Οἱ δὲ Ἕλληνες καλοῦσιν γήιον Ἀδὰμ
Ἐπιμηθέα συμβουλευόμενον ὑπὸ τοῦ ἰδίου νοῦ, τουτέστι τοῦ ἀδελφοῦ
αὐτοῦ μὴ λαβεῖν τὰ δῶρα τοῦ Διός. Ὅμως καὶ σφαλεὶς καὶ μετανοήσας
25 καὶ τὸν εὐδαίμονα χῶρον ζητήσας, πάντα ἑρμηνεύει καὶ πάντα συμβου-
λεύει τοῖς ἔχουσιν ἀκοὰς νοεράς · οἱ δὲ τὰς σωματικὰς ἔχοντες μόνον

2. δείξας] F. l. δόξας. — 3. τόποις ἰλάθρα
M. — συλλῶν] F. l. συλλαλῶν. — 10. φρο-
νιμώτερον γενάμενοι MK. — 11. δίδωσιν
MK. — 13. πρινὶ K (forme plus mo-
derne). — 16. M mg. : ση´, 1ʳᵉ main. —
Le mot de neuf lettres ne serait-il pas
φαοσφόρος (Lucifer, prince des démons
« la diphthongue (αο) étant conser-
vée » ? (Voir la note de la traduction.)
— 18. περιόδου MK. Corr. conj. — F. l.
ἑαυτοῦ — 21. λέγωντος MK. — 23. Cp.
Hésiode, Op. et D., l. c.

ἀκοὰς τῆς εἱμαρμένης εἰσί, μηδὲν ἄλλο καταδεχόμενοι ἢ ὁμολο-
γοῦντες.

11] Ὅσοι τὰς καιρικὰς ⟨ποιοῦσι καταβαρὰς⟩ εὐτυχοῦντες οὐδὲν
ἕτερον λέγουσι, τῆς τέχνης χλευάζοντες, ἢ τὴν μεγάλην περὶ καμίνων
5 βίβλον · καὶ f. 192 r. οὐδὲ τὸν ποιητὴν κατανοοῦσι λέγοντα ·

ἀλλ ' οὔπως ἅμα θεοὶ δόσαν ἀνθρώποισι

καὶ τὰ ἑξῆς. Καὶ οὐδὲν ἐνθυμοῦνται οὔτε βλέπουσι τὰς τῶν ἀνθρώπων
διαγωγάς, ὅτι καὶ εἰς μίαν τέχνην ἄνθρωποι διαφόρως εὐτυχοῦσι, καὶ
διαφόρως τὴν μίαν τέχνην ἐργάζονται, διὰ τὰ ἤθη καὶ διάφορα σχή-
10 ματα τῶν ἀστέρων μίαν τέχνην ποιεῖ. Καὶ τὸν μὲν ἄγων τεχνίτην,
τὸν δὲ μόνον τεχνίτην, τὸν δὲ ὑποβεβηκότα, τὸν δὲ χείρονα, ⟨τὸν δ ' ⟩
ἀπρόκοπον, οὕτως ἐστὶν ⟨εὑρεῖν⟩ ἐπὶ πασῶν τῶν τεχνῶν καὶ διαφόροις
ἐργαλείοις καὶ ἀγωγαῖς τὴν αὐτὴν τέχνην ἐργαζομένους καὶ διαφόρους
ἔχοντας τὸ νοερὸν καὶ ἐπιτευκτικόν.

15 12] Καὶ μάλιστα ὑπὲρ πάσας τὰς τέχνας, ἐν τῇ ἱερατικῇ ταῦτά
ἐστι θεωρῆσαι. Φέρε εἰπεῖν κατεαγότος ὀστέου, ἐὰν εὑρεθῇ ἱερεὺς ὃς
τόδε διὰ τῆς ἰδίας δεισιδαιμονίας ποιῶν, κολλᾷ τὸ ὀστοῦν, ὥστε καὶ
τρισμὸν ἀκοῦσαι συνερχομένων εἰς ἄλληλα τῶν ὀστέων. Ἐὰν δὲ μὴ
εὑρεθῇ ἱερεύς, οὐ μὴ φοβηθῇ ἄνθρωπος ἀποθανεῖν, ἀλλὰ φέρωνται
20 ἰατροὶ ἔχοντες βίβλους κατὰ ζωγράφους γραμμικὰς σκιαστὰς ἐχούσας
γραμμάς · καὶ ὁσκιδηποτοῦν εἰσι γραμμαί, καὶ ἀπὸ βιβλίου περι-
δεσμεῖται ὁ ἄνθρωπος μηχανικῶς καὶ ζῇ χρόνον ⟨τινὰ⟩, τὴν ὑγείαν
πορισάμενος · καὶ οὐδήπου ἐφίεται ἄνθρωπος ἀποθανεῖν διὰ τὸ μὴ
εὑρηκέναι ἱερέα ὀστοδέτην. Οὗτοι δὲ ἀποτυχόντες τῷ λιμῷ τελευτῶσι
25 μὴ καταξιοῦντες τὴν ὀστοδητικὴν τῶν καμίνων διαγραφὴν νοῆσαι καὶ
ποιῆσαι, ἵνα μακάριοι γενόμενοι νικήσωσι πενίαν, τὴν ἀνίατον νόσον.
Καὶ ταῦτα μὲν ἐπὶ τοσοῦτον.

---

3. F. suppl. ὅσοι ⟨δὲ⟩. — Guillemets dans M jusqu'à la ligne contenant ἀνθρώποισι. — 6. On ne retrouve ce frag- | ment de vers ni dans Homère ni dans Hésiode. — 10. ἄγων] F. l. ἀργόν. — 13. F. l. διαφόρως. — 19. φέρονται MK. Corr. conj.

13] Ἐγὼ δὲ ἐπὶ (f. 192 v.) τὸ προκείμενον ἐλεύσομαι, ὡς ἔστι
περὶ ὀργάνων. Λαβὼν γάρ σου τὰς ἐπιστολὰς ἃς ἔγραψας, εὑρόν σε
παρακαλοῦσαν ὅπως καὶ τὴν τῶν ὀργάνων ἔκδοσίν σοι συγγράψω.
Ἐθαύμασα δέ σε ὅτιπερ καὶ τὰ μὴ ὀφείλοντα συγγράφεις τυχεῖν
5 παρ' ἐμοῦ, ἢ οὐκ ἤκουσας τοῦ φιλοσόφου λέγοντος ὅτι « ταῦτα ἐκὼν
παρεσιώπησα διὰ τὸ ἀφθόνως αὐτὰ ἐγκεῖσθαι καὶ ἐν ταῖς ἄλλαις μου
γραφαῖς. Σὺ δὲ παρ' ἐμοῦ ταῦτα μαθεῖν ἠβουλήθης · ἀλλὰ μὴ οἴου
ἀξιοπιστότερον ἐμὲ τῶν ἀρχαίων ξυγγράψαι. Γίνωσκε ὡς οὐκ ἂν
δυναίμην. Ἀλλ' ἵνα καὶ πάντα τὰ παρ' ἐκείνων λαληθέντα νοήσωμεν
10 τοίνυν τὰ παρ' ἐκείνων σοι ὑποθήσω. Ἔχει δὲ οὕτως.

*Les paragraphes suivants (14-fin) ont été collationnés sur B, f. 82 v.; — sur C,
f. 56 r.; — sur A, f. 80 v. (= A ou A¹); — sur A, f. 220 r. (= A²); — sur K,
(continuation du texte précédent).*

14] Βῖκος ὑέλεος, σωλὴν ὀστράκινος μῆκος πήχεως ἑνός. Λωπὰς
ἢ ἄγγος στενόστομον ἐν ᾧ ἢ τῷ σωλῆνι τὸ πάχος βικίῳ τῷ στόματι
αὐτοῦ. Ὁ δὲ τύπος ⟨οὗτος⟩. Ἔχειν δὲ δεῖ ἐπίλιθον κρατηρίαν
ὕδατος, καὶ παραψᾶν σπόγγῳ τὸ ἄγγος, καὶ ἐπὶ τῶν αἰθαλῶν καὶ
15 τῆς ὑδραργύρου τὸ αὐτό. Ἔξεστι δὲ ἐν τῷ φανῷ καὶ τοῖς ὁμοίοις
ὀργάνοις ἔχουσιν ἐγκάθισμα ὡσεὶ δρακοντῶδες πήσσειν τὴν ὑδράργυ-
ρον, καὶ ξανθὴν αὐτὴν καθιστᾶν διὰ τῆς τοῦ θείου ἀναθυμιάσεως,
τῶν ἀρχαίων γραφῶν τοῦτο παρεγγυουσῶν. Ἀμοιροῦντος μὲν τοῦ
φανοῦ Κρόνον, καὶ ἐπιθαυμάσεις ἐπὶ ταύτῃ τῇ γραφῇ ὅτι δύο μυσ-
20 τήρια ἐν αὐτῇ ἐκρύβη φανερά, καὶ οὐ ζητοῦμεν [ὅτι] πῶς ἡ τοῦ θείου
αἰθάλη λευκαίνουσα τὴν ὑδράργυρον ξανθὴν ἀναδείκνυσιν · μήτι γε
καυθείσης αὐτῆς ἐστι τοῦτο · ἔτι δὲ καὶ αὐτὴ λευκὴ οὖσα καὶ δυνάμει
καὶ ἐνεργείᾳ ὑπὸ λευκοῦ καιομένη καὶ πηγνυμένη, ὅπως ξανθὴ ἔρχεται.

---

1. F. l. ὃ ἔστι. — 11. ὕελος MK ; ὑάλινος
BCA¹˙² (= B etc.). Corr. conj. — 12. ἐν
ᾧ — αὐτοῦ om. B etc. — ἢ τῷ] F. l. ἤτοι.
— 13. La figure annoncée manque. —
κρατηρίαν] F. l. κρατῆρα ou κρατήριον. —
18. τοῦ μὲν φανοῦ ἀμ. puis le signe de
Κρόνος ou du plomb B etc. — 19. ἐπι-
θαυμ.] θαυμάσεις BCA¹ ; θαυμάσῃς A². —
20. ἐκρύβησαν BC ; ἐκρύθησαν A¹˙². — 21.
μή τοι γε B etc. — 23. ὅπως] B etc. —
ἔρχεται] ἀποκαθίσταται B etc. F. l. ἐξέρ-
χεται.

15] Ἔδει τοίνυν τοὺς νέους πρό [f. 193 r.] γε πάντων ταῦτα
ζητεῖν. Τὸ δὲ ἕτερον μυστήριον οἶμαι μὴ μόνην αὐτὴν πήγνυσθαι,
ἀλλὰ καὶ μεθ ' ὅλου τοῦ συνθέματος. Τὰ μέντοι ὄργανα εἰς ἃ γίνεται
καὶ ὕδωρ θείου ἄθικτον, καὶ πῆξις ὑδραργύρου, καὶ μαλαγμάτων
5 ποτίσεις, καὶ βαφὴ μαλαγμάτων, ἐστὶ ταῦτα.

*(Suit la formule de l'Écrevisse. — Voir l'Introduction de M. Berthelot,
p. 152, fig. 28).*

16] Ὅτι ἀπὸ ἀσκιάστου χαλκοῦ ἰὸς γενόμενος ξανθωθεὶς αἰθαλοῦ-
ται · καὶ ἀποτίθεται ἐν μέλιτι λευκῷ.

17] Ὅτι καὶ τὸ μάλαγμα τὸ ἀπὸ τοῦ ἡμετέρου χαλκοῦ ξανθω-
θὲν ποιεῖ ἀντ ' αὐτοῦ   ἧττον δέ · ὅλα δὲ αὐτὰ κεῖται παρὰ
10 Ἀγαθοδαίμονι.

18] Ὅτι καὶ τὸ μάλαγμα τὸ διὰ σκωριδίου βάλε ἐμφανῶς, καὶ
πῆξον τῇ αἰθάλῃ τῶν θείων τῶν ἀναθυμιωμένων, ἵνα γένηται ὡς
κιννάβαρις. Εἶτα βαλὼν εἰς βούκλας ἢ ληκύθια καὶ ἐκτείνας, χρῶ
ὡς ἔχει ὀπίσω.

15 19] Ὡς φαίνεται οὖν, ὅλα τὰ εἴδη τὰ ἐξ αἰθαλῶν ὁ Ἀγαθοδαί-
μων, οἷον χρυσόκολλαν, καὶ ἐτήσιον, καὶ χρυσάνθιον, καὶ ἁπλῶς
πάντα εἰς τὴν καταβαφὴν τοῦ ἀργύρου κέκραται, ὡς ἔχει αὐτοῦ ἡ
ὑστέρα τάξις. Αἰθάλας δὲ βάλλει, ἵνα μὴ σκωριάσῃ ὁ ἄργυρος, ἢ
ἀπουσιάσῃ τῶν παχέων σωμάτων καὶ γεωδεστέρων εἰωθότων καίεσ-
20 θαι καὶ φρύγεσθαι.

---

9. Après αὐτοῦ] espace blanc pour 5
ou 6 lettres M seul. F. l. ὁμοίως. — 11.
ἐμφανῶς] F. l. ἐν φανῷ. — 14. Entre nos
§§ 18 et 19, les manuscrits donnent les
signes du ciel, du soleil (ou de l'or), de
la terre, du ciel. Les mêmes signes sont
répétés dans B, au-dessus de ὅλα τὰ εἴδη.
— 15. γοῦν B etc. — 16. χρυσόκολλα M.
— 17. κραταιῶς ἔχει mss. Corr. conj.

III. l. — ΠΕΡΙ ΤΟΥ ΤΡΙΒΙΚΟΥ ΚΑΙ ΤΟΥ ΣΩΛΗΝΟΣ

Transcrit sur M, f. 194 r. — *Collationné sur* B, f. 83 v.; — *sur* C, f. 57 r.; — *sur* A, f. 81 r. (= A ou A¹); — *sur* A, f. 221 r. (= A²); — *sur* K, f. 101 r.

1] Ἑξῆς δὲ τὸν τρίβικόν σοι ὑπογράψω. Καλεῖται δὲ αὕτη ἡ δι' ἀσκοῦ ἡ παρὰ Μαρίας τεχνοπαράδοτος · ἔχει δὲ οὕτως. « Ποίησον, φησιν, ἐκ χαλκοῦ ἐλατοῦ σωλῆνας τρεῖς, λεπτὸν τὸ ἔλασμα ἔχοντας 5 σταθμοῦ πάχος σμικρὸν παχύτερον ὡσεὶ χαλκοῦ τηγάνου πλακουντηρίου, μῆκος ἔχον πήχεος α S. Ποίησον οὖν σωλῆνας τρεῖς τοιούτους, καὶ ποίησον πάχος ἔχον τὸ μῆκος παρὰ παλαιστήν, ἄνοιγμα δὲ τοῦ χαλκείου σύμμετρον. Οἱ δὲ τρεῖς σωλῆνες ἐχέτωσαν τὸ ἄνοιγμα τραχήλου βίκου κούφου ἡλάριον, τοῦ δὲ ἀντίχειρας, ἵνα δύο λιχανοὺς 10 αὐτοῦ ταῖς δυσὶν χερσὶν συναρηρότας ἐκ πλευρῶν. Τοῦ δὲ χαλκείου περὶ τὸν πυθμένα, αἱ τρεῖς τρῶγλαι προσαρμόζουσαι τοῖς σωλῆσι, καὶ ἁρμοσθέντες προσκολλάσθωσαν, τοῦ ἄνω παραδόξως πνεῦμα ἔχοντος. Καὶ ἐπιθεὶς τὸ χαλκεῖον ἐπάνω λωπάδος ὀστρακίνης ἐχούσης τὸ θεῖον, συμπεριπηλώσας τὰς συμβολὰς στέατι ἄρτου, ἔνθες ἐπὶ τὰ ἄκρα τῶν 15 σωλήνων βίκους ὑελοῦς μεγάλους, παχεῖς, ἵνα μὴ ῥαγῶσιν ἀπὸ τῆς θέρμης τοῦ ὕδατος κομιζούσης ἀνὰ μέσον. Τὸ δὲ σχῆμα τοῦτο. Λιχανὸς σωλήν.

2] Ἔστι δὲ καὶ ἄλλος τρόπος κομιδῆς ὕδατος θείου, ἀλλ' οὐχ ὡς

---

2. δι' ἀσκοῦ] F. l. διὰ χαλκοῦ. — 3. τεχνοπαραδότου] Cette leçon, commune aux divers mss. consultés, confirme la correction proposée ci-dessus, p. 138, l. 20. — Ποίησον] Cp. III, xlvii (= *) § 5. — 4. λεπτόν] λεῖπον MK. — ἔχοντας] ἔχων MK. — 6. μῆκος πηχῶν α' S", ποίησον τ. σωλ. BC ; μῆκος πήχος α' S', ποίησον τ. σωλ. A¹·². — 7. πάχος] χαλκεῖον *, f. mel. — ἔχων BC, f. mel. ; ἔχει A¹·² — παρὰ] F. l. περὶ (environ). — 9. τράχηλον*. f. mel. — βίκου] λιθικοῦ mss. Corr. d'a-près *. — F. l. ἐλασίω δὲ τοὺς ἀντίχειρας. — λιβάνου mss. Corr. d'après *. — 10. F. l. : ... ἐκ πλευρῶν τοῦδε ⟨τοῦ⟩ χαλκείου (leçon de *). — 11. τρῶγλαι] γλῶσσαι B etc. — 12. F. l. παραλόξως (mot supposé); on connaît παραλοξαίνω. — 15. ὑελους MK ; ὑελίνους BC ; ὑαλίνους A¹·². Corr. conj. — 16. ἀνὰ μέσον] τὸ ἀναβαῖνον B etc. — 17. Figure. — Pour l'indication des figures, voir dans la traduction française les renvois à l'Introduction de M. Berthelot.

ὁ τρίβικος. Ἔστω σωλὴν εἰς πυθμένα χαλκείου ἐντεθειμένος, μῆκος
πήχεως α϶. Τῷ αὐτῷ τρόπῳ καὶ βίκος εἷς · καὶ ὑποκάτω λωπὰς
θείου ἀπύρου, εἰς ἣν συναρμόζει τὸ χαλκεῖον καὶ περιπηλοῖ στέατι
ἢ κηρῷ, ἢ πηλῷ, ἢ ὡς βούλει · καὶ καύσας, ἀνάσπα. Ὁ δὲ τύπος
5 οὗτος.

3] (f. 195 r.). Ἐγέλασά σοι καὶ εἰς ἐξάκουστον ἐν ταῖς τάξεσι τῶν
ὀργάνων τούτων. Φησὶ γάρ · « Εἰς ἑκάστην ἐγέτω ἡ λωπὰς μνᾶν θείου
ἀπύρου. » Καὶ ἐθαύμασά σε καὶ ἐν τούτῳ ὅτιπερ οὐκ ἀνασχομένη τοῦ
φθόνου ἠξίωσας καὶ ταῦτα γραφῆναί σοι. Τάχα δὲ καὶ εἰς κατάγνωσιν
10 ἧκες τοῦ φιλοσόφου, ὅτιπερ ἐτόλμησεν εἰπεῖν ὅτι · « Ταῦτα ἑκὼν παρε-
σιώπησα διὰ τὸ ἀφθόνως αὐτὰ κεῖσθαι ἐν ταῖς ἄλλων γραφαῖς... στέατι,
ἢ κηρῷ, ἢ πηλῷ, ἢ ὡς βούλει, καὶ καύσας, ἀνάσπα. Ὁ δὲ τύπος οὗτος ἐν
γραφαῖς. Καὶ ἐνκύψασα εἰς ἀκάματον φθόνον, κατέγνως τοῦ φιλοσόφου
μάτην. Οὐ γὰρ ἐνόησας τί εἶπεν. Οὐκ εἶπεν γάρ, ὡς καὶ ἐν ταῖς πρότερον
15 ὑπομνήμασιν, ὅτι « τῶν ὑδάτων ἡ ποίησις », ἀλλὰ « ἡ ἄρσις. » Ἕτερον
γάρ ἐστι ποίησις, καὶ ἕτερον ἄρσις. Οὐχ ὑδράργυρον αὐτῶν εἶπεν ἀφθόνως
γεγράφθαι · τὴν δὲ ποίησιν οὐδεὶς αὐτῶν ἐξέθετο · τοῦτο γὰρ ἦν τὸ
ἐμφανὲς μυστήριον, τοῦτό ἐστιν τὸ σφόδρα κεκρυμμένον. Ἡ οὖν ἄρσις
τοιάδε ἐστίν, ἡ διὰ τούτων τῶν ὀργάνων καὶ τῶν ὁμοίων, τῶν ὡς ἀπὸ
20 τοῦ νοὸς γινομένων. Καὶ μάλιστα ἐὰν [εἴ] τις προπαιδευθῇ τὰ πνευματικὰ
Ἀρχιμήδους, ἢ Ἥρωνος καὶ τῶν ἄλλων καὶ τὰ μηχανικὰ αὐτῶν.

4] ΠΕΡΙ ΕΤΕΡΩΝ ΚΑΜΙΝΩΝ. — Ἐπειδὴ ἑξῆς ὁ λόγος ἡμῖν περὶ καμί-
νων καὶ καταβαφῆς πρόκειται, οὐ βούλομαι πρὸς σὲ ποιεῖσθαι ἐμπεσοῦσαν
ταῖς ἄλλων γραφαῖς. Καὶ γὰρ παρὰ Μαρίᾳ · « Ἡ τῆς ὁρωμένης καμίνου
25 οὐ κεῖται διαγραφή, ἧς ὁ φιλόσοφος οὐκ ἐμνημόνευσεν, οὐ μόνον πρισμάτων

---

2. Cp. III, xlvii, 2. — 3. F. l. συναρ-
μόζεις *et* περιπηλοῖς, *vel* περιπήλου. — 5.
οὕτως MK ; οἱ δὲ τύποι οὗτοι B etc. Corr.
conj. — Figure (M, f. 194 v.). — 6. Les
mss. MK continuent seuls. Cp. III,
xlvii, 4. — 11. Espace blanc avant στέατι.
F. suppl. ἄρτου *vel* περιπήλου. Cp. p. pré-
cédente l. 14 et ci-dessus, l. 3. — 12.
οὕτως MK. — 14. τοῖς] ταῖς M. — 16. οὐ
puis le signe du mercure, puis μαυτον (*sic*)
MK ; οὐχ ὑδράργυρον αὐτῶν B etc. Corr.
conj. (*M. B.*). Cp. III. xlvii, 4. (*C. E. R.*)
— 18. τουτέστιν *, f. mel. — 20. On ne con-
naît pas d'ouvrage, même perdu, d'Ar-
chimède intitulé πνευματικά. — 24. Cp.
III, xlvii, 1. — 25. πρισμάτων M.

καὶ τῶν ἄλλων περὶ ὧν ἠρέμα ἐν τῷ περὶ ποσότητος πυρὸς ὑπομνήματι
διέλαβον. » Ἵνα οὖν μὴ δόξῃ τι λείπειν τοῖς (f. 195 v.) σοῖς γράμμασιν,
ἔστω παρὰ σοὶ καὶ ἡ κάμινος Μαρίας, ἧς καὶ ὁ Ἀγαθοδαίμων ἐμνη-
μόνευσεν ἐν τῷ λόγῳ οὕτως · « Ἡ δὲ τῆς κηροτακίδος τοῦ κρεμαστοῦ
5 θείου τάξις οὕτως γίνεται. Λαβὼν φιάλην, σμέρησον, ἢ λίθῳ παράτεμε
τὸ μέσον κυκλοτερῶς τὸν πυθμένα τῆς φιάλης, ἵνα ἐμβῇ κάτω ὀξύβα-
φον σύμμετρον. Καὶ βαλὼν ὀστράκινον ἄγγος λεπτὸν, προσηρμοσμένον
τῇ φιάλῃ, ἵνα ᾖ κρεμαστὸν ἐκ τῆς φιάλης ἄνωθεν ἀπ ' αὐτῆς ἀντεχό-
μενον · φθανέτω δὲ ἐπὶ τὴν σιδηρᾶν κηροτακίδα. Καὶ ἐπιθεὶς ὁ βούλει
10 πέταλον, ἢ ὃ ἂν ἡ γραφή, αἰτῇ ὑπὸ τὸ ἄγγος καὶ ὑπὸ τὴν κηροτακίδα
ἅμα τῇ φιάλῃ, ἵνα ἔσωθεν βλέπῃς, καὶ συμπεριπηλώσας τὰς ἁρμογὰς,
ἕψε ἐφ ' ἃς λέγει ὥρας ἡ ἡμετέρα ἡ τάξις. Τοῦτό ἐστι τὸ κρεμαστὸν
θεῖον, καὶ κρεμαστὸν ἀρσένικον ὁμοίως. Δίδου τρυμαλίαν λεπτὴν
βελόνης, μέσον τοῦ ἄγγους. »
15   5] Ὕαλη ἄλλη φιάλη ὕπωμος τε · ἤτω δὲ τὸ ἄγγος τὸ ὀστράκινον
ἐοικὸς τοῖς τῶν ὀρβίων κύβοις, ἀλλ ' ἐοικὸς τοῖς τῶν ἀγγείων κύβοις.

(F. 196 r.) 6] Ἡ δὲ κάμινος φουρνοειδὴς, φησὶν ἡ Μαρία, ἔχουσα
ἄνω τρεῖς μαζοὺς, ἢ ἀνογὰς, ἢ σύροντας. Καῦσον δὲ καλάμοις ἑλλη-
νικοῖς κατὰ πρόβασιν, νυχθήμερα δύο ἢ τρία, πρὸς ὃ ἔχει ἡ βαφή ·
20 καὶ ἄρες ἀποῤῥυγῆναι ἐν τῇ καμίνῳ. Κατάσπα δὲ δι ' ὅλης ἡμέρας
ἄσφαλτον, ἐπιβάλλων ἃ οἶδας, καὶ χαλκὸν λευκὸν ἢ ξανθόν. Δύναται
δὲ ὧδε γενέσθαι, καὶ τὸ ἠθμοειδὲς ὄργανον λευκαίνει, ξανθοῖ, ἰοῖ,
παροπτᾷ, ἀντέσματα ποιεῖ, μαλαγμάτων καταβαφὰς, καὶ ὅσα ἂν ἐπι-
νοῇς. Ἡ δὲ ποίησις αὐτῆς αὕτη.

---

2. F. l. συγγράμματι. — 5. σμέρησον] F. l. μέρισον. — 10. ὑπὸ τὸ ἄγγος] F. l. ὑπὲρ τ. ἄ. (M. B.). — 12. ἡ ἡμ.] ἢ ἡμετέρας MK. — 15. ὕαλη MK. Corr. conj. — ὕπωμος] F. l. ἄπωμος. — ἢ τῷ K. F. l. ἔστω. — 16. ἀλλ '] F. l. ἄλλως · ἐοικὸς τ. τ. ἄ. κύβοις (à considérer comme variante marginale introduite dans le texte ?). — Deux figures. — 18. μόζους MK. Corr. conj. — σύροντας] F. l. σύρτας. — 19. πρόσβασιν MK. Corr. conj. — 22. F. l. ἰοῖ. Παρόπτα... ποίει (M. B.). — 23. ἀντέσματα] F. l. ἀνθέσματα. — ἐπινοῖς MK. — 24. Figures.

III. LI. — TO ΠΡΩΤΟΝ ΒΙΒΛΙΟΝ ΤΗΣ ΤΕΛΕΥΤΑΙΑΣ ΑΠΟΧΗΣ ΖΩΣΙΜΟΥ ΘΗΒΑΙΟΥ

Transcrit sur A, f. 251 v. — *Contenu aussi dans Laur*, art. xxxiii. — *Toutes les variantes insérées dans le texte sont des corrections conjecturales.*

1] Ἔνθεν βεβαιοῦται ἀληθὴς βίβλος · Ζώσιμος Θεοσεβείᾳ χαίρειν. Ὅλον τὸ τῆς Αἰγύπτου βασίλειον, ὦ γύναι, ἀπὸ τῶν δύο τούτων τῶν
5 τεχνῶν ἐστιν, τῶν τε καιρίκων, καὶ τῶν ψάμμων. Ἡ γὰρ καλουμένη θεία τέχνη ἢ λόγῳ δογματικῷ καὶ σοφιστικῷ ἢ τὰ πλεῖστα ὑ-(f. 252 r.) ποπίπτουσα τοῖς ὃν φύλαξιν ἐδόθη εἰς διατροφήν · [ὃ] οὐ μόνον δὲ αὕτη, ἀλλὰ καὶ ἅπαξ αἱ καλούμεναι τίμιαι τέσσαρες τέχναι καὶ τὰ χειροτμήματα · αἱ μέντοι καὶ ἡ δημιουργικὴ μένη βασιλέων...
10 ὥστε καὶ ἐὰν συνευῇ, ἢ, ἐκ φωνῶν γενομένη, ἑρμηνεύηται ἐκ τῶν στηλῶν ἔχειν προγόνων κληρονομίαν ἔχων, καὶ ἰδὼν τὴν γνῶσιν τῶν τοιούτων ἀκωλύτων, οὐκ ἐποίει · ἐτιμωρεῖτο γὰρ, ὥσπερ οἱ τεχνῖται

---

4. Ὅλον τὸ τῆς Αἰγ. βασίλειον κ. τ. λ. jusqu'à ἄλλους; Ἰουδαίους; (première phrase du § 3). Morceau cité presque textuellement par Olympiodore (ci-dessus, II, iv, 35). On a rapporté ici les principales variantes de cette citation, qui a été supprimée. — La première phrase est citée aussi dans III, xxxix (à voir pour les variantes du présent texte). — 5. Fabricius (*Biblioth. græca*, t. xii, p. 765) faisant la notice d'un ms. alchimique à lui appartenant et copié sur un « codex regius » dont la trace est perdue (peut-être la réunion de A et de K?), reproduit, sous le n° 20, la citation de Zosime faite par Olympiodore. Nous donnons les variantes du ms. de Fabricius, quand elle n'est pas conforme au texte de M. — καιρικῶν] κυρικῶν A; καρικῶν (pour καιρικῶν) καὶ τῶν φυσικῶν καὶ ψ. M dans Olympiodore; καιρικῶν A dans Ol.; τῶν τε κηρύκων καὶ τῶν φυσικῶν ψ. Fabr. — τὸν ψάμμον A. — 6. Après τέχνη] Réd. de M dans Ol. : περὶ ἣν ἀσχολοῦνται ἅπαντες οἱ ζητοῦντες τὰ χειροτμήματα ἅπαντα (note de Fabr. : alias χειροτεχνήματα *vel* χειρόκμητα) καὶ τὰς τιμίας τέχνας, τὰς τέσσαράς φημι, δοκοῦσίν τι ποιεῖν μόνοις ἐξεδόθη τοῖς ἱερεῦσιν. Ἡ γὰρ ψαμμουργικὴ βασιλέων ἦν, ὥστε καὶ ἐὰν συμβῇ, ἱερέα ἢ σοφὸν λεγόμενον ἑρμηνεύσαντα τὰ ἐκ τῶν παλαιῶν ἢ ἀπὸ προγόνων ἐκληρονόμησεν, καὶ ἔχων κ. ἰδ. τ. γν. αὐτῶν τὴν ἀκώλυτον οὐκ ἐποίει. — 7. τοῖς ὃν] F. l. τισιν. — 9. αἱ], f. l. καὶ. — μένη] F. l. τέχνη — 10. συνευῇ A; f. l. συμβῇ comme dans Ol. — 11. καὶ ἰδὼν κ. τ. λ.] Réd. de L dans Ol. : καὶ εἰ καὶ εἶχε καὶ ᾔδει τὴν γνώμην καὶ γνῶσιν αὐτὴν ἀκ. οὖσαν, ὅμως οὐκ ἐποίει τοῦτο, ἀλλ' ἐφοβεῖτο τιμωρίαν. (ἐφοβ. τιμ. γὰρ A).

οἱ ἐπιστάμενοι βασιλικὸν τύπτειν νόμισμα οὐχ ἑαυτοῖς τύπτειν, ἐπεὶ
τιμωροῦνται, οὕτω καὶ ἐπὶ τοῖς βασιλεῦσιν τῶν Αἰγυπτίων οἱ τεχνῖται
τῆς ἐψήσεως, καὶ οἱ ἔχοντες τὴν γνῶσιν τῆς ἀκολυσίας οὐχ ἑαυτοῖς
ἐποίουν, ἀλλ ' εἰς αὐτὸ τοῦτο ἐστρατεύοντο τοῖς Αἰγυπτίων βασιλεῦσιν,
5 εἰς τοὺς θησαυροὺς ἐργαζόμενοι · εἶχον δὲ καὶ ἰδίους ἄρχοντας ἐπικει-
μένους καὶ πολὺ τυραννῆς ἦν τῆς ἐψήσεως, οὐ μόνον αὐτῆς, ἀλλὰ
καὶ τῶν χρυσωρύχων. Εἴ τις γὰρ εὑρίσκεται ὀρύσσων, νόμος ἦν
Αἰγυπτίοις ἐγγράφως αὐτὰ ἐπιδιδόναι.

2] Τινὲς οὖν μέμφονται Δημόκριτον καὶ τοὺς ἀρχαίους ⟨ὡς μὴ⟩
10 μνημονευσάντων τῶν τούτων τεχνῶν ⟨ἀλλὰ μόνων⟩ τῶν λεγομένων
τιμίων. Τί δὲ αὐτοῖς μέμφονται; οὐ γὰρ ἠδύναντο μέμφοντες τῶν
βασιλέων Αἰγυπτίων, καὶ τὰ πρωτεῖα ἐν προφητείᾳ καυχῶντες, πῶς
ἠδύναντο ἄλλοις ἀναφανδὸν μαθήματα κατὰ τῶν βασιλέων δημοσίᾳ
ἐκμηνύσασθαι καὶ δοῦναι ἄλλοις πλούτου τυραννίδα; οὐδὲν ἠδύναν-
15 (f. 252 v.) το ἔξω δίδουν, ἐφθόνουν γὰρ · μόνοις δὲ Ἰουδαίοις ἐξέδοσαν
λάθρα ταῦτα ποιεῖν καὶ γράφειν καὶ παραδιδόναι. Καὶ ἀμέλει γοῦν εὑ-
ρίσκομεν Θεόφιλον τὸν Θεογένους γράψαντα τῆς χωρογραφίας χρυσω-
ρυχεῖα, καὶ Μαρίας τὴν χωρογραφίαν καὶ ἄλλους Ἰουδαίους.

3] Ἀλλὰ καιρικὰς οὔτε Ἰουδαίων, οὔτε Ἑλλήνων οὐδεὶς ἐξέ-
20 δωκέν ποτε · καὶ αὐτὰς γὰρ ἐν τοῖς καθ ' ἑαυτῶν χρωμάτων κατε-

---

1. ἑαυτοῖς τύπτειν] ἑ. τύπτουσιν M dans
Ol. — 3. καὶ om. Fabr. — Réd. de M
dans Ol. : τ. γν. τῆς ἁμμοπλυσίας καὶ ἀκο-
λουθίας. — 4. ἐστράτευον τὸ M dans Ol. et
Fabr. — 6. F. l. καὶ πολλὴ τυραννὶς ἦν.
Réd. de M dans Ol. : ἐπικ. ἐπάνω τῶν
θησαυρῶν καὶ ἀρχιστρατήγους καὶ (οἱ au lieu
de καὶ L) ἐποίουν πολλὴν τυραννίτην τῆς ἐψή-
σεως. Νόμος γὰρ ἦν Αἰγ. μηδὲ ἐγγρ. αὐτὰ
τινα ἐκδιδόναι. — 7. χρυσορύχων A. F. l.
χρυσωρυχίων. — 8. μὴ ἐγγράφως M*. — 9.
ὡς μὴ ajouté d'après M*. — 10. τούτων
τῶν δύο τεχνῶν M*. — ἀλλὰ μόνων ajouté
d'après M*. — λεγ. κυρίων καὶ τιμ. L*.
11. τί δὲ — μεμφ.] μάτην δὲ αὐτοὺς μέμφ. M*.
— μέμφοντες φίλοι ὄντες M*. — 12. ἐν προ-

φητείᾳ] ἐν προφητίᾳ A; ἐν προφη-
χοῦντες ML*. — αὐχοῦντες M*; καυχόμενοι
φέρειν L*. — 13. ἄλλοις om.*.
μήσασθαι A; ἐκθέσθαι M*. — οὔτε οἱ ἠδύναντο
ἐξεδίδουν M*. — 14-16. ἄλλοις — ποιεῖν]
Réd. de L* : ὄντα τοῖς ἄλλοις πλούτου τυ-
ραννίς τε καὶ ὄλεθρος; οὔτε δὲ, εἴπερ ἠδύν., ἂν
ἐξεδίδουν, αὐτὰ λάθρα ποιεῖν. — 15. ἐξέδο-
σαν] ἔξον ἦν M*. — 16. παραδιδόναι] ἐκδιδό-
ναι M*. — κἂν μέλη A; ἀμέλει M*; διὸ
καὶ ἀμέλει L*. — 17. τῆς χωρογραφίας
κατορύχει A. Corrigé d'après M*. (Voir
ci-dessus, p. 90, l. 18). — Fabr. a écrit
τ. χ. εὐτυχεῖα. — 18. χωρογραφίαν] Lire
καμινογραφίαν comme dans Ol. — 19.
κύρικας A.

τέθεντο εἰδώλοις, παραδόντες τηρεῖν · καί γε τὴν ψαμμουργίαν πολὺ
διαφέρουσα τῶν καιρικῶν; [οὐ] πάνυ τι ἐφθόνησαν διὰ τὸ τὴν τέχνην
αὐτὴν ἐξάγειν καὶ τὸν ἐπιχειροῦντα ἀποκόλαστον γίνεσθαι · εἰ γὰρ
ὀρύσσων κατάφορος γίνεται ἀπίων τηρούντων τὰ ἐμπόρια τῆς πόλεως
5 διὰ τὰ βασιλικὰ τέλη · ἢ τῶν καμίνων μὴ δυναμένων κρυβῆναι, ταῖς
δὲ καιρικαῖς ⟨βαφαῖς⟩ διὰ πάντα λανθάνειν. Ὅτι ἐπεὶ καὶ οὐχ εὑρίσκεις
οὐδένα τῶν ἀρχαίων, οὔτε κρυβηθὲν ἰδεῖν, οὔτε φανερῶς ἐκδίδονταί
τι περὶ αὐτῶν · μόνον δὲ Δημόκριτον εὗρον ἐν πάσῃ τῶν ἀρχαίων
⟨τάξει⟩ αἰνιξάμενον κατ' αὐτῶν φανερῶς αὐτὰς καταλέξας. Ἀλλ'
10 ὡσαύτως ἦν, διὰ τὸ περὶ τῶν τιμίων τεχνῶν ἤρχετο τὸ προοίμιον · καὶ
βλέπε πανουργίαν · ἤρξατο μόνον ἀπὸ ὑδραργύρου καὶ σώματος μαγ-
νησίας · τὰ δὲ ἄλλα πάντα τῶν καιρικῶν καὶ λέγει οὕτω · Ὤχρα
ἀττικὴ, σινώπη ποντικὴ, θεῖον ἄθικτον ὅ ἐστιν [μέρη] λίτρα α΄ · καὶ λιθο-
(f. 253 r.) φρύγιον, σῶρυ ξανθὸν, χαλκάνθη ξηρὰ, κιννάβαριν, μίσυ
15 ὀπτὸν, μίσυ ὠμὸν, ποιήσεις ἀνδροδάμαν, θεῖον, ἀρσένικον, καὶ σανδα-
ράχην. Καὶ ἵνα μὴ πάντα καταλέγω ⟨τὰ⟩ ἐν τοῖς τέτρασιν καταλόγοις,
τὰ πάντα τῶν καιρικῶν ζητούμενα εὑρήσεις · καὶ ἕνα σὲ ποιήσῃ ὅ τι
περὶ αὐτῶν αἰνίττεται, τὰ μὲν ὠμὰ κατέλεξεν, τὰ δὲ ὀπτὰ, ἵνα σὺν τῶν
δύο τεχνῶν · μᾶλλον δὲ ἀγαγὼν τῶν καιρικῶν μηνύσει τὰς βαφάς.
20 Φησὶν γάρ · μίσυ ὠμὸν, μίσυ ὀπτὸν, σῶρυ ξανθὸν, χαλκάνθη ξανθὴ,
καὶ τὰ ὅμοια · ἀλλ' οἰκονομηθέντα λέγει, εἰς τὰς τιμίας τέχνας καλῶς
εἶπας. Καὶ διὰ τί πᾶσαι τῶν τούτων οἰκονομουμένων καὶ ξανθουμένων,
μὴ εἴπεις · ὑδράργυρον ξανθὴν καὶ σῶμα ⟨μαγνησίας⟩ ξανθόν · καὶ
ἁπλῶς ὅλον τὸν κατάλογον ξανθόν ;
25 4] Ἀλλ' ἐκεῖνον ἴδῃ ὅπερ ἐφρόνει, καὶ ὅπερ ἔγραφεν δι' ἑνὸς συγ-
γράμματος αἰνιγματοειδοῦς, τὰ πάντα αἰνίξασθαι ἠθέλησεν. Καὶ ἀξιο-

---

1. F. l. τῆς ψαμμουργίας π.διαφερούσης τῶν
καιρικῶν, οὗτοι πάνυ... — 2. κυρικῶν A. —
3. ἐξάγην A. — F. l. ἀκόλαστον. — 4.
ἀπιών] F. l. ἀπὸ τῶν (M. B.). — 7.
F. l. ἐκδιδόναι. — 9. ἐνιξάμενον A. — F.
l. καταλέξαι. — 10. διὰ τό] F. l. διότι. —
ἤρχεται A. — 11. βλέπει A. — εἴρξατο A.
— 17. F. l. καὶ ἵνα συ ποιήσῃς... — 18. F.
l. ἵνα συνῇς. Le verbe συνίημι admet son
complément au génitif. — 19. F. l. ἐπα-
γαγών. — 22. F. l. πάσας. — 23. F. l. μὴ
εἴπας. — 25. F. l. ἴδε.

31

πιστοτέρας μαρτυρίας τούτων εὗρεν, ὅτι αὐτὰς αἰνίττεται. Πῶς εἰδὼς
ὅτι μία βαφή ἐστι καὶ μία ἀγωγὴ, πολλὰς αὐτὰς ἐποίει λέγων ·
« Τούτων τῶν φύσεων οὐκ εἰσὶ μείζων ἐν βαφαῖς ; » Ἵνα δείξῃ ὅτι ἐκ
τῶν αὐτῶν εἰδῶν, πολλαὶ βαφαὶ συντίθενται, καιρικῶν τοῦ σταθμοῦ
5 ἐναλλασσαμένου, καὶ τὴν ποσότητα τῶν... ... εἰδῶν ἀπὸ ἑνὸς μόνου,
ἕως να΄ τὸν ἀριθμόν · ἅμα καὶ τῷ λέγειν, ἕως τὸν φυσικὸν, του-
τέστιν ἡ τοῦ χρυσοῦ ποίησις ὕλη ἐδήλωσεν τὰς φυσικὰς βαφάς.
Καὶ πάλιν οὖν λέγει · « Εἰς πολὺ ὑ-(f. 253 v.) μᾶς ἐνέβαλον κάμα-
τον, εἴ τι πολὺ ὕλη καταχώσαντες, τὰ φυσικὰ ἀπολέσαντες πάλιν ·
10 δηλονότι τοῖς παρελθὸν χρόνοις τοῖς Ἑρμοῦ φυσικαὶ βαφαὶ ἐκα-
λοῦντο αὗται μέλλουσαι γράφεσθαι κοινῇ τῇ ἐπιγραφῇ τῆς βίβλου
λέγων · Βίβλος φυσικῶν βαφῶν Ἰσιδώρῳ δοθεῖσα. Ἀλλ᾽ ὅτε ἐφθο-
νήθησαν ἀπὸ τῶν τῆς σαρκὸς ..., καιρικαὶ ἐγένοντο καὶ ἐλέγθησαν.
Οὐ μὴν ἀλλὰ καὶ τοὺς ἀρχαίους μέμφονται ⟨καὶ⟩ μάλιστα Ἑρμῆν,
15 ὅτι οὔτε δημοσίᾳ αὐτοῖς ἐκδεδώκασιν, οὔτε ἐν παραβύστῳ, οὔτε ἠνί-
ξαντο ὅτι κἄν ἐστιν.

51 Αὐτὸς δὲ μόνος ἀπέδειξεν ὁ Δημόκριτος εἰς τὸ σύγγραμμα
καὶ ἠνίξατο. Αὐτοὶ δὲ ἐν ταῖς στήλαις αὐτὰ ἐνέγλυψαν ἐν τῷ σκότει
καὶ τοῖς μυχοῖς, τοῖς συμβολικοῖς χαρακτῆρσιν, καὶ αὐτὰς καὶ τὴν
20 χωρογραφίαν Αἰγύπτου, ἵνα κἄν τις τολμήσας ἐπιβῆναι τῶν μυχῶν
τοὺς σκότους, τῶν πλημμελημένων ἐπιλύσεων, μὴ εὔρῃ ἐπιλύσασθαι
τὸν χαρακτῆρα μετὰ τοσαύτην τόλμην καὶ κάματον. Οἱ οὖν Ἰουδαῖοι
αὐτοὺς μιμησάμενοι, ἐν τοῖς καταθέτοις αὐτὰς τὰς καιρικὰς παρα-
δώσαντες μετὰ τῆς αὐτῶν μυήσεως, καὶ παρακελεύονται ἐν ταῖς

<hr>

3. F. l. ἔστι. — 4. συντίθονται Α. — 5.
Après τῶν, le signe du cuivre deux fois
de suite, ici et plus loin. Nous rempla-
çons chaque signe par 3 points. « J'ai
lu quelque part le sens νομίσματα. Peut-
être faut-il lire χαλκώματα » (*M. B.*). F.
l. βαφαὶ *vel* βαφικαί. Cp. p. 246, l. 2. (*C.
E. R.*). — 9. F. l. εἴ τινες πολλῇ ὕλῃ. — 10.
F. l. δηλονότι τοῖς παρελθοῦσι χρ. οἷς. — 12.
F. l. λεγομένης. Un des livres hermétiques
est intitulé περὶ φυσικῶν βαφῶν. — 15. F. l.
αὐτάς. — 16. F. l. ὅτι καὶ ἐστι. — 18. αὐτά]
F. l. αὐτάς. — 19 et 20. μυχ. A. — 21.
εὔρῃ A. — 22. Sur χαρακτῆρα, une croix
à l'encre rouge dans A, et à la marge,
cette note rognée par le relieur : ⟨τὸν⟩
χαρακτῆρα ⟨το⟩ῦ να΄. ἐὰν ⟨ἐπ⟩εβαλὸν [...]κ
τὸν πνευματικὸν · ⟨τι⟩ς δὲ ἐκ τῶν λό⟨γω⟩ν
δόξας φεύ⟨γ⟩ειν · τουτέστιν ⟨τῶν⟩ σαρκικῶν.
(1ʳᵉ main).

διαθήκαις αὐτῶν. Ἐὰν ἡμῶν εὕρῃς τοὺς θησαυροὺς, παρίδε τὸν χρυσὸν τοῖς ἐθέλουσιν ἑαυτοὺς φονεύειν, καὶ περὶ τῆς τῶν χαράττας εὑρηκὼς, τὰ ὅλα χρήματα ἐν ὀλίγῳ συνάξεις · τὰ δὲ χρήματα μόνον λαβών, ἑαυτὸν φονεύσεις, ἐκ τοῦ (f. 254 r.) φθόνου τῶν κρατούντων
5 βασιλέων, οὐ μόνον αὐτῶν, ἀλλὰ καὶ πάντων ἀνθρώπων.

6] Δύο οὖν γένη εἰσὶν καιρικῶν ἐν ⟨ταῖς⟩ τῶν ὀθωνῶν ἐκδεδώκασιν, ἢ κατὰ τόπον ἐφόροι τοῖς ἑαυτῶν ἱερεῦσι · τούτου ἕνεκεν καὶ καιρικαὶ ἐκάλεσαν · ἐπειδὴ καὶ καιροῖς ἐνεργοῦν τῇ θελήσει τῶν δοκώντων ... ..., μηκέτι δὲ θελήσασιν τοὐναντίον ἐποίουν · ἐπίμικτοι οὖν ἦσαν
10 αἱ καιρικαί... ... τοῖς εἴδεσι · ἔκ τε τῶν γνησίων εἰδῶν τῶν καιρικῶν · τῶν ἄλλων [ἄλλων] τοῖς ἀνήκουσι ταῖς τιμίαις τέχναις. Τὸ δὲ ἄλλο γένος τῶν [τῶν] καιρικῶν γνησίων καὶ φυσικῶν τὸ Ἑρμᾶν ἐνέγραψεν εἰς τὰς στήλας · ἀπόγωνεὶ τὸν μόνον ξανθωμίλινον πυρός, ἡλιοδὸν χλωρὸν, ὠχρὸν, μέλαν, χλωρὸν καὶ τὸ ὅμοιον · καὶ αὐτὰς
15 δὲ τὰς γέας μυστικῶς ψάμμους ἐκάλεσαν · καὶ τὰ εἴδη τῶν χρωμάτων ἐμήνυσεν · αὗται φυσικῶς ἐνεργοῦσιν · φθονοῦνται δὲ ἀπὸ τῶν περγειῶν... ... · ἐπὰν δέ τις μυηθεὶς ἐκδιώκει αὐτοὺς, τεύξεται τοῦ ζητουμένου.

7] Οἱ οὖν ἔμφοροι ἐκδιωκόμενοι τότε παρὰ τῶν ποτε μεγάλων
20 ἀνθρώπων, συνεβουλεύσαντο ἀντὶ ἡμῶν τῶν φυσικῶν πάντων ποιῆσαι, ἵνα μὴ διώκωνται παρὰ τῶν ἀνθρώπων, ἀλλὰ λιτανεύωνται καὶ παρακαλῶνται, οἰκονομοῦνται διὰ θυσιῶν, ὃ καὶ πεποίηκαν · ἔκρυψαν πάντα τὰ φυσικὰ καὶ αὐτόματα, οὐ μόνον φθονοῦντες αὐτοῖς, ἀλλὰ καὶ περὶ τῆς ἑαυτῶν ζωῆς φροντίζοντες, ἵνα μὴ μαστίζωνται ἐκδιωκόμενοι καὶ

---

2. A mg. : ἢ χαρακτήρ'. — F. l. περὶ τούτου χαρακτῆρας εὑρηκώς. — 5. K en rouge dans A au-dessus de μόνον et renvoi à la marge inférieure avec ces mots : πολλὰ βιβλία εὑρίσκονται ⟨περὶ⟩ χυμεύσεως · αων μὲν φυσικὰς βαφὰς λέγων · τὰ δὲ παραφύσεις (sic) · τὰ δύο ψεῦδος καὶ τὴν ἀλήθειαν κατακαλυπτικήν. — 6. κυρίκων A. — F. l. ἐν ⟨ταῖς⟩ τῶν ὀθονῶν ἐκδόσεσιν. — 7. ἢ — ἱερεῦσι] F. l. ἃς κατὰ τόπον ἐφόρουν..... —

καιρικαί] F. l. καιρικάς. — 8. δοκώντων A. — 12. ἑρμᾶν A. Le signe ῀ au-dessus de ce mot, et renvoi à la mg. suivi de τὸ γλυκύ (1re main). — 13. ἀπόγωνεὶ] F. l. ἀπόγωνευε (mot supposé). F. l. ξανθομήλινον (mot supposé). — 14. F. l. καὶ τὰ ὅμοια. — 17. F. l. ὑπεργείων. — 19. F. l. ἔφοροι. — 20. συνεβουλεύσαντο A, indice d'un ms. original du Xe ou XIe siècle. — 22. F. l. πεποιήκασιν.

λιμῷ τιμωρῶνται, θυσίας μὴ λαμβάνοντες, (f. 254 v.) ἐποίησαν
οὕτως · ἔκρυψαν τὴν φυσικὴν καὶ εἰσηγήσαντο τὴν ἑαυτῶν ἀφύσικον,
καὶ ἐξέδωκαν αὐτὰ τοῖς ἑαυτῶν ἱερεῦσι, εἴ τε δημόται ἠμέλουν τῶν
θυσιῶν, ἐκώλυον καὶ αὐτοὶ τὴν ἀφύσικον φιλοτιμίαν · ὅσοι δὲ
5 κατεκράτησαν, τὴν νομιζομένην δόξαν... ... τοῦ αἰῶνος ὑδρογενή-
σαντα καὶ ἐπληθύνθησαν ἔθος καὶ νόμῳ καὶ φόβῳ αἱ θυσίαι αὐτῶν ·
οὐκέτι οὐδὲ τὰς ψευδεῖς αὐτῶν ἐπαγγελίας ἀπεπλήρουν · ἀλλ᾿ ὅτε
ἐγγενεῖ ἄρα ἀποκατάστασις τῶν κλημάτων, καὶ διεφέρετο κλῆμα
πολέμῳ, καὶ ἐλείπετο ἐκ τοῦ κλήματος ἐκείνου τὸ γένος τῶν ἀνθρώπων
10 καὶ τὰ ἱερὰ αὐτῶν ἐρημοῦντο, καὶ αἱ θυσίαι αὐτῶν ἠμελοῦντο · τοὺς
περιλειπομένους ἀνθρώπους ἐκολάκευον, ὡς δι᾿ ὀνειράτων, διὰ τὸ ψεῦδος
αὐτῶν, διὰ πολλῶν συμβούλων, τῶν [τῶν] θυσιῶν ἀντέχεσθαι · αὐτὰς
δὲ πάλιν παρεχόντων τὰς ψευδεῖς καὶ ἀφυσίκας ἐπαγγελίας · καὶ ἥδοντο
πάντες οἱ φιλήδονοι ἄθλιοι καὶ ἀμαθεῖς ἄνθρωποι · ὥστε καί σοι θέλουσιν
15 ποιῆσαι, ὦ γύναι, διὰ τοῦ ψευδοπροφήτου αὐτῶν · κολακεύουσιν σε, τὰ
κατὰ τόπον ... ... πεινῶντα, οὐ μόνον θυσίας, ἀλλὰ καὶ τὴν σὴν ψυχήν.

8] Σὺ γοῦν, μὴ περιέλκου, ὡς γυνή, ὡς καὶ ἐν τοὺς κατ᾿ ἐνείαν
ἐξεῖπόν σοι. Καὶ μὴ περιρέμβου, ζητοῦσα θεόν · ἀλλ᾿ οἴκαδε καθέζου,
καὶ θεὸς ἥξει πρὸς σὲ ὁ πανταχοῦ ὤν, καὶ οὐκ ἐν τόπῳ ἐλαχίστῳ
20 ὡς τὰ δαιμόνια · καθεζομένη δὲ τῷ σώματι, καθέζου καὶ τοῖς πάθε-
σιν, ἐπιθυμίᾳ, ἡδονῇ, (f. 255 r.) θυμῷ, λύπῃ, καὶ ταῖς ιβʹ μύραις τοῦ
θανάτου · καὶ οὕτως αὐτὴν διευθύνουσα προσκαλέσῃ πρὸς ἑαυτὴν τὸ
θεῖον · καὶ οὕτως ἥξει τὸ πανταχοῦ ὢν καὶ οὐδαμοῦ · καὶ μὴ καλου-
μένη, πρόσφερε θυσίας τοῖς... ..., μὴ τὰς προσφύρους, μὴ τὰς θρεπτι-
25 κὰς αὐτῶν, καὶ προσηνεῖς, ἀλλὰ τὰς ἀποθρεπτικὰς αὐτῶν, καὶ ἀναι-

<hr>

3. Au-dessus de ἱερεῦσι, trois points
rouges dans A, et à la mg. sup. ; μετὰ
τὸν χρισμὸν κἂν τοῖς ἱερεῦσιν τοῖς νομιζομένοις,
ἤγουν (f. l. ἦγον) θυσίας ὁπόται (l. ὁπόται) ἐλη-
άνοντες (f. l. οἱ λεαίνοντες) ἵτε (l. εἴτε) ἱερεῖς.
— (Addition à insérer dans le texte ?)
6. ἔθος] F. l. ἔθει. — 8. ἐγγενεῖ] F. l.
ἐγένετο *vel* ἐγγενεῖ ἄρα ⟨ἦν⟩ ἀποκ. — 12.
τῶν τῶν] F. l. τούτων. — 15. F. l. προσ-
ποιῆται. — 16. F. l. πεινῶντες. — 17. Cp.
III, xxvii, 7, où Zosime adresse à Théo-
sébie des recommandations analogues.
— F. l. ὦ γύναι. — F. l. ἐν τοῖς κατ᾿ ἐνέρ-
γειαν. — 21. F. l. μοίραις. Cp. Platon, Ti-
mée, p. 41 b : οὐδὲ τεύξεσθε θανάτου μοίρας.
— 23. τό] F. l. ὁ. — 25. F. l. ἀποτρεπτικάς.

ρετικὰς ἃς προσεφώνησεν Μεμβρῆς τῶν Ἱεροσολύμων βασιλεῖ Σολο-
μῶντι, αὐτὸς δὲ μάλιστα Σολομῶν ὅσας ἔγραψεν ἀπὸ τῆς ἑαυτοῦ
σοφίας · καὶ οὕτως ἐνεργοῦσα, ἐπιτεύξῃ τῶν γνησίων καὶ φυσικῶν
καιρικῶν · ταῦτα δὲ ποίει ἕως παντελειωθῇς τὴν ψυχήν. Ὅταν δὲ
5 ἐπιγνοῦσα αὐτὴν τελειωθεῖσαν, τότε καὶ τῶν φυσικῶν τῆς ὕλης
κατάπτησον, καὶ καταδραμοῦσα ἐπὶ τὸν Ποιμένανδρα καὶ βαπτισθεῖσα
τῷ κρατῆρι, ἀνάδραμε ἐπὶ τὸ γένος τὸ σόν.

9] Ἐγὼ δὲ ἐπὶ τὸ προκείμενον ἐλεύσομαι τῆς σῆς ἀτελειώτητος ·
ἀλλ᾽ ὀλίγῳ ἐπέκτειναι καὶ ἀνένεγκαι χρῆμα τὸ ζητούμενον · ἤνεγ-
10 κεν μὴ ἐλαττεῖ (?) καὶ ἐνήλατος εὑρίσκεται.

Ἄκουσον αὐτοῦ λέγοντος καὶ μετ᾽ ὀλίγα · ἓν πρᾶγμά ἐστιν δύο
ᾠὰ καταποτασόμενος, καὶ διαφόρως γενόμενον, τὸ μὲν ὑγρὸν καὶ
ψυχρόν, τὸ δὲ ξηρὸν καὶ ψυχρόν, καὶ τὰ δύο ἓν ἔργον ποιοῦσιν.
Ἔστιν οὖν κατανοῆσαι τοῖς δύο ᾠθιακοῖς χρώμασιν καὶ ἐκπλα-
15 γῆναι τὰς τῶν χρωμάτων ἀμειβὰς τὰς ἀπὸ τῶν ᾠθιακῶν, καὶ τῶν
φθασάντων · καὶ γενέσεις τῶν χρωμάτων ὅτι παρὰ τὸ ἐλάμνεσθαι
ὕλη ἐστίν, καὶ μεθ᾽ ἕτερα καὶ αὐταὶ παρατηρήσεις καὶ οὐχ ὁμοίαι
ἐξέργονται · διὰ τί ; (f. 255 v.) οὐχ ὅτι φθονοῦνται ; φθονοῦνται μήτις
ἐξ αὐτῶν νοήσας τὴν ὁδὸν τῶν καιρικῶν εὕρῃ. Ἀλλ᾽ ἐρεῖ τις ὅτι
20 οὐ μόνον τὰ ὀνόματα, ἀλλὰ καὶ πᾶσα τέχνη πάντοτε οὐχ ὁμοία
ἐξέρχεται, ἀλλὰ καὶ ποτὲ μὲν καλῶς, ποτὲ δὲ ἐναντίως. Νέον, φημί ·
ἀλλ᾽ ἴσασιν οἱ τεχνῖται οἱ ἰδόντες τῶν σφαλμάτων τὰ αἴτια, ὅτι τόδε
παρὰ τόδε ἐποιήσαμεν, καὶ τοῦδε ἠμελήσαμεν, καὶ τοῦδε ῥαθυμότερον
ἐποιήσαμεν.

---

1. Μεμβρῆς] peut-être Memphrès, roi
égyptien de la XVIIIᵉ dynastie (Canon
d'Eusèbe, texte arménien. I, 214). —
4. καιρικῶν A. — ἐποίει A. — F. l. ἕως ἂν
τελειωθῇς — 5. F. l. ἐπιγνοῦς αὐτήν. — 6.
F. l. ποιμάνδρα. — 9. ἐπεκτεῖναι καὶ ἀνενέγ-
και A. — ἤνεγκεν] F. l. ἀνάγκη (M. B.). —
11. A mg. : Une main. — 12. F. l. κατα-
ποτισόμενος (mot supposé). — 14. ᾠθια-
κοῖς] F. l. ᾠοθιακοῖς (mot supposé). On
connaît ᾠοθυτικά, les mystères de l'œuf :
(M. B.). — 15. ᾠθιακῶν] F. l. ᾠοθιακῶν
(M. B.). — 16. ἐλάμνεσθαι] F. l. ἐλαύνεσθαι.
— 18. A mg. inf. du f. 255 r. : grosse
étoile, puis : ὧδε ὁ νοῦς ὁ νοεῖν δυνάμενος
καλῶς καὶ ὑγιος (pour ὑγιῶς ?). — 21. νέον]
ναί A. F. l. ναί. — 23. τοῦδε ῥαθυμότερον]
F. l. τόδε ῥαθυμότερον.

10] Ἐγὼ δὲ ἐπὶ τὸ προκείμενον ἐλεύσομεν. Εἰσὶν οὖν δύο ἀγωγαὶ
τῶν καιρικῶν βαφῶν, μία ἀπὸ ὠμῆς, καὶ μία ὀπτή, ⟨αἳ⟩ εἴδη βάλ-
λουσιν. Ἀλλ' ἡ μὲν ὀπτὴ πολλοῦ μόχθου ἀπολέλυται, παμπόλλου δὲ
ἐπιτυχίας χρῄζει, καὶ μετὰ βραχύ, ὡς εἶπεν ἡ θεία Μαρία. Τῆς οὖν
5 ὀπτῆς διαφοραὶ πολλαί εἰσιν ὑγρῶν καὶ φώτων · αἱ μὲν γὰρ αὐτῶν
σὺν ὕδατι ὀπτοῦνται, αἱ δὲ οἴνῳ · τὰ μὲν γὰρ αὐτῶν ἄνθραξιν γίνεται
ἐν ποσότητι χρόνου, τὰ δέ φυσῶνται πάλιν τῇ ποσότητι, τὰ δὲ λασο-
τίοις, τὰ δὲ φούρνοις · καὶ ἄλλα ᾑστείαι, καὶ ἄλλα ἄλλοις καὶ μετὰ καὶ
τῶν πάντων ἁπλῶς πολλὰ οἷον ἐπὶ τοῦ μέλανος τὰ τῆς διαφορᾶς ᾠῶν
10 οὕτως μέλαν κοράκων, κορυννίων, κατακοραῖς βάθει, τεφρῶδες ἐν ταῖς
ζωγραφουμέναις ὀθώναις, ποιεῖ δένδρα, ἢ πέτρας, ἢ ὕδατα, ἢ ζῶα,
πάντα ὁμοίως, καὶ τῶν ἄλλων χρωμάτων τῶν προλεχθέντων, ὧν ἔχεις
τὰς ἀποδείξεις ἐν κάππα στοιχείῳ · καὶ ἡ ποσότης τῶν χρωμάτων.
Ἐὰν γὰρ ἀκούσῃς ὤχραν ξανθήν, μὴ ἁπλῶς ὑπολά- (f. 256 r.) βῃς,
15 καὶ μεταπαρασκευάσαντα μυστικῶς πρὸς μόνον τοὺς κωλύτας ἔχειν ·
τὰ γὰρ ζητούμενα πάντα ἐν τῇ τέχνῃ κατώρθωσαν.

11] Ἔχουσιν οὖν φύσιν αὗται αἱ βαφαὶ καὶ πολλὰ σήπεσθαι, καὶ
ὀλίγα, τουτέστιν γίγνεσθαι καὶ ἐν καμινίοις ὑελοψικοῖς, καὶ ἐν χωνείαις
μεγάλαις καὶ μικραῖς, καὶ ἐν διαφόροις ὀργάνων ⟨διὰ⟩ φώτων, καὶ
20 ἐν ποσότητι αὐτῶν · καὶ ἡ πεῖρα ἀναδείξει, μετὰ καὶ τῶν ψυχικῶν
πάντων κατορθωμάτων. Ἔχεις οὖν τῶν φώτων τὰς ἀποδείξεις ἐν τῷ
Ω στοιχείῳ, καὶ πάντων τῶν ζητουμένων · ἔνθεν ἀπάρξομαι, πορφυ-
ρόστολε γύναι.

---

2. βάλλουσιν] F. l. βάπτουσιν. — 7. τῇ]
τὴν A. F. l. τινὶ. — A mg. τὴν καραλήνα]
λέγ⟨ει⟩. avec renvoi à λασοτίοις. — 8.
F. l. ἱστίαις (feux de chiffons?) (M. B.).

— 10. F. l. κορωνῶν, κατακορὶς. — 12.
ὧν] ὃ A. F. l. ὃ ⟨γύναι⟩. — 19. F. l.
ὀργάνοις. — 21. ἐν τῷ Ω στοιχείῳ] Cp. le
morceau III, XLIX.

III. LIII. — ἙΡΜΗΝΕΙΑ ΠΕΡΙ ΠΑΝΤΩΝ ΑΠΛΩΣ ΚΑΙ ΠΕΡΙ ΤΩΝ ΦΩΤΩΝ

Transcrit sur A, f. 264 r. — *Collationné sur* B, f. 88 r. (*à partir du* § 2).

1] Βλέπε δὲ μὴ πλανηθῇς καὶ τὸν μόλυβδον καὶ τὸν χαλκὸν ⟨οὐ⟩ μόνον ξανθώσῃς, ἀλλὰ καὶ τὰ μεταλλικὰ εἴδη, τὰ λεγόμενα χρυσοζώ-
5 μιον, καὶ χρύσολον, ἅτινά εἰσιν τὸν ἀριθμὸν πλέον ἢ ἔλαττον σή ' ση' δὲ πλέον ἢ ἔλαττον εἶπον, ὅτι ἔλαβεν ὑδράργυρον. Δεῖ δὲ γινώσκειν πεῖραν καὶ τὴν δύναμιν μνημονεύει περὶ τῶν φώτων ⟨καὶ⟩ διοπτᾶν ἢ εἰσκρίνοντα τὸν σίδηρον. Οἱ μὲν γὰρ ἡμίωριον μόνον ὄπτησαν, οἱ δὲ ὥραν α΄, ἄλλοι δὲ β΄, ἕτεροι γ΄, τινὲς δὲ καὶ δ΄.

10 2] Ἐλαφρὰ φῶτα πᾶσαν τὴν τέχνην ἀναφέρει, καὶ τὰ χρώματα ὄπτα, καὶ ἕα τέως ἀποφυγῇ · ἐν ὑέλοις βλέπῃς τὸ γινόμενον · οὕτως ξανθοῦται διὰ τῆς λειώσεως καὶ ἑψήσεως.

3] Τοῦτο τὸ θεῖον ὕδωρ τὸ δίχρωμον, τὸ λευκὸν καὶ ξανθόν, μυρίοις κεκλήκασιν ὀνόμασιν. Ἄνευ οὖν τοῦ θείου ὕδατος οὐδέν ἐστιν · τὸ γὰρ (f.
15 264 v.) ὅλον σύνθεμα δι᾽ αὐτοῦ ἀναλαμβάνεται, καὶ δι᾽ αὐτοῦ ὀπτᾶται, καὶ δι᾽ αὐτοῦ καίεται, καὶ δι᾽ αὐτοῦ πήγνυται, καὶ δι᾽ αὐτοῦ ξανθοῦται, καὶ δι᾽ αὐτοῦ σήπτεται, καὶ δι᾽ αὐτοῦ βάπτεται, καὶ δι᾽ αὐτοῦ ἰοῦται καὶ ἐξιοῦται, καὶ ἑψεῖται. Φησὶν γάρ · Ἐπιβαλὼν ὕδωρ θείου ἄθικτον, καὶ κόμμι ὀλίγον, πᾶν σῶμα βάψεις. Ὅσα γὰρ ἀπὸ ὕδατος ἔσχον γένεσιν,
20 ταῦτα τοῖς ἀπὸ τοῦ πυρὸς ἀντιπάσχει. Ὥστε ἄνευ τοῦ καταλόγου τῶν ὑγρῶν πάντων, οὐδέν ἐστιν ἀσφαλές.

4] Ἐμνημόνευσαν δέ τινες, τάχα δὲ καὶ οἱ ὅλοι, ὅτι δεῖ τοῦτο τὸ

---

5. F. l. χρυσόλλον (M. B.). — 7. F. l. ⟨ὅτι⟩ πεῖρα. — A mg. : μνημονεύει περὶ τῶν φώτων. — F. l. μνημονεύειν. — F. l. δεῖ ὀπτᾶν. — 8. ἡμίωρον A. — 10. Le ms. B (titre : περὶ φώτων) donne seulement la phrase Ἐλαφρὰ — ἀναφέρει, puis notre morceau III, x, ι, et continue celui-ci avec notre § 3. — 11. ἔατε ἕως A. — 13. θεῖον om. A. — καὶ] τὸ B. — 14. Cp. III, x, 2 et XXI, ι. — 17. σήπεται B, mel. — 19. βάπτεις B. — γέννησιν A. — 20. ὥστε ὡς ὅτι A. — 22. Cp. III, x, 3.

ὕδωρ ζύμης χάριν καταφθεῖραι τῷ ὁμοίῳ τὸ ὅμοιον τοῦ μέλλοντος
βάπτεσθαι σώματος, εἴτε ἀργύρου, εἴτε χρυσοῦ. Ἐὰν ἄργυρον ἐθέλῃς
βάπτειν, ἀργύρου πέταλα συσσήπτει · ἐὰν χρυσόν, χρυσοῦ πέταλα · ὁ
γὰρ Δημόκριτος· Ἐπίβαλλε, φησὶν, χρυσοῦ ὕδωρ κοινοῦ, καὶ βάψεις,
5 καὶ χρυσὸν καὶ καταβάψεις · ὁ γὰρ εἷς ζωμὸς καὶ τὰ ἀμφότερα σήπει
κατηγορεῖται. Ζυμοὶ τοίνυν χρὴ ἐκ τοῦ ὁμοίου τὸ ὕδωρ τοῦ θείου ἢ
ἄργυρον, ἢ χρυσόν. Ὡς γὰρ ἡ ζύμη τοῦ ἄρτου, ὀλίγη οὖσα, τοσοῦτον
φύραμα ζυμοῖ, οὕτω καὶ τὸ μικρὸν ἢ ἀργύρου ἢ χρυσοῦ ⟨διὰ⟩ τοῦ
ὄξους ἐστίν.

III. LIII. — LA CÉRUSE

Transcrit sur A (continuation du texte précédent).

10 1] ....

δύναμις · μετὰ δὲ τὴν ἐργασίαν τὸ ψιμμίον ὕδατι ὑετίῳ γλυκιζόμενον,
καὶ ἐώμενον καταστῆναι · τὸ δὲ ὕδωρ ἀπόχεε ἀπ᾽ αὐτοῦ, καὶ εὑρίσκεται
πάνυ λευκότατον · καὶ ἡ λιθάργυρος ἡ κοινὴ μολύβδου ἐστὶν, θαυμασ-
τὴν δύναμιν ἔχει, κοινωνίαν ποιούμενος τῷ ὄξει · ἡ γὰρ καὶ αὐτὸ ἀσώ-
15 ματον εὑρίσκεται, ἁλμιζόμενον δὲ καὶ γλυκιζόμενον, καὶ αὐτὴ
λευκοτάτη εὑρίσκεται καὶ πάνυ παρεμφαίνουσα τὸ ψιμμίθιον. Θαυμάζω
δὲ καὶ τὸ σηρικὸν πῶς ἐν τῷ πυρὶ ξανθοῦται, καὶ τὸ σανδαράχην δύναμιν
ἔχει θαυμαστήν.

2. ἐθέλῃς βάπτειν] ἢ ἀ λῇς βάπτην Α.
Corr. conj. —2-7. εἴτε — ἢ χρυσόν]. Texte
omis ici dans B et dans III, x. — 3.
συσσήπτει: A. — 5. F. l. σήπειν. — 6. F.
l. ζυμοῦν. — 7. Cp. III, xxi, 3. — 8.
Réd. de B : τὸ μικρὸν puis le signe de
l'or surmonté de la finale ου, puis τὸ
πᾶν μέλλει ξηρίον ζυμοῦν (fin du texte dans
ce ms. qui reprend plus bas avec le
morceau III, LIII). — 9. A mg. après
cette ligne : λίπ (λείπει), puis les 7 der-
nières lignes du f. 264 et les 9 pre-
mières du f. 265, laissées en blanc. —
14. τὸ puis le signe de ὄξος, puis ἡ γὰρ...
(f. l. αἱ γὰρ...) — 17. F. l. σανδαράχιν
(forme néogrecque de σανδαράχιον ?).

III. LIV. — ΠΕΡΙ ΛΕΥΚΩΣΕΩΣ

Transcrit sur A (continuation, sans titre, du texte précédent). — Même texte, avec le titre, dans B, f. 90 v., et dans K. f. 5 v., jusqu'à μυστήριον (ligne 3).

1] Γινώσκειν ὑμᾶς θέλω ὅτι πάντων ἐστὶν κεφάλαιον ἡ λεύκωσις, μετὰ δὲ τὴν λεύκωσιν εὐθὺς ξανθοῦται τὸ τέλειον μυστήριον, [τοῦτό ἐστιν ἴωσις, πάλιν διὰ τοῦ ὄξους, τὰς θείας δυνάμεις ἀποτελοῦσιν. 5 Ἐμφανήσω ὑμῖν πρῶτον κεφάλαιον τοῦ ἐλαίου θείου. Διηγήσομαι δὲ ὑμῖν [λευκὸς] τὰς λευκώσεις τῶν μολύβδων ἀπεργάσας, ἢ ⟨τοῦ⟩ πνεῦμα βάπτειν ἡ γέννησις, ἵνα πνεῦμα βά-[f. 265 v.] ψειν · ἄνευ γὰρ τῶν μολύβδων οὐκ ἔστιν τέλειον · ὁ γὰρ μόλυβδος πᾶσαν οὐσίαν ἐξετάζει. Καὶ θαυμαστῶς ἀνεγράψατο ὁ φιλόσοφος τῇ λοξῇ διηγήσει · 10 ἐὰν τὰ ἐξετάζοντα εἰς τὰς οὐσίας εἰσκριθῶσιν, ἀνεξάλειπτον ἔχει τῶν (?) τὴν φύσιν.

2] Γινώσκειν ὑμᾶς θέλω ὅτι ἡ τελεία ἐξέτασις τὸ ὄξος ἐστὶν · βον ἐξέτασις ὅτι μόλυβδον περὶ τοῦ βου κεφαλαίου ἔφη ὁ φιλόσοφος, ἐὰν τὰ ἐξετάζοντα εἰς τὰς οὐσίας εἰσκριθῶσιν, ἀνεξάλειπτον ἔχει τὴν φύσιν.

---

15 ## III. LV. — ΕΡΜΗΝΕΙΑ ΠΕΡΙ ΤΩΝ ΦΩΤΩΝ

Transcrit sur A (continuation du texte précédent).

1] Ἑρμηνεύσω ὑμᾶς σὺν προφήταις περὶ τῶν φώτων τὴν δύναμιν πᾶσιν, ἵνα τελείως τὰς παραδόσεις ἐργάσασθαι, διὰ τὸ μὴ ἀποτυγίαν γίγνεσθαι ὑμῖν. Περὶ τῶν φώτων γὰρ ἐξέθετο ὁ φιλόσοφος, ὡς ὅτι ἓν εἶδος πολλὰ ἀνατρέπει φῶτα · τὰ φῶτα γὰρ εἰσιν τὰ ἐναντία πάσης

---

2. Γινώσκειν — μυστήριον] même texte III, XL, 1. — 3. Après μυστήριον. B et K continuent avec le texte de III, XL, 2 et 3. — 4. F. l. ἀποτελοῦσα. — 5. F. l. θειώδους; (M. B.) — 6. Au lieu de λευκός, il faudrait peut-être lire πῶς δεῖ et plus loin ἀπεργάσθαι. — 7. F. l. τὴν γένεσιν, ἵνα βάψῃ. — 9. θαυμαστὸς A. — 11. τῶν] F. l. τοῦτο — 16. F. l. ὑμῖν. — 17. F. l. ἐργάσησθε.

ἐργασίας · ἐπὶ τῶν προγυμνασθέντων ὑμῖν παραδίδωμι, τῇδε τῇ
ἀκολουθίᾳ · εἰ μὲν διὰ ὑελίνων ἀγγῶν ἑψοῦνται τὰ θειώδη, ἀναγκαῖον
χρήσασθαι τοῖς ρωσὶν οἷς κέχρηνται οἱ σκιογράφοι, εἴ τίς ἐστι κηρο-
τάκις. Ἀναγκαῖον οὖν τὸ ἄγγος τὸ ὑέλινον διὰ πηλοῦ κεραμικοῦ
5 ἐπιδερματίδα ⟨ἔχειν⟩ ἡμιδακτυλαίαν, ἵνα μὴ τὸ ἄγγος ῥῆξιν ὑπομένῃ
διὰ τῆς θέρμης, οὕτως διαπραξαμένους ὡς ἔσται τὰ μέτρα τῶν ρώτων .
Ἐὰν δὲ μέλλῃς παροπτᾶν τὰ ἐπὶ τὸ ξανθὸν ἀγόμενα, ἀναγκαῖον
ὑμᾶς χρήσασθαι τοῖσδε τοῖς ρωσί, ἡ μὲν τοῦ ζώου εἰσγικῷ (?)
καμινίῳ παροπτᾶν, ὅταν κομίσῃς αὐτοῦ τὰ ἐπὶ τὰ ξανθὰ ἀγόμενα,
10 f. 266 r. ἐν τῇ καμίνῳ ἐπὶ ὥρας Γ΄ · ὥρας δὲ λέγω τὰς κεκραμέ-
νας... ἀπέχεται, καὶ ρῶτα τὰ ἐπὶ τὸ ξανθὸν ἄγονται.

III. LVI. — ΠΕΡΙ ΑΙΘΑΛΩΝ

Transcrit sur M, f. 116 v. — *Collationné sur* B, f. 89 r.; — *sur* A, f. 14 r. (= A¹); — *sur* A, f. 91 r. (= A²); — *sur* K, f. 4 v. — *sur* Lc, p. 205. — *Variantes de* M *ajoutées en marge de* K.

1 Αἰθάλαι δὲ λέγονται διὰ τὸ ἀπὸ κάτωθεν ⟨εἰς⟩ ἄνω τὰς τέφρας,
πρὸς ὕψος ἀναπέμπεσθαι τὰς οὐσίας, ἥτις δηλοῖ τὴν τῶν ὑδάτων ἀνα-
15 γωγήν. Καὶ πάλιν αἰθάλαι λέγονται διὰ τὸ ἀπὸ τῶν κάτω ἐπὶ τὸ ὕψος
χωρεῖν. Ποιήσαντες αὐτοῦ τὴν διήγησιν ἐν τῇ τῶν αἰθαλῶν ἤγουν στα-
γόνων ἐκμυζήσει, τὰς σκωρίας τε ἀπὸ τῆς χύτρας ἄραντες ἐλείωσαν,
καὶ βαλόντες αὐτὰς τὰς ἀπ' αὐτῶν ἐξελθούσας ψυχάς. Ψυχαὶ γὰρ
αὗται τῶν σωμάτων ἀφ' ὧν ἐξῆλθον, πάλιν ἀνεκομίσαντο ταύτας διὰ

2. εἰ] ἢ A. — 5. εἰ μὴ δακτυλαίαν A. — ὑπομίνη A. — 6. διαπραξαμένους ὡς ἔχει A. — 8. F. l. ἡμᾶς. — F. l. εἰ μὲν. — 13 et 16. λέγεται BA¹·² K. — ἀπὸ τῶν κατ. BA¹·² Lc (= B etc.). — τὰς τέφρας] αἱ τέφραι M. — 14. ἥτις — ἀναγωγήν] ἤγουν τὴν τῶν ὑδ. ἀγωγὴν Lc. — 16. Réd. de Lc : ποίη. σον αὐτῶν τινας τὴν διήγ. — 18. καὶ βαλ. — ψυχάς] ἐκβαλόντες ἀπ' αὐτῶν τὰς ἀπ' αὐτῶν ἐξ. ψ. Lc. — 19. πάλιν] διὸ καὶ πάλιν Lc.

τοῦ μασθωτοῦ, φάσκοντες ταύτην εἶναι [f. 117 r.] τὴν ἴωσιν, ἀναλο-
γήσαντες ⟨ἐκ⟩ τῶν πολυχρονίων σήψεων. Καὶ προσέπλεξαν ⟨μετὰ⟩
τῶν λοιπῶν αἰθαλῶν, ἃς καλοῦσι σώματα, καὶ ἡμεῖς σῶμα, καὶ θεῖα,
καὶ θειώδη, καὶ πέταλα χαλκοῦ ἢ ἀσήμου ἢ χρυσοῦ. Καὶ οὕτως εἰρ-
γάσαντο τὴν βαφὴν ἐπὶ τῶν ὑπηρετικῶν ὑλῶν, τῆς δευτέρας αὐτῶν
ὑποστάθμης οὐδένα ἀποτίσαντες λόγον.

2] Καὶ ἀπέδειξεν τὸ διὰ τῶν τεφρῶν ἀποσταζόμενον ὕδωρ, εἰπών ·
« Καὶ θεὶς τὸ ὄργανον, ἀνακομίζου τὰς τέφρας. » Εἰ οὖν ἡ τέφρα ἐστὶ
τὸ διοργανισθὲν ὕδωρ, καὶ διὰ τοῦτο καὶ ὁ Ἀγαθοδαίμων · « Ὅλως ἡ
τέφρα ἐστιν. » Ἕψησις δὲ αὕτη τυγχάνει ἢ καὶ ὄπτησις, ἥτις λείωσις
ὀνομάζεται · δηλονότι διὰ σήψεως, καὶ ἀνασπάσεως, καὶ ἰώσεως, καὶ
παροπτήσεως, λέγοντες οἱ ἀρχαῖοι τὸ πᾶν ἀπαρτίζεσθαι. Καὶ ἀδύνατόν
ἐστιν ἄλλως οἰκονομεῖσθαι τὴν ποίησιν τοῦ συνθέματος. Τὴν γὰρ ἕψησιν,
καὶ ἀνάσπασιν λείωσιν οἴδασιν οἱ ὑποφῆται τῆς ἐπιστήμης · καὶ τὴν
ἴωσιν, ἕψησιν, τὴν δὲ ἕψησιν καὶ ἀνάσπασιν λείωσιν ὠνόμασαν διὰ τὴν
ἄγαν ἐκλέπτυνσιν. Καὶ πάλιν τὸ πῦρ ὠνόμασαν διὰ τὸ θερμαίνειν καὶ
καίειν καὶ φωτίζειν ⟨καὶ⟩ παιδίου παίγνιον καὶ γυναικὸς ἔργον ἔφασαν
οἱ παλαιοὶ τὸ ζητούμενον τοῖς νοήμασιν. Ἀλλ᾽ οὐ διὰ τοῦτο ἀναγκασ-
θησόμεθα πάντως διὰ πυρὸς τὴν ἴωσιν κατεργάζεσθαι, ὡς ἐπὶ τῶν βαπ-
τομένων λίθων, τουτέστιν ὑδάτων ἀναγωγῆς καὶ τὴν ἐκ ψυχρᾶς τελου-
μένην πορφύραν. Λέγω δὴ ⟨ὅτι⟩ σαφῶς ἡμᾶς ἡ πεῖρα διδάξει εἰ τὸ
ἀληθὲς, ἓν ἔργον τέλειον καὶ ἄφευκτον ἐπι- [f. 117 v.] τελοῦσα ξηρίον.

---

1. M mg. inf. (main du xv⁰ siècle) :
ἔρψσι (ἕψησις), ἰόσεις (ἰώσεις), ὄπτησης (ὄπτη-
σις), ἀνάσπασης (ἀνάσπασις), ἐλλίοσης (ἐλλεί-
ωσις). — μασθωτοῦ Lc. — Réd. de Lc :
καὶ ἀναλογία, τὰς πολυχρονίους σήψεις προ-
σπλ. καὶ συνέπλεξαν αὐτὰς ταῖς λοιπαῖς αἰθά-
λαις · ἡμεῖς δὲ καλοῦμεν αὐτὰ σώματα κ. θ.
— 3. σῶμα] σώματα A¹. — 4. ἀσήμου] ἀργύ-
ρου en signe A¹; en toutes lettres BA² K
Lc. — καὶ οὕτως] τοῖς δὲ Lc. — 7. καὶ τὰς
ἀπέδειξε Lc. — 8. εἰ — ἐστι] ἡ τέφρα τούτων
ἐστι Lc. — 9. ὁ Ἀγαθ. φησὶ Lc. — 10.
Au lieu de ἥτις, M donne un trait sur-
monté de 2 points : ⸗ . —ἢ καὶ ὄπτ. ἥτις
καὶ... Lc. — 11. ὀνομάζονται M. — Réd.
de Lc, après ce mot : Οἱ ἀρχαῖοι δὲ φασι
διὰ σήψεως, κ. ἀ. κ. ἰ. κ. παρ. τὸ πᾶν ἀπαρ-
τίς. — 13. τὴν ποίησιν] τὴν puis le signe de
πορίτης M ; τὸν puis le même signe BA²
K; τὸν πορίτην (en toutes lettres) Lc. Corr.
conj. — 15. ὠνόμασαν — διὰ τὸ θερμ. | ὠνό-
μασαν · διὰ δὲ τὸ θερμ. Lc. — 17. καὶ καίειν
om. A²ᵃ K; hab. B Lc. — 20. ἐπὶ τῆς τῶν
βαπτ. λ. τ. ὁ. ἀγωγῆς Lc. — 21. λέγω δὴ —
διδάξει] ἡ πεῖρα δὲ σαφῶς ἡμ. διδ. Lc. — 22.
ἐπὶ τέλους ξηρίον M.

3] Μετὰ δὲ τὴν τούτου ἰοποίησιν, ἀνεκομίσαντο αἰθάλας, καὶ προσ-
έπλεξαν ⟨μετὰ⟩ τῶν λειπομένων σκωριῶν, καὶ οὕτως ἔσχον τὸ
πέρας, ἐντεῦθεν ξηρίον τοῖς σώμασιν ἐπιβάλλοντες διὰ τὸ λέγειν
Ζώσιμον · « Οὕτω γὰρ τὰ μὲν πνεύματα σωματοῦνται, τὰ δὲ νεκρὰ
5 σώματα ἐμψυχοῦνται, τῆς ἀπ᾽ αὐτῶν ψυχῆς πάλιν αὐτοῖς εἰσκριθεί-
σης, καὶ θεῖον ἔργον ἀποτελοῦσιν, ἀμφότερα ἄλληλα κρατοῦντα καὶ
ὑπ᾽ ἀλλήλων κρατούμενα. Τὸ γὰρ φεῦγον πνεῦμα τοῦ διώκοντος
σώματος ἔτυχεν, διδαχθέντος ἤδη πυριμάχειν ἐν τῷ πυρί. Καὶ τοῦτο
ἐστιν, ὡς οἶμαι, τὸ τοῦ φιλοσόφου ὕδωρ ἀσβέστου ἢ σανδαράχης,
10 ὕδωρ νίτρου, ὕδωρ φέκλης, τὸ ἀπὸ τῆς τέφρας τῶν θειωδῶν σκευα-
ζομένων, ὕδωρ πρωτόστακτον. »

4] Δεῖ οὖν αὐτὴν ἀποστάζειν ὡς τὴν σαπωναρικὴν στάκτην, καὶ
ἔχειν αὐτῆς τὰ ὕδατα · σαπωναρικὴ δὲ, φησὶ, στάκτη οὐδέποτε ἐξαιθα-
λοῦται, ἀλλὰ καταστάζεται. Πῶς οὖν, ὦ ἀγαθοί, Ζώσιμός φησιν ὅτι
15 οὐδαμοῦ ἔστηκεν ὁ νοῦς τῶν γραφῶν, εἰ μὴ ἐν τῷ ὀργανισμῷ τῷ ἀνασ-
πῶντι τὸν χαλκόν · καὶ ὅτι τὸ πέρας τῆς τέχνης ὧδε οὐκ ἦν, ἀλλ᾽ ἐν
τῷ διοργανισμῷ καὶ τῇ τούτου πήξει. Ἕτεροι δὲ μόνον τοῖς ληκύθοις
ἔχρισαν ἐπ᾽ ἄμφω τῷ συνθέματι, καὶ ἀνακομισάμενοι τὸ ὕδωρ, προσέ-
πλεξαν τῇ οἰκείᾳ ἀσβέστῳ λειώσαντες ἐν θυείᾳ, οὐ σταθμῷ, ἀλλ᾽ ὅσον
20 ὑπερέχει τὸ ξηρὸν τοῦ ὑγροῦ, δακτύλους δύο, [f. 118 r.] ἢ τρεῖς, ἢ
τέσσαρας.

---

1. Réd. de Lc : Ἄλλοι δὲ μετὰ τὴν τ. ἰ.
τὰς αἰθάλας B etc. — καὶ προσέπλ. αὐτὰς τοῖς
λειπομένοις σκωρίδιοις Lc. — 3. M mg. :
groupe de points; guillemets jusqu'à
la fin du §. — 5. τῆς] καὶ τῆς Lc. —
6. ἀποτελούσης Lc. — κρατοῦνται B etc. —
7. κρατ. εὑρίσκονται Lc. — 10. σκευαζόμενον
Lc. — 14. Πῶς οὖν, ὦ φιλόσοφοι, φησὶν
Δημόκριτος BA¹·² K. — ὁ Ζώσιμος δὲ φησιν
Lc. — 15. διοργανισμῷ A² K ; διοργανισμοῦ
Lc. — 16. ἢν] ἔστι Lc. — 17. ληκύθοις M ;
λακύνθοις BA¹·²; λεκίνθοις K ; λεκύθοις Lc.
Corr. conj. — 18. ἐχρήσαντο B etc. F. l.
λεκύθοις ἔχρισαν (?) Cp. ci-après IV, ιv,
15. — ἄμφω] ἀμφοτέρῳ Lc. mel. — 19.
Οὐκ mss. — 20. ὑπερέχοι ἂν Lc.

COLLECTION

DES

ALCHIMISTES GRECS

TRADUCTION

SECONDE LIVRAISON

TROISIÈME PARTIE

ZOSIME

III. 1. — LE DIVIN ZOSIME

SUR LA VERTU (1). — LEÇON I

1. La composition des eaux, le mouvement, l'accroissement, l'enlèvement et la restitution de la nature corporelle, la séparation de l'esprit d'avec le corps (2), et la fixation de l'esprit sur le corps ; les opérations qui ne résultent pas de l'addition de natures étrangères et tirées du dehors, mais qui sont dues à la nature propre, unique, agissant sur elle-même, dérivée d'une seule espèce, ainsi que (l'emploi) des minerais durcis et solidifiés, et des extraits liquides du tissu des plantes ; tout ce système uniforme et polychrome comprend la recherche multiple et infiniment variée de toutes choses, la recherche de la nature, subordonnée à l'influence lunaire et à la mesure du temps, lesquelles règlent le terme et l'accroissement suivant lesquels la nature se transforme.

2. En disant ces choses, je m'endormis ; et je vis un sacrificateur qui se tenait debout devant moi, en haut d'un autel en forme de coupe (3). Cet

---

(1) AK : « Sur la vertu et la composition des Eaux. »

(2) Séparation des métaux d'avec les corps volatils, tels que le soufre ou l'arsenic, auxquels ils sont associés.

(3) Ou de fiole (voir les appareils distillatoires des fig. 11, 14, etc., *Introd.*, p. 132, 138 et suiv. ; ou plutôt les appareils à kérotakis des fig. 20, 21 et suiv., *Introd.*, p. 143 et suiv.). Tout ceci est la description mystique de diverses opérations chimiques de distillation, de sublimation, de coupellation, accompagnées de grillages, d'effervescences et de changements de couleur.

autel avait quinze marches à monter. Le prêtre s'y tenait debout, et j'entendis une voix d'en haut qui me disait : « J'ai accompli l'action de descendre les quinze marches, en marchant vers l'obscurité, et l'action de monter les marches, en allant vers la lumière. C'est le sacrificateur qui me renouvelle, en rejetant la nature épaisse du corps. Ainsi consacré prêtre par la nécessité, je deviens un esprit ».

Ayant entendu là voix de celui qui se tenait debout sur l'autel en forme de coupe, je lui demandai qui il était. Et lui, d'une voix grêle, me répondit en ces termes : « Je suis Ion (1), le prêtre des sanctuaires, et je subis une violence intolérable. Quelqu'un est venu au matin précipitamment, et il m'a violenté, me pourfendant avec un glaive, et me démembrant, suivant les règles de la combinaison. Il a enlevé toute la peau de ma tête, avec l'épée qu'il tenait (en main); il a mêlé les os avec la chair (2) et il les a fait brûler avec le feu du traitement. C'est ainsi que j'ai appris, par la transformation du corps, à devenir esprit. Telle est la violence intolérable (que j'ai subie) ». Comme il m'entretenait encore, et que je le forçais de me parler, ses yeux devinrent comme du sang, et il vomit toutes ses chairs. Et je le vis (changé en) petit homme contrefait, se déchirer lui-même avec ses propres dents, et s'affaisser.

3. Rempli de crainte, je m'éveillai et je songeai : « N'est-ce-pas là la composition des eaux ? ». Je fus persuadé que j'avais bien compris; et je m'endormis de nouveau. Je vis le même autel en forme de coupe, et, à la partie supérieure, de l'eau bouillonnante et beaucoup de peuple s'y portant sans relâche (3). Et il n'y avait personne que je pusse interroger en dehors de l'autel. Je monte alors vers l'autel, pour voir ce spectacle. Et j'aperçois un petit homme, un barbier blanchi par les années, qui me dit : « Que regardes-tu ? » Je lui répondis que j'étais surpris de voir l'agitation de l'eau et celle des hommes brûlés et vivants. Il me répondit en ces termes : « Ce spectacle que tu vois, c'est l'entrée, et la sortie, et la mutation ». Je lui demandai encore : « Quelle mutation ? » Et il me répondit : « C'est le lieu de l'opération appelée

---

(1) L : « Je suis celui qui est » : ὤν au lieu de Ἴων.

(2) Voir le *serpent Ouroboros*, p. 23.

(3) Allégorie de la condensation des vapeurs dans le récipient supérieur.

macération ; car les hommes qui veulent obtenir la vertu entrent ici et deviennent des esprits, après avoir fui le corps ». Alors je lui dis : « Et toi es-tu un esprit ? » Et il me répondit : « Oui un esprit et un gardien d'esprits ». Pendant notre entretien, l'ébullition allant en croissant, et le peuple poussant des cris lamentables, je vis un homme de cuivre, tenant dans sa main une tablette de plomb (1). Il me dit les mots suivants, en regardant la tablette : « Je prescris à tous ceux qui sont soumis au châtiment de se calmer, de prendre chacun une tablette de plomb, d'écrire de leur propre main, et de tenir les yeux levés en l'air et les bouches ouvertes, jusqu'à ce que leur vendange (2) soit développée ». L'acte suivit la parole et le maître de la maison me dit : « Tu as contemplé, tu as allongé le cou vers le haut et tu as vu ce qui s'est fait ». Je lui répondis que je voyais, et il me dit : « Celui que tu vois est l'homme de cuivre ; c'est le chef des sacrificateurs et le sacrifié, celui qui vomit ses propres chairs. L'autorité lui a été donnée sur cette eau et sur les gens punis ».

4. Après avoir eu cette apparition, je m'éveillai de nouveau. Je lui dis : Quelle est la cause de cette vision ? N'est-ce donc pas là l'eau blanche et jaune bouillonnante, l'eau divine ? Et j'ai trouvé que j'avais bien compris. Je dis qu'il est beau de parler et beau d'écouter, beau de donner et beau de recevoir, beau d'être pauvre et beau d'être riche. Or, comment la nature apprend-elle à donner et à recevoir ? L'homme de cuivre donne et la pierre liquéfiée reçoit ; le minéral donne et la plante reçoit ; les astres donnent et les fleurs reçoivent ; le ciel donne et la terre reçoit ; les coups de foudre donnent le feu qui s'élance. Dans l'autel en forme de coupe, toutes choses s'entrelacent, et toutes se dissocient ; toutes choses s'unissent ; toutes se combinent ; toutes choses se mêlent, et toutes se séparent ; toutes choses sont mouillées, et toutes sont asséchées ; toutes choses fleurissent et toutes se déflorent. En effet, pour chacune c'est par la méthode, par la mesure, par la pesée exacte des quatre éléments que se fait l'entrelacement et la dissociation de toutes choses ; aucune liaison ne se produit sans méthode. Il y a une méthode naturelle, pour souffler et pour aspirer, pour conserver les classes stationnaires, pour les augmenter et pour les diminuer. Lorsque toutes

---

(1) Allégorie du molybdochalque, placé sur la kérotakis, ou la constituant.

(2) Voir plus loin la vendange d'Hermés, p. 129, note 1.

choses, en un mot, concordent par la division et par l'union, sans que
la méthode soit négligée en rien, la nature est transformée ; car la nature,
étant retournée sur elle-même, se tranforme : il s'agit de la nature et du
lien de la vertu dans l'univers entier.

5. Bref, mon ami, bâtis un temple monolithe, semblable à la céruse, à
l'albâtre, n'ayant ni commencement ni fin dans sa construction. Qu'il y ait
à l'intérieur une source d'eau très pure, étincelante comme le soleil. Observe
avec soin de quel côté est l'entrée du temple et prends en main une épée ;
cherche alors l'entrée, car il est étroit le lieu où se trouve l'ouverture.
Un serpent est couché à l'entrée, gardant le temple. Empare-toi de lui ;
tu l'immoleras d'abord ; dépouille-le, et prenant sa chair et ses os, sépare
ses membres ; puis réunissant les membres avec les os, à l'entrée du
temple, fais-en un marche-pied, monte dessus, et entre : tu trouveras là
ce que tu cherches. Le prêtre, cet homme de cuivre, que tu vois assis dans
la source, rassemblant (en lui) la couleur, ne le regarde pas comme un
homme de cuivre ; car il a changé la couleur de sa nature et il est devenu
un homme d'argent. Si tu le veux, tu l'auras bientôt (à l'état d') homme
d'or (1).

6. Ce préambule est une entrée destinée à te manifester les fleurs des discours
qui vont suivre (c'est-à-dire) la recherche des vertus, du savoir, de la raison,
les doctrines de l'intelligence, les méthodes efficaces, les révélations qui
éclaircissent les paroles secrètes. Ainsi la vertu poursuit le Tout, en son
temps et avec méthode.

7. Que signifient ces mots : « La nature triomphant des natures » ? et ceci :
« Au moment où elle est accomplie, elle est prise de vertige » ? et encore :
« Resserrée dans la recherche, elle prend le visage commun de l'œuvre du
Tout, et elle absorbe la matière propre de l'espèce » ? Et ceci : « tombée
ensuite en dehors (de) sa première apparence, elle croit mourir » ? Et ceci :
« Lorsque, parlant une langue barbare, elle imite celui qui parle la langue
hébraïque : alors, se défendant elle-même, la malheureuse se rend plus

---

(1) *Origines de l'Alchimie*, p. 180.
Voir le *serpent Ouroboros*, l. iv, 5, p.
23. — Ce § répète au fond, sous une
forme plus sommaire et avec une allé-
gorie moins compliquée le § 2.

légère en mélangeant ses propres membres. » ? Et ceci : « L'ensemble liquide est mené à maturité par le feu » ?

8. Appuyé sur la clarté de ces conceptions de l'intelligence, transforme la nature, et considère la matière multiple comme étant une. N'expose clairement à personne une telle propriété; mais suffis-toi à toi-même, de crainte qu'en parlant, tu ne te détruises toi-même. Car le silence enseigne la vertu. Il est beau de voir les mutations des quatre métaux [le plomb, le cuivre l'asèm (ou l'argent), l'étain], changés en or parfait.

Prenant du sel, mouille le soufre, de façon à amener la masse en consistance de cire mielleuse. Enchaine la force de l'un et l'autre; ajoutes-y de la couperose et fabriques-en un acide, premier ferment de la couleur blanche, tiré de la couperose. Avec ces (substances) tu amèneras par degré le cuivre dompté à l'apparence blanche. Fais distiller par la cinquième méthode, au moyen des trois vapeurs sublimées : tu trouveras l'or attendu. Voilà comment en domptant la matière tu obtiens l'espèce unique, tirée de plusieurs espèces (1).

III. II. — LA CHAUX (2)

ZOSIME DIT AU SUJET DE LA CHAUX :

1. Je vais vous rendre (les choses) claires. On sait que la pierre alabastron (3) est appelée cerveau (4), parce qu'elle est l'agent fixateur de toute teinture volatile. Prenant donc la pierre alabastron, fais-la cuire une nuit et un jour; aie de la chaux, prends du vinaigre très fort et fais bouillir : tu seras étonné ; car tu réaliseras une fabrication divine, un produit qui blan-

---

(1) Cet alinéa est une addition étrangère à ce qui précède. C'est une recette pour attaquer le cuivre, avant de faire agir sur lui les vapeurs destinées à le teindre.

(2) Cet article se compose d'une suite de recettes obscures pour fabriquer la pierre philosophale. Les dernières sont postérieures à Zosime, comme l'indique la citation de Stephanus tirée de A (§ 2 bis); à l'exception pourtant de la phrase finale du § 3, laquelle exprime très clairement la formation des sous-sels de cuivre, ou fleurs de cuivre.

(3) *Lexique*, p. 4.

(4) Voir *Lexique*, p. 7; *Œuf philosophique*, p. 19. — *Nomenclature de l'œuf*, p. 21.

chit au plus haut degré la surface (des métaux). Laisse déposer, puis ajoute
du vinaigre très fort, en opérant dans un vase sans couvercle, afin d'enlever
la vapeur sublimée, à mesure qu'elle se forme au-dessus. Prenant encore
du vinaigre fort, fais élever cette vapeur pendant sept jours, et opère ainsi
jusqu'à ce que la vapeur ne monte plus. Laisse durant quarante jours le
produit (exposé) au soleil et à la rosée, à l'époque fixée ; puis adoucis avec de
l'eau de pluie. Fais sécher au soleil, et conserve.

C'est là le mystère incommuniqué, qu'aucun des prophètes n'a osé divul-
guer par la parole ; mais ils l'ont révélé seulement aux initiés. Ils l'ont ap-
pelé la pierre encéphale dans leurs écrits symboliques, la pierre non-pierre,
la chose inconnue qui est connue de tous, la chose méprisée qui est très
précieuse, la chose donnée et non-donnée de Dieu (1). Pour moi, je la saluerai
du nom de (pierre) non donnée et donnée de Dieu : c'est la seule, dans notre
œuvre, qui domine la matière. Telle est la préparation qui possède la puis-
sance, le mystère mithriaque.

2. L'esprit du feu s'unit avec la pierre et devient un esprit de genre uni-
que. Or je vous expliquerai les œuvres de la pierre. Mélangée avec la coma-
ris, elle produit les perles, et c'est là ce que l'on a nommé chrysolithe.
L'esprit opère toutes choses par la puissance de la poudre sèche. Et moi, je
vais vous expliquer le mot *comaris*, chose que personne n'a osé divulguer ;
mais ceux-ci (les anciens) la transmettaient aux personnes intelligentes. Elle
détient la puissance féminine, celle que l'on doit préférer ; car le blanchiment
est devenu un objet de vénération pour tout prophète.

Je vous expliquerai aussi la puissance de la perle. Elle accomplit ses œu-
vres, mise en décoction dans l'huile. Elle représente la puissance féminine.
Prenant la perle, tu la mettras en décoction avec de l'huile, dans un vase
non bouché, sans couvercle, pendant 3 heures, sur un feu modéré. Prenant
un chiffon de laine, frotte-le contre la perle, afin d'en ôter l'huile et tiens,
(la perle disponible) pour les besoins des teintures ; car l'accomplissement
de la (transformation) matérielle a lieu au moyen de la perle.

2 *bis*. Stephanus (2) dit : Prenez (le métal composé) des quatre éléments,

---

(1) Voir la note de la p. 19.
(2) Cet alinéa manque dans M ; il est
tiré de A. Il a été reporté plus loin dans
le *Texte grec*, IV, xx, 13, Traité de

(ajoutez-y l'arsenic le plus élevé (1) et le plus bas, le rugueux et le roux, le mâle et la femelle, à poids égaux, afin de les unir entre eux. Car de même que l'oiseau couve ses œufs et les mène à terme dans la chaleur, de même vous couverez et mènerez à terme votre œuvre (2), après l'avoir porté au dehors, arrosé avec les eaux divines, exposé au soleil et dans des lieux chauds; après l'avoir fait cuire sur un feu doux, en le déposant dans du lait virginal (3). Prenez garde à la fumée. Plongez le produit dans l'Hadès (4); [ressortez-le, arrosez-le avec du safran de Cilicie, au soleil et dans des lieux chauds; faites cuire sur un feu doux, avec du lait virginal, en dehors de la fumée. Enfoncez-le dans l'Hadès (5)]. Remuez avec soin, jusqu'à ce que la préparation ait pris de la consistance, et ne puisse s'échapper du feu. Alors, prenez-en (une partie), et lorsque l'âme et l'esprit se sont unifiés (avec le corps) et ne forment plus qu'un seul être, projetez sur le corps métallique de l'argent et vous aurez de l'or, tel que n'en renferment pas les trésors des rois.

Voilà le mystère des philosophes, celui que nos pères ont juré de ne point révéler ni publier.

3. On entend par élévation, la montée des fleurs (6) : l'eau avec laquelle le produit a été arrosé s'élève et monte sans obstacle, par suite de l'association intime du corps avec le soufre (7). Sinon (le corps) reste au fond (du

---

Comarius. On l'a conservé ici, parce qu'il indique comment les fragments de Zosime ont été augmentés par l'addition successive de morceaux étrangers. — Le nom de Stephanus, appliqué à l'auteur d'un morceau tiré d'un traité de Comarius, mérite aussi attention : car il prouve que la confusion signalée dans l'*Introd.*, p. 182, entre les œuvres de ces deux auteurs est fort ancienne.

(1) Qui s'est sublimé, en s'oxydant, à la partie supérieure du récipient ?

(2) L'œuf philosophique.

(3) Expression symbolique. D'après le *Lexicon Alchemiæ Rulandi* (p. 272), c'est l'eau mercurielle, le mercure des philosophes, etc.

(4) Fond des vases où les résidus s'accumulent et sont exposés directement à l'action du feu; comme le montrent, par exemple, les fig. 20 et 21 de l'*Introd.*, p. 143.

(5) Ceci est une répétition; quelque copiste ayant mis bout à bout deux versions parallèles.

(6) Fleurs métalliques, se formant à la surface des métaux par oxydation, ou se sublimant (voir page 71, note 4).

(7) On propose de lire : soufre, au lieu de plomb; le signe étant pareil (voir le *Texte grec*, p. 114, note de la ligne 23).

vase à sublimation? Contentons-nous du mortier et du filtre pour les deux teintures.

Quant au cuivre, Zosime dit à son sujet : « Altéré par la plupart des eaux, à cause de l'humidité de l'air et de la chaleur, il augmente de volume et se couvre de fleurs, qui sont de beaucoup les plus douces ; il fructifie par l'action productrice de la nature ».

III. III. — AGATHODÉMON

Après l'affinage du cuivre et son noircissement, puis son blanchiment ultérieur, alors aura lieu le jaunissement solide.

III. IV. — HERMÈS

Si tu ne dépouilles pas les corps de leur nature corporelle et si tu ne donnes pas une nature corporelle aux êtres incorporels, rien de ce que tu attends n'aura lieu (1).

---

(1) Cet axiome a été attribué aussi à Marie (ce volume, p. 101), et à d'autres alchimistes. Il signifie d'une part ôter aux métaux purs ou alliés leur corps, ou forme métallique, sous laquelle ils sont fixes d'ordinaire: ce que l'on réalisait en les soumettant à la sublimation, qui rend le zinc, l'antimoine et même le plomb et le cuivre volatils (c'est à-dire esprits), dans l'état d'oxydes (par l'action de l'air), de sulfures (par l'action du soufre ou des sulfures), de chlorures (par l'action du sel marin), etc. D'autre part on leur restitue leur corps, c'est-à-dire on rétablit ces chlorures, oxydes, sulfures, dans l'état métallique avec des propriétés et une coloration nouvelles, dues soit à leur purification, soit au contraire à la formation des alliages. — On lit de même dans le traité attribué à Avicenne (*Bibl. chem.* de Manget, t. 1, p. 629) : *ut corporeum fiat spirituale sublimando et cum est spirituale, fiat iterate corporeum descendendo.*

III. v. — ZOSIME

LEÇON II

1. Enfin je fus pris du désir de monter les sept degrés et de voir les sept châtiments ; et comme il convient, en un seul des jours (fixés), j'effectuai la route de l'ascension. En m'y reprenant à plusieurs reprises, je parcourus la route. Au retour, je ne retrouvai pas mon chemin. Plongé dans un grand · découragement, ne voyant pas comment sortir, je tombai dans le sommeil.

J'aperçus pendant mon sommeil un certain petit homme, un barbier revêtu d'une robe rouge et d'un habillement royal, qui se tenait debout en dehors du lieu des châtiments, et il me dit : Que fais-tu (là), ô homme ? Et moi je lui répondis : Je m'arrête ici parce que, m'étant écarté de tout chemin, je me trouve égaré. Il me dit (alors) : Suis-moi. Et moi, je vins et je le suivis. Comme nous étions près du lieu des châtiments, je vis celui qui me guidait, ce petit barbier, s'engager dans ce lieu et tout son corps fut consumé par le feu.

2. A cette vue, je m'éloignai, je tremblai de peur ; puis je me réveillai, et je me dis en moi-même : Qu'est-ce que je vois ? et de nouveau je tirai mon raisonnement au clair et je compris que ce barbier était l'homme de cuivre, revêtu d'un habillement rouge, et je (me) dis : J'ai bien compris, c'est l'homme de cuivre. Il faut d'abord qu'il s'engage dans le lieu des châtiments.

3. De nouveau mon âme désira monter le 3e degré. Et de nouveau, seul, je suivis le chemin ; et comme j'étais près du lieu des châtiments, je m'égarai encore, ne sachant pas ma route, et je m'arrêtai désespéré. Et de nouveau, semblablement, je vis un veillard blanchi par les années, devenu tout à fait blanc, d'une blancheur aveuglante. Il s'appelait Agathodémon. Se retournant, ce vieillard aux cheveux blancs me considéra pendant une grande heure. Et moi je lui demandai : Montre-moi le droit chemin. Il ne se retourna pas vers moi, mais il s'empressa de suivre sa propre route. En allant et venant, de ci, de là, je gagnai en hâte l'autel. Lorsque je fus arrivé en haut sur l'autel, je vis le vieillard aux cheveux blancs s'engager dans le lieu du

châtiment. O démiurges des natures célestes ! Comme il fut aussitôt embrasé tout entier ! Quel récit effroyable, mes frères ! Car, par suite de la violence du châtiment, ses yeux se remplirent de sang. Je (lui) adressai la parole et lui demandai : Pourquoi es-tu étendu ? Mais lui, ayant entr'ouvert la bouche, me dit : « Je suis l'homme de plomb et je subis une violence intolérable (1) ». Là-dessus, saisi d'une grande crainte, je m'éveillai et je cherchai en moi-même la raison de ce fait. De nouveau je réfléchis et je me dis : J'ai bien compris par là qu'il faut rejeter le plomb ; la vision se rapporte réellement à la composition des liquides.

III. Vme. — OUVRAGE DU MÊME ZOSIME

LEÇON III

1. De nouveau, je remarquai le divin et sacré autel en forme de coupe, et je vis un prêtre revêtu d'une robe blanche, tombant jusqu'à ses pieds, lequel célébrait ces effrayants mystères, et je dis : Quel est celui-ci ? Et il me répondit : C'est le prêtre des sanctuaires. C'est lui qui a l'habitude d'ensanglanter les corps, de rendre les yeux clairvoyants et de ressusciter les morts. Alors, tombant de nouveau (à terre), je m'endormis encore. Pendant que je montais le quatrième degré, je vis, du côté de l'orient, (quelqu'un) venir, tenant dans sa main un glaive. Un autre, derrière lui, portait un objet circulaire, d'une blancheur éclatante, et très beau à voir, appelé Méridien du Cinabre (2). Comme j'approchais du lieu du châtiment, il me dit que celui qui tenait un glaive, devait lui trancher la tête, sacrifier son corps et couper ses chairs par morceaux, afin que ses chairs fussent d'abord bouillies dans l'appareil, et qu'alors elles fussent portées au lieu du châtiment.

---

(1) Dans le § 3, il semble s'agir de la calcination de la litharge blanche, opération qui la change en minium rouge. Peut-être aussi est-ce la coupellation.

(2) Le Cinabre est représenté ici dans AK, comme à l'ordinaire, par un cercle avec un point au milieu. — Voir *Introd.*. p. 108 ; Pl. II, 1. 13 ; et p. 122, note 1. — Ce signe a été aussi le signe du soleil, et plus tard de l'or.

M'étant réveillé de nouveau, je (me) dis : j'ai bien compris ; il s'agit
des liquides dans l'art des métaux. Celui qui portait le glaive dit encore :
Vous avez accompli l'ascension des sept degrés. L'autre reprit, en même
temps qu'il laissait dissoudre les plombs par tous les liquides (?), (1) :
« l'Art s'accomplit ».

III. vi. — LE DIVIN ZOSIME

SUR LA VERTU ET L'INTERPRÉTATION (2)

1. Pour obéir à son penchant et en vue d'expliquer le songe qu'il avait
fait (3), il dit : Je vis un autel en forme de coupe ; un esprit igné, debout
sur l'autel, présidait à l'effervescence, aux bouillonnements et à la calcination
des hommes qui s'élevaient. Je m'informai, au sujet du peuple qui se
tenait debout, et je dis : Je vois avec étonnement l'effervescence et le
bouillonnement ; comment ces hommes en ignition sont-ils vivants ? Et
me répondant, il me dit : Cette effervescence que tu vois, c'est le lieu où
s'exerce la macération. Les hommes qui veulent obtenir la vertu entrent
ici ; ils perdent leurs corps (et) deviennent des esprits. L'exercice (à la vertu)
s'explique par là, à cause du (mot) exercer (4) ; car, en rejetant l'épaisseur
du corps, ils deviennent des esprits.

2. Démocrite dit quelque chose d'analogue : « Poursuis le traitement jus-

---

(1) Il semble qu'il s'agisse de l'absorp-
tion de la litharge fondue par les parois
de la coupelle.

(2) Cet article est formé par une suite
de notices et de commentaires, d'épo-
ques diverses. Les premiers sont de
Zosime ; puis viennent des §§ qui rap-
pellent le Chrétien, Stephanus et
d'autres auteurs byzantins plus mo-
dernes encore, de plus en plus subtils
et alambiqués. On n'a pas cru utile
d'en donner la traduction absolument

complète, l'impression du texte suffi-
sant amplement pour certains passages.

(3) Ce début indique que le texte ac-
tuel est un extrait. En effet on lit dans
EI.c : « Commentaire du Philosophe
Anonyme sur le traité du divin Zosime
le Panopolitain (ou le Thébain), sur la
Vertu, etc. ».

(4) Il y a ici un jeu de mots intradui-
sible, qui rappelle le double sens fran-
çais du mot macération, au sens chi-
mique et au sens moral.

qu'à ce qu'il se forme un *ios* jaune comme la couleur d'or, arrivant à l'état d'esprit au moyen de l'*ios* » En effet, l'*ios* provenant de la substance privée de corps, par l'action du serpent, signifie l'esprit (1). En raison de l'accomplissement de la coloration jaune, l'*ios* est appelée couleur d'or. » C'est de cette façon qu'ils se transmettent leur pensée de vive voix et la proclament, jusqu'à ce qu'ils soient parvenus à une apparence uniforme. Et il poursuit : « Traite jusqu'à ce que tu puisses faire couler » — faire couler vient de liquéfaction et non d'extraction, car ils changent la lettre σ en τ (2). — Il dit ainsi : « Fais couler » : ce qu'il entend de la liquéfaction, comme nous l'avons expliqué. Quant à ses paroles : « Fais le traitement, jusqu'à ce que tu puisses faire couler » ; ceci équivaut au mot employé plus haut d'écoulement simultané (3).

3. L'expression de sidérite (4), nom employé aussi par ceux qui sont signalés plus bas, désigne, conformément à ce qu'il rapporte : le molybdochalque et la pierre étésienne.

La pyrite, matière employée à cause de sa faculté colorante, après qu'elle a été brûlée ou soumise à l'action du feu, signifie le cuivre (tiré de la pyrite).

Semblablement le mot argyrite s'emploie pour la matière qui reste après l'expulsion du mercure ; car le cuivre débarrassé de l'excès du mercure devient de l'argyrite (5) ; tandis que la pierre étésienne est le mercure même, selon la vraie interprétation de l'ensemble des opérations (?). En effet le départ du mercure annonce la prochaine apparition de la couleur d'or par le feu.

Il dit « sidérite » à cause de la nécessité de faire intervenir la combinaison du plomb. En effet les substances combinées produisent la sidérite (6).

4. Semblablement, qu'est-ce que le cœur du fer ? Lorsque la masse est

---

(1) Le même mot *ios* signifie : rouille des métaux, vertu spécifique des corps et venin des serpents. (*Introd.*, p. 254).

(2) On peut interpréter ceci par un jeu de mots fondé sur la ressemblance des deux termes, ῥύσις, écoulement, et ῥύσις, extraction ?

(3) Voir *Olympiodore*, p. 78, 101 et 113, notes.

(4) Variété de Pyrite. — Voir p. 47.

(5) C'est-à-dire est coloré en blanc d'argent.

(6) Les §§ 3 et 4 sont formés par une suite de phrases, qui semblent presque indépendantes les unes des autres ; on dirait des lambeaux d'un vieil écrit, mis bout à bout.

brisée, comme il arrive pendant cette extraction — en employant les mots conformément aux analogies — nous trouvons la théorie manifeste, et elle nous révèle le secret.

Dans d'autres passages, Démocrite dit : « Pratique le traitement avec la saumure additionnée de vinaigre ou d'urine, ou avec les deux réunis ». Entends d'ailleurs (comme tu le comprends d'après l'écrit, ou comme la chose y est expliquée), que la chose est possible en opérant avec d'autres liquides ; attendu que rien de tout cela ne demeure (dans la préparation), ces liquides étant déversés ensuite, lors du lavage de la composition.

5. C'est à ce sujet que le très ancien Ostanès, dans ses démonstrations, dit : Quelqu'un raconte ceci sur un certain Sophar, qui vécut antérieurement en Perse. Ce divin Sophar s'exprime ainsi : « Il existe sur un pilier un aigle d'airain (1), qui descend dans la fontaine pure et s'y baigne chaque jour, se renouvelant par ce régime ». Puis il dit : « L'aigle, dont nous avons donné l'interprétation, a l'habitude de se baigner chaque jour ». Comment donc, faisant entendre la même chose d'une autre manière, rejette-t-il l'ablution et le lavage quotidien ? Il faut (s'expliquer) exactement au sujet de la présente opération. Tenu dans l'incertitude à cause de la doctrine (ambiguë) du philosophe, nous devons cependant laver et rajeunir l'aigle de cuivre pendant 365 jours entiers ; comme il convient d'après la suite de son traité, car Ostanès s'exprime ainsi : « Presse la vendange » (2). Plus bas, il explique qu'il faut entendre par là (3) le lavage par écoulement ; par ce mystère, on doit comprendre l'*ios*. Il ajoute, en s'exprimant très clairement : « Va vers le courant du Nil ; tu trouveras là une pierre ayant un esprit ; prends-la, coupe-la en deux ; mets ta main dans l'intérieur et tires-en le cœur : car son âme est dans son cœur. » Par l'expression : « Va vers le courant du Nil, tu trouveras là une pierre ayant un esprit » ; il désigne clairement les produits

---

(1) Le sens du mot aigle dans ce passage est obscur. — Au moyen âge, on traduisait « aigle » par sublimation naturelle (*Biblioth. des Philosophes Chimiques*, t. IV, p. 571 ; 1754). Mais ce sens ne paraît pas être celui d'Ostanès.

(2) *Uvæ Hermetis* : « Eau philosophique, désigne la distillation, la solution, la sublimation, la calcination, la fixation » (*Lexicon Alch. Rulandi*, p. 468). — Ce sens est plus étendu que ne parait être celui d'Ostanès.

(3) Le : « Lave l'*ios* plusieurs fois, au moyen de l'écoulement, et c'est là le mystère ».

lavés par les courants (d'eau), pendant la macération de notre pierre. Voilà comment tout minerai de cuivre est employé pour la génération des métaux, ainsi que tout minerai de plomb. « Tu trouveras, dit-il, cette pierre qui a un esprit »; ce qui se rapporte à l'expulsion du mercure.

6. C'est pour ces raisons que mon excellent (maître), Démocrite, distingue lui-même et dit : « Reçois cette pierre qui n'est pas une pierre, cette chose précieuse qui n'a pas de valeur, cet objet polymorphe qui n'a point de forme, cet inconnu qui est connu de tous, qui a plusieurs noms et qui n'a pas de nom (1): je veux parler de l'aphrosélinon ». Car cette pierre n'est pas une pierre, et tout en étant très précieuse elle n'a aucune valeur vénale; sa nature est unique, son nom unique. Cependant on lui a donné plusieurs dénominations, je ne dis pas absolument parlant, mais selon sa nature ; de sorte que si on l'appelle soit : être qui fuit le feu, soit : vapeur blanche, soit : cuivre blanc, on ne ment pas.

Il dit qu'elle (se réduit entièrement) en nuage condensé, attendu qu'elle fuit le feu, à la différence de tous les autres corps métalliques; c'est la vapeur sublimée du cinabre, et seule elle blanchit le cuivre. Fais-la donc chauffer doucement et éteins-la dans du lait d'ânesse ou de chèvre. (Rends-toi compte, après avoir opéré le rapprochement, qu'elle fuit le feu, à la différence de tous les autres corps: que c'est la vapeur sublimée du cinabre, et que seule elle blanchit le cuivre.)

7. Comment les philosophes comprennent-ils cette pensée, à savoir que (Démocrite) appelle pierre, la pyrite débarrassée de son mercure? Cet excellent philosophe (dit): « Qui ne sait que la vapeur sublimée du cinabre est le mercure? c'est par son moyen qu'il est fabriqué. C'est pourquoi si quelqu'un, après avoir délayé le cinabre dans l'huile de natron, après l'avoir mélangé et renfermé dans des vases doubles, l'expose ensuite à un feu continu, il recueillera toute la vapeur fixée par la chaleur sur les corps (métalliques (2).

---

(1) Voir page 19, note, 1, et *Zosime*, III, 11. p. 122.

(2) Le continue, en abrégeant tout ce passage : « On l'appelle Aphrosélinon, parce que cette pierre est produite par Aphrodite (Vénus), qui est le mercure, et par Séléné (la Lune), qui est l'argent. Car de même que la lumière, etc. », comme à la p. suivante § 8, l. 4.

Ainsi donc la pierre, je veux dire celle au moyen de laquelle on obtient la fixation sur le corps métallique, de la magnésie, n'est pas une vraie pierre (1). En effet, il est dans sa nature de s'écouler (par volatilisation).

N'entends-tu pas ce que Démocrite dit plus haut : « Prenant du mercure, fixe le corps de la magnésie au moyen d'une matière mélangée, de façon à obtenir une seule substance métallique, le molybdochalque. » N'est-ce donc pas là l'aphrosélinon? Car tout le monde sait que, pendant leur ascension, Aphrodite (Vénus) et Sélèné (la Lune) forment un composé, que nous dénommons l'aphrosélinon. Or, tout le monde sait aussi que les astrologues assignent le cuivre à Vénus, pendant son ascension.

Les uns disent que le mercure est une chose plus épaisse; les autres, que le mercure est une chose plus spirituelle : attendu que, dans le déclin de la lune, il y a décroissement de la lumière (2) : Ce déclin ou écoulement résulte aussi de la nature propre de tous les autres astres. Jupiter seul est appelé d'abord électrum, pendant son ascension (3); tout électrum étant composé au moins de trois métaux.

8. Ainsi donc, dans son sens propre, l'argent répond à l'ascension de la lune (4) : comme l'a montré l'excellent philosophe, employant les dénominations exactes, au sujet des deux argents (5), et lorsqu'il dénomme l'aphrosélinon. De même que la lumière est vue en esprit à l'opposé de la lune, tandis qu'elle naît et meurt corporellement dans cet astre (6) : de même

---

(1) Attendu que les pierres ne sont pas volatiles. Cp. *Bibl. Chem.* de Manget, t. I, p. 935.

(2) Le mercure est exprimé par le croissant retourné; lequel exprime aussi la lune à son déclin. — Voir la note 4, plus loin sur le croissant direct, et p. 133 la note 1, relative au déclin, φθίσις, et à l'éclipse, ἔκλειψις, tous deux assimilés à l'écoulement.

(3) Allusion au rôle des trois astres (Mercure, Vénus, la Lune) compris entre la terre et le soleil; opposé à celui de Jupiter. Mercure ou Hermès représentait l'étain, Vénus le cuivre, la Lune l'argent; tandis que l'électrum ou asèm,

corps consacré à Jupiter (*Introd.*, p. 72, et 73; pl. I, l. 4, p. 104), était souvent formé par l'association de ces trois métaux; — voir *Introd.*, p. 66.

(4) Le croissant direct, à concavité tournée vers la droite, exprime la lune dans ses premières phases, aussi bien que l'argent.

(5) L'argent proprement dit et l'argent liquide, ou mercure.

(6) Ceci se rapporte-t-il, d'une part, au fait que la lune brille d'une lumière empruntée, qu'elle ne produit pas elle-même; et d'autre part, à l'opposition qui existe en général entre la lune et le Soleil dans le ciel ?

aussi, naît et meurt le (vif) argent (1), tiré du corps (métallique) de la magnésie; il est esprit quant à sa nature.

Nous trouvons encore des explications sur ces choses dans le traité de la Vertu en Action de Zosime; car lui-même demande : « Et toi, tu es donc un esprit ? « Et celui-ci répond et dit : « Je suis esprit et gardien d'esprits » (2). En effet celui-ci étant esprit, en raison de la substance spirituelle qui réside dans la lune (3), il reprend un corps métallique par son union avec les solides; et il fait à ce corps un esprit qui pénètre pour ainsi dire dans sa profondeur...................................

....

....(passage inintelligible).

N'as-tu pas entendu, dit-il, proférer à haute voix cette parole souvent répétée : « Défends le cuivre, combats le mercure et rends tout à fait incorporel, jusqu'à destruction : tel est l'art ». Or il n'a rien employé pour cela, sauf le mercure et la magnésie, et ces deux substances sont réunies dans la fixation. « Prends, dit-il, le mercure (et) le corps (métallique) de la magnésie; tu obtiens l'esprit par l'expulsion du mercure ». « On le trouve, dit-il encore, vers les courants du Nil »; ce qui signifie l'écoulement simultané par fusion, comme il a été expliqué précédemment (4). Alors, ainsi qu'il le dit: « rien ne manque, rien n'est ajourné, à l'exception de la vapeur » (5) ; c'est-à-dire que l'opérateur peut, grâce à sa faculté de voir et de comprendre, voir et comprendre les choses énoncées.

9. En effet, que prescrit encore Hermès (6), lorsqu'il parle de ce qui tombe de la lune à son déclin, et dit où (cela) se trouve, où on le traite et

---

(1) Le mercure.

(2) Zosime, III, III, 3, p. 119.

(3) C'est-à-dire dans l'argent, ou dans le mercure.

(4) V. p. 78, 101 et p. 113, texte et note 1.

(5) V. p. 57. Le ajoute après ces mots « et de l'ascension de l'eau : c'est-à-dire excepté ce que l'on peut voir et comprendre : car nous voyons le corps (métallique) de la magnésie; et nous comprenons sa puissance, ainsi qu'il a été énoncé ».

(6) Le abrège tout ce passage ainsi : « Hermès dit : ce qui tombe de l'effluve lunaire. De même que la lumière de la lune croît et décroît; de même notre argent décroît en perdant son corps, d'une façon correspondante à la lune. L'émission ou l'absorption de l'esprit résulte de la force ou de la modération du feu, qui doit être réglé afin que l'esprit soit conservé », etc. ; dernière ligne du § 9. — Cp. Stephanus, édition Ideler, p. 203, au bas.

comment cela possède une nature qui résiste au feu? « Tu le trouveras chez moi
et chez Agathodémon ». Par l'expression déclin (1), il parle de l'écoulement,
et (cela) devient plus clair par l'addition de ces mots : « ce qui tombe au déclin
lunaire »; à ceux-ci : « la substance de la lune ». En effet, le corps demeure
fixé par le déclin. La nature de la magnésie lunarisée acquiert ainsi en
totalité le caractère spécifique de la lune (2), et se développe à l'occasion du
déclin (qui répond à la volatilisation du mercure). De telle sorte que le
principe actif tombe (de la lune) par ce déclin, le corps (métallique) demeu-
rant transformé.

Revenons maintenant au déclin et à la faculté de voir et de pénétrer,
qui résulte du déclin, du courant et de l'écoulement, conformément à
la nature séparative de l'écoulement. Prends la magnésie traitée par
l'art philosophique, en la brûlant par le feu, non pendant l'incandes-
cence ; mais pendant le déclin du feu, afin que l'esprit soit conservé et qu'il
ne s'évapore pas par la violence de l'incandescence.

10. Comprends ainsi ce que dit Ostanès : « Mets ta main à l'intérieur de
la pierre, et tires-en le cœur, parce que son âme est dans son cœur » (3).
Ainsi donc, par un semblable déclin, cette pierre rejette tout ce qui est à
l'intérieur, et le fond du cœur est rejeté ; de même que l'esprit, qui est l'*ios*
jaune, établi en principe comme la couleur d'or ; car ces choses sont en rap-
port avec ce que dit aussi Démocrite :

« Traite la pyrite jusqu'à ce qu'elle soit jaune comme la couleur
d'or et vérifie si le métal devient sans ombre (4). S'il ne devient pas sans
ombre, ne t'en prends pas au cuivre, mais à toi-même : c'est que tu n'auras
pas bien opéré. Traite donc jusqu'à ce que le cuivre, devenu jaune et sans
ombre, teigne tout corps en or et devienne comme la couleur d'or ».

---

(1) L'auteur joue sur la ressemblance
des mots grecs qui signifient déclin
(ἀπορία) et effluve (ἀπόρροια), mots que
les manuscrits mêmes confondent et
échangent. Tout ce langage allégorique
semble exprimer le départ par volatilisa-
tion du mercure (lune à son déclin),
mercure qui a servi à amalgamer et unir
les métaux et qui laisse en partant un
alliage couleur d'argent. Ces phéno-
mènes étaient rattachés à l'influence
lunaire. C'est un mélange d'alchimie et
d'astrologie, fondé sur des symboles et
des jeux de mots.

(2) C'est-à-dire de l'argent.

(3) Voir page 129.

(4) C'est-à-dire d'un jaune éclatant.

Il faut dès lors considérer et observer s'il devient jaune sans ombre, comme la couleur d'or : s'il ne devient pas sans ombre, il ne peut teindre en jaune comme la couleur d'or. En effet, il n'est pas d'or (ou doré) quant à sa qualité, puisque ce sont certaines qualités qui rendent jaune ; car le mot qualité (1) a pour étymologie le mot fabriquer (2). (Le jaune) produit une teinture, en raison de sa qualité dorée ; car il est évident que les actions exercées par les qualités sont en quelque sorte incorporelles. De là découle l'action de dorer ; attendu que si la couleur ne possède pas la qualité jaune (3) dans sa propre substance, elle ne peut ni faire de l'or, ni teindre en or. Mais notre or, qui possède la qualité voulue, peut faire de l'or et teindre en or. C'est là le grand mystère, (à savoir) que la qualité devient or et alors elle fait de l'or (4).

11. Voilà pourquoi la Couronne des philosophes (5) dit que la qualité, par la transmutation, réalise ce que l'on cherche. Il nous persuade et nous invite à l'interroger, disant : « Quelle est cette qualité ? » Il répond : « la qualité de la poudre de projection réside dans les qualités dorées. Si elle n'acquiert pas la qualité dorée et ne devient pas de l'or, possédant la couleur parfaite, elle ne peut faire de l'or ». Ainsi donc, comme il le dit, vérifie si le jaune est devenu sans ombre, c'est-à-dire (un être) incorporel, un *ios* jaune comme la couleur d'or. Ce qu'il faut donc vérifier, c'est si le jaune est devenu sans ombre et paraît comme la couleur d'or.

Le commentateur poursuit en exposant des discussions subtiles et alambiquées, dont nous supprimons la traduction.

----

(1) ποιότης.

(2) ποιέω. — Jeu de mots sur ποιότης, qui veut dire la transmutation, la fabrication de l'or.

(3) Le grec porte « blanche » ; ce qui semble une erreur de copiste.

(4) En d'autres termes, la qualité « or » est indépendante de la substance métallique qui en est le support. Lorsqu'on possède une matière en laquelle cette qualité réside, à la façon du principe essentiel d'une matière colorante, c'est la pierre philosophale, et l'on peut alors teindre en or les autres métaux et faire par là de l'or véritable. Toute la théorie des alchimistes réside dans ces notions subtiles.

(5) Zosime. Ce paragraphe est un commentaire du précédent. — Le dit simplement : « Stephanus » ; n'ayant pas compris la métaphore. En effet Στέφανος, couronne, est le même mot grec que le nom de ce dernier philosophe.

12 . . . .

Si tu commences par blanchir, le jaunissement sera parfait, parfait et solide. Dans le cas où il ne serait pas exact, il faut observer que le jaunissement dépend du degré de blanchiment: si le blanchiment passe, le jaunissement passe aussi.

13. Il sera nécessaire d'observer et de surveiller le blanchiment, et de le prolonger. Hermès exige que le lavage dure pendant six mois, à partir du mois de Méchir; Ostanès, dans son traité, parlant de l'aigle, exige une année entière. Ajoutons que les philosophes œcuméniques, les savants modernes, les exégètes de Platon et d'Aristote, résumant le compte des dissolutions et des chauffes, disent : 2 fois 8 centaines et 3 fois 3 dizaines et 4 fois, montrant que onze cent (fois) la combinaison doit être remaniée, et décomposée, pour que le blanchiment devienne parfait et s'accomplisse en vue d'un jaunissement parfait et solide. Zosime disait encore plus expressément : « Ne craignez pas de multiplier les chauffes et les expulsions de l'eau (1) des corps, attendu que la chauffe mille fois répétée du cuivre le rend plus apte à la teinture ».

On n'a pas traduit la fin de ce §, qui est un développement sans intérêt.

14. Il convient d'admirer le concours des qualités ; car les actions incorporelles effectuées par leur concours ont accompli cette merveilleuse Chrysopée, par la production d'une seule substance.

La chaleur du feu, la liquidité de l'eau, le froid de l'air, toutes qualités concourant avec la solidité de la terre, ont forcé le corps (métallique) de la magnésie de passer à la mutation et à la transformation. Où sont donc ceux qui disent qu'il est impossible de changer la nature? Car voici que la nature des solides change et acquiert la qualité dorée ; de même le molybdochalque s'est changé, en prenant la qualité dorée, et s'est rapproché du noir ; de même l'argent commun se change par notre opération en or.

Les § 15, 16, 17 sont de pures subtilités, dont nous supprimons la traduction.

18. La présente composition part de l'unité, et se constitue en triade par

____

(1) C'est-à-dire l'expulsion du principe de la liquidité.

l'expulsion du mercure; l'unité de constitution résulte d'une triade à
éléments séparés. C'est ainsi qu'une triade unique, partagée, constituée par
des éléments séparés, constitue le monde, par la providence du premier
auteur, cause et démiurge de la création. Par suite, il est appelé Trismégiste,
ayant envisagé suivant la triade ce qui est fait et ce qui fait. Or ce qui est fait,
c'est le molybdochalque (et la) pierre étésienne; et ce qui fait, c'est le chaud,
et le froid, et le fluide, d'abord triade première indivisible, et puis unité divisée.

On juge inutile de donner la traduction du commencement du § 19.

19...
(Zosime) dit en parlant de ces matières : « Brûlez le cuivre dans la com-
position blanche », afin de vous détourner de toute autre cuisson; (il
veut convaincre ceux qui brûlent au moyen du soufre, de l'arsenic, ou de
la sandaraque, que l'on ne réussit pas avec ces matières. La pyrite chauffée
avec elles ne devient pas blanche, mais noire, et ne peut plus ensuite être
blanchie. Mais si on la chauffe avec la composition blanche, elle blanchit
et est affinée par le lavage, ainsi qu'il a été écrit.

20. A la fin (la matière) est blanchie et jaunie, comme le dit Ostanès : « En
même temps que vous blanchissez, vous jaunissez. Et Zosime dit : « Veillez
à ne pas négliger le moment favorable au blanchissement : car à ce moment
deux choses se produisent à la fois, le blanchissement et le jaunissement ».
Rien n'est blanchi d'abord et jauni plus tard; mais on blanchit et on jaunit
dans une opération continue, suivant l'unité de cette composition trisub-
stantielle. Telle est la répartition triadique : Par le blanchiment, par la mo-
nade conjonctive, les trois substances sont blanchies et jaunies; (tandis que)
par la triade distinctive, elles sont désunies et s'écoulent. Le livre de Démo-
crite s'exprimait ainsi : « Traite avec la saumure, ou le vinaigre de saumure,
ou comme tu l'imagineras ». Il déclare d'abord que le cuivre ne teint pas,
mais que le cuivre brûlé par l'huile de natron, après avoir subi ce traite-
ment à plusieurs reprises, devient plus beau que l'or. Le cuivre ne teint pas,
tant qu'il conserve une essence unique; mais il est teint par sa combinaison
(avec d'autres corps). Comment donc sans cette combinaison et avant que
le cuivre soit teint, pourrait-on réussir à teindre les objets soumis à l'action

du feu ? Mais cela suffit pour montrer pourquoi la première opération ne réussit pas.

21. Quant à nous, nous remarquerons aussi que la cuisson par l'huile de natron a été mentionnée par le Philosophe, en opposition, comme réserve et pour se faire entendre. De même que celui qui regarde dans un miroir ne regarde pas les ombres, mais ce qu'elles font entendre, comprenant la réalité à travers les apparences fictives; de même il s'est servi, pour se faire entendre, de l'expression « par l'huile de natron », afin de nous faire comprendre la vérité. Voilà pourquoi au lieu des mots « vinaigre de natron » il emploie la dénomination « huile de natron ». Le métal est brûlé par la composition blanche, affiné, blanchi, lavé dans le vinaigre de natron. Dans celui-ci il est en même temps jauni, c'est-à-dire blanchi à l'extérieur et jauni à l'intérieur.

22. Il faut mettre (le métal) au feu, seulement pour l'échauffer, et prendre garde qu'il ne se produise de la fumée; car s'il se produit de la fumée, la couleur disparaît (1). C'est dans ce sens que le libéral et excellent Démocrite... dit au sujet du cuivre : « Ne le chauffe pas trop fortement, mon ami, de peur de lui faire perdre sa beauté; ne l'expose jamais à la flamme du feu : ce n'est pas avantageux, car il se volatilise. Expose-le au feu, comme à l'action d'un soleil ardent; conserve-lui toute sa matière sublimable et rends-le pareil au jaune d'œuf. » Nous interprétons (cet auteur, en admettant) que par l'expression : « ne le chauffe pas trop fortement et ne l'expose jamais à la flamme du feu »; il rejetait de ce soufflage, toute calcination et toute action directe de la flamme. Dans cette vue il modère le feu et l'air, afin d'éviter la calcination qui sépare (les composants de l'alliage), et (il a recours) à un lut résistant au feu, bien feutré, pour enduire à l'extérieur les appareils, à deux ou trois reprises, afin d'éviter la calcination, tout en réalisant l'échauffement. Non seulement il se sert de ce lut, mais encore il prend soin d'enduire les interstices des compartiments des appareils.

---

(1) Il s'agit : soit d'un métal ou d'un alliage, teint en jaune d'or avec le concours d'un composant volatil, tel que le mercure, le soufre ou l'arsenic; soit d'un alliage jaune, analogue au laiton, renfermant un composant volatil au feu, tel que le zinc. Les termes du texte sont assez vagues pour comporter ces deux sens.

De même que le Démiurge, après avoir séparé le firmament de l'élément liquide, place l'eau au-dessous du firmament; de même l'opérateur prend soin des interstices, afin que dans les appareils la composition ne soit pas calcinée et ne se dissipe pas. De même encore que (le Démiurge) a ordonné que le soleil, en accomplissant son cours, passe au-dessus de tous les êtres délicats, (sans) brûler les corps vivants, les parties molles et les corps qui flottent à la surface; de même l'opérateur a ordonné que l'air souffle du dehors et à travers, afin que ces corps refroidis par là soient préservés de la combustion. Et cette intelligence démiurgique, opérant entre la composition supérieure et le feu mis au-dessous, dispose les choses de façon à tempérer l'action (du feu) sur les matières placées au-dessus. Deux fois huit centaines et trois fois trois dizaines et quatre, voilà combien de fois le feu doit être suspendu. C'est ainsi qu'il faut un grand tempérament, afin d'éviter que tout le produit ne soit brûlé et toute la partie liquide perdue. Car il dit : « Tout le liquide, par la violence de l'action du feu, serait perdu ».

23. Ainsi, toute la vapeur contenue dans la composition étant conservée et celle-ci devenue de la couleur du jaune d'œuf, passons à la seconde et grande macération. C'est celle qui transforme la nature, qui révèle la nature recélée dans la profondeur intime. A ce passage se rapporte le dire de Stephanus : « le but de la philosophie, c'est la dissolution du corps, la séparation de l'âme et du corps ». Ici voyons Démocrite disant : « Rien ne manque, il n'y a plus rien à exposer, excepté la montée de la vapeur et de l'eau (1) ». Stephanus dit à son tour : « Il ne faut pas... (phrase inintelligible). Mais nous enlevons les eaux qui surnagent, afin de voir sa beauté, de contempler la belle forme de la beauté ineffable, la grâce du trône d'or. Que faut-il donc faire? Comment ferons-nous l'enlèvement de l'eau (2)? » Mais si le feu est contraire au traitement des espèces, comment faut-il (faire) autrement? dit-il; si le métal ne peut être chauffé sans feu, que ferons-nous? Opérerons-nous sans feu? Et que sera un com-

---

(1) V. page 57, § 20.

(2) Ou la montée de l'eau. Le Texte de Stephanus, tel que nous le possédons (*Ideler*, t. II, p. 207), est assez différent et beaucoup plus développé. Le fait de la citation de Stephanus montre qu'il s'agit d'un commentateur bien plus récent que Zosime.

mencement n'ayant pas de fin, dans cette opération pratique que nous décrivons ? Que voulait donc dire notre philosophe, le maître le plus complet en toutes choses, ce professeur plein de sens ? Il n'a rien omis de ce qui tend à la pratique, sans le comprendre parmi les choses qui complètent son exposition. Voilà pourquoi il dit ici : « Prenant du plomb, je ne dis pas du plomb ordinaire, mais notre plomb, étends-le sur une largeur double. Après l'avoir disposé pour l'œuvre au moyen d'un outil, opère la montée de l'eau (1) ». « Fais bien attention, dit-il : si tu es embarrassé, va en Égypte, et prenant un tissu épais, lave, presse ta vendange » (2). Zosime s'explique aussi en disant : « Prenant du sel, extrais le soufre blanc, en mouillant avec un jus acide. » Stephanus dit : « Lorsque tu feras la composition avec la matière, il y aura une dépense excessive ».

24. Notre libéral et parfait Stephanus, le révélateur des mystères, (dit) : « Mets sur la nature morte (3) la vapeur sublimée, place (le mélange) dans un sac de lin très épais et exprime toute l'eau ; le superflu sera ainsi extrait plus vite. Mets du sel de Cappadoce en quantité égale, mouille avec une liqueur acide, jusqu'à ce que le produit ait pris une consistance pâteuse ; puis fais sécher, en broyant avec du vinaigre de natron. Celui qui opère ainsi est un homme parfait ; il suit la marche prescrite dans les ouvrages, la marche indirecte et détournée ». Pour celui qui préfère adopter une voie plus agréable et dépourvue de complications, il dit : « Prends du natron 2 parties ; de l'alun rond, 1 partie ; du misy, 2 parties ; du sel de Cappadoce, 4 parties ; mets dans du vinaigre très fort et fais une liqueur. A l'aide de ces (ingrédients) tu ôteras aux feuilles (métalliques) leur éclat. Une telle liqueur suffit pour le commencement et la fin de l'expérience ».

---

(1) Ceci se rapporte à l'emploi de la kérotakis, où le métal est soumis à l'action des vapeurs (*Introd.*, p. 143 et 144).

(2) Voir la vendange d'Hermès, p. 129.

(3) *Caput mortuum*, résidu demeuré au fond des alambics : On lit dans la *Turba* : « Illum igitur fumum suæ fæci misceto, donec coaguletur » (*Bibl. chem.* de Manget, t. I, p. 449).

III. vii. — SUR L'ÉVAPORATION DE L'EAU DIVINE

(QUI FIXE LE MERCURE) (1)

1. Me trouvant une fois dans vos demeures, ô femme (2), afin de t'entendre, j'admirais toute l'opération de ce qui est appelé chez toi le « *structeur* ». Je tombai dans une grande stupéfaction, à la vue de ces effets, et je me mis à vénérer comme divin le *poxamos* (3); je pensais, (en considérant) l'intelligence de chaque artisan (de l'œuvre) ; comment, trouvant secours dans leurs devanciers, ils perfectionnaient leurs propres recherches.

Ce qui me surprenait, c'était la cuisson de l'oiseau (4) soumis à la filtration; c'était de voir comment il la subit, par le moyen de la vapeur sublimée, de la chaleur et d'un liquide approprié, alors qu'il participe à la teinture. Surpris, mon esprit revient à notre objet d'étude; il examine si c'est par suite de l'émission de la vapeur de l'eau divine que notre composition peut être cuite et teinte. Or je cherchais si quelqu'un des anciens fait mention de cet instrument, et (rien) ne se présentait à mon esprit. Découragé, je compulsai les livres et je trouvai dans ceux des Juifs, à côté de l'instrument traditionnel nommé *tribicos*, la description de ton propre instrument. Voici comment la chose est présentée.

Prenant de l'arsenic (sulfuré), blanchis-le de la manière suivante. Fais une pâte grasse, de la largeur d'un petit miroir très mince; perce-la de petits trous, en manière de crible, et place par dessus, en l'ajustant bien, un petit récipient, renfermant une partie de soufre ; mets dans le crible de l'arsenic,

---

(1) Addition de AB.

(2) Théosébie. — *Origines de l'Alchimie*, p. 9, 64.

(3) Ce sont là sans doute des noms d'instruments. — AB disent : *paxamos*, le fixateur (?). — A moins qu'il ne s'agisse de Paxamos, auteur culinaire cité par Athénée (*Deipn.* l. IX, p. 376 D.)

(4) On lit dans la *Bibl. des philos.* *chimiques*, p. 583 : Oiseau d'Hermès, l'esprit du feu de nature, enclos dans l'humide du mercure hermétique..., ou la chaleur naturelle unie à l'humide radical.

Le mot oiseau a donc un sens emblématique. Il s'explique par le texte qui suit et par les fig. 25, 26, 27 (*Introd.*, p. 149 et 150).

la quantité que tu voudras. Après avoir recouvert avec un autre récipient, et avoir luté les points de jonction, au bout de 2 jours et 2 nuits, tu trouveras de la céruse (1). Prends-en un quart de mine et souffle pendant tout un jour, en y ajoutant un peu de bitume, etc. Telle est la construction de l'appareil.

2. Quant à moi je reviendrai à notre objet, en montrant, d'après l'écrit lui-même, qu'il n'y a pas blanchiment, puisqu'il conseille de faire durer la cuisson 2 jours et 2 nuits ; tandis qu'une heure suffit pour évaporer une grande quantité de soufre. Mais par là, il fournit un motif à tes réflexions. En effet Agathodémon a rappelé que l'arsenic est toute la composition ; c'est celle sur laquelle j'ai fortement discouru dans le 6ᵉ chapitre, sur la cuisson, dans mon livre sur l'Action (2) ; beaucoup d'autres anciens l'ont rappelée explicitement et avec intention. Mais le début de l'écrit, qu'enseigne-t-il sur le sujet présent ? Il dit : « Le blanchiment par l'arsenic s'étend jusqu'à l'arsenic non blanchi ». C'est dans le même sens que Démocrite dit : « si la flamme est trop forte, le jaune se produit ; mais (cela) ne te servira pas maintenant, car tu veux blanchir les corps (métalliques) » (3).

3. Or comment y a-t-il un homme assez simple pour ne pas entendre par là toutes les espèces de l'arsenic (sulfuré) ? Et même l'arsenic lamelleux, comme l'expose l'écrit précité ?

Si les matières (4) sont blanchies de cette façon, et non pas seulement à la surface, le métal sera entièrement blanc et il ne perdra pas sa couleur au feu ; il sera blanc dans l'intérieur ainsi qu'à la surface. Or comment n'est-on pas capable d'entendre l'arsenic blanchi, là où l'écrit a prescrit de le projeter et de

---

(1) Ce mot semble signifier ici l'acide arsénieux.

(2) Ce passage montre que le livre sur l'Action était un ouvrage étendu, dont nous ne possédons que des extraits.

(3) D'après ces deux paragraphes, on doit changer le sulfure d'arsenic en acide arsénieux par une oxydation lente : puis on emploie cet acide arsénieux à blanchir le cuivre. Le blanchiment peut se faire aussi avec l'arsenic sulfuré lui-même ; mais alors il est plus lent et plus difficile. C'est ce blanchiment par l'arsenic qui est appelé la fixation du mercure, notre arsenic métallique étant assimilé au mercure, ainsi qu'il a été dit à plusieurs reprises (*Introd.*, p. 99 et 239).

(4) Le cuivre ?

le soumettre à l'insufflation ; cet arsenic ne contenant aucune (partie) de soufre (1), mais s'évaporant en nature (2) sous l'action du feu? Mais si la composition renferme du soufre, il recommande non seulement de souffler, mais encore d'ajouter du bitume, afin que par là le Tout soit désulfuré et devienne pur et brillant.

4. Voilà toutes les choses qu'il m'est permis de dire là-dessus, et vous en êtes témoins. Mais si vous y trouvez bien des ressources, vous êtes aussi des maîtres pour le reste. Je vous conseille conformément à ce que j'ai appris jusqu'ici, ayant accepté de vous, moi aussi, les fruits de l'œuvre finale. L'écrit dit qu'on opère également sur les monnaies (3). Or ce procédé s'exécute dans l'Ecrevisse (4).

5. Pour la composition (5), le vase de terre cuite a une ouverture, destinée à découvrir la coupe placée sur la kérotakis, afin que l'on puisse voir si la matière blanchit ou jaunit. Or l'ouverture du vase de terre cuite est fermée au moyen d'une autre coupe (6), afin que le produit ne s'évapore pas ; et que l'alliage de l'Écrevisse (7) ne s'échappe pas par là. L'opération a lieu en un seul jour. Si la décoction est conduite autrement, ainsi que la cuisson, il faudra deux fourneaux : le premier, pour les fioles apparentes ; le second, pour les kérotakis, les vases à fixation, ou les bocaux. Si l'on veut y faire digérer l'alliage de l'Écrevisse, ou les matières analogues, on le placera sur la kérotakis, en l'y étendant, et en évitant qu'il ne coule. Le vieux Zosime disait : « Je connais une classe unique qui renferme deux opérations : l'une pour que la fluidité soit produite par l'extraction ; la seconde pour que l'hu-

---

(1) On admet ici et dans les lignes suivantes que le signe du soufre a été traduit par erreur par le mot plomb ; le signe étant le même, comme il a été dit plusieurs fois.

(2) Acide arsénieux.

(3) Falsification. — *Introd.*, p. 33 et 57.

(4) Voir l'appareil appelé Écrevisse (*Introd.*, p. 145 et fig. 28, p. 154). D'après la formule de la fig. 28, p. 152 à 154, on y travaillait le molybdochalque et l'argyrochalque, c'est-à-dire les alliages sur lesquels s'opérait la transmutation.

(5) Le ms. M s'arrête là, ainsi que B. La suite est donnée d'après A : c'est une addition de commentateur praticien, comme le montre la citation finale de Zosime.

(6) V. *Introd.*, p. 149, 150, 151, fig. 25, 26, 27.

(7) C'est-à-dire afin que l'alliage destiné à la transmutation (molybdochalque) ne perde pas sa portion volatile (mercure ? ou arsenic ? ou zinc ?).

midité du plomb soit desséchée jusqu'à épuisement. Car elle se fixera et se desséchera ».

III. viii. — SUR LA MÊME EAU DIVINE

1. Prenant des œufs, la quantité que tu voudras, fais-les bouillir, et après les avoir cassés, ôtes-en tout le blanc (1) ; mais n'emploie pas la coquille (2). Prenant un vase de verre mâle et femelle (3), celui qui est appelé alambic, jettes-y les jaunes des œufs (4), en usant de la pesée ci-après : une once de jaune ; coquille des œufs calcinée, deux carats, ni plus ni moins, mais juste comme il a été écrit. Ensuite, délaie ; puis, prenant d'autres œufs, casse-les et jette (les) dans l'alambic avec les jaunes délayés, de façon que les œufs entiers soient recouverts par les jaunes.

Lute l'alambic et son chapiteau au récipient (5), avec beaucoup de soin ; en te servant de suif, ou de plâtre, ou bien de cire d'abeille, ou de cendre mélangée d'huile, ou de ce que tu voudras. Fais digérer dans du crottin de cheval ou d'âne, ou sur un feu de sciure de bois, ou dans un four de pâtissier. Emploie n'importe quel genre de caléfaction convenable, au degré que peut supporter la main humaine.

Que le lieu où les appareils sont installés soit à l'abri du vent, qu'il reçoive la lumière de l'est ou du sud, mais non celle du couchant, ou du nord, ou du nord-ouest, ou du nord-est, à cause du refroidissement (6). Fais digérer pendant 14 ou 21 jours, jusqu'à ce que cesse la montée des vapeurs ; et maintiens lutés avec soin les joints de l'appareil, afin de conserver l'odeur ; car si elle s'échappe, tout le travail est perdu. En effet, cette odeur est tout à fait désagréable, et c'est dans cette odeur que réside le travail (7).

---

(1) Réd. de A :... « tout le blanc, au moyen de vases de terre cuite, et le jaune ».

(2) Ce langage est probablement symbolique, conformément aux pages 19 et 21.

(3) Formé de deux parties s'emboîtant, dont l'une est regardée comme mâle, l'autre comme femelle.

(4) « Les blancs et les jaunes » d'après A.

(5) Le sens du mot *rogion*, employé dans ce passage, autrement dit *rogé*, (p. 59), est défini par cette description.

(6) Voir p. 30, § 2.

(7) On voit par là qu'il s'agit de la distillation d'un produit sulfuré. V. *Introd.*, p. 69.

2. La première eau qui passe (à la distillation) est blanche.

La seconde coule goutte à goutte; elle est d'une odeur désagréable, toute pareille (au lait de chaux) (1). Ensuite, quand la montée de l'eau a cessé, tu enlèves le récipient dans lequel l'eau a coulé, tu (le) fermes, et tu le gardes avec soin. Découvrant l'alambic, tu te boucheras le nez à cause de l'odeur; et tu trouveras dans le vase femelle les scories (*caput mortuum*).

Ne refuse pas au mort de parvenir à la résurrection; mais attends la résurrection du (mort) dont on a désespéré (2). Ensuite mélange avec la cendre d'autres jaunes d'œufs, comme dans l'art de la savonnerie; délaie ensemble les matières humides et les matières sèches, et jette (le tout) dans un alambic. Opère comme il a été prescrit antérieurement, en changeant le récipient de l'eau, c'est-à-dire le *rogion*.

Fais cela jusqu'à trois fois et tu auras d'abord la première eau blanche, comme il a été dit précédemment, cette (eau) que les anciens ont nommée eau de pluie; puis, la seconde eau, jaune-verdâtre, qu'ils ont nommée huile de raifort; puis la troisième eau, d'un noir verdâtre (3).

Tu auras aussi les scories qui sont dans le têt. Lorsque tu ouvriras l'appareil, tu trouveras la première fois la scorie tournant au noir, — la seconde fois, blanche ; — la troisième fois, jaune (4).

Après la première, la seconde et la troisième extractions d'eau et ouvertures de l'appareil, tu réunis les eaux des trois extractions, c'est-à-dire les eaux divines qui s'y trouvent, avec le résidu contenu dans le vase femelle. Après cela, prenant un alambic de verre, fais-y entrer les matières, bouche l'alambic avec une poterie cuite, capable de s'ajuster aux bords de l'alambic. Lute avec tout le soin possible, à l'aide d'un lut qui résiste au feu. Aban-

---

(1) C'est-à-dire qu'elle est blanchie à la façon du lait de chaux (?), par le soufre précipité, provenant de la décomposition des polysulfures ou de l'hydrogène sulfuré qui s'est volatilisé. On dit encore aujourd'hui : lait de soufre pour une liqueur analogue.

(2) Ceci signifie que le sulfure, formé au fond de l'alambic (scorie ou *caput mortuum*), se désagrège et blanchit à l'air.

(3) Addition de A : « Qu'ils ont nommée aussi huile de ricin ».

(4) Comparer ce texte du Traité attribué à Avicenne, *Bibl. Chem.* de Manget, t. I, p. 633 : « Et primo distilla et quod primo exit serva seorsim, quia ista est aqua. Reitera aquam per distillationem et quod distillabitur serva et ista est simplex; pone sub fimo et serva et quod remanebit in fundo cucurbitæ, serva seorsim, quia est terra ».

donne sur le fumier du fourneau, pendant quarante et un jours, jusqu'à ce que la décomposition ayant eu lieu, la matière teinte devienne semblable à la matière tinctoriale, et que la nature domine la nature. En effet, de cette façon, les matières sulfureuses sont dominées par les matières sulfureuses (1) et les matières humides par les matières humides correspondantes.

3. Ne prends pas souci du poids, ni de la fraîcheur des œufs, ou de leurs jaunes; seulement, broie ensemble les matières liquides et les matières sèches, comme il a été dit précédemment, et mets-les dans l'alambic. Après le quarante et unième jour, découvre l'alambic et tu y trouveras une composition entièrement vert clair, c'est-à-dire tournée en ios. Celui qui fait l'ios, sait quelle opération il accomplit; mais celui qui n'en fait pas ne produit rien.

Or, après le quarante et unième jour, ôte l'alambic du lieu chaud et laisse le pendant cinq jours éloigné de toute source de chaleur. Les cinq jours (écoulés), place l'alambic sur de la braise de sciure de bois et extrais-en l'eau divine; tu la recevras, non dans ta main, mais dans un vase de verre. Puis, prenant cette eau, mets-la dans un alambic, comme il a été écrit précédemment, et fais chauffer pendant deux ou trois jours. Après avoir enlevé, délaie, et expose au soleil sur une coquille. Lorsque le produit sera devenu compacte comme du savon, fais chauffer une once d'argent, et projettes (y) de cette eau solidifiée, c'est-à-dire deux karats de poudre sèche, et tu auras de l'or (2).

Le nombre total des jours de l'opération est de cent dix jours, d'après ce qu'ont dit Zosime, le Chrétien et Stephanus (3). Quant à moi, après avoir bien butiné de tous côtés comme l'abeille, et tressé une couronne avec beaucoup de fleurs, je t'en ai fait hommage, à toi mon maître. Ensuite, je t'exposerai quels sont les appareils. Portez-vous bien en Jésus-Christ, notre Dieu, maintenant, toujours et dans tous les siècles des siècles. Amen.

---

(1) Voir p. 20, § 12, sur *l'œuf philosophique*.

(2) Il semble qu'il s'agisse simplement d'une teinture superficielle de l'argent en jaune par un polysulfure. Cependant, le résidu employé comme poudre de projection contenait peut-être d'autres métaux.

(3) Ceci indique un commentateur relativement moderne.

III. ix. — ZOSIME DE PANOPOLIS [1]

MÉMOIRES AUTHENTIQUES SUR L'EAU DIVINE

1. Ceci est le divin et grand mystère; l'objet que l'on cherche. Ceci est le Tout. De lui (provient) le Tout, et par lui (existe) le Tout. Deux natures, une seule essence; car l'une attire l'une; et l'une domine l'une. Ceci est l'eau d'argent (2), l'hermaphrodite, ce qui fuit toujours (3), ce qui est attiré vers ses propres éléments. C'est l'eau divine, que tout le monde a ignorée, dont la nature est difficile à contempler; car ce n'est ni un métal, ni de l'eau toujours en mouvement, ni un corps (métallique); elle n'est pas dominée.

2. C'est le Tout en toutes choses; il a vie et esprit et il est destructeur. Celui qui comprend cela possède l'or et l'argent. La puissance a été cachée, mais elle est déposée dans Erotyle (4).

III. x. — CONSEILS ET RECOMMANDATIONS

POUR CEUX QUI PRATIQUENT L'ART (5)

1. Je vous le déclare, à vous les sages : sans l'appareil propre à traiter le cuivre, et sans le temps prescrit pour l'opération de l'iosis (lequel temps est court ou long et pour le mélange des dix espèces susdites (6), sèches ou liquides, que l'on broie ensemble, n'espérez rien faire, ô hommes, vous qui appartenez à la troupe de l'or, à la race d'or, aux enfants de la tête d'or; vous qui êtes les amants de la sagesse et les investigateurs de la matière du jaune

---

(1) Cette ligne n'existe pas dans M : mais dans AB. — Cet article précède immédiatement dans A, les axiomes mystiques sur le Tout. dérivés de la Chrysopée de Cléopâtre (fig. 11, *Introd.*, p. 132 et fig. 13, p. 136).

(2) Mercure des philosophes et mercure ordinaire.

(3) L'esclave fugitif. *Servus fugitivus* des Arabes (*Introd.*, p. 217 et 258).

(4) Auteur cité dans le Papyrus W de Leide (*Introd.*. p. 17).

(5) Suite d'articles sans lien. Le premier semble tiré de Démocrite (v. p. 50).

(6) Cp. DÉMOCRITE, *Questions naturelles*, p. 81.

d'œuf (1). Mais vous, gens du creuset, vous vous raillez mutuellement et vous ne suivez pas mes avis, à moi qui vous engage à vous conformer aux préceptes des maîtres et à leurs écrits ; à moi qui vous fais connaître leurs opinions, révélées par la puissance de la parole divine.

2. Cette eau a deux couleurs, blanche et jaune ; ils lui ont donné mille noms divers. Sans l'eau divine, rien n'existe. Par elle toute la composition est entreprise ; par elle, elle est chauffée ; par elle, elle est brûlée ; par elle, elle est fixée ; par elle, elle est jaunie ; par elle, elle est décomposée ; par elle, elle est teinte ; par là, elle subit l'iosis, elle est affinée et soumise à la cuisson. En effet, il dit : « En projetant l'eau de soufre natif et un peu de gomme, tu teindras un corps quelconque ». Toutes (les substances) qui tirent leur origine de l'eau, sont en opposition avec celles qui tirent leur origine du feu ; de sorte que sans le catalogue de tous les liquides, rien n'est certain ».

3. Quelques-uns l'ont rappelé, — et peut-être même tous : il est nécessaire que cette eau, en guise de levain, détermine la fermentation destinée à produire le semblable au moyen du semblable, dans le corps métallique qui doit être teint. En effet, de même que le levain du pain, pris en petite quantité, fait fermenter une grande masse de pâte ; de même aussi ce petit morceau d'or va faire fermenter toute la matière sèche (2).

4. D'autres, mêlant ensemble deux espèces de choses, les résidus dorés des (substances) sulfureuses avec les matières d'or, les ont associées : les unes aux produits bruts et non fermentés, les autres aux produits cuits ensemble dans l'eau de l'iosis.

En haut les choses célestes, et en bas les choses terrestres ; par le mâle et la femelle l'œuvre est accomplie (3).

----

(1) C'est-à-dire de la teinture en jaune ou en or.

(2) V. *Introd.* Papyrus de Leide, p. 57.

(3) *Introd.*, p. 161, au bas de la fig. 37, et p. 163. — Olympiodore, p. 101, — v. aussi la note de la page 124.

III. xi. — ZOSIME DE PANOPOLIS

ÉCRIT AUTHENTIQUE

Sur l'art sacré et divin de la fabrication de l'or et de l'argent (1)
Abrégé sommaire.

1. Prenant l'âme du cuivre qui est au-dessus de l'eau du mercure, fais (en) un corps volatil ; car l'âme du cuivre retenue dans la matière en fusion monte en haut (2) ; la partie liquide reste en bas dans l'appareil à kérotakis, et doit être fixée au moyen de la gomme (3) : c'est la fleur d'or, la liqueur d'or, etc. D'autres entendent par là la coloration, la cuisson, l'œuvre de la doctrine mystique. Au début le cuivre projeté, après traitement dans l'appareil de la fabrication, charme les yeux. Tandis qu'il perd son éclat, on le combine avec la gomme dorée, la liqueur d'or, etc. (4). (Voilà ce que) il a écrit au sujet de la confection de l'or, laquelle est proclamée aussi la fixation.

Marie dit : « Prends l'eau de soufre et un peu de gomme, mets-la sur le bain de cendre; on dit que c'est de cette façon que l'eau est fixée ». Marie dit encore : « Pour la préparation de la fleur d'or, place l'eau de soufre et un peu de gomme sur la feuille de la kérotakis, afin qu'elle s'y fixe. Fais digérer à la chaleur du fumier pendant quelque temps ». Après les mots « pendant quelque temps », Marie (ajoute) : « Prends une partie de notre cuivre, une partie d'or; amollis la feuille formée de ces deux métaux unis par fusion, pose (la) sur le soufre, et laisse (le tout) pendant 3 fois 24 heures, jusqu'à ce que le produit soit cuit.

2. Le Philosophe (5) expose la même chose : « après avoir fixé pendant

---

(1) ABK au lieu de l'argent : « du mercure ». — Cet article est un abrégé, renfermant diverses citations techniques de Marie et de Démocrite, relatives aux opérations pour teindre en or et en argent.

(2) S'agit-il de la fleur de cuivre, *Introd.*, p. 232 ? ou d'une cadmie, *Introd.*, p. 239 ?

(3) Ce mot désigne la matière qui donnait la coloration jaune, assimilée au jaune d'œuf, *Lexique*, p. 10. La nature de cette matière n'est pas clairement expliquée.

(4) Les trois phrases précédentes manquent dans BK et ont été ajoutées dans AEL.

(5) Démocrite.

quelque temps à la chaleur du fumier, nous faisons cuire le produit en le traitant par le soufre pendant 2 ou 3 jours, jusqu'à ce qu'il se forme une préparation extrêmement jaune, que l'on transporte dans un autre vase ». Telle est la composition. En effet, après la fixation de l'eau de soufre dans un matras (1), on met dans un vase, et on fait cuire fortement pendant 2 ou 3 jours.

3. Tous les écrits veulent (que) le feu (soit fait) par progression. On emploie d'abord le bain de cendre ou le fumier, jusqu'à ce que l'eau de soufre se fixe. C'est ainsi qu'ils arrivent à notre mode de cuisson : « Fixe, dit-il, transforme, et change de matras (2); fais cuire, sur un feu indirect et varié. Quant à moi, j'ai dit dans mon livre du blanc : On fait cuire d'abord pendant un jour, et l'on fixe pendant quelque temps, non seulement en exposant à la vapeur, mais aussi en trempant dans l'eau de soufre ».

4. C'est pour cette raison que le Philosophe, dans le catalogue des liquides, a parlé avec intention de la vapeur; puis de l'eau de soufre. Après avoir opéré la fixation pendant quelque temps, au moyen de la vapeur; puis après avoir traité par l'eau de soufre, nous faisons cuire pendant un jour; comme pour la litharge, lorsqu'on veut l'amener à l'état de céruse. On ajoute le reste de la préparation, si l'on a besoin d'or. Sinon, on souffle avec précaution pour brûler le soufre (3). On délaie la composition et on la traite de nouveau par l'huile de natron, jusqu'à ce qu'elle perde sa fluidité. On souffle jusqu'à ce que les matières sulfureuses s'échappent, en laissant le métal éclairci (4). Ainsi on fait bouillir avec l'huile (de natron) désulfurante, jusqu'à ce que le produit perde sa fluidité, et après avoir grillé par insufflation, on obtient (ce que l'on cherche).

---

(1) *Bouclanion* : c'est le même mot que *bouclé*, plusieurs fois répété. Ce mot paraît le même que βουκάλιον, bocal. — La figure donnée en marge de A est celle d'un matras ou fiole allongée : v. *Introd.*, p. 165, *fig.* 42.

(2) Même figure que la précédente, en marge du ms. A.

(3) Soufre, au lieu du mot plomb du texte grec. le signe étant le même.

(4) C'est-à-dire jusqu'à ce que le métal, désulfuré par le grillage, apparaisse dans son éclat. Le commencement des opérations faites sur la kérotakis est obscur; mais il semble qu'à la fin une désulfuration s'obtienne, en combinant le grillage (insufflation) avec l'action d'un fondant (huile de natron). Le résultat est la teinture superficielle du métal en or ou en argent, conformément à ce qui a été dit à l'occasion du Papyrus de Leide, *Introd.*, p. 56, 58 à 60.

Voici comment nous parvenons au jaunissement. Après avoir délayé et employé les matières susceptibles de jaunir, telles que l'eau de soufre et la gomme ; nous fixons légèrement avec la chaleur du fumier. Puis nous faisons cuire 2 ou 3 jours, jusqu'à ce que le produit devienne jaune au plus haut degré. On place ce produit dans le reste de la préparation pendant 3, 5 ou 7 jours, jusqu'à ce qu'il ait subi l'iosis. Puis nous le projetons sur l'argent et nous teignons en or. Nous réglons le feu de façon que la vapeur commence à se fixer.

5. Après avoir fait agir l'eau de soufre sur le molybdochalque, nous faisons chauffer pendant un jour, comme il est dit dans la première classe des liquides blancs : nous opérons sur un feu indirect, ainsi que cela se fait pour la litharge. Si nous voulons blanchir, nous opérons l'iosis de cette manière. Mais si nous avons grillé par soufflage en vue du jaunissement, nous traitons de nouveau par l'eau de soufre natif et la gomme. Après avoir fixé en exposant à la chaleur du fumier, nous faisons cuire pendant 2 ou 3 jours, jusqu'à ce que le produit devienne jaune au plus haut degré. Après l'avoir enlevé, nous transformons en ios le reste de la préparation. J'ai défini la proportion du feu.

III. xii. — SUR LES SUBSTANCES QUI SERVENT DE SUPPORT

ET SUR LES QUATRE CORPS MÉTALLIQUES, D'APRÈS DÉMOCRITE

1. Les quatre corps (métalliques) servent de support (1), et aucun d'eux ne se volatilise. C'est pour cela qu'il n'a pas parlé de griller (par insufflation) la composition ; car si c'était utile, il en aurait fait mention expressément. En effet, il dit : « Rien n'a été omis, rien n'a été ajourné ». Il dit aussi, en parlant de la liqueur d'or : « Elle teint un corps quelconque » ; ce qui s'applique aux quatre corps. C'est aussi pour cette raison qu'il a cité son maître disant : « Teignant toutes les substances » ; montrant par là qu'il ne s'agit pas de souffler ; mais que les quatre (corps) qui servent de

---

(1) A la teinture.

support sont teints et aptes à teindre. Il introduit Pammenès opérant sur le soufre (1) et disant qu'il n'est pas besoin de griller; car le soufre s'évapore lui-même pendant les cuissons, vu que lui-même teint. Marie dit : « Enlève la (nature) sulfureuse au plomb; partout où le soufre entre, il teint ». Elle a voulu montrer par là que nous n'avons pas raison de griller le soufre. Elle a employé des noms étrangers aux arts dans la description de leurs opérations. Ce n'est pas ainsi que font ceux qui opèrent, lorsqu'ils parlent de notre cuivre ou bien d'un corps métallique quelconque.

On fait une feuille au moyen de deux métaux unis par fusion. Le Philosophe prend cette feuille métallique et la coupe en morceaux; si l'alliage est fondu, cela vaut mieux. Voici ce qu'ils disent : « Ce n'est pas au moyen d'une feuille... ».

2. De cette façon, s'ils parlent de griller, ils ne parlent pas d'une opération faite en dehors, mais pendant leur propre travail. Car ils soumettent au grillage les matières cuites, afin de prendre leur (principe) propre et tinctorial. Ils rejettent les matières cuites, et font évaporer les parties inutiles (2). Ils donnent d'autres noms aux produits purifiés. Ainsi ils grillent par insufflation, de façon à isoler le principe propre et tinctorial. Voilà comment on brûle dans les cuissons, on expulse par insufflation toutes les matières étrangères, en gardant l'esprit utile et tinctorial.

3. SUR LES POIDS DES (SUBSTANCES) CRUES ET CUITES.

D'après ce que les écrits disent à cet égard, assurément le soufre doit être expulsé par insufflation. C'est là ce que Marie a voulu faire entendre en disant : « Tu trouveras 5 parties moins le quart, c'est-à-dire moins le soufre chassé par l'insufflation. Semblablement à la fin de son exposé, elle dit que le cuivre, dans son affinage à la fonte, diminue d'un tiers de son poids. Elle dit que ces changements s'accomplissent aussi lorsqu'on blanchit et qu'on jaunit; car les (substances) sulfureuses teignent, mais se volatilisent. Nous nous débarrassons des substances sulfureuses par volatilisation. Il en est de même des plantes, lorsqu'elles sont entièrement dis-

---

(1) On a remplacé le mot plomb par le mot soufre dans ces deux phrases, à cause du morceau précédent et du sens général. V. p. 123, note 7. De même au paragraphe suivant.

(2) C'est-à-dire le soufre.

soutes ; ainsi qu'il arrive lorsqu'on les fait cuire avec l'eau de soufre, rejetant la partie ligneuse.

4. Ce n'est pas sans motif que Agathodémon dit « et unifiées » ; mais afin que, pénétrant dans la profondeur du métal de l'argent, les matières tinctoriales puissent échapper à la destruction causée par le feu. Nous nous privons donc des teintures tirées de plantes, sachant que les métaux ne peuvent en emprunter les qualités, et recevoir ainsi à fond la teinture.

Les qualités seules agissent; car le corps ne peut pénétrer dans l'intérieur du corps. Aristote (dit) (1) : «les qualités triomphent les unes les autres ». D'après Agathodémon les métaux placés en haut prennent les substances volatiles : c'est ainsi qu'il emprunte l'esprit de la chrysocolle. Ce mot esprit signifie évidemment une substance volatile et les vapeurs sublimées sont du même ordre. Telles sont : la vapeur blanche, la vapeur du cinabre, et

« un esprit plus noir, humide, pur » (2).

Car toute vapeur sublimée est un esprit, et telles sont les qualités tinctoriales. Le divin Démocrite parle ainsi du blanchiment et Hermès de la fumée. Quand ces (vapeurs) leur étaient utiles, ils les admettaient dans les traitements, mais (en les désignant) par énigmes. C'est pour cela que c'est un mystère. (Ainsi il dit) : « J'ai écrit cela dans le chapitre : *Si tu es intelligent.* La vapeur du soufre natif. de l'arsenic, et la vapeur blanche de cinabre »... Agathodémon dit aussi : « (la vapeur de) l'arsenic est l'âme de la matière dorée. Après qu'il a été débarrassé de sa partie épaisse et caustique, qu'il a abandonné son corps sulfureux, prends-en alors la partie colorante ».

5. La vapeur c'est l'esprit, l'esprit qui pénètre dans les corps. L'âme diffère de l'esprit. Il appelle âme la nature primitivement sulfureuse et caustique (de l'arsenic ?). Sous l'influence purificatrice du feu on conserve l'esprit, si l'on travaille d'après les règles de l'art ; car il ne peut être détruit. Telle est la chose utile, l'élément tinctorial. Il faut à l'opérateur une intelligence subtile, afin qu'il reconnaisse l'esprit sorti du corps et qu'il en fasse emploi, et que

(1) Cp. Aristote, *Physique*, IV, ch. 6, t. II, p. 292, éd. Didot.

(2) La vapeur du soufre qui noircit les métaux ? Citation des Oracles d'Apollon, qui se trouve aussi ailleurs. III, xix ; 3. — Sur ces oracles, v. Olympiodore, p. 94, note 5.

surveillant son départ il atteigne le but, c'est-à-dire que le corps étant
détruit, (il prenne garde que) l'esprit (ne) soit détruit en même temps. Or
il n'a pas été détruit ; mais il a pénétré dans la profondeur du métal, lorsque
l'opérateur a accompli son œuvre.

6. Ceux qui ne reconnaissent pas quand l'œuvre est à point, interprètent
mal ; car ils ne voient pas autre chose que des matières qui n'ont pas repris
leur corps (métallique), des matières brûlées ou incinérées. Tandis qu'ils
ne jugent que la partie visible de ces choses, les infortunés, par une sorte de
punition, laissent perdre tout et ils ne réussissent pas à éviter la réduction (du
produit) en cendre (1). Dans aucun passage des écrits, on ne mentionne d'autre
support (à la teinture), sinon le cuivre seul. Ainsi Marie dit que le cuivre est
traité et plus tard brûlé. C'est dans ce sens qu'il joue le rôle de support.
Tel est (le rôle du) cuivre ou de l'argent, dans notre opération. Nous ne
voulons pas en tirer la qualité, et leur corps, par sa mort, devient inutile.
Les plantes aussi sont inutiles, car elles sont consumées par le feu (2).

7. Agathodémon dit : « La magnésie, l'antimoine et la litharge se volati-
lisent, après avoir perdu leur pureté ». Marie : « souffle, dit-elle, les vapeurs,
jusqu'à ce que les produits sulfureux soient volatilisés avec l'ombre (qui
obscurcit le métal), et que le cuivre prenne tout son éclat ». Ainsi notre
cuivre reçoit d'eux la vapeur sublimée. Or la vapeur, c'est l'esprit du
corps. L'âme diffère de l'esprit...

A partir de ces mots, la fin du § 7 et le § 8, dans M, sont la répétition des § 5, 6, 7
jusqu'à ces mots : « ainsi notre cuivre (reçoit) la vapeur sublimée ». Dans le texte
grec, on a donné les variantes.

9. Démocrite a passé sous silence les poids (dans son premier livre). Il
dit : « Il ne reste rien ; il n'y a plus rien à exposer, excepté la montée de la

---

(1) Addition de Mᵃ B : « La qualité
reste seulement avec le cuivre ; car le
cuivre seul est fixe et joue le rôle de
support ».

(2) Ceci paraît signifier que dans la
transmutation le cuivre et l'argent ne
conservent ni leur qualité, ou couleur
propre, ni leur corps, qui est changé
dans celui d'un autre métal. — Quant
aux plantes, si on les entend au sens
propre comme les teintures végétales,
celles-ci sont en effet détruites par le
feu. Au sens figuré, les fleurs métalli-
ques et certaines colorations corres-
pondantes sont également évaporées ou
détruites par le feu (v. p. 159, note 2).

vapeur sublimée et de l'eau. Or voici ce qu'il disait au sujet des poids et du soufre, dans le livre suivant : « la liqueur blanche d'arsenic, une once, etc. Car il y a deux compositions des soufres…(phrase inintelligible). Le cuivre sera trouvé constitué de telle manière, qu'il puisse unir sa nature (à un autre corps), et dominer avec lui et charmer conjointement. Ainsi la nature charme la nature. Car l'argent, s'unissant à tous les corps métalliques, ne les repousse pas. Quant au cuivre, il le subit volontiers, comme la jument accepte l'accouplement de l'âne, et la chienne celui du loup : ce que font tous les êtres naturels qui se ressemblent. Le cuivre se rouille et se réduit, sans quitter sa propre nature ». Démocrite, dans la classe de la magnésie, dit : « La magnésie blanchie ne laisse pas les corps métalliques se séparer, ni apparaître (1) dans l'ombre du cuivre. » Nous avons achevé le discours sur les poids. Bonne santé.

III. xiii. — SUR LA DIVERSITÉ DU CUIVRE BRULÉ

Beaucoup préparent le cuivre brûlé au moyen du soufre (2). Les traités des autres auteurs le disent avec obscurité. Démocrite seul s'exprime avec une clarté généreuse : « Jetez sur le cuivre un quart de fer sulfuré, c'est-à-dire préparé en fondant avec la pierre magnétique, le quart ou la moitié de soufre; coulez le produit avec le plomb provenant de l'antimoine et de la litharge. Ensuite faites brûler la composition obtenue avec la pyrite, le cuivre et le fer, afin qu'il se forme une scorie convenable. Projetez-y la vapeur sublimée de l'arsenic (sulfuré. Le métal est blanchi par la vapeur du soufre ».

En parlant de la céruse cuite avec le soufre, il veut parler du soufre pur, comme propre à changer le molybdochalque en métal étésien. Lorsqu'il dit : « La magnésie blanchie produit le même effet »; il veut parler du cinabre traité simultanément. Mais quelqu'un objectera : il a parlé d'abord de la magnési et de la pyrite. Oui, afin que tu apprennes ceci qu'en même temps

(1) En s'oxydant séparément.

(2) *Introd.*, p. 233. — DIOSCORIDE, *Matière médicale*, V, 87.

que le cuivre, on projette le fer et le plomb et les minerais, afin que le molybdochalque devienne du cuivre étésien (doré).

III. xiv. — SUR CE POINT QU'ILS DONNENT LE NOM

D'EAU DIVINE A TOUS LES LIQUIDES

ET QUE C'EST UNE (SUBSTANCE) COMPLEXE ET NON PAS SIMPLE

1. « La vapeur décrite précédemment, tu la feras cuire dans l'huile ». La vapeur décrite précédemment, c'est la formule entière; car elle paraît comprendre l'eau divine et l'huile. Ils disent qu'il faut opérer avec tous les liquides, voulant faire entendre (par là) la liquidité. En effet, par tous ces mots : la saumure vinaigrée, ensuite l'huile, puis le miel et le lait, il faut entendre l'eau divine. Le safran par lui-même est impuissant à teindre sans le concours de l'eau divine; ceux qui veulent teindre s'en servent. Marie parle de « la dissolution du *comaris* et de la chélidoine ». Démocrite (place) dans la dernière classe des liquides blancs « l'eau de chaux qui a coulé » à travers le filtre, ou à travers une chausse.

Toutes les espèces sont traitées par macération, au moyen des liquides simples ; puis le produit est soumis au lavage. Ainsi sont lavés les corps (métalliques) solides. On les fait macérer, soit en les délayant, soit en les arrosant. Les produits délayés sont exposés au soleil et à la rosée, à la façon du soufre blanc ou de la litharge. On les fait macérer 1, ou 3, ou 5, ou 7 jours, jusqu'à désagrégation totale.

2. Ces (espèces) ayant été macérées, tu en feras des mélanges et tu soumettras ces mélanges délayés à la rosée et au soleil. Après les avoir desséchés et délayés, en les traitant par l'huile de natron, tu trouveras le plomb noir. Délaie-le, en reprenant avec le mercure, l'eau divine et la gomme ; fais cuire sur un feu léger jusqu'à ce que l'eau se soit séparée : tu délaies au soleil jusqu'à ce que la matière soit d'un beau blanc.

3. Ce travail est répété plusieurs fois par ceux qui lavent la scorie. D'après

Pébichius : « Lave 2 fois 7, et 2 fois 8 plus 8, et encore plus ». Démocrite fait la même chose dans sa dernière classe, celle des liquides blancs : il lave de la même façon les feuilles (métalliques) oxydées, et il leur restitue leur éclat. Après avoir desséché, si le métal est devenu brillant, reprends la vapeur, traite les substances qui peuvent jaunir par l'eau divine et la gomme, et fixe (la teinture) sur un feu léger (1). Lorsque tu auras opéré la fixation, retire la substance, et laisse égoutter sur le résidu de la préparation pendant 2, ou 3, ou 7, ou 41 jours. Si tu y projettes de l'argent commun, tu le teins (aussi). Cherchons ensuite le moment qui convient.

III. xv. — SUR CETTE QUESTION

DOIT-ON EN N'IMPORTE QUEL MOMENT ENTREPRENDRE L'ŒUVRE ?

1. Il est nécessaire que nous recherchions quels sont les moments oppor·tuns. Il a dit que l'esprit, soumis à l'action du soleil, doit être tiré des fleurs, et macéré depuis le matin ; alors par toute action convenable du feu, l'or devient bon pour l'usage. « Car c'est l'œuvre du soleil, dit le grand Her·mès, c'est ce qui est produit par lui ». Écoute Hermès disant que l'amollissement des substances destinées à être ramollies se fait à froid. Il s'est expliqué nettement sur ce point à la fin de son écrit sur le blanchiment du plomb. Là aussi il parle de l'or. « Voilà comment opère celui qui prépare le Tout ». C'est là aussi qu'il s'est expliqué sur ce que l'on doit filtrer le Tout par n'importe quel filtre. Cela n'a pas échappé à Agathodémon, et il parle de lavage du minerai et de sa purification, (qui a lieu) lorsque le Tout délayé et liquéfié traverse le filtre ou la chausse. Hermès dit : « Elle devient comme une lessive innocente ? ». S'il se forme un dépôt, c'est la preuve que les substances et les minerais ne sont pas suffisamment pulvérisés.

2. Hermès s'est expliqué fortement sur ces choses en parlant des cribles,

---

(1) C'est une opération de teinture en or, par vernis ou par coloration superficielle. — V. *Introduction*, p. 56, 58 à 60.

et disant : « Si les eaux se meuvent en tous sens, le crible lui-même semble s'écouler ». Elles doivent descendre ensemble, suivant le grand Hermès ; puis elles remontent aussitôt dans l'appareil destiné à en opérer la cuisson. Nous avons exposé ces choses dans notre discours, sauf en ce qui traite du moment opportun. Le moment opportun, c'est celui de l'été, alors que le soleil a une nature (favorable) pour l'opération.

Marie s'en occupe, en décrivant les traitements du petit objet (1) : « L'eau divine sera perdue pour ceux qui ne comprennent pas ce qui a été écrit, à savoir que le produit (utile) est renvoyé vers le haut par le matras et le tube. Mais on a coutume de désigner par cette eau la vapeur du soufre et des arsenics sulfurés. A cause de cela tu m'as raillée, parce que dans un seul et même discours je t'ai exposé un si grand mystère ».

3. Cette eau divine, blanchie par des matières blanchissantes, fait blanchir. Si elle est jaunie par des matières jaunissantes, elle fait jaunir. Si elle est noircie au moyen de la couperose et la noix de galle, elle fait noircir et réalise le noircissement de l'argent et celui de notre molybdochalque. Je t'ai parlé précédemment de ce molybdochalque, à l'occasion de notre argent traditionnel. Ainsi l'eau noircie, s'attachant à notre molybdochalque, lui donne une teinture noire fixe ; et bien que cette teinture ne soit rien, tous les initiés désirent vivement la connaître. Or l'eau capable de prendre une telle couleur, produit une teinture fixe, l'huile et le miel étant éliminés.

4. Le Philosophe dit aussi qu'une petite quantité de soufre natif suffit pour brûler beaucoup d'espèces et qu'il amollit les pierres et les métaux. Dans cette eau se dissout la composition sulfurée, comme il le dit en parlant de l'Androdamas. « Si tu mets du soufre apyre, tu produis une liqueur d'or (2). Pour la faire agir sur la composition des substances, on délaie la composition des matières sulfureuses ». De la même façon, on la fait bouillir ou cuire. « Comprends bien, dit-il, que si tu mets du soufre apyre, tu produis une liqueur d'or. Au moyen d'un feu de sciure de bois, sur la kérotakis, distille l'eau divine, jusqu'à ce qu'elle contienne (la couleur) d'or. Tu feras cuire en agitant légèrement, et en ajoutant les *motaria* (3) de la sanda-

---

(1) Cp. III, xxi, 7.
(2) Page 48, § 10.
(3) C'est-à-dire le résidu de l'expres- sion dans un linge de la sandaraque décomposée. v. OLYMPIODORE, p. 112 et 108.

raque jaune. [Or ils ont dit les *motaria*, parce que la composition) est épaisse comme du sang]. Fais cuire le produit fortement pendant 2 ou 3 jours, et après avoir pressé, verse le résidu de la préparation dans chaque vase : et il se forme de l'ios. Pébichius a dit aussi sur cette question : « Partagez la préparation en deux parties, et mettez-en une moitié dans un vase de terre cuite et l'autre moitié sur le cuivre ; » voulant faire entendre ceci en un seul (mot) : la cuisson, par (le vase) de terre cuite, et l'iosis, par le cuivre. Or il a parlé précédemment du blanchiment, en disant que le cuivre est brûlé dans du bois de laurier ; c'est-à-dire le soufre natif (avec le cuivre) en présence des feuilles de laurier (1). Tu peux connaître par là le mérite des anciens, combien clairement ils ont expliqué toutes choses. En paraissant cacher toutes choses, ils ont dit clairement : « D'abord, sur des flammes légères, afin que l'eau de soufre soit absorbée en même temps ». Au sujet de ces flammes, Marie disait : « les flammes progressivement » ; puis : « le feu graduellement » ; afin de faire comprendre qu'il faut opérer suivant une progression convenable, à partir (de l'instant) de la flamme.

Le moment opportun est celui de l'été. La pourpre aussi exige une époque particulière pour les dissolutions et les refroidissements. De même, la gomme en larmes, pour s'écouler spontanément, veut la nature propre de l'été. J'ai pourtant entendu dire à quelques-uns que notre opération se fait en toute circonstance, et j'hésite à le croire (2).

III. xvj. — SUR L'EXPOSÉ DÉTAILLÉ DE L'OEUVRE

DISCOURS A PHILARÈTE (3)

1. Voici dans quels termes Démocrite expose ces choses aux prophètes égyptiens : « Je t'écris, ô Philarète, pour t'exposer tout au long la puissance

---

1) Voir la note 2, page suivante.
(2) A la fin de cet article, le ms. A. renvoie à un autre qui se trouve plus loin : III. xxix, § 21.

(3) Ce morceau renferme des extraits plus ou moins étendus, tirés de Démocrite, et entremêlés de commentaires.

de l'art. Voici le catalogue des espèces : le mercure, tiré du cinabre, l'antimoine de Coptos, de Chalcédoine, d'Italie, la litharge, la céruse, le plomb, l'étain, le fer, le cuivre, la chrysocolle, le claudianon, la cadmie, la pyrite, l'androdamas, le soufre, la sandaraque, l'arsenic, le cinabre. »

2. « Les espèces suivantes sont employées pour l'or et l'argent; car, blanchies, elles blanchissent, et jaunies, elles jaunissent. Celles qui blanchissent sont les suivantes : la terre de Chio, l'astérite, la terre de Samos, la terre de Cimole et l'aphrosélinon. »

3. « Les (espèces) qui se délaient sont celles-ci : le soufre natif, le sel de Cappadoce, les sels de toutes sortes, la fleur de sel, le calcaire, qui a été appelé aussi le suc laiteux du mûrier, (ou) du figuier (1), l'alun en lamelles, le misy, le chalcanthon, les feuilles de pêcher, les feuilles de laurier (2). »

4. « Voici les (espèces) employées pour jaunir : la terre pontique, celle qui est brûlée, la terre attique, celle qui fournit le bleu mâle et le bleu femelle, commun aux deux teintures (3); et parmi les plantes, le ricin et la fleur de carthame, la chélidoine et l'ochumenon (basilic) (4); et, parmi les sucs, la gomme (5) ». Il disait au sujet de la gomme : « les sucs sont aussi employés pour la composition blanche ».

5. Mettez en évidence les produits qui doivent être délayés plus tard, en vue de l'opération de l'iosis, et traitez (les) conformément à l'opinion d'après laquelle les corps qui n'ont pas de substance propre agissent convenablement sans feu (6).

Quelques-uns veulent employer au 2ᵉ et au 3ᵉ rang dans l'opération de l'iosis, les plantes, telles que la fleur de l'anagallis et la rhubarbe, et les (espèces) semblables; quelques-uns emploient le safran et la racine de

---

(1) Noms symboliques.

(2) Ce sont les noms symboliques de quelques substances minérales, analogues aux noms donnés plus haut au calcaire et tirés de la nomenclature prophétique (*Introd.*, p. 101). De semblables substances minérales sont parfois désignées dans d'autres endroits du texte sous le nom de *plantes*; probablement parce que l'on en tirait des matières colorantes, ou *fleurs*, d'apparence analogue aux couleurs végétales et aux fleurs des plantes. V. p. 71, note 4, p. 80; p. 108, note 6; p. 123, note 6; p. 153, note 2; v. aussi p. 84, note 5, etc.

(3) Théophraste parle de ces deux bleus (*Introd.*, p. 245). Le bleu mâle paraît être une couleur de cobalt; le bleu femelle, une couleur de cuivre.

(4) V. *Lexique*. p. 8, note 1.

(5) *Lexique*. p. 10

(6) V. l'article suivant, III, xvi, p. 167.

mandragore, celle qui porte de petits tubercules. J'ajouterai que sans elle rien n'est teint, et que toutes (les espèces) sont délayées en même temps qu'elle avec la gomme, dans l'opération de l'iosis. Mais tous ont rappelé qu'il ne faut pas détruire le ferment dans cette liqueur; et il en est de même pour le corps qui doit être teint.

6. Si tu dois teindre en argent, (il faut) faire macérer en même temps une feuille d'argent; pour teindre en or, c'est une feuille d'or. Car le blé engendre le blé, et le lion (engendre) le lion, et l'or (engendre) l'or (1). Projette, dit-il, de l'argent commun, et tu teindras. Car une seule liqueur est désignée pour les deux (teintures).

Voici à présent ce qui regarde la teinture de la préparation (2). L'eau divine préparée suivant la vraie formule, celle qui est bien fabriquée, teint les préparations; et lorsque la préparation est teinte, alors elle-même teint à son tour. C'est pour cela que les ferments, les ferments préparatoires, les ferments acides, les ferments d'or et analogues sont tenus cachés. [Or en toutes choses tout est découvert par les gens intelligents.]

7. Parlons des quatre corps qui résistent au feu, des (corps) qui servent de support (à la teinture), c'est-à-dire de la composition ultérieure. Après l'avoir composée, nous en prenons une partie, en y ajoutant de l'eau divine, jusqu'à ce que se produise la couleur et le ton du corps correspondant (3), selon Marie. Quand on a obtenu la composition ultérieure, les quatre corps qui servent de support, non-seulement on projette sur eux la composition du ferment d'or, mais aussi la composition de l'eau de soufre. On doit faire la projection sur les (corps) que voici : le fer, ou l'étain, ou le plomb, ou le cuivre, etc. Tous ces corps subissent la projection. Écoute ce qu'il dit dans le chapitre *des deux compositions* : « Si tu projettes sur du fer, (il s'affine) ; si tu projettes, sur du cuivre, il s'affine d'abord ; si c'est sur du plomb, il perd sa fluidité ; si tu opères d'abord sur l'étain, il devient rigide. Projette ainsi, dit-il, et pour que tu ne te trompes pas, blanchis d'abord ».

---

(1) V. la *lettre d'Isis*, p. 33. — OLYM-
PIODORE, p. 96.

(2) Φάρμακον : c'est ce que les alchi-
mistes latins appellent *medicina*. C'est
la liqueur destinée à la teinture des
métaux ; on lui communique d'abord à
elle-même une teinture convenable.

(3) L'or ou l'argent.

8. Discourons maintenant sur l'affinage (1) du cuivre. Les espèces employées comprennent les feuilles de pêcher et de laurier (2), ainsi que les terres blanches, (les sucs) de mûrier et de figuier (3), le suc de tithymale, le natron roux, le sel de Cappadoce et les (substances) semblables. Dans cette liqueur, dit-il, dépose les écailles du cuivre (4), pendant 15 jours et tu le trouveras affiné, c'est-à-dire blanchi. Telle est la composition de la liqueur du soufre blanc.

Voici ce que le Philosophe a exposé dans la dernière classe des liqueurs : « Certes le soufre blanc blanchit le cuivre. Mais s'il s'agit du soufre jaune, le cuivre est traité par la couperose et le sori ; puis, après l'avoir jauni, on met ce cuivre, en même temps que le soufre, dans du vinaigre, etc., afin qu'il devienne *ios*. » Il dit en effet, que la couperose produit la couleur d'or. Si la couperose est délayée avec le soufre, la pyrite et le sori, et le soufre jaune ajouté à ce mélange jaune; et si on le laisse déposer (sur le métal, afin qu'il le ronge), le soufre produit ainsi le jaune (5).

9. Qu'est-ce donc que l'affinage, ou le jaunissement? L'affinage et le jaunissement diffèrent entre eux seulement par la couleur : c'est-à-dire que l'affinage par le soufre (est) un blanchiment; tandis que l'opération de l'iosis est un jaunissement. Voyons ce qu'il dit encore : « Si tu veux amollir le fer, prépare des écailles (6) menues de fer; dispose une couche de terre de Samos; puis étends une seconde couche d'alun lamelleux. Tu obtiendras un métal mou et blanc. » Or, les espèces de cette nature appartiennent au (genre du) soufre blanc. Hermès, parlant du ramollissement, disait ensuite : « Et il sera blanchi ». C'est pour cette raison que le Philosophe disait :

---

(1) Les mots affinage, affiné, sont empoyés ici, faute de mieux, pour traduire le mot grec ἔξωσις. En réalité il s'agit de la transformation du métal préalablement changé en *ios* (oxyde, sulfure, sel basique); et qui est régénéré avec une couleur nouvelle, provenant de la formation d'un alliage, au moins superficiel, tel qu'un arséniure ou un amalgame.

(2) Voir la note 2 de la p. 159

(3) Le calcaire, d'après le texte de la p. 159, § 3.

(4) *Introd.*, p. 233.

(5) La fin de cette recette confuse semble répondre à l'affinage de l'or par un mélange complexe, analogue au cément royal (*Introd.*, p. 14 et 15).

(6) Fer oxydé des batitures (*Introd.*, p. 252).

« Mets en outre la moitié de la préparation blanche, c'est-à-dire du soufre
blanc » (1).

10. Cherchons maintenant ce que c'est que la rigidité. Le Philosophe (dit):
« Prends du plomb blanc qui a perdu sa fusibilité, grâce à la terre de Chio
et à l'alun. Ces espèces appartiennent (au genre) du soufre blanc. Or le
soufre blanc, une fois blanchi, fait blanchir ». Démocrite (dit en-
core) : « Lorsque tu auras affiné, amolli, donné de la rigidité et ôté la flui-
dité, ou bien lorsque tu auras blanchi ». Le blanchiment (s'obtient) par le
soufre blanc. Vois le Philosophe, pris d'un transport divin au sujet de ce
soufre blanc : « Si la préparation devient semblable au marbre, il y a là un
grand mystère ; car elle blanchit le cuivre, c'est-à-dire elle l'affine ; elle
amollit le fer ; elle ôte à l'étain sa flexibilité, au plomb sa fluidité ; elle rend
les substances solides et les teintures fixes.

Ces teintures, (ce sont) les espèces, depuis le mercure (2), jusqu'à la chryso-
colle, celles qu'on appelle la fleur d'or. Quelques-uns ont parlé à bon
droit de ce soufre, au sujet de toutes (ces choses). En effet, Stephanus (3),
lorsqu'il disait : « les substances solides », parlait des quatre corps. D'autres
disaient : « c'est l'eau divine, (c'est) le grand mystère entre tous, ce qui
devient semblable au marbre, ce qui blanchit toute substance, ce qui blan-
chit le corps du molybdochalque (4), c'est la fumée des cobathia (5). C'est là
ce qui rend les teintures fixes, ce qui maintient solides les substances ».
Or, si tu veux parler (de rendre) les substances solides, ce n'est pas pour
que les substances amenées à une mollesse oléagineuse se crevassent,
mais afin d'éviter la déperdition des (matières) qui ont coutume de dispa-
raître par l'action du feu, depuis la vapeur sublimée jusqu'à la chryso-
colle : attendu qu'il s'agit d'obtenir des teintures. Écoute-le parler à ce
sujet : « Il faut mettre, en outre, du fer, ou du cuivre, ou de l'étain, ou du

---

(1) Le mot *soufre blanc* a dans tout
ce passage un sens particulier. Il paraît
s'agir des compositions arsénicales et
sulfurées, destinées à produire soit un
laiton tournant au blanc, soit un arsé-
niure métallique complexe, analogue au
tombac ; peut-être même tout alliage
métallique blanc, dur et rigide.

(2) D'après M. — ABKELb, l'argent.

(3) Ce passage est dû à un commenta-
teur de date plus récente.

(4) De la magnésie, B.

(5) *Lexique*, p. 10. — OLYMPIODORE,
p. 91, note 4. — *Introd.* p. 245 —
En marge de M, on ajoute : l'eau du
soufre apyre.

plomb ». Voilà ce qu'il nomme des teintures : les quatre corps, lesquels
une fois teints, teignent (à leur tour). Or ce qui teint les teintures et les
choses teintes, (c'est) l'eau divine, le grand mystère, ce qui est semblable
au marbre ; ce qui rend toutes choses aptes à l'opération, ce qui brûle le
cuivre et le blanchit, ce qui fixe le mercure, ce qui affine, voilà le grand
mystère de l'art tout entier. En effet, l'eau jaune est un mystère manifeste.

11. Mets donc un peu de gomme et tu teindras toute sorte de corps.
C'est là ce qui agit dans la calcination, le blanchiment, le jaunissement,
la fixation du mercure, l'iosis. Lorsqu'il parle des substances solides, en
traitant de la destruction des substances, il parle (de la perte) des espèces
volatiles. Or ce soufre blanc est récapitulé dans les deux compositions ;
car il dit : « Si c'est sur le fer, il amollit d'abord, etc. ». C'est-à-dire
blanchis d'abord toutes choses, comme il a été expliqué, lorsque tu auras
affiné et ramolli, rendu rigide et non fluide ; blanchis le Tout, les quatre
corps qui servent de support. Tel est le début en suivant une marche uni-
que, celle du blanchiment. Or le blanchiment (s'obtient) au moyen du soufre
blanc. Le poids des soufres blancs se trouve dans la dernière classe, celle
des liqueurs blanches, savoir : arsenic doré 1 once, (autant de) natron et
matières semblables, pellicules des feuilles de pêcher et de laurier 1 once,
(autant de) suc de mûrier, sel, etc. Il faut mêler ensemble ces matières, sui-
vant la proportion des pesées. Le mercure va, dans les deux compositions,
s'emparer de toutes (les matières), c'est-à-dire les ramollir ; j'y reviendrai à
propos du cinabre (1). Mais pour que cette amalgamation ait lieu, il ne faut
pas délayer les deux compositions avec des blancs d'œufs, de l'eau de gomme
blanche. Car dans ces (compositions), le mercure (2) a pour effet d'attaquer
tout, de s'emparer de tout, de tout amollir. Je me suis expliqué là-dessus
dans (le chapitre des) *molybdochalques*.

12. Quelques-uns ont adouci l'eau divine, en la rendant plus épaisse, et
ont repris les compositions avec le mercure. En effet, la composition

---

(1) Lc. : Au lieu du cinabre, « de l'ar-
gent ». — Signe de l'argent *couché*
ABKE. V. *Introd.*, p. 120, Pl. viii,
l. 22. Le sens de ce symbole particulier
est incertain.

(2) Au lieu du mercure, ABK : « l'ar-
gent ». Dans Lb l'argent est à l'accusatif,
c'est-à-dire que c'est lui qui est atta-
qué. Le mot mercure pourrait désigner
ici notre arsenic (*Introd.*, p. 239).

blanche contient les œufs et la gomme. D'autres mettaient le Tout dans un grand vase de verre (1), luté tout autour, et ils faisaient chauffer sur un feu faible ; ils y plaçaient de l'eau divine, et cuisaient comme (on fait pour) la pourpre. Il faut procéder dans la transformation comme on le fait avec le produit tiré de la mer, lorsque ce produit est changé en pourpre véritable. Par suite, le Philosophe (dit) : « La céruse a une puissance différente en raison de l'helcysma (2), selon qu'il s'agit de celle qui sert à la teinture en or, c'est-à-dire en pourpre, ou bien de celle qui sert à la teinture en blanc, c'est-à-dire en argent ». La même composition délayée possède plusieurs sortes d'actions. « Toutes les substances (métalliques), dit-il, proviennent de la seule nature du plomb ; le cuivre ajouté, tu le sais, forme toute la composition (3) ». Voilà comment il a désigné la mutation par l'helcysma, dans ses démonstrations : « Après avoir fait chauffer l'eau divine ». Par ce mot « faire chauffer », ils ont désigné la production (de la) couleur. Ils ne se sont pas bornés à unir le mercure (4) ; mais, en outre, ils ont blanchi et jauni la composition, faisant chauffer sur un feu doux et ne laissant pas la fumée se dissiper par l'instrument. Car c'est en elle que réside l'esprit tinctorial. On fait cuire jusqu'à ce que la couleur soit répandue (dans toute la masse) ; les uns pendant neuf heures, d'autres pendant deux jours (5). Cela fait, on recouvre l'instrument avec une coupe et on le place sur une kérotakis, ou dans un matras, au-dessus du fourneau ; on chauffe le fourneau, à partir de ce moment, pendant un jour (6), d'autres pendant deux. On regarde à travers la coupe ce que devient la céruse, puis on enlève le produit.

13. Quelques-uns fabriquent du jaune (7) ; ils font un trou au milieu (du vase). A la partie inférieure on ne trouve que des scories, (la vapeur) s'étant séparée à la partie supérieure ; car dans (la composition) à deux couleurs, la scorie se rencontre avec le plomb. Après avoir détaché la scorie, on obtient le

---

(1) *Troullos*, mot à mot, truelle. C'est quelque instrument inconnu.

(2) *Helcysma*, scorie d'argent (*Introd.*, p. 266). Il y a un jeu de mots fondé sur le double sens de ce mot, qui signifie à la fois : écume tirée des métaux et produit (coquillage) tiré de la mer.

(3) Molybdochalque.

(4) Lb ajoute : « Au soufre ».

(5) B : Un jour et une nuit. — Lb : 12 heures.

(6) A : Un jour et une nuit.

(7) Ou bien : « préparent du plomb, » suivant la variante adoptée pour le *Texte grec*, p. 165, l. 8.

corps métallique. On pulvérise cette pierre et on l'expose au soleil, jusqu'à ce qu'elle soit blanchie. On prend la moitié du poids du produit, on y ajoute du mercure et du soufre comme complément, ainsi que de la gomme blanche. On fixe sur de la cendre chaude pendant un jour entier, jusqu'à ce que l'eau divine soit complètement desséchée. On ajoute donc de l'eau divine. Lorsque toute cette eau a été consommée, on la renouvelle, et l'on fait chauffer les matras pendant une heure, (sur un feu) indirect : on obtient ainsi la céruse. La substance encore bouillante est transportée sur du soufre apyre, et sur de l'eau de soufre, pour l'autre moitié du poids : on laisse déposer pendant (deux) jours, jusqu'à ce que l'ios soit produit.

14. Quelques-uns enfouissent le vase dans le crottin de cheval, pendant le même nombre de jours. On y met du cuivre, en ajoutant après la teinture du fer blanchi (1), si l'on veut fabriquer de l'argent. Si c'est de l'or, on délaie de nouveau avec le produit moitié de son poids de mercure et moitié de soufre (j'entends du soufre jaune), ainsi que de l'eau de soufre natif et de la gomme. On fixe en chauffant par en dessous et l'on commence par faire cuire, pendant deux jours et deux nuits. Après avoir enlevé bouillant, on met de l'eau divine sur le résidu du soufre, et l'on fait chauffer pendant deux jours. Quand le produit est cuit à point, on ajoute de l'argent commun.

15. La préparation du blanc est celle-ci : soufre, arsenic, sandaraque, cinabre, en quantités égales, macérés d'avance ; sel de Cappadoce, autant ; fleur de sel, alun, lie de vin cuite, calcaire cuit, aphroselinon, misy cru et cuit, natron et sel, mêlés à parties égales avec de l'eau de mer. On expose au soleil pendant un nombre convenable de jours, jusqu'à ce que la teinture devienne capable de résister au feu. Ensuite on délaie ces matières avec de l'eau divine, de façon à rendre la couleur stable à chaud. Je veux parler de l'eau blanche, (obtenue) au moyen de la chaux délayée. Après avoir rendu la couleur stable, tu la mélanges, à raison d'une mine pour une demi-mine, et la quantité suffisante d'eau divine.

16. L'eau de soufre obtenue au moyen de la chaux se fabrique de la manière suivante : Après avoir mélangé toutes les eaux du catalogue, par portions égales, ajoute des terres blanches jusqu'à ce que (le mélange)

---

(1) Voir III, xiii, p. 154.

devienne très blanc. Mets dans une marmite, installe l'appareil avec du feu dessous et reçois ce qui distille. Emploie ce produit pour le délaiement du soufre et la cuisson de la composition.

17. Le soufre jaune se prépare comme il suit : soufre, arsenic, sandaraque, cinabre, sori, couperose, chalcite, misy, alun, natron, sel, bleu d'Arménie ; tout cela macéré d'avance. Délaie avec du vinaigre, en exposant au soleil pendant un nombre convenable de jours. De ce soufre tu projettes une demi-mine, pour une mine (de matière).

18. L'eau du soufre pur se prépare comme il suit : les eaux du catalogue, par portions égales ; terre pontique, terre attique, bleu d'Arménie ; on ajoute des plantes, c'est-à-dire du safran et de la chélidoine, en quantité double. Mets dans une marmite, et, après avoir joint les diverses parties de l'appareil, prends l'eau qui en sort (l'eau de soufre), destinée aux produits qui résistent au feu. Arrose la composition avec de la gomme, du mercure et de l'eau de soufre, comme je l'ai dit précédemment, le tout par moitié. Après avoir fixé sur un bain de cendres chaudes, jusqu'à ce que toute l'eau soit partie, fais cuire pendant 2 jours, jusqu'à ce que le produit soit devenu extrêmement jaune. Enlève le produit encore bouillant, mets-y le résidu de la préparation, et laisse déposer pendant un nombre convenable de jours, jusqu'à ce que le produit soit changé en ios. Après avoir desséché et pulvérisé, on conserve. C'est ce produit que l'on mêle avec l'argent commun pour teindre. Quelques-uns après avoir opéré l'iosis, enfouissent dans le crottin de cheval.

19. Il a été établi que toutes les espèces (sont) communes aux liqueurs : si ce n'est que les matières blanchies font blanchir, et les matières jaunies font jaunir. Il faut savoir qu'après avoir accompli l'œuvre on doit mêler avec la composition. Quant à savoir ce qui teint le mieux, c'est un soufre dont tout le monde a parlé. Agathodémon, notamment, disait : « Prends du soufre, tantôt blanc, tantôt jaune, tantôt noir, tantôt enfin blanc fixe, et tantôt jaune fixe ». Il a donc montré, comme on l'a dit, que toutes les espèces (sont) communes aux liqueurs ; si ce n'est que blanchies, elles font blanchir, et que jaunies, elles font jaunir.

III. xvii. — SUR CETTE QUESTION :

QU'EST-CE QUE LA SUBSTANCE SUIVANT L'ART, ET QU'EST-CE QUE

LA NON-SUBSTANCE ?

1. Démocrite a nommé substances les quatre corps métalliques ; il entendait par là le cuivre, le fer, l'étain et le plomb. Tout le monde les emploie dans les deux teintures (d'or et d'argent), et toutes les substances subissent les deux teintures. Toutes les substances ont été reconnues par les Égyptiens comme produites par le plomb seul ; car c'est du plomb que proviennent les trois autres corps (1). Il a donc nommé substances les matières résistant au feu, et les matières qui n'y résistent pas : non-substances. En effet, les non-substances agissent d'une façon convenable, indépendamment du feu. Il disait qu'elles sont engendrées par l'action des appareils et de la combustion ; tandis que le vrai résidu de la préparation, préparé sans l'action du feu, produit une teinture stable en blanc ou en jaune. L'emploi de la préparation fugace obtenue par la flamme détruit le jaunissement du molybdochalque défectueux, attendu qu'il le fait disparaître. Sur ce point il ne faut pas se tromper. Vois comme il s'exprime à cet égard : « Amène à consistance visqueuse ; enduis avec la moitié de la préparation destinée à la cuisson et teins avec le reste, de façon que la couleur soit fixée sans le concours du feu ».

2. On appelle non-substances les matières sulfureuses ne résistant pas au feu. Mais l'emploi des liquides convenables leur communique la propriété de résister au feu et d'y demeurer stables : car l'eau combat l'action du feu. C'est pour cela qu'il dit : « La nature, acquérant en propre la qualité contraire, devient solide et fixe, dominante et dominée ». Ainsi elle acquiert en propre la qualité sulfureuse, celle qui donne son nom à l'eau de soufre natif. Pourquoi parle-t-il aussi du contraire ? C'est que l'eau est le con-

----

(1) On voit que les Égyptiens regardaient le plomb comme le métal fondamental ; sans doute en vertu d'une idée analogue à celle du mercure des philosophes et par ce qu'ils y faisaient résider la qualité métallique par excellence (voir, p. 102, note 2: p. 103, note 4. et *Introd.*. p. 58).

traire du feu. Sa qualité liquide empêche que les matières soumises au feu
ne s'évaporent et ne se volatilisent. Elles sont comme ensevelies dans l'humidité et retenues jusqu'à ce qu'elles se teignent. L'eau retient parce
qu'elle est liquide. C'est pour cela qu'il dit : « La nature acquérant en propre
la qualité contraire », etc. On a expliqué comment au moyen des liquides
on obtient des produits qui résistent au feu ; or, les liquides, c'est l'eau
divine.

III. XVIII. — SUR CE QUE L'ART A PARLÉ

DE TOUS LES CORPS

EN TRAITANT D'UNE TEINTURE UNIQUE

1. D'après le catalogue, on sait que Hermès et Démocrite ont parlé sommairement d'une teinture unique, et les autres y ont fait allusion. C'est ainsi
que Africanus dit : « Ce que l'on emploie pour la teinture, ce sont les
métaux, les liquides, les terres et les plantes ». Chymès l'a déclaré avec
vérité : « Un est le Tout, et c'est par lui que le Tout a pris naissance. Un
est le Tout, et si le Tout ne contenait pas tout, le Tout n'aurait pas pris naissance (1). Il faut donc que tu projettes le Tout, afin de fabriquer le Tout ».
Pébichius : « Par le moyen des quatre corps ». Marie : « Par le moyen de la
feuille de la kérotakis ». Agathodémon : « Après l'affinage du cuivre, (son) atténuation et (son) noircissement, et ensuite son blanchiment, alors aura lieu
un jaunissement solide ». Toutes les autres (matières) sont expliquées semblablement chez eux.

2. Lorsque Marie parle de cette question, elle dit : « Il existe un grand
nombre de corps métalliques, depuis le plomb jusqu'au cuivre ». Lorsqu'elle
parle des diplosis, elle dit : « Il y a, en effet, deux sortes de matières employées, tantôt l'alliage de cuivre et d'argent, tantôt l'alliage d'or et d'argent ; le
molybdochalque et tous les autres y sont compris » (2). Quant à la purifica-

---

(1) Voir *Introd.*, p. 132, 135, 136, les
axiomes de la Chrysopée de Cléopâtre.

(2) *Introd.*, p. 56, 60, 64.

tion de l'argent, ou à son noircissement, j'en ai parlé précédemment. Comme
quoi une seule teinture s'applique à toutes (les matières), Marie seule le
dit et le proclame en ces termes : « Si je parle du cuivre, ou du plomb, ou
du fer, j'entends par là (leur) ios. »

III. XIX. — LES QUATRE CORPS

SONT L'ALIMENT DES TEINTURES

1. Voici comment : Marie dit que le cuivre est teint d'abord, et qu'alors
il teint. Leur cuivre, ce sont les quatre corps. Voici les teintures : (elles
comprennent) les espèces solides et liquides du catalogue, ainsi que les
plantes : les solides, depuis la vapeur sublimée jusqu'à la chrysocolle. Quant
à toutes les (espèces) liquides du catalogue, en réalité, il s'agit de l'eau
divine.

2. Ainsi, de même que nous sommes nourris au moyen des matières
solides et liquides (réunies), et que nous sommes colorés seulement par
leur qualité propre, de même se comporte leur cuivre ; et de même que nous
ne sommes pas nourris au moyen de solides seuls, ou de liquides (seuls),
de même aussi le cuivre ne l'est pas davantage. En effet, lorsque nous n'avons
reçu (comme aliment) que de la matière solide, nous sommes enflammés,
brûlés, empoisonnés ; de même aussi leur cuivre. Par contre, si nous n'avons
pris que des boissons, nous sommes enivrés, nous avons la tête lourde, nous
avons les joues colorées, et nous vomissons : (de même) aussi le cuivre. Lors-
qu'il a pris la couleur de l'or, par l'action de l'eau divine, il est alourdi et
rejette, et aussitôt après (sa teinte) devient fugace. Mais lorsque nous avons
pris en bonne proportion une nourriture composée des deux ordres de
matière, solides et liquides, nous sommes alimentés raisonnablement ; nos
joues se colorent raisonnablement et la faculté nutritive répartit la nourri-
ture dans l'estomac, en raison de sa faculté de la retenir. De même aussi le
cuivre, recevant les solides d'un côté à titre d'aliment, se nourrit d'autre
part de l'eau divine unie à la gomme, à titre de vin ; il se colore, en raison

de la faculté de retenir qui réside en lui. C'est ainsi que dans (l'ouvrage) précité, elle a dit : « Les sulfureux sont dominés et retenus par les sulfureux ». De là cette vérité : « La nature charme, vainc et domine la nature ».

3. « De même, dit-elle, que l'homme est composé des quatre éléments; de même aussi le cuivre; et de même que l'homme résulte (de l'association) des liquides, des solides et de l'esprit; de même aussi le cuivre. Or Apollon, dans ses oracles, dit que l'esprit est la vapeur :

« Et un esprit plus noir, humide, pur » (1).

4. Marie a parlé convenablement de la vapeur (en disant) : « Le cuivre ne teint pas, mais il est teint; et lorsqu'il a été teint, alors il teint; lorsqu'il a été nourri, il nourrit; lorsqu'il a été complété, il complète ». Bonne santé.

III. xx. — IL FAUT EMPLOYER L'ALUN ROND

DISCOURS CONTRADICTOIRE (2)

1. Tu sais que : Un est le Tout et que du Tout naît le Tout. Or il faut savoir, comme nous l'avons démontré dans nos commentaires précédents, que les philosophes désignent sous le nom unique d'un corps tous ses dérivés; principalement lorsqu'ils parlent du cuivre et du corps de la magnésie. Non seulement la vapeur sublimée rend le cuivre sans ombre: mais encore le cuivre admet toutes les espèces, de même que le corps de la magnésie se fixe avec toutes. En effet il dit : « Fixe le mercure avec le corps de la magnésie (3). Chercherons-nous donc à retenir la vapeur sur le Tout, afin de le

---

(1) Même citation, page 152.

(2) Le sous-titre vient probablement de ce que cet article est tiré d'une discussion contradictoire. Cet article a pour but d'expliquer le blanchiment des métaux par le mercure; la préparation de celui-ci au moyen du cinabre mis en contact avec divers métaux, et finalement l'emploi du sulfure d'arsenic (désigné par le nom d'alun rond) pour teindre le cuivre et les alliages qui en dérivent, à la façon du mercure.

(3) DÉMOCRITE, *Questions naturelles et mystérieuses*, p. 46.

fixer de cette manière ? Tous les écrits (disent) *passim* : « Après avoir retenu la vapeur ». Or nous avons appris par l'expérience que s'il n'y a pas d'or, d'argent, d'étain, de plomb, la vapeur ne s'absorbe pas : que ferions-nous donc des pierres et du fer (1) ?

2. Parmi les écrits, les uns disent : Il faut réduire le tout en bouillie et faire absorber l'eau de gomme : d'autres mettent en avant la vapeur (sublimée). Quant à moi je trouve préférable de broyer avec le cinabre. On sait que la cuisson de cette matière produit le mercure. C'est de cette façon qu'on le prépare. En effet, les espèces traitées au soleil, au moyen de l'eau ou du vinaigre, engendrent la vapeur (sublimée). Cela, nous le savons par expérience.

Tous les écrits et (notamment) Chymès et Marie parlent d'un mortier de plomb et d'un pilon de plomb (2). On y délaie la chaux et le cinabre, avec le vinaigre, au soleil, jusqu'à ce que le mercure se développe. On produit le même effet avec l'étain. Les (espèces) chauffées, ou calcinées, ou fixées, ou teintes, sont susceptibles de fournir le mercure, si l'opération est faite suivant les préceptes de l'art. Quelle que soit celle de ces matières que l'on travaille, si elle est du cinabre en puissance, elle fournit de la vapeur et celle-ci s'échappe, le mélange étant délayé avec toutes sortes de corps.

3. On dira peut-être qu'il est préférable de broyer (le mercure) préalablement fixé et changé en ios ; attendu que les écrits ne parlent pas d'une simple fixation. Mais, suivant tous, la vapeur blanche, projetée sur notre cuivre, en fait de l'argent sans ombre. De même Stephanus, en présence de toutes les espèces, imagine qu'il s'agit d'une simple (fixation) par toutes les espèces. Mais, si l'on n'emploie qu'une simple fixation, sachez tous que l'on ne fait rien par là. En effet, la vapeur s'évapore pendant la fixation dans le feu et, l'esprit tinctorial étant perdu, on n'obtient rien ; tandis que si le cinabre est cuit avec les espèces, l'esprit n'est pas perdu. Cet esprit, c'est-à-dire la vapeur chauffée par le feu et poussée à la volatilisation, est retenu par les corps congénères qui y sont unis, notamment par l'étain (3).

---

(1) Ces matières n'absorbent pas le mercure.

(2) Pour broyer le cinabre et réduire le mercure. Dans Pline, on produit cette réduction, en broyant le cinabre avec du vinaigre dans des mortiers de cuivre, avec des pilons de cuivre : *H. N.* XXXIII, 41.

(3) Lb porte, au lieu de l'étain : Hermès ; le signe étant le même à l'origine

4. D'après certain auteur, on doit se servir de l'alun rond (1), au lieu de la vapeur (du mercure). Marie s'exprime conformément à cette opinion, lorsqu'elle dit : « L'infusion des teintures a lieu dans des fioles vertes; soumises à un feu graduellement croissant. Le fourneau en forme de tour a des mamelons, à sa partie supérieure. Si tu ne peux réussir, emploie le double d'alun rond, couleur de cinabre (2); ce qui vaut mieux pour atteindre le même résultat. Avec d'autres pâtes on réussit aussi. En effet la vapeur sublimée se fixe seulement sur les quatre corps; quelques-uns disent qu'elle est absorbée par les autres corps, avec le concours de la chrysocolle. Pour ma part, je sais bien que la chrysocolle seule ne la retient pas; (mais) les corps métalliques morts et délayés conservent tous la vapeur » (3).

5. Il a été dit par Agathodémon que la chrysocolle et la vapeur sont amies l'une de l'autre; (la chrysocolle) la retient; l'une agit comme la limaille (4)... l'autre, même broyée, n'a pas l'adhésion du cinabre (5). L'une et l'autre. étant délayées ensemble à l'état sec, s'amalgament. Mais la vapeur en puissance agit sur le cuivre en puissance (6) et ils s'unissent ainsi.

6. Il faut chercher comment la vapeur est absorbée par toutes choses, non seulement par les corps métalliques à l'état vivant et délayé, mais encore à l'état brûlé. En fait, elle est absorbée par les métaux, surtout ceux qui tirent leur origine du cuivre (7). Si tu ne réussis pas, mets le double de cinabre. On réussit ainsi avec tout; c'est là ce que le Philosophe veut exprimer en disant : « Il te faut comprendre toutes choses et d'abord ne pas te

---

(*Introd.* Pl. I, 1. 7; p. 104). — Ce passage signifie que le sulfure de mercure, étant réduit par un métal, ce métal fixe en même temps le mercure, si l'on opère par digestion prolongée ; tandis qu'une action brusque met à nu le mercure, qui s'évapore.

(1) C'est-à-dire employer le sulfure d'arsenic, ou son dérivé (c'est ici l'acide arsénieux, synonyme de l'alun ; v. p. 82, note 6), au lieu du cinabre ou du mercure.

(2) Réalgar (*Introd.*, p. 238 et 244. article Cinabre).

(3) Sans doute à la condition de les ramener simultanément à l'état métallique par des agents réducteurs (?).

(4) Des métaux qui s'unissent au mercure.

(5) C'est-à-dire que l'emploi de l'arsenic sublimé ne blanchit pas les métaux aussi facilement que celui du cinabre.

(6) C'est-à-dire qu'au lieu d'employer le cuivre libre et le principe colorant et volatil tiré de l'arsenic à l'état libre, il faut opérer sur des composés susceptibles de les engendrer.

(7) C'est-à-dire par les alliages à base de cuivre, ou supposés tels.

relâcher de l'art; car la méditation mène au chemin véritable ». Ces choses
ont été rapportées par moi, qui voulais montrer que l'alun rond agit sem-
blablement, ainsi que l'a dit surtout la divine Marie.

III. xxi. — SUR LES SOUFRES [1]

1. Ne m'as-tu pas demandé l'explication concernant les soufres, demeurant
jusqu'à ce jour fidèle à ton serment ? Cette explication te sera donnée
en temps opportun. Tu sais que ce n'est pas seulement le Philosophe qui
a mentionné les soufres, mais encore tous les prophètes ; car, sans les soufres
il n'y aura rien, c'est-à-dire sans l'eau divine. En effet toute la composition
est absorbée par elle ; c'est par elle qu'elle est cuite ; par elle, qu'elle est
brûlée ; par elle, qu'elle est fixée ; par elle, qu'elle est teinte ; par elle, qu'elle
subit l'iosis et par elle, qu'elle est affinée (2). Car il dit : « Mets de l'eau
de soufre natif et un peu de gomme : tu teins par là toute sorte de corps ».
Écoute encore le même auteur : « Laisse descendre et le produit se forme (3) :
c'est là le mystère manifeste ». Mais quelqu'un dira : Qu'est-ce qui ressem-
ble à l'eau divine, parmi les sulfureux ? — Nous lui répondrons : d'abord
qu'est-ce qui a opéré avec autre chose que les eaux divines ? Or si (personne)
n'a opéré autrement, c'est avec raison que mon Philosophe n'a pas parlé
d'autre chose que ce que nous comprenons (par là'.

2. On appelle donc divine l'eau de soufre. Écoute bien. On appelle divine
la vapeur sublimée, émise de bas en haut. De même aussi, la cendre for-
mée sur les parois des conduites de fumée est appelée divine. Semblable-
ment aussi les gouttes jaillissantes des bains ; les gouttes qui se fixent
aux couvercles des chaudières, on les appelle pareillement divines. Le
mercure blanc, on l'appelle encore divin, parce que lui aussi est émis de
bas en haut (4).

(1) B : « Sur les eaux divines ».
(2) Cp. p. 147.
(3) Cp. Stephanus, édition Ideler,
p. 247, l. 21.

(4) Cette phrase répond à l'axiome :
« En haut les choses célestes, etc. »
(*Introd.*, p. 162 et 163); le nom d'eau
divine correspondant aux choses céles-

3. Les anciens (1) ont l'habitude de faire cuire les sulfureux, en les chauffant sur un feu léger dans des fioles. Or ce que le feu effectue par artifice, le soleil l'effectue par le concours de la nature divine. Le grand Hermès dit : « Le soleil qui fait tout ». Hermès dit encore partout : « Expose au soleil et délaie la vapeur au soleil ». Çà et là il désigne le soleil. Le feu solaire accomplit toutes les opérations que nous avons dit précédemment s'effectuer dans des fioles. L'autre composition est bouillie de cette façon avec la saumure jusqu'à blanchiment. Il en est de même des choses dont il nous parle comme exécutées sous la canicule et sous l'influence solaire. ainsi que nous l'enseigne l'expérience des deux procédés.

De même que le levain du pain, employé en petite quantité, fait lever une grande quantité de pâte ; de même aussi la petite feuille d'or ou d'argent engendre toute la poudre de projection (et) fait fermenter toutes choses.

Si nous entendons dire 3, 5 et 7, on veut faire entendre le total 15.

Voilà comment ils jugent à propos d'opérer. On fait tout amollir dans des vases de verre; car les poteries de terre doivent être écartées dans l'opération de l'iosis, de crainte qu'elles n'absorbent la teinture et la fleur de la teinture. Leur nature réceptrice se sature d'abord et se teint avec la fleur d'or, et ensuite la scorie du cuivre n'absorbe plus la fleur de l'iosis.

4. Là, nous opérons la teinture dans des vases de verre, vu qu'ils se prêtent convenablement à l'iosis. Mais il ne faut pas toucher (la teinture) avec les mains. car elle est mortelle. Lorsque l'or y a été dissous, c'est le plus délétère de tous les métaux.

Les uns délaient avec l'ios, ce que tu as appris à connaître : j'entends le soufre : ils (en) enduisent la feuille d'argent.

En opérant de cette façon, ils font chauffer progressivement l'appareil de l'art. sur un fourneau arrondi, dans un creuset disposé sur des gradins : et l'or se produit.

5. Quelques-uns, et Marie (entre autres), ont mentionné la figure d'en bas.

---

tes et en même temps au soufre, par le double sens du mot grec. — On voit aussi par ce paragraphe quel sens compréhensif avaient les mots : soufre ou divin, eau de soufre ou eau divine ; mots entre lesquels règne une perpétuelle confusion.

(1) Ce qui suit se compose d'une série d'alinéas, pour la plupart sans liaison les uns avec les autres.

« C'est ainsi qu'ils ont préparé, le mercure, dit-elle, ainsi que le soufre et l'ios, en délayant l'ensemble au soleil jusqu'à ce que le tout devienne ios. Ils disent que celui-ci (ainsi préparé) est plus actif. Quelques-uns ont accompli cette iosis au soleil seulement, sans rien ajouter, et ils affirment qu'ils ont obtenu l'objet de leur recherche. D'autres ont délayé avec l'eau divine, affirmant que c'est là leur soufre; — c'est aussi leur mercure (1). J'ai admis l'opinion de ceux-ci, plutôt que celle des autres. D'autres projetaient du mercure, tantôt cru, tantôt à l'état de concrétion jaune (2). Quelques-uns, après l'opération de l'iosis, n'ont rien effectué au delà.

6. Quant aux philosophes, ils s'exprimaient par énigmes au sujet de (l'opération qui succède à) l'iosis, disant : « Pour teindre l'or, il vaut mieux opérer après l'iosis ». D'autres, parmi les hiérogrammates qui ont écrit uniquement sur cet art, en s'occupant du délaiement (3), disaient que l'iosis seule fait tout, et principalement l'ios. Cela leur convenait ainsi. D'autres, après avoir fait cuire, faisaient chauffer et mettaient au feu, à la suite de la fonte; ceux-ci préféraient traiter le Tout par délaiement. Ceux qui voulaient n'avoir recours qu'au blanchiment, enduisaient une feuille d'argent, faisaient chauffer et cuire. Ils polissaient jusqu'à ce que tout eût absorbé la matière délayée, en opérant avec l'eau (de soufre ?), le mercure et quelque substance semblable.

7. Comme dans la cuisson de l'art diverses couleurs se manifestent, Agathodémon plus que tous s'est préoccupé des délaiements. En cela ils sont d'accord pour enduire le petit objet (4) avec du soufre, de la chrysocolle et de la fleur de sel (délayés). « Si tu t'aperçois, dit-il, que certaines substances sont brûlées, fais chauffer et délaie au soleil, jusqu'à ce que (la couleur) se déve-

---

(1) Voir la note 2 de la page suivante et celle de la page 166.

(2) *Introd.*, p. 104, Pl. I, l. 21; et p. 112, Pl. IV, l. 17. Est-ce l'oxyde de mercure précipité ?

(3) On remarquera les sens multiples du mot λειόω, et du substantif correspondant λείωσις. Il s'agit, suivant les cas : soit de polir la surface d'un métal, ou de la rendre lisse à l'aide d'un vernis; soit de broyer une poudre; soit de déla-yer cette poudre dans un liquide (délaiement = λείωσον dans le *Dictionnaire Français-Grec moderne* de Byzantius), ou de la léviger; soit de saupoudrer la poudre sèche, ou d'étendre la poudre délayée dans un liquide visqueux, à la surface d'un métal, lequel se trouvera verni ou teint après avoir subi l'action du feu. Dans le § présent, ce dernier sens est surtout applicable.

(4) Voir p. 157, § 2

loppe. Par là, ils ont de préférence indiqué la cuisson et le délaiement. Ils agissent ainsi pour montrer la puissance de la préparation : prenant des objets d'argent et les couvrant d'un enduit jusqu'à moitié, ils font chauffer la préparation ; et lorsqu'ils enlèvent l'objet, il est doré dans la partie enduite, tandis que l'autre (partie) reste intacte (1).

Telle est l'explication concernant l'eau divine.

III. xxii. — SUR LES MESURES

1. L'explication concernant les mesures met en évidence tout le mystère de la cuisson ; car c'est là la composition, c'est là le poids, c'est là le blanchiment, c'est là le jaunissement. Or, dans le discours sur la composition, ces matières (ont été traitées en passant), et il en a été de nouveau question (dans le discours) sur le cuivre et l'iosis. Il paraît employer ce plomb, lorsqu'il dit : « saupoudrer avec du plomb ». Il ne parle pas du plomb simplement, mais il ajoute : « avec notre plomb noir, provenant du minerai de Coptos et de la litharge ». Or l'opération de saupoudrer me paraît être un délaiement, comme je le montre d'après tous les écrits, dans mon Traité sur l'Action, en y parlant du poids. Ils ont l'habitude de peser ensemble secrètement les choses au moyen desquelles ils brûlent, ou saupoudrent, ou projettent. Ils pèsent le plomb destiné au saupoudrage : le blanchiment est soumis à la pesée ainsi que l'ios, lors de la projection. En effet : « rejette, dit-il, la moitié de la préparation blanche, etc. ».

2. Ainsi toutes choses ont été cachées dans toutes les opérations de l'art, relativement à la pesée comparative et à l'iosis. Je dis toutes choses en même temps : attendu que si le soufre prédomine dans la coupe, on ne voit pas la composition placée au-dessous, de façon à connaître quand elle est blanchie par (l'action du) soufre lui-même. C'est lorsqu'il devient blanc, que l'on reconnaît que la composition) située au-dessous a été blanchie. Par suite,

---

(1) Ce dernier § indique clairement qu'il s'agit de donner à un objet d'orfèvrerie une coloration en or super-ficielle, comme dans les Papyrus de Leide : *Introd.*, p. 59 et 60.

Agathodémon disait de prendre (chaque préparation de) soufre (1), qu'il fût blanc ou quelconque (2). C'est son état qui indique la cuisson. On enlève et on fait chauffer (le produit) avec le surplus du soufre; il le sépare (en deux portions ?), plutôt qu'il ne l'affine ; car il s'empare de (la composition) blanchie. Si on le laisse (trop longtemps), il tourne au jaune.

C'est pourquoi le soufre produisant le blanchiment, nous chercherons le poids du Tout d'après les philosophes (3). On prend dans la (classe) dernière des liquides, une once d'arsenic et moitié autant de natron ; des pellicules de feuilles de pêcher encore tendres, deux onces; du sel, la moitié : du suc de mûrier, une once. Puis on délaie tout cela avec de l'alun lamelleux et du vinaigre, ou de l'urine, ou de la lessive de chaux, jusqu'à ce qu'il se forme une liqueur. Ensuite, on teint les feuilles (métalliques ?) ternies; puis on fait disparaître l'ombre du métal. Il faut mettre tous les résidus, et, avant tout, une partie d'arsenic et de sandaraque, deux parties de chaux, ainsi que les eaux divines. Après avoir obtenu une liqueur blanche semblable à du marbre, on arrose avec elle; ou bien l'on y fait cuire dans le vase (*Troullon*) (4) la composition susdite.

III. xxiii. — COMMENT ON BRULE LES CORPS

1. Cherchons maintenant, d'après les philosophes, ce que c'est que brûler les corps ; car l'explication concernant les poids y aboutit et l'ensemble (de notre étude) renferme (cette question). Introduis le Philosophe disant : « Prends la vapeur (qui provient) de l'arsenic, fixe-la suivant l'usage; ajoute du cuivre ou du fer à (la préparation) sulfureuse, et le métal blanchit ». Quelques-uns expliquent le (mot) « sulfureuse » par « brûlée » : car ceux-ci dans leur ignorance brûlent le cuivre avec le soufre, et le fer avec la magnésie. Or ce n'est pas là brûler, mais détruire. L'opération de

---

(1) Au-dessus du signe du soufre, E écrit celui du mercure; et Lb donne à la place de ces signes le nom du mercure en toutes lettres.

(2) Cp. p. 166, § 19.
(3) Voir p. 161, § 8; p. 163, § 11, etc.
(4) Cp. p. 164.

brûler dans le Philosophe est nommée blanchiment. De même que l'affi-
nage et les autres opérations ont été démontrés être un blanchiment; de
même aussi l'opération de brûler dont il parle ici est un blanchiment;
dans le second (cas), c'est un jaunissement.

2. Ainsi, le Philosophe brûle le cuivre au moyen de l'eau de soufre,
pratiquant une décoction, comme il a été dit précédemment. « En effet, dit-il,
mets (y) la moitié de la préparation blanche : ce sera le premier degré.
Fais la cuire. Nous conservons l'autre moitié pour l'iosis. » C'est aussi
pour cette raison que Pébichius, *passim*, disait : « Partagez la préparation
en deux parties. Brûlez le cuivre dans du bois de laurier (1), c'est-à-dire dans
la composition blanche; car les corps brûlés de cette façon avec des feuilles
de laurier, après avoir été cuits dans l'eau de soufre, sont blanchis en même
temps. Tel est le (précepte). Emploie du cuivre ou du fer sulfuré; par ce
(procédé), il sera aussi blanchi ». Agathodémon donne le même conseil : à
savoir que les corps doivent bouillir et cuire avec la vapeur dans l'eau divine.
De cette façon il y a opération de brûler et blanchiment. Car à l'occasion
de l'étain le Philosophe supposait la cuisson : « Tu feras cuire la vapeur
indiquée précédemment dans l'huile de ricin ou de raifort, après y avoir
mélangé un peu d'alun ». Il dit ensuite : « Fais les mélanges de l'étain, etc.
et toutes choses seront traitées jusqu'au bout avec deux classes (de corps) seu-
lement ». Après avoir parlé des jours, il a mentionné toutes choses; après
avoir parlé des huiles, il a mentionné l'eau divine; à la suite de l'alun,
le soufre; à la suite de l'étain, les deux formules ; car la vapeur (sublimée)
imprègne ce métal (2).

3. Les projections (se font) encore ici avec les liqueurs de soufre; tandis
que la cuisson concerne l'ensemble, qui (est) une combustion, ou une décoc-
tion et un blanchiment. C'est par là que les corps sont brûlés et cuits.
Cette opération (est celle) qui a été proclamée de tout temps; celle que
tous les écrits enseignent en termes mystérieux, (en prescrivant de) brûler
le cuivre avec le soufre. Mais les autres (modes de) chauffage sont des des-
tructions, plutôt que des combustions. Le cuivre, s'il est brûlé, (devient) un

---

(1) Voir p. 159. — Ce mot parait signi-
fier un sulfure arsénical.
(2) Toute cette description se rap-
porte au blanchiment des métaux par
la vapeur de l'arsenic, avec le concours
de la liqueur appelée eau divine.

cuivre propre à tout et apte à la teinture; en disparaissant, il devient élec-
trum. Si l'on force le feu, il devient jaune, la moitié du soufre étant brûlée.
Il faut le quart de magnésie. Ainsi nous ajoutons 4 onces de cuivre, 1 once
de fer, 6 scrupules de magnésie; 2 chalques (1) d'étain et de plomb, de la
cadmie, du claudianon, de la chrysocolle, du cinabre, en proportion du
nombre d'onces des métaux. Si tu procèdes en proportions égales, par à peu
près, tu peux réussir. Mais opérer dans ces conditions, c'est laborieux et
peu sensé. Il faut procéder par pesées. Démocrite ayant dit : « Rien n'a été
omis, rien ne manque » ; certes, par le mérite de Démocrite ! rien n'est laissé
en arrière : la composition des corps dissous, c'est-à-dire la montée de l'eau
divine et de la vapeur, nous l'avons exposée sincèrement; et nous avons
donné par là l'interprétation du Livre. Maintenant que nous avons décrit la
mesure pour l'acte de brûler, examinons celle du jaunissement.

III. xxiv. — SUR LA MESURE DU JAUNISSEMENT

1. Pourquoi Agathodémon a-t-il écrit sur ce sujet? Ce n'est pas en vue
d'enseigner la mesure, mais pour dire qu'il faut employer en safran et en ché-
lidoine le double des autres herbes ; car celles-ci ont de plus grandes pro-
priétés tinctoriales. Il règle la proportion, en raison du soufre blanc. L'eau
tirée des soufres, des jus et des herbes, est appelée ici eau de soufre pur.
C'est avec cela qu'ils arrosent et font cuire la composition blanche : elle
est jaunie par là. Fais cuire, comme tu l'as entendu dire précédem-
ment, en enlevant dès que la matière jaunit. C'est la mesure du jaunis-
sement. Telle est l'explication concernant la mesure, annoncée plus haut.

2. Il faut savoir que pendant qu'on accomplit l'œuvre, plusieurs causes
concourent, les unes visibles à l'œil nu, les autres non. Les premières sont
les espèces lavées ou mélangées, le molybdochalque et les similaires, la
pyrite et les similaires. Il ne faut pas que la pyrite et l'androdamas soient

---

(1) 1 chalque = 8ᵉ d'obole = 0 gr. 091.
Lb dit « de mercure », au lieu d'étain;
probablement parce que le copiste a
donné par erreur au signe d'Hermès le
sens moderne de mercure, au lieu du
sens ancien d'étain (*Introd.*, p. 84).

traités d'avance par le vinaigre, d'après ce que disent les écrits, afin d'éviter que leur partie cuivreuse ne se change en ios ; — plus tard elle sera mélangée avec le cinabre et ses similaires. Il est permis (de les exposer) au soleil, ainsi que les autres choses semblables.

3. Marie (place) en première ligne le molybdochalque et les (procédés de) fabrication. L'opération de brûler (est) ce que tous les anciens préconisent. Marie, la première, dit : « Le cuivre brûlé avec le soufre, traité par l'huile de natron, et repris après avoir subi plusieurs fois le même traitement, devient un or excellent et sans ombre. Voici ce que dit le Dieu : Sachez tous que, d'après l'expérience, en brûlant le cuivre (d'abord), le soufre ne produit aucun effet. Mais lorsque vous brûlez (d'abord) le soufre, alors non-seulement il rend le cuivre sans tache, mais encore il le rapproche de l'or ». Marie, dans la description située au-dessous de la figure, le proclame une seconde fois, et dit : « Ceci m'a été gracieusement révélé par le Dieu, à savoir que le cuivre est d'abord brûlé avec le soufre, puis avec le corps de la magnésie ; et l'on souffle jusqu'à ce que les parties sulfureuses s'en échappent avec l'ombre : (alors) le cuivre devient sans ombre ».

4. C'est ainsi que tous brûlent. C'est ainsi que dans la chimie (μάζα) (1) de Moïse on brûle avec du soufre, du sel, de l'alun et du soufre (j'entends le soufre blanc). Ainsi encore Chymès brûle dans beaucoup d'endroits, sur tout lorsqu'il opère avec la chélidoine. Ainsi dans Pébichius, l'opération de brûler dans du bois de laurier (2) est exposée énigmatiquement et par périphrase ; les feuilles de laurier signifiant le soufre blanc. Telle est l'explication concernant les mesures.

5. Voici ce que Marie a dit, çà et là, dans mille endroits : « Brûle notre cuivre avec du soufre et, après avoir été repris, il sera sans ombre ». Non seulement elle sait le brûler avec le soufre blanc, mais encore le blanchir et le rendre sans ombre. C'est aussi avec le (soufre) que Démocrite brûle, blanchit et rend sans ombre. Et encore, « non seulement ils brûlent le soufre jaune, mais ils rendent le métal sans ombre et le jaunissent ». Voici ce que dit Démocrite : « Le safran a la même action que la vapeur ; de même que

---

(1) Voir sur le mot μάζα. *Introd.*, p. 209 et 257, et la *Diplosis de Moïse*, p. 40.

(2) Voir p. 159, § 3 et note 2 ; p. 178, note 1.

la casia par rapport à la cannelle ». Dans la chimie de Moïse, vers la fin, pareillement, il y a ce texte : « Arrose avec l'eau de soufre natif, il deviendra jaune et sans ombre »; c'est-à-dire évidemment, brûlé.

6. Telle est l'opération de brûler; tels sont le blanchiment, le jaunissement, et dans les deux (cas), le fait de rendre (le métal) sans ombre. Brûlant et reprenant de cette manière, vous rendrez le cuivre pareil à l'or (et) sans ombre, apte à la diplosis de l'argent et de l'or (1). Mais personne, à moins de connaître toute la route, ne pratiquera bien la diplosis; autrement il agirait comme celui qui dessécherait des raisins encore verts. Quelques-uns placent, dans tous leurs pots de terre des vases de verre carrés, pour faire cuire et digérer sur la kérotakis (bain marie); et ils les appellent lécythes (flacons). Agathodémon prescrit de délayer fortement, en se conformant à la marche suivie par les médecins pour les collyres.

7. Tel est donc l'acte de brûler les corps ; telle l'explication concernant les mesures. L'acte de brûler est appelée blanchiment; pour le soufre, cet acte est appelé blanchiment et destruction de l'ombre. Le blanchiment même est appelé iosis et l'affinage est aussi un blanchiment. L'acte de brûler est encore appelé jaunissement, la destruction de l'ombre, jaunissement, et l'iosis, jaunissement. Le prophète Chymès, s'écriait avec enthousiasme : « Après les projections, il faut le rendre jaune et sans ombre ». Ensuite on t'expliquera le procédé relatif à l'eau divine et à l'iosis ou décomposition.

III. xxv. — SUR L'EAU DIVINE [2]

1. Il faut montrer d'abord que l'eau divine est un composé de tous les liquides, obtenu par leur mélange, et que son nom est donné à tous les liquides. De même que l'on a nommé composition solide, le produit obtenu avec chacune des compositions solides, envisagée spécialement: de même aussi, la composition liquide, tirée de chacune des espèces liquides, est dé-

---

(1) On voit qu'il s'agit. ici comme dans les Papyrus de Leide, de fabriquer un alliage d'or, qui conserve les propriétés apparentes de ce mé-

tal (*Introduction*, pages 20, 53 et 56).

(2) Cet article est un commentaire, plus récent que les vieux auteurs. — Voir III, xiv, p. 155.

nommée eau divine, et l'on désigne ces deux compositions par mille noms.
L'eau divine est désignée par les mots : saumure, eau de mer, urine d'impu-
bère, vinaigre, saumure acide, huile de ricin, (huile) de raifort, baume,
lait de la mère d'un enfant mâle, lait de vache noire, urine de génisse et de
brebis ; quelques-uns la dénomment urine d'âne ; d'autres encore, eau de
chaux et de marbre, de lie de vin ; eau de soufre, d'arsenic et de sandaraque,
de natron, d'alun lamelleux ; et encore lait d'ânesse, de chèvre, de chienne ;
eau de cendre de choux et autres eaux produites par la cendre ; d'autres
désignent aussi par ce nom l'eau de miel et d'oxymel, de vinaigre, de natron,
et l'eau aérienne (rosée), celle du Nil, de l'Arction (1), le vin Aminéen, le vin
de grenade, le vin d'olivier, le cidre, la bière, enfin un liquide quelconque,
pour ne pas énumérer toutes les eaux.

2. Les Anciens ont donné souvent des noms divers au blanc et au jaune.
Il me parait convenable d'exposer quelles distinctions le philosophe
Pébichiu a faites dans sa lettre au Philosophe, sur les liqueurs jaunes.
« Étends avec du vin Aminéen »... Ils n'ont pas énuméré le vin nouveau, parmi
les liqueurs destinées au blanchiment. Pébichius dit encore : « Le cidre, le
vin d'olivier et le vin de grenade ». En ne distinguant pas davantage, ils n'ont
pas rendu service à (leurs) auditeurs, et ils ont agi avec peu d'intelligence.
En effet, en traitant des diverses espèces, le Philosophe les emploie pour le
blanchiment et pour le jaunissement ; il les emploie pour les traitements
que tu as entendu signaler précédemment, destinés à brûler et à faire
cuire. Il dit à propos de la pyrite : « Prenant la pyrite, traite-la et délaie-la,
soit avec de la saumure acide, etc. ». Voilà ce qu'il entend par eau divine
blanche. Ensuite, à propos du cinabre : « Rends le cinabre blanc au moyen
de l'huile, ou du vinaigre et du miel, etc. ». A propos de l'Androdamas, de
même encore : « avec la saumure, ou la saumure acide ». Ensuite il ajoute :
« Fais chauffer l'eau de soufre natif »; afin de te faire connaitre que les eaux de
mer, l'urine, le vinaigre, l'huile de cinabre, l'eau de miel, tout cela c'est l'eau
divine. En effet par une seule espèce il fait entendre le tout. Plus loin, dans
l'article de l'Androdamas, voulant parler clairement, il disait : « Fais chauffer
l'eau de soufre natif, car les liquides sont les eaux de soufre natif ».

____

(1) Plante ? (DIOSCORIDE, *Mat. méd.*, V, 104.)

3. « Les (matières à) projection tirées de la chaux changent de nom et de couleur, quand il s'agit du soufre blanc. Ce sont la terre de Chio, l'astérite et la sélénite, pour la classe du blanc. Quand il s'agit du jaune, projette de l'ocre attique, du minium du Pont cuit, et les similaires ».

Au sujet de la chrysocolle, il dit : « Brûlant cette matière et l'arrosant d'huile jusqu'à sept fois ». Dans la Chrysopée, il a fait blanchir d'abord chacune de ces (substances). Il emploie semblablement la litharge dans les deux compositions. Car il n'y a pas plus de deux décoctions pour accomplir l'opération. Parmi les liqueurs, il comprend la vapeur et la litharge. (mêlées) avec le miel le plus blanc. Il ne négligeait aucun des liquides ; mais il les employait dans les deux compositions. En effet il mélangeait une solution de comaris et de lentilles (?), en y ajoutant une préparation de chélidoine ; et il disait obtenir la composition de l'eau divine. Il prescrit de faire bouillir l'eau de chaux (obtenue par le marbre) avec de l'huile, et la pyrite avec du miel. Il décrit l'eau divine de diverses façons, dans ses quatre livres. Dans le livre de l'Argent ; il parle de la terre de Chio, de l'astérite, de la sélénite, et de sa propre projection. Dans le livre du Jaune, il s'agit de la terre de Sinope, de l'ocre attique et de la pierre phrygienne. « Tu trouveras dans le traité des Pierres, le sang de bouc et le suc de lotos ; et, plus loin ce qui est utile... Les sulfureux sont dominés par les sulfureux, et les liquides par les liquides correspondants (1). En effet les sulfureux sont retenus par les sulfureux. »

III. XXVI. — SUR LA PRÉPARATION DE L'OCRE (2)

1. La préparation de l'ocre se fait dans la montagne (voisine) de la mer appelée Adriatique. Il y a là des crevasses de la montagne ; à travers les fentes on voit des couches d'ocre en plaques. L'ocre est produite aussi en Babylonie dans la montagne. On voit l'ocre dans les fentes ; on l'enlève et on la fait

---

(1) Axiome souvent répété, p. 20 et 145.
(2) Le premier paragraphe est un fragment technique, probablement fort ancien (voir THÉOPHRASTE, *Sur les pier-* *res*, t. I, p. 701, éd. Schneider ; Leipsick, 1818). On y remarquera l'assimilation du réalgar, du minium et de la rubrique avec l'ocre (voir *Introd.*, p. 261).

cuire : on obtient ainsi la rubrique, que l'on appelle encore minium de
Sinope. Nous, nous n'employons ni cette rubrique, ni ce minium de Sinope.
Mais l'ocre indiquée ci-dessus est la véritable teinture ; à moins que le métal
que l'on se propose de teindre ne soit le corps de la magnésie, ou le plomb noir.

2. Quel rang doit lui être assigné en dehors des matières tinctoriales,
tous les écrits s'expliquent sur ce point. Si par conséquent tu veux lui
fixer un rang, c'est là que tu trouveras le résultat cherché ; surtout si
tu suis Marie et le Philosophe. Le Philosophe mentionne les pyrites, le
cinabre, le claudianon, la cadmie, l'androdamas, la chrysocolle. Il dit qu'il
convient de faire agir sur le molybdochalque, le cinabre, ou le corps de la
magnésie, substance qui est appelée plomb noir. Si maintenant tu en viens
à la Chrysopée, tu verras quelles (substances) désagrègent l'étain, le fer ou
le cuivre : ce sont le cinabre, la litharge blanche. A ton tour comprends ce
que tu cherches : par la magnésie, entends le molybdochalque ; par le plomb,
c'est (encore) le molybdochalque. Lorsqu'ils parlent d'Argyropée ou de Chry-
sopée, ils entendent le molybdochalque ; c'est là le produit qu'ils traitent,
puis soumettent (à la teinture). Au moment voulu, ils le fixent, après l'avoir
désagrégé ; alors ils blanchissent, ou jaunissent le métal durci par eux.

3. Ils blanchissent le cuivre et, après l'avoir broyé, ils le gardent
jusqu'au résultat final. L'opération faite avec le soufre et le mercure, ils
l'appellent brûler. Ils appellent cuivre brûlé, ce métal rendu couleur de sang
(en vue du blanchiment), teint superficiellement et à fond (1). C'est là ce
qu'ils appellent brûler ; par là (le Philosophe) fait entendre la composition
totale ; il désigne sa dilution, (opérée) en vue des deux teintures. En suivant
la voie directe, il a parlé d'abord du blanchiment, puis du jaunissement.

III. xxvii. — SUR LE TRAITEMENT DU CORPS MÉTALLIQUE
DE LA MAGNÉSIE

1. Introduisons de nouveau les Anciens. Ils disent que le cinabre produit le
blanchiment de la magnésie. Pour rendre efficaces les discours antérieurs que

(1) Cp. *Introd.*, p. 233, le cuivre brûlé, et plus haut, p. 154 et 178.

j'ai écrits, relativement aux quatre corps qui servent de supports et à la mesure que comporte à leur sujet la composition crue et cuite (1), il est nécessaire de faire l'application de tout cela à l'explication de la magnésie. Il faut dire comment on forme le corps (métallique) de la magnésie; et si le blanchiment varie suivant la macération, ainsi que je te l'ai dit précédemment. Laisse-la devant le fourneau; que le fourneau soit allumé avec du bois et des écorces de cobathia rouges (2), car la fumée de ces écorces blanchit tout. Si donc tu en recueilles la fumée, la magnésie l'absorbe et elle est blanchie.

2. N'avons-nous pas rappelé dans le 7ᵉ livre, en parlant des cobathia rouges, que nous devions apprendre d'abord de quelle magnésie parlent les philosophes ? Si c'est de la (magnésie) simple, provenant de Chypre, ou de la magnésie composée, obtenue par notre art ? En effet, en délayant la magnésie simple, ils veulent parler de la composée (3); mais ils entendaient en même temps la simple. C'est de cette façon que l'art a été caché par le double sens, attribué aux dénominations.

3. Le philosophe Hermès, après l'eau de mer, nomme le natron, le vinaigre, le sang de moucheron (4), le suc du styrax, l'alun lamelleux, et autres substances semblables, et il dit : « Laisse-la devant le fourneau, comme je l'ai dit précédemment, avec un feu d'écorces de cobathia rouges, car la fumée des cobathia rouges blanchit tout, étant blanche elle-même » (5).

4. Ainsi parle Hermès ; mais nous devons savoir que le natron, le styrax, l'alun schisteux et la cendre des rameaux de palmier, c'est le soufre blanc, qui blanchit tout. Quant au sang de moucheron et au vinaigre, c'est l'eau de soufre (obtenue) avec la chaux ; les écorces des cobathia rouges, ce sont les sulfureux, principalement l'arsenic, lequel ressemble aux cobathia : ce sont

---

(1) P. 150 et 151.

(2) Composé arsenical (voir plus bas).

(3) Molybdochalque.

(4) *Lexique*, p. 10. Il y a ici un symbolisme et des dénominations semblables aux noms prophétiques du Papyrus V de Leide (*Introd.*, p. 10 et 11) et de Dioscoride.

(5) *Olympiodore*, p. 91. Dans tout ce passage existe une confusion, qui semble voulue et amenée par la nomenclature prophétique, entre le nom des écailles ou morceaux de cobathia rouges, c'est-à-dire des sulfures d'arsenic (*Introd.*, p. 245) et celui des écorces et rameaux des palmiers. Rappelons que le même mot grec φοῖνιξ signifie rouge et palmier. La dernière phrase du § 2 montre le caractère intentionnel de ces confusions.

là les corps employés pour teindre en or. Il dit : « La fumée des cobathia blanchit tout. » Voulant enseigner ce que c'est que les cobathia, le Philosophe dit : « La vapeur du soufre blanchit tout. »

5. Maintenant le Philosophe voulant t'enseigner (ce que c'est que) la cendre des palmiers maritimes, qui est aussi l'eau divine, s'exprime ainsi dans la seconde classe, celle des liqueurs blanches : « Ayant dissous la cendre du bois des peupliers blancs dans l'eau de soufre [ceci n'est pas pris dans un sens simple], ou dans l'eau de soufre obtenue par la chaux, laquelle provient de la cendre blanche, du marbre, ou de la chaux vive. » De même que les sulfureux ont été dits (provenir) des cobathia rouges, de même l'eau de soufre tire sa composition du soufre ; celui-ci est aussi désigné sous le nom de palmier. De plus (on voit que) le blanchiment de la magnésie composée est produit par la composition du soufre blanc et que la composition liquide du blanc est obtenue par la chaux. Ce sont là toutes (matières) dont (j'ai expliqué) la préparation, dans mon discours sur la composition ; j'en ai dit la mesure, dans le discours sur les mesures ; le mode de cuisson et la conduite du fourneau, dans le discours sur la cuisson.

6. Voilà pour le blanchiment du corps de la magnésie. Or il vous est loisible, à vous qui avez du bon sens, d'entreprendre ce qui est le mieux et de nous seconder, au lieu de nous précipiter dans ce gouffre (de difficultés). Celui qui fait quelque autre raisonnement concernant cette doctrine, demeure dans une obscurité profonde ; il agit comme un homme qui frapperait l'air avec ses mains, et la mer avec ses pieds. Ceux qui marchent dans le vide et parlent tout à fait en l'air, travaillent inutilement par des procédés qui leur sont propres (à modifier) le type du corps (métallique).

7. Mais toi, ô bienheureuse, renonce à ces vains éléments dont on trouble tes oreilles ; car j'ai ouï dire que tu converses avec Paphnutia la vierge et certains hommes sans instruction (1). Les choses que tu leur entends dire

---

(1) Cette discussion finale paraît être adressée par Zosime à Théosébie ; (v. *Olympiodore*, p. 90). Elle est caractéristique et met au jour la personnalité des alchimistes égyptiens et leurs controverses. — Cp. *Démocrite*, p. 50. — Les noms de Paphnutia et de Nilus méritent d'être notés. Le premier vient s'ajouter à ceux des femmes alchimistes : Marie, Cléopâtre, Théosébie. Nilus était d'ailleurs un nom assez répandu en Égypte : plusieurs personnages historiques l'ont porté.

sont vaines et tu entreprends de faire des raisonnements vides de sens. Renonce à la société des gens qui ont l'esprit aveuglé et l'imagination trop enflammée. Il faut plaindre ces gens-là, et écouter le langage de la vérité, de la bouche des hommes dignes de l'annoncer. Ces gens-là ne veulent pas de secours ; ils ne supportent pas d'être instruits par des maîtres, se flattant d'être des maîtres (eux-mêmes). Ils prétendent être honorés pour leurs raisonnements vains et vides (de sens). Lorsqu'on veut leur enseigner quels sont les degrés de la vérité, ils ne supportent pas la connaissance de l'art et ils ne (la) digèrent pas. Ils désirent l'or plutôt que la raison. Échauffés par une démence extrême, ils deviennent incapables de raisonnement et ne sauraient attendre la richesse. En effet s'ils étaient guidés par la raison, l'or les accompagnerait et serait en leur pouvoir : car la raison est maîtresse de l'or. Celui qui s'y attache, qui la désire et s'y unit, trouvera l'or placé devant nous, au milieu des détours qui le tiennent caché.

8. La raison est l'indicatrice de tous les biens, comme on l'a dit quelque part (1). La philosophie est la connaissance de la vérité, et révèle les êtres qui existent. Celui qui accepte la raison, verra par elle l'or placé devant (ses) yeux. Mais ceux qui ne supportent pas la raison marchent constamment dans le vide, et entreprennent les actes les plus ridicules. C'est ainsi que le rire fut provoqué par Nilus, ce prêtre ton ami, qui faisait cuire le molybdochalque dans un four de campagne (comme s'il avait fait cuire des pains), opérant avec les cobathia pendant toute une journée. Aveuglé des yeux du corps, il ne pensait pas que son procédé était mauvais, mais il soufflait; et sortant (le produit) après le refroidissement, il ne montrait que de la cendre. Quand on lui demandait où était le blanchiment, embarrassé, il disait qu'il avait pénétré dans la profondeur. Ensuite il mettait du cuivre, il teignait la scorie; car le cuivre n'étant arrêté par aucun solide, passait outre et disparaissait lui-même dans la profondeur; de même pour le blanchiment de la magnésie. Ayant entendu ces choses (de la bouche) de ses contradicteurs, Paphnutia fut tournée en grande dérision ; et vous le serez aussi, si vous tombez dans la même démence. Embrasse pour moi Nilus, celui qui cuit

(1) E Lb « Comme l'a dit le Philosophe ».

avec les cobathia, et sois pleinement édifiée sur l'économie du corps de la magnésie.

III. XXVIII. — SUR LE CORPS DE LA MAGNÉSIE

ET SUR SON TRAITEMENT

1. Voici ce que Marie expose libéralement et clairement, au sujet de ce qu'elle nomme les pains de la magnésie. Le premier degré dans la vérité du mystère se trouve expliqué dans ces (passages). Ainsi donc Marie veut que ce soit là le corps de la magnésie; elle le proclame non seulement dans ce passage, mais dans beaucoup d'autres. Dans un autre endroit, elle dit : « Sans le concours du plomb noir, on ne saurait produire ce corps de la magnésie (1), dont nous avons précisé et accompli la préparation. Telles sont, dit-elle, les doctrines »; et sans se lasser, (les) enseignant pour la 2ᵉ et 3ᵒ fois, elle nomme corps de la magnésie le plomb noir et le molybdochalque ; à ce sujet, elle parle du cinabre (2), ou du plomb, et de la pierre étésienne. C'est ce corps qui produit la fusion simultanée (3) de toutes les matières cuites et dorées en puissance. Les matières crues, il les cuit ; et il en opère la diplosis. Il produit, dit-elle, en puissance toutes les matières dorées par cuisson ; car ce n'est pas encore en acte. Sur ce (point) j'écrirai un autre discours; mais pour le moment occupons-nous de notre sujet.

2. Il a donc été exposé par Marie que le corps de la magnésie, c'est le molybdochalque noir ; car il n'a pas encore été teint. « C'est ce molybdochalque que tu dois teindre, en y projetant les *motaria* (4) de la sandaraque jaune, afin que l'or cuit n'existe plus (seulement) en puissance, mais en acte. » Ainsi s'exprime Marie, après avoir nommé pains le corps de la magnésie.

Nous devons, avant tout, montrer que le Philosophe est du même sentiment, en ce qui (concerne le corps de la magnésie qu'on appelait : LE

(1) « le molybdochalque par lequel » Lb.
(2) « du cuivre », BAKELb.

(3) V. p. 78, 101, 113, 128.
(4) V. p. 108, 112, 157.

Tout. Ce molybdochalque était le plomb noir. Lorsqu'ils disaient que le mercure est fixé avec le corps de la magnésie, ils voulaient dire par le corps complet, tel qu'il a été exposé dans mon premier mémoire, et que Marie le dit plus haut du corps de la magnésie. Elle dit (encore) : « Tu trouveras du plomb noir: emploie-le après y avoir mêlé du mercure. » Or c'est lui que dénomment les classes (du Philosophe), c'est lui dont parle le Philosophe dans ses préambules : « Mêle du mercure au corps de la magnésie. » Ainsi le Philosophe lui-même désigne le plomb noir et la pyrite. Il ne parle pas (du plomb) simplement, pour que tu ne t'égares pas, mais il dit « à notre (plomb) noir ». Pour que tu ne méconnaisses pas le molybdochalque, il dit que : «le mercure seul rend le cuivre sans ombre; il ne fixera pas (seulement) le corps de la magnésie, mais encore le cuivre ». De cette façon aussi le Philosophe désigne sous le nom du Tout, le corps de la magnésie et le plomb noir (1). Dans les livres des anciens, le molybdochalque a été rangé dans une seule et même classe (avec le plomb). Ce que l'on proclame du mercure, on le proclame de toute sorte de pierres, comme je l'ai déclaré dans les premiers (chapitres).

3. C'est donc là l'or cuit en puissance. Et s'il est blanchi ou jauni, alors aussi les matières crues réagissent sur les matières cuites : c'est-à-dire que si du cuivre blanc est jeté sur du (cuivre) brut de Chypre, il produit de l'argent. Mais s'il est jauni, en le projetant sur de l'argent ordinaire brut, on produit de l'or. Après avoir mouillé avec de la couperose, du vin Aminéen et du vinaigre ordinaire, laisse pendant 14 jours : c'est là le (temps) voulu pour la fabrication de l'argent.

4. Comme on échoue souvent dans le traitement, parce qu'on ne connait pas la vérité sur le délaiement, rappelons ce qui a été dit touchant les vapeurs : c'est la couperose qui amène la vapeur à la coloration en or. Semblablement aussi, Agathodémon, dans son enseignement sur la teinture préalable, disait ceci : « Afin que tu puisses savoir l'effet que tu produis, en arrivant à cette couperose que tu connais, c'est sa propriété tinctoriale qui amène la vapeur à développer l'or. Cela a été montré dans l'écrit sur l'affinage, et rappelé au sujet des deux (teintures). Dans le discours sur les mesures, il est dit que les

(1) Le molybdochalque, ABKEL.b.

pierres les plus belles et aimées de Dieu sont les pierres blanches et les pierres couleur de sang; c'est là ce qu'on a appelé pyrite. Elles sont multicolores et de noms multiples; les uns parlent de l'alabastron (1), d'autres appliquent aux deux le nom de pyrite, ainsi que je l'ai montré. En effet, nulle autre pierre que la pyrite n'est plus belle et aimée de Dieu.

5. Maintenant le discours a pour sujet le corps de la magnésie. Ce nom unique signifie toutes les choses fabriquées avec la vraie mesure de la macération nécessaire. Le cinabre (2) produit le véritable corps de la magnésie. Ne m'écartant pas de cette vérité, je voulais, moi aussi, égaler la capacité de celui qui a dit (3) : « O femme, je ne parlais pas (du plomb) ordinaire, afin que tu ne t'égarasses pas. » Mais comme je ne suis pas Démocrite, je te jure par son mérite que je ne m'égare pas; et (tu ne tomberas pas dans l'erreur) sans retour de ceux qui prétendent que la cendre sans corps (métallique) a été appelée le corps de la magnésie (4).

On a dit que le mercure est incorporel. Je dis, moi aussi, que ceux-là ont compris quelque chose. En montrant le résultat à obtenir, ils donnent la mesure de leur intelligence. Mais ils ne tiennent pas en réalité le résultat, car la cendre n'a pas été appelée le corps de la magnésie, mais l'incorporel. Or le mercure est aussi un corps (métallique). Ne va pas m'opposer cette subtilité, que ceci comprend tous les corps métalliques et que la cendre des incorporels a été appelée le corps de la magnésie, il n'en est rien. Mais que veut-il dire, si ce n'est que (les incorporels), étant de nature sulfureuse, se volatilisent? Ce sont donc les choses fixes et non fugaces qui sont appelées des corps. C'est pourquoi Marie dit : « le corps de la magnésie est la chose secrète qui provient du plomb, de la pierre étésienne et du cuivre ».

6. Toutes les choses de cet ordre, mélangées aux matières volatiles, sont appelées corps. C'est ainsi qu'il parle du mercure, dans son traité des liquides blancs : « mêles-y de l'alun lamelleux, ou du molybdochalque, ou de la chaux, afin que le (mercure) incorporel devienne un corps ». De même, au sujet de la chrysocolle, il dit : « celle-ci aussi est fugace ». Sur le même sujet Agathodé-

---

(1) *Lexique*, p. 4. *Introd.*, p. 238.
(2) S'agit-il ici de l'hématite ? v. p. 39.
(3) Sans doute Zosime s'adressant à Théosébie.

(4) Voir plus haut ce qui est dit de Nilus, p. 187.

mon: « Veille, dit-il, à ce que son esprit tinctorial ne s'en aille pas. » Bien qu'elle soit volatile, on l'appelle un corps; le Philosophe parle de ses mélanges dans la classe de la chrysocolle. « Teins toute sorte de corps avec le cuivre, l'argent, l'or. » Marie, au sujet de la chrysocolle: «... après avoir pesé, (opère) avec du molybdochalque, pendant un jour »... Ou bien : « prenant de la chrysocolle et du cinabre, délaie avec de la litharge blanche et fais disparaître (la nature du métal). Si le cuivre est modifié et amené à l'état de corps (métallique), projettes-y de la couleur d'or et tu auras de l'or ». Ainsi la chrysocolle reçoit cette qualification de corps, lorsqu'elle a été bien mélangée, et quoiqu'elle soit fugace par elle-même, parce que tu en fais un corps par transmutation.

7. Ainsi, convertir et transmuter (1), dans ces auteurs, signifie donner un corps aux incorporels, c'est-à-dire aux matières fugaces. Par leur transformation on obtient le molybdochalque, le plomb noir, celui qui doit être traité avec le mercure, et devenir le corps de la magnésie. Ils ne veulent pas dire, comme certains, que la mutation s'applique au fait de convertir et de transmuter le mercure. Mais lorsque les matières fugaces ont pris un corps, la conversion a lieu pour tous les corps, par leur teinture en blanc ou en jaune. En effet cette conversion est appelée transmutation, après que les incorporels ont pris un corps, par l'effet de l'art. Dans la conversion rétrograde accomplie par le feu, c'est-à-dire dans le blanchiment ou le jaunissement, les matières délayées fortement et associées par le feu, sont de nouveau rendues fugaces et redeviennent incorporelles (2). A ce moment elles sont réduites au dernier degré de la division. La vapeur sublimée, la première des matières incorporelles, conduit ainsi à l'art suprême.

8. Ainsi donc, les matières incorporelles sont de nouveau rendues corporelles au moyen du mercure, dans l'iosis, afin que les corps soient formés ; mais après que (les matières corporelles) ont été décomposées, elles sont

---

(1) Dans le texte grec l'auteur oppose les mots στροφή et ἐπιστροφή, et les verbes correspondants. Ces mots paraissent signifier : convertir la nature intérieure d'un métal en or ou en argent, en en transmutant ou extrayant la nature antérieure, qui était celle du cuivre, du plomb, de l'étain ou du fer. Une semblable extraction s'exprime encore par le mot κατασπάω.

(2) Cp. p. 21.

rendues incorporelles et l'effet se produit par une action indépendante du concours du feu.

Ailleurs on a parlé (pour cet effet) des biles (1) et autres matières semblables qui, elles aussi, sont congénères du soufre et de l'eau de soufre. Or quelle autre substance agit bien sans le secours du feu, si ce n'est l'eau divine? C'est d'elle que Pébichius (dit) qu'elle est plus puissante que n'importe quel feu. Dans le Chapitre des Sulfureux, il est dit qu'elle agit sans le secours du feu. Marie (l'appelle) la préparation ignée (2). Elle dit encore que si les corps ne sont pas rendus incorporels et les incorporels corporels (3), rien de ce que l'on attend n'aura lieu : c'est-à-dire que si les matières résistant au feu ne sont pas mélangées avec celles qui s'évaporent au feu, on n'obtiendra rien de ce que l'on attend.

9. Quels sont donc les corps et les incorporels dans notre art (4)?

Les incorporels sont la pyrite et ses similaires, la magnésie et ses similaires, le mercure et ses similaires, la chrysocolle et ses similaires, toutes (matières) incorporelles. Les corps sont le cuivre, le fer, l'étain et le plomb : ces (matières) ne s'évaporent pas au feu; ce sont là les corps. Lorsque les unes (de ces matières) sont mêlées aux autres, les corps deviennent incorporels et les incorporels deviennent corps. Mélange de cette manière le mercure, celui qui est désigné dans les classes, et tu produiras ce qui est attendu, ce dont Marie a dit : « Si deux ne deviennent un »; c'est-à-dire si les (matières) volatiles ne se combinent pas avec les matières fixes, rien n'aura lieu de ce qui est attendu. Si l'on ne blanchit et si deux ne deviennent pas trois (5), avec le soufre blanc qui blanchit (rien n'aura lieu de ce qui est attendu). Mais lorsqu'on jaunit, trois deviennent quatre; car on jaunit avec le soufre jaune. Enfin lorsqu'on teint en violet (6), toutes les (matières ensemble) parviennent à l'unité.

10. Que veut dire Ostanès, lorsqu'il parle de la combinaison des

---

(1) Il semble que ce soit là une expression symbolique pour désigner les matières colorantes jaunes, et surtout celles qui produisent à froid des sulfures colorés en jaune.

(2) C'est-à-dire la préparation produisant à froid les mêmes effets que le feu.

(3) Voir p. 101.

(4) Voir p. 21, 101 et 191.

(5) V. p. 21.

(6) Ou bien lorsqu'on opère l'iosis, le mot grec ayant ce double sens.

matières volatiles avec celles qui ne le sont pas ? « La pierre pyrite a de l'affinité pour le cuivre. » Ostanès ne parlait pas du mercure, mais du délaiement extrême, c'est-à-dire de la condition où la pyrite ne donne lieu à aucun dépôt, se trouvant entièrement liquéfiée. Il faut dès lors que tu comprennes, au sujet de l'eau et de la liquéfaction, ce que le Philosophe a développé en parlant des lavages et des délaiements. Au sujet du délaiement, il a dit : « afin que le produit devienne comme de l'eau ». Le Philosophe a dit encore : « La magnésie et l'aimant ont de l'affinité pour le fer. » Et le Maître dit encore : « le mercure a de l'affinité pour l'étain ». Le disciple dit : « le mercure s'amalgame à l'étain ». Il dit aussi : « Ceci blanchit toute sorte de corps. Le plomb aussi a de l'affinité pour la pyrite ; la pierre étésienne, pour le plomb. » Le Philosophe, en faisant ces raisonnements, disait, au sujet de notre art, que la nature charme la nature.

11. Article sur la magnésie : Après avoir tout extrait, tu trouveras un corps noir, ou du plomb noir ; souvent aussi une grande quantité de scories, à la partie supérieure. Si on les goûte, on verra qu'elles ressemblent à la lie de vin. Après les avoir rejetées, on trouve, à l'intérieur du plomb noir, le cuivre que celui-ci renferme, la magnésie qui y est contenue. On appelle celle-ci : molybdochalque ou corps de la magnésie. C'est sur celle-ci que j'ai écrit ; c'est elle que tous les écrits proclament ; c'est elle qui égare les chercheurs ; c'est ce molybdochalque que préconisent les écrits des ancêtres. D'après l'explication d'Apollon, c'est le corps de la magnésie ; c'est le cuivre, c'est le corps dont Théophile disait qu'il reçoit une couronne de cuivre ; Hermès disait de son côté : « Le corps de la magnésie dont tu désires apprendre le traitement et la mesure... » A son sujet nous avons dit que le cinabre, c'est le blanchiment ; ou bien encore le jaunissement, lequel exige que les (matières) soient blanchies préalablement. Voilà le traitement, tel qu'il a été décrit par nous.

III. xxix. — SUR LA PIERRE PHILOSOPHALE [1]

1. Marie dit : « Si notre plomb est noir, c'est qu'il l'est devenu; car le plomb commun est noir dès le principe. Or comment est-il formé? Si tu ne prives pas les corps métalliques de leur état et si tu ne ramènes pas les corps privés de leur état à l'état de corps (métalliques); si tu ne fais pas de deux choses une seule, rien de ce que l'on attend n'a lieu (2). Si le Tout n'est pas atténué dans le feu, si la vapeur sublimée réduite en esprit ne monte pas, rien ne sera mené à terme. » Et encore : « Je ne dis pas avec du plomb simplement, mais avec notre plomb noir. Voici comment l'on prépare le plomb noir; c'est par la cuisson que l'on arrive (à reproduire le) plomb commun. Car le plomb commun est noir dès le principe, tandis que notre plomb devient noir, ne l'étant pas d'abord. »

2. Les philosophes ont partagé toutes les opérations de la pierre en quatre phases : 1º noircissement; 2º blanchiment; 3º jaunissement, et 4º teinture en violet. Entre le noircissement, le blanchiment et le jaunissement se place la lévigation ou macération et le lavage des espèces. Or il est impossible que ces choses se fassent autrement que par le traitement opéré au moyen de l'appareil à gorge (3) et de l'union des parties.

3. Pélage le Philosophe dit : « Voici à quel signe on reconnaît que le commencement de la teinture en violet a lieu. C'est la teinture se produisant à l'intérieur qui est la véritable teinture en violet, laquelle a été aussi appelée ios de l'or. Si on l'accomplit, la teinture a lieu; sinon, elle n'a pas lieu. Veille donc à ce que la teinture pénètre dans la profondeur; sinon la teinture n'a pas lieu. »

4. L'alabastron est la pierre la plus blanche, la pierre encéphale (4),

---

(1) Suite de fragments, réunis à une époque relativement récente, comme le montre d'ailleurs le titre lui-même; la dénomination expresse de *pierre philosophale* n'existant pas dans les auteurs antérieurs au vıı^e siècle, bien que la notion même soit plus ancienne. La plupart de ces fragments reproduisent des textes déjà donnés sous une forme plus développée.

(2) Voir la page précédente, la page 101, etc.

(3) Voir *Introd.*, p. 164; Synésius, p. 65, et p. 144.

(4) *Lexique*, p. 4 et 6.

celle qui est comme une paillette brûlante. Prends-la, pulvérise et fais macérer dans du vinaigre ; mets dans un linge, et enfouis le tout dans le crottin de cheval, ou dans la fiente d'oiseau, pendant 20 jours, comme dit le divin Zosime.

5. Les soufres sont au nombre de deux, la composition est une. Donc, il y a deux mercures, savoir la composition blanche et l'eau divine, selon Démocrite. L'eau divine mêlée au soufre rend les substances sulfureuses (1), parce que ces matières ont une grande affinité entre elles.

6. Synésius expose ceci dans le traité de la Chrysopée : « Démocrite a dit : Le mercure qui (provient) du cinabre. Et dans le Traité du blanc (Argyropée) il a dit : Le mercure tiré de la sandaraque, etc. (2). »

7. Dioscorus a dit : « De même que la cire se transforme en assimilant la couleur surajoutée, de même aussi le mercure se transforme (3). »

8. Il y a deux jaunissements, deux blanchiments (4), deux compositions, la sèche et la liquide : la composition sèche, dans le catalogue du jaune, ce sont les plantes et les minéraux. Il y a deux compositions liquides : une dans le jaune, et une dans le blanc. Les liquides jaunes dérivent des plantes jaunes (5), telles que le safran, la chélidoine et les similaires. Dans la composition blanche on comprend : parmi les matières sèches, toutes les matières blanches, telles que la terre de Crète, la terre de Cimole et les analogues ; parmi les liquides blancs, toutes les eaux blanches, telles que la décoction d'orge (bière ?) et les similaires.

9. Olympiodore dit : « La macération a lieu depuis le 25 du mois de méchir jusqu'au 25 du dernier mois de l'automne (6)... Toutes les choses que tu peux faire macérer et lessiver, laisse-les déposer dans des vases (convenables). La macération s'exécute sur la terre limoneuse, jusqu'à ce que la partie limoneuse s'en aille et que le minerai soit isolé. Cet art ne se pratique pas au moyen du feu. »

10. Le feu est de 40 jours pour l'opération entière.

---

(1) L'auteur joue sur le double sens de θεῖον.

(2) Synésius, p. 66.

(3) Synésius, p. 66.

(4) Olympiodore, p. 109 ; et *passim*.

(5) Cp. p. 71, 123, 153, note 2 ; p. 159, note 2. etc.

(6) Ou du mois Mésori (voir p. 75).

Les anciens ont caché l'art sous la multiplicité des discours (1) et ils ont donné un grand nombre de dénominations à l'eau divine (2).

11. Marie dit (3) : « Si tous les corps métalliques ne sont pas atténués par l'action du feu, et si la vapeur sublimée réduite en esprit ne monte pas, rien ne sera mené à terme. »

Le molybdochalque c'est la pierre étésienne.

Dans toute l'opération la préparation est noire dès le commencement.

Lorsque tu vois tout devenir cendre, comprends alors que tu as bien opéré (4). Pulvérise cette scorie, épuise-la de sa partie soluble et lave-la six ou sept fois, dans des eaux édulcorées, après chaque fonte. On opère par fusions et selon la richesse du minerai. En effet, en suivant cette marche et le lavage, dit Marie, « la composition est adoucie et pourvue de ses éléments ».

Après la fin de l'iosis, une projection ayant eu lieu, le jaunissement stable des liquides se produit.

En faisant cela **tu** fais sortir au dehors la nature cachée à l'intérieur. En effet, « transforme, dit-elle, leur nature même, et tu trouveras ce que tu cherches ».

12. Les compositions sont au nombre de deux: le blanchiment et le jaunissement; et il y a deux blanchiments et deux jaunissements (5), l'un par délaiement et l'autre par cuisson. Le délaiement ne se fait pas d'une manière quelconque, mais seulement dans une demeure consacrée; là existent un lac et de gros poissons (6).

13. Marie dit : « Joignez le mâle et la femelle et vous trouverez ce qui est cherché (7). » Et Marie dit ailleurs : « N'allez pas toucher avec vos mains, car c'est une préparation ignée (8). »

14. On donne plusieurs dénominations aux deux compositions, telles que, etc. (Reproduction du texte traduit en tête de la page 182.)

---

(1) Olympiodore, p. 75 et 76.

(2) Cp. p. 101 et 182.

(3) Tout ce paragraphe semble formé avec des phrases disjointes, tirées des écrits de Marie; elles sont en partie extraites d'Olympiodore, qui les avait prises directement de ces écrits (v. p. 101).

(4) Cp. Olympiodore, p. 107.

(5) Cp. p. 108.

(6) Cp. Olympiodore, p. 109. Dans F. Lb « un lieu de repos », au lieu de « gros poissons ».

(7) Cp. p. 147.

(8) Cp. p. 112.

15. Les appareils des compositions doivent être en verre, parce que (alors) ils permettent l'iosis, sans que (les opérateurs) aient besoin de toucher avec leurs mains; car le mercure est mortel, lorsqu'il a dissous l'or : c'est le plus délétère de tous les métaux.

16. Ce que l'on se propose dans la calcination, c'est d'abord le blanchiment, puis le jaunissement. Projette, dit-il, la moitié de la préparation blanche, pour la première opération, et fais-en une décoction de cette manière; l'autre moitié est conservée pour l'iosis. C'est aussi pour cette raison que Pébichius dit, *passim :* « Partagez en deux portions la préparation (1). » Il disait aussi : « Renferme l'une dans un vase de terre cuite et mets l'autre avec le cuivre (2). » Il indique, par le vase de terre cuite, la cuisson, et par le cuivre l'iosis. Il voulait parler du blanchiment, en disant : « Brûlez le cuivre sur un feu de bois de laurier, c'est-à-dire dans la composition blanche. »

17. Agathodémon dit : « Fais une décoction de l'eau divine avec la vapeur sublimée; de cette façon, on brûle et on opère le blanchiment ». Et encore : « Faire cuire la vapeur décrite précédemment avec l'huile de ricin ou de raifort, après y avoir mêlé un peu d'alun (3). »

18. Zosime dit : « Pour accomplir exactement la présente opération, il faut laver l'aigle d'airain, pendant les 365 jours (de l'année) entiers », et ainsi de suite, dans tout le cours du traité (4).

19. Le divin Sophar dit : « Je vis un aigle d'airain descendre dans la source pure, etc. » (Reproduction de cinq lignes déjà données à la page 125.)

20. La magnésie tire son étymologie du fait de mélanger (μιγνύειν) les matières unies par la combinaison.

21. Le divin Zosime dit : Démocrite, mon excellent maître, dit avec raison : « Reçois la pierre qui n'est pas une pierre. » (Reproduction d'un passage déjà donné, p. 130, jusqu'à ces mots : « lait d'ânesse ou de chèvre ».)

22. Zosime disait : « Ne redoute point de chauffer fortement; épuise l'élément liquide des corps. Il y a mille (modes de) chauffer le cuivre (5);

---

(1) P. 165 et 178.
(2) P. 158.
(3) P. 178.

(4) P. 129 et 135.
(5) Voir p. 154 et 177.

ils rendent le cuivre plus apte à la teinture. Fais sortir la nature au dehors
et tu trouveras ce qui est cherché ; car la nature est cachée à l'intérieur.
Or, la nature étant extraite, le blanc ne se voit plus ; mais après l'expulsion
du mercure indiquée précédemment, le jaune apparaît, par le jaunissement
annoncé de l'ios. Où sont donc ceux qui déclarent impossible de changer
la nature ? Voici que la nature est changée ; elle devient fixe et prend la
qualité de l'or, en retournant vers le noir. En effet, si l'humidité provenant
de l'expulsion du mercure, circulant dans la (nature) terrestre du corps
solide de la poudre sèche, ne va pas dissoudre et expulser la liquidité,
conformément à la propriété essentielle de cette expulsion du mercure, alors
rien n'aura lieu de ce qui est attendu. Si l'on n'opère pas la dissolution et
l'épuisement de l'élément liquide par l'échauffement, rien n'aura lieu de ce
qui est attendu. Si le produit n'est pas dissous et échauffé, puis refroidi,
rien n'aura lieu de ce qui est attendu. Mais si toutes choses sont faites
à leur rang et par ordre, tu pourras espérer arriver au résultat, avec l'aide
de la divine Providence. »

23. Le temps de la gestation n'est pas moindre de neuf mois, quand
il n'y a pas avortement. Le temps de la cuisson pour tous les produits,
notamment) lorsqu'on opère sur des lames, n'est pas moindre de neuf
heures. Tel est le mode de gestation. Quant au temps de l'opération faite
sur l'autel en forme de coupe, il faut tenir compte de la macération. En effet,
considère que les modes d'opérer sont au nombre de trois. Le premier mode
se rapporte au mélange. Si tu m'as bien compris, il embrasse les substances
pétries et fermentées, à la façon de la farine tirée du grain. De même le
liquide ne sera pas vaporisé outre mesure, mais seulement selon que le
besoin s'en fera sentir ; de même aussi, pour la composition. (Reproduction
du § 5, p. 142, jusqu'à la fin.)

24. C'est là la pierre étésienne. Edulcore la poudre sèche (de projection)
et dessèche. Fixe et affine la poudre sèche, en prenant : couperose, trois
parties ; magnésie, une partie ; cuivre affiné, une partie ; poudre sèche, une
partie. Délaie ensemble, en arrosant au soleil avec du vinaigre blanc, pendant
sept jours ; puis fais cuire pendant deux ou trois jours. En enlevant (le
produit), tu trouveras l'or teint en rouge couleur de sang. C'est là le cinabre
des philosophes et l'homme d'or. La poudre de projection s'est condensée

(aux dépens) des liqueurs. Si le feu est excessif, elle devient jaune ; mais (alors) elle n'est pas utile.

III. xxx. — SUR LA COMPOSITION

DES MATIÈRES PREMIÈRES (1)

La composition relative aux matières premières a réuni dans un seul esprit, ô Théosébie, les compositions partielles des anciens. En outre elle montre, au moyen du fait, les noms des composés (restés) ignorés dans leurs écrits, comme (par exemple) la cendre et les (matières) semblables. Or, il faut savoir quelles substances, d'après le Philosophe, produisent la résistance au feu (2) ; que le corps allié (au mercure) le rend capable de résister au feu, et ainsi de suite. Car le sage, prenant les matières premières, poursuivra du commencement à la fin. Mais je ne pouvais placer là les produits complets, attendu que je ne les trouvais pas chez ces (auteurs) ; je ne pouvais exposer ce que (Démocrite) n'avait pas dit ; je ne pouvais faire autre chose que réunir avec vraisemblance les choses dispersées, interpréter les choses allégoriques ; tout ce qu'il est permis de faire dans des commentaires, je l'ai fait. Bonne santé.

III. xxxi. — SUR LA POUDRE SÈCHE [1]

(DE PROJECTION)

1. La poudre de projection véritable a trois puissances et trois actions procédant de ces puissances. (Ce sont) la teinture, la pénétration, la fixation. Le (corps) mathématique a trois dimensions, la longueur, la largeur et la profondeur. Le corps naturel est triplement étendu et (en outre) susceptible

---

(1) Ceci paraît être une lettre-dédicace, ou un épilogue de Zosime, transformé par quelque copiste en fragment « περὶ ἀφορμῶν συνθέσεως ».

(2) En marge : signe du mercure.

de figure ; il a la longueur, la largeur, la profondeur et la capacité de figure.
De même aussi, au sujet de (notre) espèce, nous parlerons de la teinture,
de la pénétration, de la fixation, et de l'éclat (durable). Or le corps a trois
dimensions, nous le désignerons comme figuré, non figuré, et susceptible
de prendre toutes les figures ; sa matière subissant les puissances et les
actions (de la poudre de projection) (1).

III. xxxii. — SUR L'IOS

1. La puissance propre à l'ios est complémentaire de la substance qui en
est le support ; regardée comme indivisible, elle en fait partie. Sans elle, la
substance demeure incomplète. En effet, les parties des substances sont elles-
mêmes des substances, comme (le) dit Porphyre ; car la substance produit la
puissance ; et la puissance, l'action ; et l'action, les choses en acte. Donc les
puissances substantielles proviennent des substances et sont inséparables des
substances.

III. xxxiii. — SUR LES CAUSES

1. Il y a, selon le naturaliste Aristote (2), quatre causes de tout (être)
engendré, savoir : les causes efficiente, matérielle, organique et spécifique.
Par exemple, la porte a pour cause efficiente, le constructeur qui l'a faite ;
pour cause matérielle, le bois, le fer, la colle forte ; pour cause organique, la
hache, la tarière, etc. ; pour cause spécifique, l'espèce même de la matière de
la porte, ou quelque autre. Selon Platon, il y a encore deux autres (causes) :
la cause exemplaire et la cause finale.

---

(1) Cp. Synésius, p. 66 et 67 ; *Origines de l'Alchimie*, p. 75, 265, 267.
(2) Cp. Aristote, *Gener.*, I, 7 ; — *Métaph.*, I, 3 ; — *Morale à Eudème*, VII, 10 ; — *Physique*, II, 3. — Platon, *Timée*, p. 37, D.

III. xxxiv. — ENCHAINEMENT DE LA VIERGE

1. Traitant le feu du mercure par le feu et alliant l'esprit à l'esprit, afin d'enchaîner par les mains la vierge, ce démon fugace (1).

Divers ossements des Perses ayant été calcinés par la violence du feu (2), ils ont perdu leur propre volatilité.

2. Ramenons les deux corps : après les avoir réunis dans le mélange et transformés, ils sont régénérés. L'être sans âme devient animé ; l'être sans corps est rendu corporel, et ils n'admettent pas d'autre changement.

III. xxxv. — LES HOMMES MÉTALLIQUES

Cet homme d'airain que tu vois dans la fontaine a changé de corps et il est devenu l'homme d'asèm ; quelques jours après, tu le vois (transformé en) homme d'or (3). Arrose-le avec de la saumure acide ; de cette façon il devient blanc et convenable.

III. xxxvi. — LAVAGE DE LA CADMIE (4)

1. Après avoir pris la cadmie *botruitis* (5), qui reste dans la préparation du cuivre, divise-la en agitant. Pulvérise avec soin : ensuite broie et projette dans l'eau. Broie de nouveau dans l'eau avec le pilon, puis délaie avec la main ; lorsque le produit est à point, laisse déposer. Après avoir bien égoutté, verse de nouveau de l'eau et répète la même chose plusieurs fois,

---

(1) Le mercure ? Voir page 146, note 3.

Dans E on lit : Au moyen de l'ios du mercure, nous triomphons du feu par le feu, et nous allions, etc.

(2) Var. M : Dispersant les ossements des Perses calcinés, etc.

(3) Cp. le *Serpent*, p. 23 ; Zosime, p. 120.

(4) Ce morceau, ainsi que celui sur l'ocre, représente un extrait de quelque auteur perdu, congénère de Dioscoride, *Mat. méd.* V, 84, vers la fin.

(5) *Introd.*, p. 239.

jusqu'à ce que l'eau reste sans former de mousse. Après avoir bien égoutté fais sécher au soleil.

III xxxvii. — SUR LA TEINTURE

1. Si (l'on n'a pas pratiqué convenablement la teinture noire, le travail de l'argent ne pourra plus être tempéré. Les adeptes d'Agathodémon appellent : teinture supérieure (καταβαφή), celle que l'on exécute en délayant ainsi ; quant à la décoction, ils l'appellent teinture simple (βαφή) ; car ils distinguent la teinture simple et la teinture supérieure. Ils veulent donc que la teinture simple (βαφή) soit (la teinture en) argent et la teinture supérieure (καταβαφή), (la teinture en) or. A propos de l'acte de brûler, tu trouveras ceci : « Autre chose est de brûler en vue de la teinture simple, et autre chose de brûler en vue de la teinture supérieure. Tout le reste, jusqu'à la raréfaction, l'altération de nature), (bref) toutes les autres (opérations), ils les dissimulent dans leurs discours.

III. xxxviii. — SUR LE JAUNISSEMENT

1. « Tous ne pensaient pas, ô femme (1), que le jaunissement suivît immédiatement le blanchiment; or le plus souvent la composition blanche, quand elle est cuite, tourne au jaune. » Et un peu plus loin : « quelques-uns ont fait une chose préférable à celles-ci. En effet, laissant refroidir, ils distillaient et rectifiaient au soleil l'eau divine jaune, pendant le nombre de jours prescrit. Puis ils opéraient la décoction et la cuisson ». Et un peu plus loin : « Eau divine rectifiée, préparée avec de la chaux, deux parties, et du soufre, une partie (2); on met en décoction dans un pot et on décante; puis on met en décoction de nouveau. C'est là l'eau de soufre, que l'on projette pour obtenir les deux couleurs (3). »

---

(1) Théosébie.

(2) C'est à peu près la même formule (celle d'un polysulfure de calcium) que la recette 89 du Papyrus X de Leide; *Introduction*, pages 46 et 68.

(3) Lb ajoute : « je dis l'eau aérienne ». Le ms. M continue par l'article tiré d'Agatharchide (*Introd.*, p. 185).

III. xxxix. — L'EAU AÉRIENNE [1]

1. « Cette composition a besoin d'abord de quelques liquides, etc. morceau tiré d'Olympiodore, p. 97, premier alinéa tout entier).

2. Au sujet des minerais, tout le monde s'explique sur ce point. Je commencerai par reproduire le témoignage qui le concerne, à cause de ton incrédulité. Zosime, dans son livre du *Compte final*, adressé à Théosébie, s'explique en disant (2) : « Pour le roi d'Egypte, ô femme, tout consistait en ces deux arts, l'art de l'analyse (3), et l'art des produits naturels et minerais. C'est l'art divin des transformations, c'est-à-dire l'art dogmatique pour tous ceux qui s'occupent de manipulations, j'entends les quatre arts relatifs à la fabrication (des métaux). Cet art divin a été révélé aux prêtres seuls, etc. » (La suite, p. 97 jusqu'au bas de la page, et jusqu'aux mots « ils seraient châtiés », qui commencent la page 98.)

3. C'est là l'image du monde, célèbre dans les anciens écrits, le mortier mystique des Égyptiens et des hiérogrammates d'Egypte, par lequel l'affinité des natures charme les natures consubstantielles (4). Voici le consubstantiel Orphique et la lyre Hermaïque, dans laquelle s'accomplit l'agréable et harmonieuse combinaison des substances. Mélangées suivant les rites, elles s'élancent de la (terre ?) vers le chœur céleste ; le feu opérant leur transmutation.

4. A la suite, entre le noircissement et le blanchiment, a lieu la macération et le lavage des produits ; entre le blanchiment et le jaunissement, le traitement par fusion. De la même façon, comme intermédiaire entre le jaunissement et la teinture en violet, se place la division en deux de la composition. Le terme du blanchiment, c'est le traitement par l'appareil en forme de mamelle (5).

---

(1) Suite de fragments indépendants les uns des autres, et reproduisant parfois des morceaux déjà imprimés, avec certaines variantes.

(2) Cp. Olympiodore, p. 97 et Zosime, III, li, 1-3.

(3) Var. : « L'art des produits royaux »; ou bien : « L'art des matières opportunes » (astrologie ?); ou bien encore : « L'art des teintures convenables ».

(4) Ce mot semble répondre aux discussions sur la nature du Père et du Fils dans la Trinité, au temps du Concile de Nicée ; Cp. p. 136.

(5) Cp. Synésius. p. 65.

5. 1º Dans le noircissement, on sépare le produit fondu de la cendre ;

2º Dans la macération, on sépare la cendre de la liqueur ;

3º Puis vient le lavage des espèces brûlées, sept fois répété dans un vase d'Ascalon ; ce lavage est le 1er blanchiment et la disparition de la coloration en noir des espèces ;

4º Le blanchiment, par le mélange avec une petite quantité d'eau blanche ou jaune, produit ce rayon de miel (1), recherché par les manipulateurs ;

5º Le jaunissement suit ; (car) le blanchiment mène au jaunissement ;

6º Alors s'accomplit la division en deux de la composition ;

7º Celle-ci étant partagée en deux, on prend l'une des parties, laquelle transformée en ios, amollit, délaie et (2) accomplit la fixation.

6. D'autres, dit-il (3), (se sont expliqués) sur la couleur, sur la décoction et sur l'œuvre de la théorie secrète. On commence par projeter le cuivre. Après le traitement dans le laboratoire, il réjouit les yeux ; puis, avec le temps, la teinte devient plus claire (4), lorsqu'on opère avec de l'or préparé au moyen de la gomme, de la liqueur d'or, etc.

III. XI. — SUR LE BLANCHIMENT

1. Il faut que vous sachiez que la chose capitale c'est le blanchiment ; après le blanchiment, on jaunit aussitôt le mystère accompli.

2. Le blanchiment réside dans l'acte de brûler ; or brûler c'est revivifier par le feu ; car de telles (matières) se brûlent et se revivifient d'elles-mêmes (5) ; elles se fécondent elles-mêmes et engendrent ainsi l'animal cherché par les philosophes.

3. Si tu blanchis, tu teindras facilement, et si tu teins en violet ou en

---

(1) SYNÉSIUS, p. 66. — Lb ajoute : « Et fabrique la pierre sèche, recherchée, etc. ».

(2) Lb intercale : « Et l'autre partie ».

(3) Addition de A seul.

(4) Il semble qu'il s'agisse ici d'une coloration superficielle, obtenue par un procédé d'orfèvre. — *Introd.*, p. 56, 58.

(5) Ce texte se trouve avec des variantes importantes dans SYNÉSIUS, p. 63.

cinabre, tu seras bienheureux, ô Dioscorus ; car c'est là ce qui affranchit de
la pauvreté, cette maladie incurable (1).

III. XLI. — LIVRE VÉRITABLE DE SOPHÉ L'ÉGYPTIEN

ET DU DIVIN SEIGNEUR DES HÉBREUX (ET) DES PUISSANCES SABAOTH
LIVRE MYSTIQUE DE ZOSIME LE THÉBAIN (2)

1. Voici la mesure du mercure.

Agathodémon dit : « Fais cuire, extrais l'or. » On projette le cuivre.
On obtient la feuille de Marie, formée de deux métaux (3) ; on la fait cuire au
feu (4) en vue de la teinture au moyen de l'huile et du miel et on reprend
par le mercure : tel est le travail (régulier). Que le cuivre, amené de nou-
veau à l'état d'ios, soit fondu avec l'or, suivant la mesure du mercure.

Marie dit : « Lorsque la composition s'est formée d'elle-même, ou bien
par le moyen de la saumure vinaigrée et qu'on a fait cuire, délaie avec le
soufre, c'est-à-dire avec le soufre sublimé, soit dans un flacon, (soit) sur
une kérotakis, puis verse, ou délaie, et regarde si tu as accompli l'œuvre.
Si tu ne (l') as pas accompli avec un certain jaune, emploie notre ios avec
la matière qui précède la teinture : c'est là ce qui est nécessaire pour rendre
l'or parfait ; autrement l'or ne jaunit pas. Projette donc de nouveau avec la
matière qui précède la teinture, ou bien délaie avec l'argent transformé : du
noir scintillant, 1 partie d'ios, de misy brut, ainsi que de la matière qui pré-
cède la teinture, afin de dissoudre une portion du cuivre.

2. Il est cuit ; car même s'il ne contient pas de mercure, il faut (le)
cuire, attendu qu'avant l'action du feu, il n'y a pas de teinture. Il faut
lui faire subir l'action purificatrice par les matières (convenables), afin de
constater qu'il est pur. Essaie, ou bien fais fondre. Si tu connais les deux
marches, celles des Juifs et de ...., ne crains pas d'essayer, (en exécutant)
en détail toutes les choses que je t'ai exposées.

(1) Cp. Synésius, p. 63.
(2) Cp. *Origines de l'Alchimie*, p. 58.
Sophé est une forme du nom de Chéops.

(3) Cp. p. 148, 151.
(4) Sur la kérotakis.

Cette exposition ne donne lieu à aucune équivoque; mais elle a pour but de t'engager à essayer si la fortune t'est favorable et si tu as tout à fait réussi. En t'appuyant sur ces (connaissances), tu n'échoueras pas; mais par cette méthode tu vaincras la pauvreté, surtout si tu as le talent et l'habileté de surmonter les obstacles. Dans des milliers d'ouvrages on enseigne comment le cuivre est blanchi et jauni convenablement. Il n'est propre à être allié par diplosis que s'il est changé en ios. Il peut être traité méthodiquement par mille (moyens); mais il n'est rendu propre à l'alliage que par une seule voie, en devenant notre vrai cuivre; c'est là toute la formule. Telle est la teinture efficace, celle qu'ils leur ont enseignée, la teinture cherchée depuis des siècles et qui ne peut être découverte autrement que de cette façon. Quel est le principe convenable pour ces effets, je te l'ai montré dans l'écrit sur la couperose. On y dit comment le cuivre teint, et l'on y parle du plomb et de tout ce qui est susceptible de recevoir la teinture.

III. XLII. — LIVRE VÉRITABLE DE SOPHÉ L'ÉGYPTIEN

ET DU DIVIN MAITRE DES HÉBREUX (ET) DES PUISSANCES SABAOTH

1. Discours du livre véritable de Sophé l'Égyptien, du divin Seigneur des Hébreux (et) des puissances Sabaoth. Il y a deux sciences et deux sagesses : celle des Égyptiens et celle des Hébreux, laquelle est rendue plus solide par la justice divine. La science et la sagesse des meilleurs dominent les uns et les autres; elles viennent des siècles anciens. Leur génération est dépourvue de roi, autonome, immatérielle; elle ne recherche rien des corps matériels et corruptibles; elle opère sans subir d'action (étrangère), soutenue maintenant par la prière et la grâce (divine). Le symbole de la chimie est tiré de la création, (aux yeux de ses adeptes) qui sauvent et purifient l'âme divine enchaînée dans les éléments, et surtout qui séparent l'esprit divin confondu avec la chair. De même qu'il existe un soleil, fleur du feu, un soleil céleste, œil droit du monde; de même le cuivre, s'il devient fleur (c'est-à-dire s'il prend la couleur de l'or) par la purification, devient

alors un soleil terrestre, qui est roi sur la terre, comme le soleil est roi dans le ciel.

2. Voici (1) les teintures parfaites, communiquant la vraie couleur du soleil (2), telles que celle de Démocrite, et, l'unité qui transmet la teinture, la comaris scythique, la (teinture) parfaite (de l'argent), celle d'Isis (3), celle que proclame Héron (Horus?); voici l'affinage de l'or et la liqueur d'or.

La liqueur d'argent versée sur de l'argent produit de l'argent, lorsqu'elle est mise en réaction avec le sidérochalque. Ces (teintures) communiquent (la couleur de) l'argent dans leurs réactions. Elles produisent aussi les doublements et les triplements (4) et les alliages d'or et d'argent. Ainsi il convient de travailler par des moyens artificiels, sans or ni argent ; (il convient) d'accomplir des doublements tels, que l'on ne puisse plus séparer l'or et l'argent, comme on le ferait pour des matières adultérées et discordantes, qui n'ont pas produit de l'or véritable. Ainsi quand tu auras obtenu du cuivre sans ombre, tu (le) blanchiras avec des préparations blanchissantes et tu le jauniras avec des préparations jaunissantes ; tu le teindras (avec) la cadmie ou le cinabre : c'est ainsi que l'or est fabriqué dans les temples de Vulcain (5). Je l'ai proclamé en parlant de la fabrication des cendres : c'est en elle que tout le mystère de la teinture a été caché (6).

3. Le cuivre ayant été blanchi, noirci et jauni, tu teins l'asèm et tu obtiens l'or, à l'aide du cuivre blanchi. En effet, c'est du cuivre que naissent toutes les espèces (7) : j'entends le cinabre, la cadmie, l'or, la sandaraque et le reste. Le plomb se transforme en beaucoup (de corps) et il en est de même du cuivre (destiné aux) couronnes, qui provient de ces corps. Tu trouveras dans les temples de Vulcain (?) les (procédés de) fabrication de

---

(1) Je regarde le mot οὐδαμοῦ comme ajouté ici par l'erreur d'un copiste ; à moins que ce ne soit le débris d'une phrase qui a disparu.

(2) C'est-à-dire de l'or.

(3) Cp. p. 31, note 2, et p. 36, note 3.

(4) *Introd.*, Papyrus de Leide, p. 29.

(5) Il s'agit sans doute des Temples de Phtha (Vulcain). Tout ce morceau semble fort ancien et contemporain du Serment d'Isis et des traités hermétiques. Sur les livres attribués à Chéops, voir la note en tête de l'article précédent.

(6) Cp. Olympiodore, p. 99 et à la suite.

(7) Le cuivre est envisagé ici comme l'agent tinctorial par excellence, le générateur de toute couleur jaune ou rouge dans les métaux ou leurs dérivés,

l'or. C'est des mélanges (de ces métaux) que naissent toutes les espèces. Leurs traitements engendrent les substances les unes par les autres et il se produit des formes (très diverses) dans les traitements. En les appréciant toutes, fais usage des meilleures.

III. XLIII. — CHAPITRES DE ZOSIME A THÉODORE [1]

1. Sur la (pierre) étésienne, c'est-à-dire composée du Tout, en tant que pierre étésienne [2], et par là d'une grande utilité. En effet, dans les traitements, elle fait apparaître diverses couleurs : l'une dans le traitement de la kérotakis, une autre dans l'opération de la fusion à l'état de liquide oléagineux : à savoir une couleur jaune et une couleur noire. La couleur jaune varie depuis la nuance rougeâtre du foie, la nuance de la myrrhe, celle de la cire, ou toutes celles que tu sais. La couleur noire peut être semblable à l'or et scintillante. Or ce qui est efficace pour le noircissement, l'est aussi pour le jaunissement. Le jaune devient aussi couleur de sang, très stable, et finalement pareil à du safran desséché. Si on le brûle deux ou trois fois avec du soufre, d'après ces écrits, et si on le met en digestion quelque temps dans du fumier, on obtient alors des couleurs transformées et jaunies solidement : leur modification initiale ayant eu lieu dans le sens du mieux et non du pire. Ce sont là les traitements appelés fixateurs, pour les teintures vraiment solides.

2. Sur ce que la teinture, c'est-à-dire l'altération qui se produit dans l'iosis, n'est désignée ni comme blanche, ni comme jaune. En effet les deux soufres qui précèdent, le blanc et le jaune, ont reçu ces noms, ainsi que les teintures. Mais la teinture même, qu'il s'agisse d'un changement ou d'une décomposition, est une opération plus avancée.

---

tandis que le plomb est la matière première commune, qui se change dans les divers métaux.

(1) Ce sont les titres des divers ouvrages perdus de Zosime, parfois suivis d'un extrait ou d'un bref commentaire.

(2) *Salmasii Plinianæ exercitationes,* 776, *b*, *D*. Le *Lexique* (p. 6, 7, 13, 16) l'assimile à la pyrite et à la chrysolithe, au porphyre et à l'androdamas.

3. Sur deux autres corps appelés soufres, qui ne sont pas des soufres de l'ordre des premiers, mais des compositions qu'ils désignent aujourd'hui sous les noms de sulfureuses (ou divines), non en tant que soufre, mais à cause de l'œuvre divine accomplie par ces corps (1).

4. Sur ce que dans la composition on forme d'abord la matière fixatrice, celle qui résiste au feu et qui est tinctoriale. La première et la seconde nous sont manifestées dans l'asèm naturel, la dernière dans l'or obtenu par teinture. Mais la solution de la question est celle-là.

5. Sur ce que dans la matrice et d'une façon invisible pour nous, la matière fixatrice se forme avec deux (éléments), la semence et le sang; puis l'animal une fois formé résiste au feu. C'est dans le feu de la matrice qu'il est teint, c'est-à-dire qu'il reçoit une couleur, une forme et une grandeur, tout (cela) dans un lieu invisible. Mais lorsque cet être a été enfanté, il se manifeste à nous. C'est ainsi qu'il faut travailler, sans se laisser égarer par l'homonymie (2) des écrits ou des autres préceptes.

6. Sur la décomposition; sur la production du sang; sur la fermentation, la transformation et la régénération; sur l'iosis et l'affinage et les différents noms de l'ios.

Comme quoi l'ios est dit eau de soufre natif; comaris scythique et sanglante; semence d'or et toute semence; ios de cuivre; eau de cuivre et eau de couperose; fleur de cuivre et préparation cuivrée; préparation de miel, corps doux et indestructible, en raison de l'adoucissement, et par suite de la résistance à l'attaque des agents délétères.

On ne l'a pas appelé seulement d'un nom masculin, féminin et neutre; mais encore on lui a donné une forme diminutive, telle que la petite eau de cuivre; d'autres, disent l'eau de la petite masse : or la masse, c'est le cuivre. Voilà pourquoi dans les écritures juives et dans toute écriture, on parle d'une masse inépuisable (3) que Moïse obtenait d'après le précepte du Seigneur.

---

(1) L'auteur joue sur le double sens du mot θεῖα.

(2) Cp. p. 196 et *passim*.

(3) Tout ce passage paraît se rapporter à la production d'un ferment métallique, indiqué précisément dans le Papyrus X de Leide sous le titre de « masse inépuisable » (recette 7, p. 29). — La chimie de Moïse, traité qui sera donné plus loin, est aussi désignée sous le nom de *maza* (v. p. 180). Ce mot même a été employé comme synonyme de la chimie (*Introduction*, p. 209, 257).

Or ce mot, corrompu par le temps, est devenu petite masse. D'autres le tirent du phanos qui sert à puiser l'eau et qui porte des mamelons (1).

7. Sur le bruissement du feu éteint (dans l'eau?); et sur le frémissement, c'est-à-dire le sifflement produit par le retrait du souffle; ou bien sur le souffle produit par aspiration, ou par inspiration, et expiration (2).

8. Sur ce que quelques-uns des prêtres, ayant trouvé un écrit sincère, ne croyaient pas pouvoir travailler autrement que d'après les démonstrations de cet ouvrage.

9. Sur ce que l'art de l'iosis se rapporte aussi aux deux autres livres. En effet, s'il est autre, quant à l'espèce; du moins, quant au genre, c'est le même : c'est encore l'(art) tinctorial.

10. Sur ce qui est dit de l'affinage, de l'enlèvement de l'ombre, de la transformation et de l'extraction de la nature cachée, de la régénération par le feu : tout cela s'entend du blanchiment.

11. Sur les traitements utiles, depuis le blanc jusqu'au jaune, et depuis le jaune jusqu'au blanc. Au sujet des soufres notamment, il faut rechercher ce que dit le Philosophe dans sa dernière classe des liquides. « Fixe : arsenic, 1 once; soufre, une demi-once; écorce, 1 livre; pèse-les ensemble. Pour le jaune, au lieu de peser les écorces en même temps, mets du safran et de la chélidoine. Au lieu des terres blanches, le même poids d'ocre, de terre de Sinope, ou de couperose, ou de sori. Quant aux (matières) qui ne sont pas comprises dans la pesée commune, unifie(-les) avec habileté, à la façon des enfants des médecins (3). Les liquides sont presque (tous) vulgaires, sauf quelques- uns que tu connais. »

12. Sur ce qu'il faut comprendre que nous nous sommes chargés d'un labeur terrible, en entreprenant de réduire à une essence commune, c'est-à-dire de marier à cette heure les natures; comme quoi tout discours nous a été

---

(1) L'auteur joue sur le mot μαζόγιον, qu'il tire tantôt de μᾶζα, masse : tantôt de μαζός, mamelon.

(2) Les bruits divers résultant des diverses formes de souffle jouaient un rôle important chez les gnostiques. (Voir Papyrus de Leide W, *pagina* 1, l. 42 ; *pag.* 2, l. 1 et suiv.; *pag.* 3, l. 2, et *passim*).

(3) C'est le *fac secundum artem* des formules pharmaceutiques d'aujourd'hui. Les enfants des médecins sont les apprentis.

révélé à nous-mêmes ; ce qu'il faut rechercher dans ce discours ; comme quoi l'art revient à ceci : qu'est-ce ? de quelle nature est-ce ? et pourquoi est-ce ?

13. Sur ce que toutes les teintures des anciens sont réalisées en suivant la marche de la composition solide, c'est-à-dire de l'iosis. Car si vous mettez une partie d'ios, et 1 partie des espèces traitées, c'est-à-dire des poudres appelées tinctoriales, et si vous faites cuire, vous aurez un résultat exact.

14. Sur ce que la matière incombustible est celle qui ne possède plus ce qui peut éprouver la combustion, mais seulement ce qui a été brûlé : il en est ainsi des bois, et (pareillement) des sucs (animaux), dans les fièvres non critiques.

15. Sur ce que le résidu des matières brûlées, c'est-à-dire la scorie, représente l'acte accompli du Tout.

16. Sur la transmutation des quatre éléments (entr'eux) ; comme quoi non seulement les (matières) venant de la terre et de l'eau se changent en feu, mais encore sont emportées vers le haut (1) ; car le feu s'élève ; or il ne prend pas cette image au hasard, mais à cause de l'art et de ses espèces. Comme quoi ces matières étant d'abord terre et eau deviennent feu, et sont portées vers le haut. En effet c'est par leur seule qualité (propre) que les éléments sont opposés entr'eux, et non par leur substance : car la subtance n'est pas contraire à la substance, en tant que substance. C'est aussi pour cette raison que le Philosophe appelait substances les quatre éléments. Pour unifier leur substantialité, elles attirent dans leur intérieur la préparation enduite à leur extérieur. De même que les éléments dissous en eux accomplissent toutes choses, de même aussi l'art ; et de même que les quatre transformations triomphent des mélanges précédents, de même aussi nos arts, par les transmutations, triomphent des natures.

III. XLIV. — SUR LES DIVISIONS DE L'ART CHIMIQUE

1. Comme quoi il faut chercher les discours utiles eux-mêmes, et que faut-il dire au sujet de l'art des discours : ou bien que c'est un art ? ou bien

(1) Au-dessus M donne ici le signe du cinabre, et répète ce signe au-dessus du mot feu.

avant de poser la question : qu'est-ce ? ou de quelle nature est-ce ? (1) il faut demander : pourquoi est-ce ? En ce qui touche les notions, ils les exposaient chacune en particulier, et tous étaient absurdes et embarrassés ; car on peut rencontrer une difficulté indivisible.

De même que les lignes musicales les plus générales étant au nombre de quatre, A, B. Γ, Δ. on forme avec elles 24 lignes d'espèces diverses ; et qu'il y a aussi des centres et des lignes obliques, selon qu'il a été dit à propos des sons, et attendu qu'il est impossible de composer autrement les mélodies innombrables des hymnes, pour le service (du culte ?), la révélation, ou quelque autre partie de la science sacrée... (Phrase inintelligible.)

Puis vient un long développement sur la musique et sur la comparaison entre ses divisions et celles de la chimie. On n'a pas cru utile de traduire les §§ 2. 3, 4.

5. De même que si tu divises en quatre parties la philosophie par excellence, la matière étant répartie suivant sa nature, tu trouveras la (science) générale et la (science) spéciale, ainsi que les différentes classes (de sujets) ; de même aussi, en cherchant à partager exactement la philosophie (chimique) en quatre parties. nous trouvons qu'elle contient : premièrement le noircissement, secondement le blanchiment, troisièmement le jaunissement, et quatrièmement la teinture en violet (2). De même encore que chacune des parties susdites comporte des subdivisions et un triage intermédiaires entre les lignes et les points principaux de la ligne, si l'on veut procéder par ordre ; de même aussi (en chimie) entre le noircissement et le blanchiment, il y a la macération et le lavage des espèces ; entre le blanchiment et le jaunissement, il y a la lévigation. Puis, entre le jaunissement et la teinture en violet, il y a la division par moitié de la composition... Mais la fin de la teinture en violet est impossible sans le traitement au moyen de l'appareil à gorge, et sans l'union des parties. Il est impossible de procéder autrement dans notre science : si quelques-uns, tels que Epibéchius, ont étudié le jaunissement sans parler du blanchiment, ils ne l'ont pas fait sans parler de la macération ou du lavage des espèces, choses qui font maintenant partie (de l'étude) du blanchiment complet.

(1) Voir dans l'article précédent le § 12.

(2) Cp. p. 194. le § 2 qui est un résumé du texte actuel.

Le § 6 est sans intérêt.

7. Le présent volume est intitulé livre métallique (et) chimique sur la Chrysopée, l'Argyropée, la fixation du mercure. Ce (livre) traite des vapeurs, des teintures qui proviennent des (êtres) vivants (?), ainsi que des teintures des pierres vertes, des grenats et des pierres de toutes autres couleurs, de (la fabrication) des perles, et des colorations en garance des étoffes de peau destinées à l'Empereur. Toutes ces choses sont produites avec les eaux salées et les œufs, au moyen de l'art métallique (1).

III. xlv. — FABRICATION DU MERCURE

1. Prenant de la céruse et de la sandaraque par parties égales, délaie avec du vinaigre jusqu'à ce que la masse s'épaississe : ensuite, mettant dans un vase non étamé, recouvre avec un couvercle de cuivre; lute tout autour et fais chauffer doucement sur des charbons. Lorsque tu présumes que l'opération est à point, découvre légèrement, et, avec une barbe de plume, enlève le mercure (2).

2. Prenant du minerai couleur d'or, pulvérise, puis évapore jusqu'à ce que le produit soit bien sec. Mélangeant alors avec du sel, fais chauffer dans le fourneau pendant un jour et une nuit. Après avoir enlevé, lave, jusqu'à ce que le sel dissous se soit écoulé; dessèche de nouveau; pétris avec du vinaigre et abandonne un peu (de temps), jusqu'à ce que la matière soit imbibée ; puis dessèche. Remets sur le fourneau, (cette fois) sans laver et fais cela encore une fois, en pétrissant avec du vinaigre. Remets au fourneau quatre ou cinq fois, jusqu'à ce que la matière devienne comme du vermillon. Ensuite, prenant de la scorie d'asèm à poids égal, pulvérise et mélange. Puis, après avoir fait fondre, sépare (en deux parties), saupoudre du plomb

---

(1) Ce paragraphe est étranger à ce qui précède : c'est le titre d'un ouvrage perdu, mais dont certains extraits semblent exister dans notre v° partie.

(2) Cette préparation ne saurait four- nir du mercure ordinaire, mais de l'arsenic sublimé, lequel reçoit ici le nom de mercure, parce qu'il blanchit le cuivre. (*Introd*, p. 99 et 239. — Démocrite, p. 53).

avec ces deux produits (et chauffe) jusqu'à ce que ces matières soient dissipées. Après avoir fait dessécher, tu trouveras le plomb durci; fais-le fondre par petits fragments; souffle afin de faire apparaître le métal (1).

3. Prends de la terre provenant des bords du fleuve d'Égypte qui roule de l'or, pétris-la avec un peu de son, qui provient de la (fabrication de la) fleur de farine. Après avoir agité préalablement, mélangé et fait une pâte, mélange de nouveau dans un vase de terre cuite, jusqu'à ce que les deux (substances) soient tout à fait confondues et qu'il se soit formé comme une pâte de pain. Ensuite, reprends et forme de petits pains; puis, ayant étendu avec soin sur une planche, fais évaporer au soleil jusqu'à ce que la matière soit bien sèche. Puis mets dans un mortier; reprends, mets dans une marmite neuve; ferme avec soin la marmite, place-la à une distance d'une palme du sol; recouvre de fumier et fais du feu au-dessous. Lorsque la flamme se produit, découvre, remue avec un instrument de fer, jusqu'à ce que tu voies que le tout est cuit et semblable à une cendre noire. Si la matière n'est pas devenue telle, agite de nouveau en suivant le même procédé; recouvre, fais chauffer ensemble; puis retire du feu et laisse refroidir pendant un jour. Ayant pris une poignée de cette matière avec les deux mains, jette-la dans un vase de terre cuite; ajoute du mercure, agite méthodiquement avec la main. Ensuite, ôte de la marmite une autre poignée, ajoute une mesure d'eau, et lave. Ajoute encore une autre mesure (d'eau), et lave semblablement; (opère ainsi) jusqu'à ce que la marmite soit vidée; alors lave avec précaution jusqu'à ce qu'on soit parvenu au mercure. Mets dans un linge, presse avec soin jusqu'à épuisement. En déliant le linge, tu trouveras la partie solide. Après avoir fait cela, mets une boulette (du produit) sur un plat neuf; fais au milieu, en enlevant de la matière, une sorte de fossette; déposes-y la boulette, et recouvrant, dispose le plat de telle sorte qu'il dépasse partout également, à partir de sa partie centrale et jusqu'à la moitié de sa largeur. Recouvre de nouveau la marmite; et que celle-ci adhère au plat. Plaçant (la marmite) sur les pieds d'un support, fais chauffer

---

(1) Il semble qu'il s'agisse dans ce paragraphe d'une fabrication d'asèm, dont on opère la diplosis au moyen du plomb. Cp. *Introd.*, Papyrus de Leide, p. 64.

sur un feu clair, avec du bois sec ou de la bouse de vache, jusqu'à ce que le fond du plat devienne brûlant. Aie de l'eau auprès de toi pour arroser la préparation avec une éponge, en veillant à ce que l'eau ne tombe pas dans le plat. Après la chauffe, retire le plat du feu et, découvrant, tu trouveras ce que tu cherches (1).

III. xlvi. — SUR LA DIVERSITÉ DU CUIVRE BRULÉ

Le premier paragraphe est identique à l'article III, xiii, p. 154.

2. La vapeur sublimée est une substance brûlée au moyen des alambics, sur un feu léger de cobathia.

Quant aux fixations (au moyen) des scories tirées de la partie inférieure, c'est ce que les prophètes des anciens voulaient obtenir. Tout le monde entend par là les minerais, parce que la matière des corps (métalliques) est dite tétrasomie, et aussi parce que les Égyptiens désiraient obtenir le plomb noir (2). C'est dans cette opération que réside le noircissement. Or sachez que les scories sont tout le mystère (3) ; car les anciens parlent du plomb noir, parce qu'il est le support de la substance. Comment cela arrive-t-il ? Si tu ne rends pas les corps incorporels, si de deux tu ne fais pas un (4), aucun des résultats attendus ne se produira. Si toutes choses n'ont pas été atténuées, si la vapeur sublimée n'a pas été réduite à l'état d'esprit, puis fixée, rien ne sera mené à terme. Qu'il s'agisse du molybdochalque, c'est ce que montrent les traitements des deux scories. Or, prépare une liqueur avec le plomb, en prenant : natron, quatre parties ; alun rond, une partie ; misy, deux parties ; sel de Cappadoce, 4 parties ; mets (le tout) dans du vinaigre très fort et fabrique une liqueur. Dans ces (opérations), tu ôteras l'éclat aux feuilles (métalliques). C'est de cette façon que la liqueur a été reconnue principe et fin. Lorsque tu verras que tout est devenu cendre (5), comprends

---

(1) Cette description semble répondre à l'extraction de l'or de son minerai par amalgamation.

(2) OLYMPIODORE, p. 95.

(3) OLYMPIODORE, p. 99.

(4) OLYMPIODORE, p. 101.

(5) OLYMPIODORE, p. 107.

alors que tu as bien exécuté la préparation par le feu. Pulvérise donc cette scorie et épuise-la de sa partie soluble; lave-la six et sept fois dans des eaux édulcorées, après chaque fonte. Ces fontes ont lieu en raison de la richesse du minerai. En suivant cette marche et ce lavage, la composition s'adoucit. Après la fin de l'opération de l'iosis, une projection étant faite, on obtient un jaunissement stable. En faisant cela, tu fais sortir au dehors la nature cachée à l'intérieur. En effet, transforme la nature, dit-il, et tu trouveras ce que tu cherches. (1) La nature étant transformée perd sa couleur blanche.

III. XLVII. — SUR LES APPAREILS ET LES FOURNEAUX

1. Voici la description du fourneau ci-dessous; le Philosophe n'en a pas fait mention, mais il a parlé seulement des prismes et des autres (appareils), sur lesquels j'ai écrit dans (mon) commentaire relatif à la façon de régler le feu. Dans le sanctuaire antique de Memphis (2), j'ai vu en détail un fourneau qui s'y trouvait; j'ai reconnu qu'il n'avait pas été mis en état par les gens initiés aux choses sacrées. Bonne santé.

2. Un grand nombre de constructions d'appareils ont été décrites par Marie; non seulement ceux qui concernent les eaux divines (ou sulfureuses), mais encore beaucoup d'espèces de kérotakis et de fourneaux. Or les appareils pour le soufre sont ceux qu'il est nécessaire d'exposer en premier lieu. Parmi eux, il faut parler d'abord du récipient en verre, avec le tube en terre, le matras udcoé, le vase à col étroit, dans lequel pénètre le tube disposé en juste proportion avec l'ouverture du récipient (3).

Il y a une autre manière de recueillir l'eau divine : le tube n'est pas alors disposé comme avec le *tribicos*, mais placé à l'extrémité d'un autre tube de

---

(1) La fin de ce paragraphe reproduit avec des variantes notables, le § 11 de la p. 196.

(2) Temple de Phta.

(3) Ce sont les appareils des figures 14, 14 *bis* et 15 de l'*Introduction*, p. 139 et 140.

cuivre (1); il est long d'une coudée ou d'une coudée et demie. On y ajuste de la même manière un récipient unique et, au-dessous (du tube de cuivre), le matras contenant le soufre apyre. Après avoir tout disposé, on fait chauffer. Voici le modèle. Il faut avoir dans tous les cas, une coupe pleine d'eau et rafraîchir le vase tout autour avec une éponge.

3. En ce qui touche le soufre, quelques-uns (se servent) du phanos et des appareils semblables, qui ont une base en forme de serpent. Ils y fixent aussi le mercure jaune isolément, en le soumettant à la vapeur du soufre. En cela ils comprennent mal les écrits antiques, qui ont caché que le phanos n'a pas de rôle ici (?). J'ai été surpris (en lisant) cet écrit; car deux mystères y ont été celés. Nous ne cherchons pas comment la combustion par le soufre, qui est blanc et blanchit tout, rend jaune le seul mercure ; (comment) ce produit, étant blanc en puissance et en acte, lorsqu'il est brûlé avec un corps blanc, produit du jaune. Il fallait que les modernes recherchassent avant tout ces choses et comprissent l'autre mystère, à savoir que le mercure n'est pas fixé par le soufre seul, mais qu'il faut pour cela la composition tout entière.

4. J'ai ri, en écoutant la lecture de ton écrit qui décrit ce genre d'opérations : « Que le matras, est-il dit, contienne une mine de soufre apyre »... je me suis étonné de ce que, ne pouvant supporter les reproches, tu aies prétendu écrire de pareilles choses; tu as blâmé à tort ce philosophe, car tu n'as pas compris ce qu'il a dit. Dans les précédents commentaires, j'ai dit que je parlais de la fabrication des eaux, mais non de leur distillation; car autre chose est la fabrication, autre chose la distillation. Chacun de ces auteurs a parlé amplement de la distillation; mais aucun n'a exposé la fabrication; c'était là le mystère qu'on ne devait pas révéler, celui qui a été tout à fait caché. Or la distillation est de telle nature et (s'accomplit) au moyen de tels appareils (2). Quant à la fabrication, c'est-à-dire la composition de cette eau, elle a été décrite dans l'exposé détaillé de l'œuvre (3).

5. Je vais décrire le tribicos (4) : Fabrique, dit-il, trois tubes de cuivre

---

(1) Figure 16, p. 140 de l'*Introduction*.

(2) Ceux qu'il va décrire.

(3) Cependant il va la décrire de nouveau § 6. — Cp. III, xvi, p. 158.

(4) Fig. 15, p. 139 de l'*Introduction*.

laminé; dispose la lame ductile de façon qu'elle ait l'épaisseur du couvercle,
ou un peu plus : par exemple, la moitié de l'épaisseur d'une monnaie de cuivre.
Fabrique donc trois tubes dans ces conditions, et fabrique un (gros tube)
de cuivre (1), long d'une coudée, ayant une palme de diamètre. L'ouverture
du gros tube sera en proportion convenable; les trois (petits) tubes ont
une ouverture adaptée à celle du col du petit récipient. Vis-à-vis du tube
du pouce sont les deux tubes de l'index (2), ajustés au moyen d'une clavette,
des deux côtés, près de l'extrémité du gros tube; vers cette extrémité existent
trois orifices, ajustés aux tubes ainsi raccordés (avec le gros tube). Ces ori-
fices sont soudés d'une façon excentrique avec le récipient supérieur,
celui où se rend la partie volatile.

Place le gros tube de cuivre au-dessus du matras en terre cuite, qui contient
le soufre. Après avoir luté les jointures avec de la pâte de farine, adapte
aux extrémités des (petits) tubes des récipients en verre grands et forts, afin
qu'ils ne cassent pas, en raison de la chaleur de l'eau. Porte ce qui monte
dans les appareils où le Philosophe dit que l'eau s'élève.

6. Quant à la préparation et à la composition, je ne craindrai pas de t'écrire

---

(1) On traduit ainsi le mot χαλκεῖον,
qui désigne en effet le gros tube verti-
cal, dans la fig. 16 de la page 140 de
l'*Introd.* : σωλῆνες doit être entendu des
trois tubes abducteurs, par lesquels
les produits distillés s'échappent du
tribicos : βῖκος ou βίκος est le récipient, où
s'écoulent les produits. Ce mot désigne
aussi (fig. 14, p. 138) le chapiteau, ap-
pelé autrement φιάλη dans la fig. 11
(p. 132). Enfin λοπάς est le matras où
l'on place le soufre et qui est exposé
directement à l'action du feu. Ces dési-
gnations s'appliquent aux figures du
manuscrit de Venise.

Dans le manuscrit A, plus moderne
(fig. 37, p. 161 de l'*Introd.*), λοπάς a le
même sens ; mais χαλκεῖον s'applique ici
au chapiteau, qui a pris une forme nou-
velle et caractéristique. La description
du texte a cessé de répondre à cette
dernière forme. La forme du λοπάς

s'est également rapprochée de notre
chapiteau moderne (v. p. 161 de l'*In-
trod.*), ou plus exactement de celle du
pélican, appareil distillatoire qui était
encore usité au siècle dernier.

(2) Les mots ἀντίχειρος σωλήν (tube du
pouce) et λιχανός σωλήν (tube de l'in-
dex), sont appliqués à des tubes diffé-
rents dans les fig. 11 (p. 132 de l'*Introd.*)
et 15 (p. 139 de l'*Introd.*). Le premier
nom désigne dans les deux figures un
petit tube oblique et descendant. Quant
au second nom, la fig. 15 parait indi-
quer le gros tube ascendant, de direc-
tion inverse, qui est désigné dans la fig.
14 (p. 138), sous le nom de « tube de
terre cuite », et dans la fig. 16 (p. 140),
sous le nom de χαλκεῖον, objet dont
il a été question dans la note' pré-
cédente. Ces désignations ne corres-
pondent pas exactement au texte ci-
dessus, dans lequel le tube du pouce

sur ce point, ô ma princesse. La fabrication des eaux comprend ce qui suit (1):
l'Eau de soufre, d'arsenic, de sandaraque; la vapeur, l'eau de lie, l'eau
de chaux, l'eau de cendre de choux, l'eau d'alun, l'eau d'urine, de lait
d'ânesse, de chèvre ; parfois le lait de chienne, le lait de vache, et le lait
de la femme mère d'un enfant mâle, suivant Agathodémon : le vinaigre,
l'eau de mer, le miel et le ricin ou *gry* (2), l'urine d'un impubère et la
gomme. Leur production a lieu comme il suit. Chaque eau se prépare à la
façon d'une saumure proprement dite. Quand il s'agit de l'eau de cendre,
elle se prépare comme la lessive pour savonner, que j'ai décrite dans l'ex-
posé des manipulations. Si tu ne réussis pas, opère la composition avec
une cotyle d'eau. Emploie une once des espèces suivantes (2), savoir : une
once de soufre et une once d'eau pure ; une once d'arsenic et une cotyle
d'eau.....; de la lie cuite, éteinte dans le vinaigre ; de la chaux éteinte dans
une cotyle d'urine de chat; de l'alun, une once, délayé dans une cotyle
d'eau de mer; du natron roux, même quantité. Après avoir fait cuire sépa-
rément et ensemble les eaux, pendant un peu de temps, afin qu'elles prennent
de la force, fais dessécher ou distiller dans un autre vase, en y mêlant le
miel et l'huile. S'il est besoin de soufre blanc (3), délaie dans l'eau la terre
de Chio, l'astérite, l'aphrosélinon de Coptos cuit, la terre de Samos, celles
de Carie, de Cimole, ou l'antimoine (?). Mettant dans un vase l'eau devenue
bleue, ajoutes (y) du marbre (tiré) de la terre, du misy brut, et une autre
partie de chaux ; on en emploie deux parties, suivant les écrits des anciens,
où le produit est nommé l'eau double de chaux. Ajuste l'appareil sur le
matras, fais monter l'eau et mets en œuvre.

7. L'eau jaune se prépare comme il suit : Soient toutes les eaux obte-
nues d'après les règles précédentes ; au lieu de faire l'addition de deux par-
ties de chaux, ajoute une partie de sel, après avoir fait cuire chacune
de ces eaux séparément et les avoir mélangées, délaies-y, non plus des terres

---

est mis en opposition avec les deux
tubes de l'index : ces derniers représen-
tant deux des petits tubes descendants
du tribicos, le tube du pouce serait alors
le troisième, comme dans la fig. 15.

(1) Cp. p. 182.

(2) Cp. p. 165, § 15.

(3) Ce mot est une désignation géné-
rique, applicable à toutes les espèces
suivantes, ainsi qu'il a été dit ailleurs,
voir p. 172, § 10 et note 1, p. 180, § 4,
p. 185, § 4 et p. 186, § 5, etc.

blanches, mais des terres jaunes. Car nous voulons obtenir de l'eau jaune. Or, les terres jaunes sont l'ocre attique, le minium du Pont, le misy cuit, la couperose cuite, et les matières semblables ; toutes les plantes (jaunes) que l'on connait communément (1), ainsi que le jaune d'œuf, le safran des œufs et la chélidoine double. Quant aux herbes, ne les incorpore pas avec l'eau, mais seulement les terres. Puis, changeant de vase, comme on le fait d'ordinaire, ajoute les plantes et fais cuire quatre ou cinq fois, dans l'appareil. Fais monter l'eau et emploie-la, avec addition de gomme. Après avoir découvert (l'appareil), tu trouveras les herbes brûlées, ayant perdu leur teinte propre, c'est-à-dire leur esprit propre. La portion la plus pure de cette eau divine a une vertu et une nature telle que, si vous trempez l'argent dans l'eau bouillante, la teinture sera indélébile. Bonne santé !

III. XLVIII. — FABRICATION DE L'ARGENT AVEC LA TUTIE [2]

Prenant de la tutie, environ 20 hexages (poids), broyez jusqu'à ce qu'elle devienne or (3); prenant environ 5 hexages de soufre apyre, broyez jusqu'à ce qu'il devienne plomb (4). Ensuite prenant 6 blancs d'œufs, après avoir décapé, mettez dans l'alambic, et faites cuire pendant deux jours et deux nuits. Enlevez pour voir si la matière est bien à point ; remettez de nouveau (la matière) et faites cuire (encore) pendant un jour. Ensuite prenant du cuivre, environ 10 hexages, mettez-le dans un creuset et projetez-y 6 cotyles (de la matière ci-dessus) : vous obtenez de l'argent (5).

------

(1) Cp. p. 166, § 18. Sur le sens du mot plante, voir p. 71, p. 123, p. 153, note 2, p. 159, § 4 et note 2, etc.

(2) Recette surajoutée dans le manuscrit de St-Marc et plus moderne.

(3) Prenne la couleur de l'or.

(4) Prenne la couleur du plomb, en agissant sur les oxydes mélangés qui forment la tutie.

(5) C'est-à-dire un alliage blanc.

III. XLIX. — DU MÊME ZOSIME

SUR LES APPAREILS ET FOURNEAUX. COMMENTAIRES AUTHENTIQUES
SUR LA LETTRE Ω (1)

1. L'élément Ω est rond, formé de deux parties : il appartient à la septième zone, celle de Saturne (2), dans le langage des êtres corporels ; car dans le langage des incorporels, il y a une autre chose qui ne doit pas être révélée. Nicothée seul (la) sait, lui le personnage caché. Or, dans le langage des êtres corporels, cet élément est appelé l'océan, l'origine et la semence de tous les dieux. Tels les principes fondamentaux du langage des êtres corporels (3). Sous le nom de ce grand et admirable élément Ω, on comprend la description des appareils de l'eau divine, celle de tous les fourneaux simples et machinés, de tous, absolument parlant.

2. Zosime (s'adressant) à Théosébie, lui explique ceci avec bonne volonté. « (L'exposé des) teintures convenables, ô femme, a fait tourner en ridicule mon livre sur les fourneaux. En effet, beaucoup (d'écrivains), remplis de bienveillance pour leur propre génie, se sont moqués des teintures convenables et ils ont regardé le livre sur les fourneaux et appareils comme n'étant pas conforme à la vérité. Aucun discours ne peut leur persuader ce qui est la vérité, s'il n'est inspiré par leur propre génie. Par un destin fatal, ce qu'ils avaient reçu, ils le tournaient à mal dans leur langage, au détriment de l'art et de leur propre succès, les mêmes mots étant détournés malheureusement dans les deux sens (opposés). C'est avec peine que, contraints par la nécessité

---

(1) Ce titre est probablement celui de l'un des livres de Zosime, désignés chacun par l'une des lettres de l'alphabet. Le premier paragraphe serait le début du livre ; il roule sur une suite de jeux de mots sur l'oméga, assimilé à l'œuf philosophique et à l'océan.

(2) Saturne occupe le 7e des cercles concentriques ou zones de l'univers, qui ont la terre pour centre commun, dans la classification des astres errants ou planètes ; Saturne correspond aussi à

la lettre Ω, dans la concordance des voyelles avec ces astres ; ainsi qu'au plomb, dans la nomenclature des métaux (corps métalliques).

(3) Cette multiplicité des langages mystiques, où un même sens s'exprime par des mots divers, tandis qu'un même signe répond à plusieurs sens, se retrouve dans le Papyrus W de Leide, *Introd.*, p. 18. La Cabbale repose aussi sur des conventions analogues.

des démonstrations, ils accordaient quelque point, même au sujet des choses qu'ils avaient comprises précédemment. Mais de tels auteurs ne doivent être approuvés, ni par Dieu, ni par les philosophes. Car les temps (des opérations) étant désignés dans le dernier détail, et après que le Génie les a favorisés dans l'ordre corporel (1), ils refusent d'accorder un autre point, oubliant toutes les choses évidentes qui précèdent. Ils ont dû partout obéir à la destinée, pour les choses déjà dites et pour leurs contraires, sans pouvoir rien imaginer d'autre, relativement aux êtres corporels; (je dis) rien d'autre que l'ordre fatal de la destinée. Les hommes de cette espèce, Hermès, dans le traité sur les Natures, les appelait des insensés, propres seulement à faire cortège à la destinée, mais incapables de rien comprendre aux choses incorporelles, ni même de concevoir la destinée qui les conduit avec justice. Mais ils font outrage à ses enseignements sur les êtres corporels, et ils se livrent à des imaginations étrangères à leur propre bonheur.

3. Hermès et Zoroastre ont déclaré que la race des philosophes est supérieure à la destinée. En effet, ils ne jouissent pas du bonheur qui vient de celle-ci. Dominant ses plaisirs, ils ne sont pas atteints par les maux qu'elle cause; vivant toujours dans leur for intérieur, ils n'acceptent pas les beaux présents qu'elle offre, parce qu'ils en voient la fin malheureuse. C'est pour cette raison qu'Hésiode (2 nous présente Prométhée donnant des conseils à Épiméthée : « Quel est le bonheur que les hommes jugent le plus grand de tous ? Une belle femme, dit-on, avec beaucoup d'argent. » Il dit qu'il ne reçoit aucun présent de Jupiter Olympien; mais il les rejette, enseignant à son frère qu'il doit repousser, au nom de la philosophie, les présents de Jupiter, c'est-à-dire les dons de la destinée.

4. Quant à Zoroastre, se glorifiant de la connaissance de toutes les choses supérieures et de celles de la magie, il dit qu'il se détourne du langage des êtres corporels; que tout ce qui vient de la destinée est mauvais, soit en détail, soit dans l'ensemble. Hermès, toutefois, parlant des choses extérieures, condamne la magie, disant que l'homme spirituel, celui qui se connaît lui-même, ne réussit en rien par la magie, et ne regarde pas comme

----

(1) C'est-à-dire dans l'opération de la régénération des corps métalliques.

(2) Œuvres et Jours, vers 86.

convenable de violenter la nécessité. Mais il laisse aller (les choses), telles qu'elles vont de nature et d'autorité. Il a pour seul objet de se chercher lui-même, de connaître Dieu, et de dominer la triade innommable. Il laisse la destinée faire ce qu'elle veut, en la laissant agir sur le limon terrestre, c'est-à-dire sur le corps. Il s'exprime ainsi : « Si tu comprends et si tu te conduis convenablement, tu contempleras le fils de Dieu, devenu tout (1 en faveur des âmes saintes. Pour tirer ton âme du sein de la région (corporelle), régie par la destinée, (et l'amener) vers la (région) incorporelle, vois comme il est devenu tout, (c'est-à-dire à la fois) Dieu, ange, et homme sujet à la souffrance. En effet pouvant tout, il devient tout ce qu'il veut ; il obéit à son père, en pénétrant tout corps, en éclairant l'esprit de chacun ; il s'est élancé dans la région heureuse, là où il était avant d'avoir pris un corps. Tu le suivras, excité et guidé par lui vers cette lumière.

5. Regarde le tableau que Cébès a tracé, ainsi que le trois fois grand Platon et le mille fois grand Hermès ; vois comment Toth interprète la première parole hiératique, lui le premier homme, interprète de tous les êtres, et dénominateur de toutes les choses corporelles. Or les Chaldéens, les Parthes, les Mèdes et les Hébreux le nomment Adam : ce qui signifie terre vierge, terre sanglante, terre ignée et terre charnelle (2). Ces choses se trouvent dans les bibliothèques des Ptolémées, déposées dans chaque sanctuaire, notamment au Sérapéum ; (elles y ont été mises) lorsque Asenan, l'un des grands prêtres de Jérusalem, envoya Hermès (3), qui interpréta toute la Bible hébraïque en grec et en égyptien.

6. C'est ainsi que le premier homme est appelé Toth parmi nous, et parmi eux, Adam ; nom donné par la voix des anges. On le désigne symboliquement au moyen des quatre éléments (4), qui correspondent aux points

---

(1) Ce mot vague est expliqué deux lignes plus bas.

(2) Ce texte est mutilé, comme on le voit dans OLYMPIODORE, p. 95, note 5. En effet ce qui est relatif à la terre s'applique à Ève.

(3) Le nom d'Hermès reprend ici le sens générique, suivant lequel il était l'auteur de tous les ouvrages égyptiens.

Voir CLÉMENT D'ALEXANDRIE, cité dans les *Origines de l'Alchimie*, p. 39 et 40. On remarquera que l'origine de la traduction grecque de la Bible se trouve expliquée ici autrement que dans la traduction des Septante.

(4) Le même mot signifie lettre et élément.

cardinaux de la sphère, et en disant qu'il se rapporte au corps (1). En effet, la lettre A de son nom désigne l'Orient (Ἀνατολή) et l'Air (Ἀήρ). La lettre D désigne le couchant (Δύσις), qui s'abaisse à cause de sa pesanteur. La lettre M montre le Midi (Μεσημβρία), c'est-à-dire le feu de la cuisson qui produit la maturation des corps, la 4ᵉ zone et la zone moyenne.

Ainsi l'Adam charnel, sous sa forme apparente, est appelé Toth ; mais l'homme spirituel contenu en lui (porte un nom) propre et appellatif. Or nous ignorons jusqu'à présent quel est ce nom propre; car Nicothée, ce personnage que l'on ne peut trouver, savait seul ces choses. Quant au nom appellatif, c'est celui de φῶς (lumière, feu) : c'est pour cela que les hommes sont appelés φῶτες (mortels).

7. Lorsqu'il était dans le Paradis sous forme de lumière (φῶς), soumis à l'inspiration de la destinée, ils lui persuadèrent en profitant de son innocence et de son incapacité d'action, de revêtir (2) le (personnage d') Adam, celui qui (était soumis à) la destinée, celui qui (répond) aux quatre éléments. Lui, à cause de son innocence, ne refusa pas; et ils se vantaient d'avoir asservi (en lui) l'homme extérieur.

C'est dans ce sens qu'Hésiode (3) a parlé du lien avec lequel Jupiter attacha Prométhée. Ensuite, après ce lien, il lui en envoie un autre, (c'est-à-dire) Pandore, que les Hébreux nomment Ève. Or, Prométhée et Epiméthée, c'est un seul et même homme dans le langage allégorique ; c'est l'âme et le corps. Prométhée est tantôt l'image de l'âme ; tantôt (celle) de l'esprit. C'est aussi l'image de la chair, à cause de la désobéissance d'Épiméthée, commise à l'égard de Prométhée, son propre (frère).

Notre intelligence dit : Le fils de Dieu, qui peut tout et qui devient tout lorsqu'il (le) veut, se manifeste comme il veut à chacun. Jésus-Christ s'ajoutait à Adam et (le) ramenait au Paradis, où les mortels vivaient précédemment.

8. Il apparut aux hommes privés de toute puissance, étant devenu homme (lui-même), sujet à la souffrance et aux coups. (Cependant), ayant secrètement dépouillé son propre caractère mortel, il n'éprouvait (en réalité) aucune souffrance; et il avait semblé fouler aux pieds la mort, et la

---

(1) En tant que formé par la réunion des quatre éléments.

(2) Voir plus haut.

(3) Cp. *Théogonie*, vers 521, 618.

repousser, pour le présent et jusqu'à la fin du monde : tout cela en secret. Ainsi dépouillé des apparences, il conseillait aux siens d'échanger aussi secrètement leur esprit avec celui de l'Adam qu'ils avaient en eux, de le battre et de le mettre à mort, cet homme aveugle étant amené à rivaliser avec l'homme spirituel et lumineux : c'est ainsi qu'ils tuent leur propre Adam (1).

9. Ces choses se font jusqu'à ce que vienne le démon *Antimimos* (2); jaloux d'eux et voulant les induire de nouveau en erreur, il se dit lui-même fils de Dieu ; bien qu'étant sans forme (originale) (3), ni d'âme ni de corps. Mais devenus plus sensés, par suite de la prise de possession de celui qui est réellement fils de Dieu, ils lui abandonnent leur propre Adam; immolant leurs esprits mortels, ils demeurent sauvés, dans le lieu particulier où ils se trouvaient avant (la création du) monde. Ainsi, avant d'accomplir ces choses, il envoie d'abord l'Antimimos, le rival, son précurseur, sorti de la Perse, lequel tient des discours pleins d'erreurs et de fables, et dirige les hommes suivant la destinée. Or les éléments de son nom sont au nombre de neuf, la diphthongue étant conservée (4), suivant le but que se propose la destinée. Ensuite, après sept périodes, plus ou moins, il viendra aussi lui-même, en vertu de sa nature propre.

10. Ces choses sont dites seulement par les Hébreux, ainsi que par les livres sacrés d'Hermès sur l'homme lumineux et sur le fils de Dieu, son guide ; sur l'Adam terrestre et sur Antimimos son guide, qui se dit, par blasphème et erreur le fils de Dieu. Or les Grecs appellent l'Adam terrestre Épiméthée : ce qui veut dire conseillé par son esprit particulier, c'est-à-dire par son frère, qui lui disait de ne pas accepter les dons de Jupiter. Toutefois, s'étant abusé et repenti, et ayant cherché la région heureuse, il explique tout, et il conseille en tout ceux qui ont un entendement spirituel. Mais

---

(1) Ce passage, ainsi que ceux qui précèdent doivent être rapprochés des doctrines des docètes et de celles de certains gnostiques. (Cp. RENAN, *Histoire des Origines du Christianisme*, t. V, p. 421, 458, 525, etc.

(2) Contrefacteur. — Son intervention rappelle le manichéisme et les doctrines persanes sur les deux principes.

(3) Comme son nom l'indique.

(4) S'agit-il d'εἱμαρμένη, qui a 9 lettres et une dipthongue ; ou bien du génitif ἀντιμέρου, qui satisfait aux mêmes conditions ; ou bien encore de φωσφόρος, Lucifer ?

ceux qui n'ont qu'un entendement corporel, appartiennent à la destinée ; ils n'admettent ou ne confessent rien d'autre.

11. Tous ceux qui (font des teintures) convenables et réussissent (par hasard) ne disent pas autre chose ; ils persiflent l'art exposé dans le grand livre sur les fourneaux, et ils ne comprennent pas non plus le Poète lorsqu'il dit :

« Mais les Dieux n'avaient pas encore donné en même temps aux hommes.... etc. »

Ils ne réfléchissent à rien et ne voient pas les divers genres de vie des hommes : comme quoi les hommes réussissent différemment dans un seul (et même) art : comment ils opèrent différemment dans un seul (et même) art ; comment ils pratiquent un seul (et même) art, au moyen des caractères et des figures diverses des astres (?). Ils ne voient pas que tel artisan est paresseux (?), tel artisan isolé ; tel autre dégénère, tel devient pire, tel ne progresse pas. Il arrive aussi que l'on rencontre dans tous les arts des gens qui travaillent un même art avec des outils et des procédés différents, et qui ont à un degré différent l'intelligence et la réussite.

12. Parmi tous les arts, c'est surtout dans l'art sacré qu'il convient de considérer ces choses. Par exemple, après une fracture, si le patient rencontre un prêtre (habile), celui-ci agissant de sa propre inspiration (1), réunit les fragments, de telle sorte que l'on entend le craquement des os qui se rejoignent. Si l'on ne trouve pas un tel prêtre, que le blessé cependant ne craigne pas de mourir, mais que l'on amène des médecins avec leurs livres, pourvus de dessins et de figures ombrées. Etant pansé conformément aux lignes des figures du livre, le blessé est entouré de liens mécaniquement et il continue à vivre, après avoir repris la santé. Nulle part l'homme ne se résigne à mourir, faute de trouver un prêtre qui réunisse les fractures.

Au contraire, ceux-ci, les malheureux (ignorants), se laissent mourir de faim, plutôt que d'apprendre à connaître et à pratiquer la description des fourneaux, telle qu'elle est tracée : c'est par là que, devenus bienheureux, ils triompheraient de la pauvreté, cette maladie incurable. En voilà assez sur ce chapitre.

13. Quant à moi j'arrive à mon sujet, qui concerne les fourneaux.

---

(1) C'est la pratique du prêtre rebouteur, envisagée comme supérieure à la science écrite du médecin.

Ayant reçu les lettres que tu as écrites, j'ai vu que tu m'invites à rédiger pour toi la description des appareils. J'ai été surpris de voir que tu écrives pour obtenir de moi la connaissance des choses qui ne doivent pas être connues ; n'as-tu pas entendu le Philosophe ; lorsqu'il dit : « Ces choses, je les ai passées volontairement sous silence, parce qu'elles sont décrites amplement dans mes autres écrits » ? Cependant tu as voulu les apprendre de moi ; ne crois pas du reste que mon écrit soit plus digne de foi que celui des anciens, et sache que je ne pourrais pas les surpasser'. Mais, afin que nous entendions tout ce qui a été dit par eux, je vais t'exposer ce que je sais. Voici ce que c'est.

14. Récipient de verre, tube de terre cuite de la longueur d'une coudée. Matras ou vase à étroite embouchure, dont le goulot est proportionné à la grosseur du tube. Voici le modèle (1). Il faut avoir une coupe d'eau et mouiller le vase avec une éponge. Pour les vapeurs sublimées, ainsi que pour le mercure, c'est le même vase.

On peut fixer le mercure dans le phanos (vase) et dans des appareils semblables, ayant un récipient de forme serpentine. On jaunit (le mercure) par la vapeur du soufre ; c'est là ce que conseillent les anciens écrits, le phanos ne contenant pas le soufre '2'. Tu seras surpris, au sujet de cet écrit, de ce que deux mystères manifestes y ont été cachés. D'abord ne cherchons-nous pas comment la vapeur du soufre, qui blanchit (les métaux', rend (cependant) le mercure jaune, ni comment cela arrive lorsqu'il est brûlé ? Et en outre, comment ce mercure, étant blanc en puissance et en fait, devient jaune lorsqu'il est brûlé et fixé par une substance blanche ?

15. Il fallait donc que les modernes cherchassent avant tout ces choses. Quant à l'autre mystère, je pense que (le mercure) n'est pas fixé seul, mais avec toute la composition. Maintenant les appareils dans lesquels on exécute aussi la (fabrication de l'eau) de soufre natif, la fixation du mercure, l'arrosage des mélanges et leur teinture sont ceux-ci.

(Suit la formule de l'Écrevisse. *Introd.*, p. 152.)

---

(1) Il répond à la figure 16 de la p. 140 de l'*Introd.* Ce passage reproduit la fin du second alinéa du § 2 de la p. 216, avec des variantes considérables.

(2) Les Ms. indiquent le plomb, sans doute par suite d'une confusion de signes.

16. L'ios qui provient du cuivre sans ombre, étant jauni, est soumis à l'action de la sublimation ; puis on le dépose dans du miel blanc.

17. La masse molle, jaunie par notre cuivre, agit en son lieu et place, mais moins fortement que........ : tout cela se trouve chez Agathodémon.

18. La masse molle obtenue avec les petites scories, mettez-la dans le phanos (vase) et fixez avec la vapeur des soufres volatilisés, afin qu'elle devienne comme du cinabre. Ensuite mettez-la dans des bocaux ou dans des coupes, étalez et employez comme ci-dessus.

Signes de : Ciel ; soleil (ou or). Terre, ciel (1).

19. Comme on le voit, toutes les espèces (provenant) des vapeurs ont été mélangées par Agathodémon : telles sont la chrysocolle, la (pierre) étésienne, la fleur d'or et en général toutes celles qui servent dans la teinture de l'argent, ainsi que le comporte sa dernière classe. Or il emploie les vapeurs, afin d'éviter que l'argent se réduise en scorie, ou qu'il ne cède sa substance aux corps épais et terreux, susceptibles d'être calcinés et torréfiés.

III. L. — SUR LE TRIBICOS ET LE TUBE

1. Je vais te décrire le tribicos. On appelle ainsi la construction en cuivre transmise traditionnellement par Marie (2). Voici en quels termes : Fabrique, dit-elle, trois tubes de cuivre laminé et aminci, d'une épaisseur dont voici la mesure : ce sera à peu près celle d'une poêle en airain, à faire cuire les gâteaux ; la longueur sera d'une coudée et demie. Fabrique donc trois tubes dans ces conditions, et fabrique aussi un (gros) tube, ayant environ une palme de diamètre et une ouverture proportionnée à celle du vase de cuivre (3). Les trois tubes auront une embouchure adaptée au col du petit récipient, au moyen

(1) Dans B ces signes sont répétés au-dessus des mots : « toutes les espèces ».

(2) Voir l'article précédent, p. 217, § 5.

— Il y a ici des variantes considérables.

(3) Ici χαλκεῖον paraît signifier chapiteau (voir la note 1 de la p. 218)

d'une clavette, par le tube du pouce (1); afin que les deux tubes de l'index
s'adaptent latéralement aux deux mains (2). Vers l'extrémité du vase de
cuivre, existent trois orifices, ajustés aux tubes et bien raccordés. On
les soude d'une façon excentrique au récipient supérieur, destiné à rece-
voir la partie volatile. On place le vase de cuivre au-dessus du matras ‚en
terre cuite qui contient le soufre. Après avoir luté les jointures avec de la
pâte de farine, adapte aux extrémités des tubes des récipients en verre,
grands et forts, afin qu'ils ne cassent pas en raison de la chaleur de l'eau
qui entraîne la matière distillée. Voici la figure : Tube de l'index (3 .

Le § 2 est la reproduction du premier alinéa du § 2 de l'article III, xlvii, p. 216.
Le § 3 reproduit le § 4 du même article (p. 217), mais avec des variantes très
importantes que l'on va donner.

3. J'ai ri en écoutant ce qui est relatif aux diverses classes de ces
appareils. Car tu dis : Pour chaque opération, que le matras contienne
une mine de soufre apyre. Et je t'ai admirée aussi en ceci que, ne suppor-
tant pas le reproche, tu aies prétendu écrire de pareilles choses. De plus tu
en es venue à critiquer le Philosophe, parce qu'il a osé dire : « Ces choses je
les ai passées sous silence, attendu qu'elles sont déjà exposées avec grands
détails dans les écrits des autres… (Lute) avec du suif, ou de la cire, ou
de la terre grasse, ou avec ce que tu voudras, et, après avoir calciné,
enlève ». Or voici la figure qui se trouve dans les écrits.

Insistant dans un sentiment d'envie indomptable, tu critiques vainement le
Philosophe; car tu n'as pas compris ce qu'il dit. Il ne veut pas parler, comme
dans les commentaires précédents, de la fabrication des eaux, mais de leur
distillation ; car autre chose est la fabrication, autre chose la distillation. Il
a dit qu'on n'écrivait rien en détail sur leur mercure ; nul d'entre eux n'en
exposait la fabrication ; car c'était là le mystère caché. C'est une chose celée
avec soin. La distillation a donc lieu au moyen de ces appareils, ou d'autres
similaires, imaginés par les gens intelligents ; tels sont ceux qui ont

(1) Cp., la note 2 de la p. 218.   (3) Ceci désigne la figure 15 de la
(2) C'est-à-dire aux deux récipients   p. 139 de l'*Introd.*
correspondants.

étudié auparavant les Pneumatiques d'Archimède, ou d'Héron et d'autres auteurs, ainsi que leurs écrits relatifs à la mécanique.

4. *Sur d'autres fourneaux.* — Comme la suite de notre discours a pour sujet les fourneaux et la teinture, je ne veux pas te répéter ce qui se trouve dans les écrits des autres. En effet, chez Marie, la description du fourneau présentée ici ne figure pas. Le Philosophe n'en a pas fait mention, mais seulement des prismes et des autres (appareils) dont j'ai parlé en passant, dans le commentaire sur les règles du feu (1). Afin qu'il ne puisse rien manquer à tes écrits, parles-y du fourneau de Marie, celui dont Agathodémon a fait mention, en ces termes : « Or voici la description de la classe des kérotakis destinées au soufre mis en suspension. Prenant une coupe, fais y des divisions, c'est-à-dire fais avec une pierre une entaille centrale et circulaire dans le fond de la coupe, afin d'y engager à la partie inférieure une saucière de dimension correspondante (2). Dispose un vase mince de terre cuite, ajusté et suspendu à la coupe, retenu par elle dans sa partie supérieure : et s'avançant vers la kérotakis de fer. Dispose la feuille (métallique) que tu voudras, conformément à l'écrit, au-dessus du vase et au-dessous de la kérotakis, en même temps que la coupe, de telle façon que tu puisse voir à l'intérieur. Après avoir luté les jointures, fais cuire autant d'heures que le dit notre rédaction. Voilà pour le soufre en suspension. Pour l'arsenic en suspension, on opère semblablement. Pratique un petit trou d'aiguille au centre du vase.

5. Autre coupe de verre placée au-dessous. Le vase de terre cuite sera de dimension telle qu'il s'ajuste aux parties arrondies et conforme à ces parties (3).

6. C'est le fourneau en forme de four, dit Marie, ayant à la partie supérieure trois trous (suçoirs), destinés à arrêter (les gros morceaux) et à évacuer les parties fondues) (4). Fais chauffer progressivement, en brûlant des roseaux grecs pendant deux ou trois jours et autant de nuits, selon ce que comporte la teinture, et laisse torréfier complètement dans le fourneau. Puis fais descendre pendant tout un jour de l'asphalte, en y ajoutant ce que tu sais, plus du cuivre

(1) Cp. page 216.

(2) Figure 25 de la page 149 et figure 22 de la page 146 de l'*Introduction*.

(3) Figures 24 et 24 *bis* de la page 48 de l'*Introduction*.

(4) Ce sont les figures 20 et 21, page 143 de l'*Introduction*.

blanc ou jaune. Or (cela) peut se faire ainsi : l'appareil en forme de crible blan‑
chit, jaunit, produit de l'ios. Cuis légèrement, comme pour produire du fard,
la teinture des mélanges et tout ce que tu pourras imaginer. Telle est la fabri‑
cation.

III. LI. — LE PREMIER LIVRE DU COMPTE FINAL
DE ZOSIME LE THÉBAIN

1. Ici, se trouve confirmé le livre de la Vérité.

Zosime à Théosébie, salut !

Tout le royaume d'Égypte (1), ô Femme, dépend de ces deux arts, celui
des (teintures) convenables et celui des minerais. L'art appelé divin, soit
dans ses parties dogmatiques et philosophiques, soit dans la plupart des
questions de moindre portée, a été confié à ses gardiens pour leur subsistance.
Il en est ainsi non seulement pour cet art, mais encore pour les quatre arts
appelés libéraux et pour les arts manuels. Leur puissance créatrice appartient
aux rois. S'ils le permettent, celui-là l'expose de vive voix, ou l'interprète
d'après les stèles, qui en a reçu la connaissance comme héritage de ses aïeux.
Mais celui qui possédait la connaissance de ces choses ne fabriquait pas
(pour lui-même), car il eût été puni; de même que les artisans qui
savent frapper la monnaie royale n'ont pas le droit de la frapper pour eux-
mêmes, sous peine de châtiment. De même aussi, sous les rois Égyptiens, les
artisans de l'art de la cuisson et ceux qui possédaient la connaissance des
procédés n'opéraient pas pour eux-mêmes; mais ils opéraient pour les rois
d'Égypte, et travaillaient en vue de leurs trésors. Ils avaient des chefs par‑
ticuliers placés à leur tête, et grande était la tyrannie exercée dans l'art de la
cuisson, non seulement en elle-même, mais aussi en ce qui touche les mines
d'or. Car en ce qui touche la fouille, c'était une règle, chez les Égyptiens,
qu'il fallait une autorisation écrite.

2. Quelques-uns reprochent à Démocrite et aux anciens... (La suite
comme à la page 98, jusqu'à la fin du paragraphe.)

---

(1) Cp. p. 205 et OLYMPIODORE, p. 97. — Le texte actuel offre des variantes notables.

3. ..... Quant aux teintures convenables, personne ni parmi les Juifs, ni parmi les Grecs, ne les a jamais exposées. En effet, ils les plaçaient dans les images, formées avec leurs propres couleurs et destinées à les conserver. Les opérations faites sur les minéraux diffèrent beaucoup des teintures convenables. Ils étaient très jaloux de la divulgation de l'art lui-même; et ne laissaient pas le manipulateur sans punition. Celui qui fait une fouille sans autorisation, peut être précipité (et mis à mort) par les surveillants des marchés de la ville, chargés du recouvrement des impôts royaux. De même il n'était pas permis de mettre en œuvre secrètement les fourneaux, ou de fabriquer en secret les teintures convenables. Aussi tu ne trouveras personne parmi les anciens qui révèle ce qui est caché, et qui expose quelque chose de clair à cet égard. Je n'ai rencontré que Démocrite seul, parmi les anciens, qui ait fait entendre clairement quelque chose à cet égard, dans les énumérations de ses catalogues.

En effet, voici comment il débute, dans le préambule de sa composition sur les arts libéraux : ici observe sa malice. Il parlait seulement, au début, du mercure et du corps de la magnésie. Or les autres (substances) sont toutes de la classe des teintures convenables. Il s'exprime ainsi: « Ocre attique, minium du Pont, soufre natif: on en prend une livre; pierre phrygienne, sori jaune, couperose sèche, cinabre, misy cuit, misy cru. Tu fabriqueras l'andro-damas, le soufre, l'arsenic, la sandaraque. Pour ne pas énumérer tout ce qui est dans les quatre catalogues, tu trouveras toutes les substances propres aux (teintures) et pour que tu exécutes ce qu'il fait entendre la dessus, il a énuméré les (substances) crues et les (substances) cuites, qui répondent aux deux arts. Il parle de préférence des teintures parmi les choses convenables. Lorsqu'il dit : misy cru, misy cuit. sori jaune, couperose sèche et autres simi-laires ; il parle des (substances) qui ont subi un certain traitement, en s'atta-chant aux arts libéraux. Mais pourquoi ne parle-t-il pas de toutes ces subs-tances, après qu'elles ont été traitées et jaunies, telles que le mercure jaune et le corps (de la magnésie jaune, et généralement tout le catalogue jaune?

4. Vois comment ce qu'il pensait et ce qu'il écrivait était présenté sous forme énigmatique; il voulait tout faire entendre par énigmes. Les témoignages les plus dignes de foi qu'il ait trouvés sur ces choses, il les a fait entendre par énigmes. Comment se fait-il que sachant qu'il n'y a qu'une teinture et qu'une

marche, il représentait celles-ci comme multiples, disant : « Parmi ces natures, il n'en est pas de meilleure pour les teintures... » ; afin de montrer que les mêmes espèces peuvent servir à composer convenablement plusieurs teintures, la proportion variant suivant la quantité des espèces (destinées aux teintures [?]) depuis une seule jusqu'au nombre de cinquante et une. En même temps, il parle de l'opération naturelle, c'est-à-dire de la matière de la fabrication de l'or, et il met en évidence les teintures naturelles. Il dit encore: « Je vous ai engagés dans un grand travail, si quelques-uns ayant opéré avec une quantité considérable de matière, venaient à échouer dans la fabrication des produits naturels ».

Au temps d'Hermès, on appelait teintures naturelles celles qui devaient être inscrites (plus tard) sous un titre commun, dans son ouvrage intitulé : *Livre des Teintures naturelles*, dédié à Isidore (1). Lorsqu'elles avaient réussi avec les objets de cuivre, elles devenaient et étaient dites convena-bles. Au surplus, on reproche aux anciens et surtout à Hermès, de ne les avoir exposées, ni publiquement, ni en secret, et de ne pas avoir fait enten-dre ce que c'est.

5. Seul, Démocrite l'a exposé dans son ouvrage et l'a fait entendre. Mais eux, ils ont gravé ces procédés sur les stèles, dans l'ombre des sanc-tuaires, en caractères symboliques ; ils y ont gravé ces procédés et la chorographie de l'Égypte (2) ; de telle sorte que, si quelqu'un osait affronter les ténèbres du sanctuaire pour obtenir la connaissance d'une façon illicite, il ne réussit pas à comprendre les caractères, malgré son audace et sa peine (3). Mais les Juifs, ayant été initiés, ont transmis ces procédés convenables, qui leur avaient été confiés. Voici ce qu'ils con-seillent dans leurs traités : « Si tu découvres nos trésors, abandonne l'or à ceux qui veulent se détruire eux-mêmes. Après avoir trouvé les carac-tères qui décrivent ces choses, tu réuniras toutes ces richesses en peu (de temps) ; mais si tu te bornes à prendre ces richesses, tu te détruiras toi-

---

(1) Synonyme : PÉTÉSIS.
(2) Voir le texte de Clément d'Alexan-drie, *Origines de l'Alchimie*, p. 41.
(3) Note de A. « Il faut pénétrer le sens spirituel du caractère, et éviter les opinions tirées des paroles charnelles. » — On voit à quelles imaginations don-naient lieu les vieux textes hiéroglyphi-ques que l'on ne comprenait plus (Cp. *Introduction*, p. 235).

même, par suite de l'envie des rois qui gouvernent et de celle de tous les hommes (1). »

6. Il y avait deux genres de (teintures) convenables, dans les toiles teintes (2), qu'ils présentaient à leurs prêtres ; voici pourquoi elles étaient appelées convenables (3), c'est parce qu'ils opéraient au moment voulu les teintures, à la volonté de ceux qui (les) attendaient ; mais pour ceux qui ne le demandaient pas, ils opéraient autrement. Les (teintures) convenables étaient obtenues par le mélange des espèces tinctoriales, en opéran t avec les espèces pures. Les unes appartiennent à ces arts précieux ; quant à l'autre genre de teintures pures et naturelles, voici l'interprétation que Hermès grava sur les stèles : « Fais fondre seulement la matière jaune verdâtre, la matière jaune, la noire, la verte et les similaires. » Ils appelaient ces terres, en langage mystique, des minerais. Hermès indique aussi les espèces de couleurs : « Celles-ci agissent naturellement ; mais elles sont surpassées par les produits supra-terrestres. Or si quelque initié s'en débarrasse, il obtiendra ce qu'il cherche. »

7. Ceux qui apportaient (les couleurs fabriquées par voie surnaturelle (?), étant ainsi mis de côté, conseillaient aux gens considérables d'agir contre nous tous, savants, opérant par des actions naturelles. Ils ne voulaient pas être mis de côté par les hommes (4), mais être suppliés et adjurés de céder ce qu'ils avaient fabriqué, en retour des offrandes et des sacrifices. Ils tinrent donc cachés tous les procédés naturels, ceux qui donnent les résultats sans artifice. Ce n'était pas seulement par jalousie contre nous, mais parce qu'ils étaient soucieux de leur existence et ne voulaient pas s'exposer à être battus de verges, chassés, et à mourir de faim, en cessant de recevoir les offrandes des sacrifices. Ils opérèrent ainsi : Ils cachèrent les procédés naturels et mirent en avant les leurs, qui étaient d'ordre surnaturel (5,; ils exposèrent à leurs

---

(1) Note de A. « Il y a beaucoup de livres relatifs à la chimie. Les uns parlent des teintures naturelles ; les autres, des surnaturelles : les deux ordres de livres sont mensonge et vérité dissimulée. »

(2) La teinture des étoffes est ici assimilée à celle des métaux (voir Origines de l'Alchimie, p. 242 et suiv.).

(3) Ou opportunes.

(4) Comme imposteurs.

(5) Ce curieux passage accuse la rivalité des opérateurs procédant par la magie et avec charlatanisme, contre ceux qui opéraient par la science seule et qui leur enlevaient leur clientèle.

prêtres que les gens du peuple négligeraient les sacrifices, s'ils n'avaient plus recours aux procédés surnaturels, pour s'adresser à ceux qui possédaient cette prétendue connaissance des alliages vulgaires, cet art de fabriquer les eaux et de faire les lavages. C'est ainsi que, par l'effet de la coutume, de la loi et de la crainte, leurs sacrifices étaient très suivis. Ils n'accomplissaient même plus leurs annonces mensongères. Lorsque leurs sanctuaires venaient à être désertés et leurs sacrifices négligés, ils obtenaient encore des hommes restés (auprès d'eux), qu'ils s'adonnassent aux sacrifices, en les flattant par des songes (1) et d'autres tromperies, ainsi que par certains conseils. Ils revenaient sans cesse à ces promesses mensongères et surnaturelles, pour complaire aux hommes amis du plaisir, misérables et ignorants. Toi aussi, ô femme, ils veulent te gagner à leur cause, par l'intermédiaire de leur faux prophète; ils te flattent; étant affamés, (ils convoitent) non seulement les sacrifices, mais encore ton âme (2).

8. Toi donc, ne te laisses pas séduire, ô femme, ainsi que je te l'ai expliqué dans le livre concernant l'Action. Ne te mets pas à divaguer en cherchant Dieu; mais reste assise à ton foyer, et Dieu viendra à toi, lui qui est partout; il n'est pas confiné dans le lieu le plus bas, comme les démons (3). Repose ton corps, calme tes passions, résiste au désir, au plaisir, à la colère, au chagrin et aux douze fatalités de la mort. En te dirigeant ainsi, tu appelleras à toi l'être divin, et l'être divin viendra à toi, lui qui est partout et nulle part. Sans être appelée, offre des sacrifices : non pas les (sacrifices) avantageux pour ces hommes, et destinés à les nourrir et à leur complaire; mais des (sacrifices) qui les éloignent et les détruisent, tels que ceux qu'a préconisés Membrès, s'adressant à Salomon, roi de Jérusalem, et principalement tels que ceux qu'a décrits Salomon lui-même, d'après sa propre sagesse. En opérant ainsi, tu obtiendras les teintures convenables, authentiques et naturelles. Fais ces choses jusqu'à ce que tu sois devenue parfaite dans ton âme. Mais, lorsque tu reconnaîtras que tu es arrivée à la per-

---

(1) Les Papyrus de Leide renferment diverses formules pour procurer des songes et artifices magiques, à côté des procédés chimiques (voir *Introd*. p. 13).

(2) Ce paragraphe montre le caractère des polémiques entre Zosime et ses rivaux, polémiques dont nous avons la trace en plus d'un point de ses écrits. Cp. p. 186 et 187.

(3) Cp. OLYMPIODORE, p. 90.

fection, alors redoute (l'intervention) des éléments naturels de la matière : descendant vers le Pasteur, et te plongeant dans la méditation, remonte ainsi à ton origine.

9. Quant à moi, je viendrai au secours de ton insuffisance; mais réfléchis et rappelle-toi la chose cherchée : il faut qu'elle n'éprouve pas d'amoindrissement, mais qu'elle suive ses degrés réguliers.

Écoute-le, quand il dit un peu plus loin: un seul produit existe, en lequel doivent se réunir deux œufs (1); les composants sont divers; l'un est humide et froid, l'autre sec et froid, et les deux produisent une œuvre unique. Il faut entendre ici les deux couleurs de l'œuf et admirer les changements de couleurs qui proviennent de l'œuf, ainsi que ceux qui précèdent, et toutes les générations de couleurs; comme quoi elles indiquent l'expulsion de la matière (étrangère); après d'autres phénomènes, on peut les observer ; mais elles ne reparaissent pas (dans un état) semblable. Pourquoi (faut-il expliquer tout cela) (2)? N'est-ce pas parce qu'ils le cachent par jalousie ? Ils ne veulent pas que personne puisse comprendre et trouver par leur secours la voie des teintures favorables. Quelqu'un dira qu'il ne s'agit pas seulement du changement des noms, mais encore de tout l'art, qui n'est pas exposé (par tout le monde) d'une façon semblable; il l'est tantôt d'une façon, tantôt de la façon contraire. Tout cela est nouveau, dis-je ; les artisans le savent, eux qui voient les causes des fautes commises; ils savent que nous avons produit telle chose, plutôt que telle autre ; que nous avons négligé telle chose, et que nous avons fait telle autre chose avec plus de paresse.

10. Quant à moi, je reviendrai à mon propos. Il y a deux marches de teintures convenables, selon qu'on opère sur les espèces crues ou cuites. Le procédé de la cuisson est affranchi d'une grande fatigue ; il a besoin d'une grande adresse et il est plus court, comme l'a dit la divine Marie. Pour ce procédé de cuisson, il y a de nombreuses variétés de liquides et de feux. Tantôt on cuit avec de l'eau, tantôt avec du vin. (Parmi les feux), les uns sont obtenus avec des charbons et soutenus pendant tout le temps ; dans les autres

---

(1) Dans ce passage, le mot œuf est pris dans un sens mystique, comme désignant le produit d'une opération chimique. Cp. p. 18 et 19.

(2) Note de A. « (Ainsi parle) l'esprit capable de comprendre, d'une manière droite et saine. »

on procède par insufflation, suivant une certaine mesure. Dans d'autres
on emploie des broussailles; dans d'autres, des fourneaux, et dans d'autres
des chiffons; ou bien l'on opère par d'autres voies : par tous ces moyens on
obtient beaucoup de choses diverses. Ainsi, par exemple, pour le noir : sui-
vant la diversité des œufs (1), on peut avoir le noir des corbeaux, le noir des
corneilles, le noir très foncé, la couleur gris cendré sur les toiles peintes.
On y dessine aussi (2) des arbres, ou des pierres, ou de l'eau, ou des animaux,
tous semblablement. Quant aux autres couleurs susdites, tu en as les
démonstrations comprises sous la lettre K (3). Il faut tenir compte de la
proportion des couleurs ; si tu entends parler de l'ocre jaune, ne suppose pas
simplement que j'aie changé la préparation et que je tienne un langage mysté-
rieux, dans le seul but de créer des difficultés ; car dans l'art, toutes les
préparations (indiquées pour notre) recherche réussissent.

11. Ces teintures ont une nature propre. Elles résultent de la décompo-
sition de produits tantôt nombreux, tantôt en petit nombre ; elles sont
fabriquées dans de petits fourneaux, avec des vases de verre, ou bien dans
des creusets grands et petits : on opère ainsi dans différents appareils, au
moyen de feux diversement réglés. L'épreuve manifeste la bonté des pro-
duits obtenus en suivant ces divers perfectionnements. Voici que tu as les
démonstrations des feux dans la lettre Ω, ainsi que celles de toutes les
choses cherchées. Tel sera mon commencement, ô femme à la robe de
pourpre.

III. LII. — INTERPRÉTATION SUR TOUTES CHOSES

EN GÉNÉRAL ET (NOTAMMENT) SUR LES FEUX

1. Veille à ne pas t'égarer et à jaunir non seulement le plomb et le cuivre,
mais encore les espèces métalliques appelées liqueur d'or, or massif etc. (4),

---

(1) Voir la note 1 de la page précédente.
(2) Sur les étoffes peintes ?
(3) Un peu plus loin Zosime vise la
section Ω (voir aussi p. 221).
Suidas rapporte que Zosime avait écrit
un livre sur la chimie adressé à sa
sœur Théosébie, divisé en sections dé-
signées par les lettres de l'alphabet
grec.

(4) Ou la matière dorée.

lesquelles sont au nombre de 78, plus ou moins. J'ai dit 78, plus ou moins, suivant que l'on emploie (ou non) le mercure. Or il faut connaître l'épreuve et la vertu des préparations, ainsi qu'il le rappelle en parlant des feux ; il faut faire cuire, en introduisant du fer. En effet, les uns faisaient cuire une demi-heure seulement ; d'autres une heure, d'autres deux, d'autres trois, et quelques-uns même quatre.

2. Tout l'art consiste dans les feux légers (1) ; fais cuire les couleurs et laisse (sur le feu) jusqu'à refroidissement ; regarde dans les (vases) de verre ce qui se passe. De cette façon, (la matière) jaunit par le délaiement et par la décoction. C'est là l'eau divine, l'eau aux deux couleurs, blanche et jaune ; on lui a donné mille dénominations.

3. Sans l'eau divine, il n'y a rien : toute la composition s'accomplit par elle : c'est par elle qu'elle est cuite ; c'est par elle qu'elle est calcinée ; c'est par elle qu'elle est fixée ; c'est par elle qu'elle est jaunie ; c'est par elle qu'elle est décomposée ; c'est par elle qu'elle est teinte ; c'est par elle qu'elle subit l'iosis et l'affinage ; c'est par elle qu'elle est mise en décoction. En effet, il dit : « En employant l'eau du soufre natif et un peu de gomme, tu teindras toute sorte de corps. Toutes les choses qui tirent leur origine de l'eau sont incompatibles avec celles qui proviennent du feu ; de telle sorte que, sans le catalogue de tous les liquides, il n'y a rien de sûr. »

4. Quelques-uns, tous peut-être, ont rappelé qu'il faut que cette eau, destinée à agir comme ferment, détruise le semblable par le semblable, en opérant sur le corps que l'on veut teindre, soit en argent, soit en or. Si tu veux teindre l'argent, fais réagir des feuilles d'argent ; si c'est l'or, des feuilles d'or. Car Démocrite (dit) : « Projette l'eau (divine) sur l'or commun, et tu donneras une teinte parfaite d'or. Une seule liqueur est reconnue comme agissant sur les deux (métaux). » Il faut donc que l'eau divine joue le rôle d'un levain produisant le semblable, soit avec l'argent, soit avec l'or. En effet, de même que le levain du pain, bien qu'en petite quantité, fait lever une grande quantité de pâte ; de même aussi, agit une petite quantité d'or ou d'argent, avec le concours de ce vinaigre (2).

---

(1) Cette phrase est restée, comme la seule trace du morceau tout entier, dans M (voir *Introd.*, p. 185).

(2) B... « de même un peu d'or : la poudre sèche doit faire tout fermenter ».

III. LIII. — LA CÉRUSE

1.... puissance; après l'opération, la céruse est adoucie au moyen de l'eau de
pluie et abandonnée à elle-même. Décante l'eau et tu trouves une matière tout
à fait blanche. La litharge commune, tirée du plomb, a une puissance merveil-
leuse quand elle est associée au vinaigre. Le plomb perd ses propriétés métal-
liques, étant salifié et adouci : cette litharge devient ainsi très blanche et
présente tout à fait l'aspect de la céruse (1).

J'admire aussi la rubrique (minium); (je vois) comment elle jaunit au feu.
La sandaraque a aussi une puissance merveilleuse (2).

III. LIV. — SUR LE BLANCHIMENT

1. Je veux que vous sachiez que le point capital en toutes choses, c'est le
blanchiment; aussitôt après le blanchiment, on jaunit : c'est le mystère par-
fait, c'est-à-dire l'iosis, laquelle s'effectue à son tour au moyen du vinaigre,
agent des puissances divines. Je vous révélerai d'abord le chapitre de
l'huile sulfureuse ; et je vous exposerai comment on opère les blanchiments
des plombs, et quelle est l'origine de l'esprit tinctorial. Car sans les
plombs on ne peut pas accomplir l'œuvre : le plomb sert à éprouver toute
substance (3). C'est ce que le Philosophe a décrit merveilleusement par un
exposé indirect, en disant : « Si les substances ont subi l'action des agents
qui servent à l'épreuve, (la) nature du produit est indélébile 4.

---

(1) C'est une fabrication de céruse,
au moyen du vinaigre, agissant soit sur
le plomb, soit sur la litharge.

(2) On remarquera l'analogie établie
entre la formation de la céruse, matière
blanche, produite au moyen de la li-
tharge jaune et du minium rouge, et la
métamorphose de la sandaraque (réal-
gar) rouge, en acide arsénieux blanc.

Dans d'autres passages, l'acide arsénieux
est même désigné par le nom de céruse.

(3) Par la coupellation ?

(4) En d'autres termes : quand le
plomb est intervenu dans la transmu-
tation, le métal transformé résiste
ensuite aux essais d'analyse faits au
moyen de ce métal.

2. Je veux que vous sachiez d'abord que l'épreuve définitive se fait avec le vinaigre. En second lieu, c'est l'épreuve par le plomb dont le Philosophe a parlé dans son second chapitre, (en disant) : « Si les substances ont subi l'action des agents qui servent à l'épreuve, la nature du produit est indélébile. »

III. LV. — EXPLICATION SUR LES FEUX

7. Je vous expliquerai, avec tous les prophètes, la puissance des feux, afin que votre travail soit parfait et conforme aux traditions, de façon à ne pas échouer. En effet, le Philosophe exposait, en parlant des feux, comment l'unité de l'espèce est transformée par un feu excessif; car l'excès des feux est contraire à toute l'opération. Pour les choses auxquelles vous êtes exercés préalablement, je vous transmets les préceptes suivants : Si les matières sulfureuses sont cuites dans des vases de verre, il est nécessaire d'employer les feux dont se servent les peintres avec la kérotakis. Il est nécessaire que le vase de verre soit garni d'un lut céramique, de l'épaisseur d'un demi-doigt; afin que le vase ne casse pas sous l'influence de la chaleur. Voici la proportion convenable pour les feux : Si tu dois faire cuire légèrement les (matières), en les poussant vers le jaune, il est nécessaire d'employer les feux modérés, tels que ceux usités dans le fourneau à fusion des figures en couleur. Lorsque tu veux opérer de façon à amener le produit au jaune, laisse dans le fourneau pendant six heures; je parle de la durée moyenne; cela suffit : les feux amènent ainsi le produit au jaune.

III. LVI. — SUR LES VAPEURS

1. On les appelle vapeurs sublimées, à cause de ce fait que les substances sont élevées de bas en haut, au-dessus des cendres, vers la partie supérieure, comme il est exposé dans le traitement des eaux. Ainsi on les appelle vapeurs sublimées, à cause de ce fait qu'elles montent du bas vers le sommet de l'appareil, et nous avons exposé comment on opère l'aspiration de ces vapeurs ou de ces gouttes condensées.

On enlève les scories de la marmite, on les délaie et on projette sur elles les âmes que l'on en a tirées (1). Ces âmes tirées des corps (métalliques), ils les sublimèrent de nouveau au moyen de l'appareil en forme de mamelle, disant que c'était là l'iosis, accomplie par les réactions de longue durée. Ils combinèrent avec les autres vapeurs sublimées ce qu'ils nommaient des corps — ce que nous appelons un corps métallique — en opérant avec les soufres, les sulfures (agissant sur) les feuilles de cuivre, ou d'asèm (2), ou d'or. C'est de cette façon qu'ils pratiquèrent la teinture avec les matières auxiliaires, sans tenir aucun compte de leur second traitement.

2. Il a désigné l'eau filtrée (agissant) sur les cendres, en disant : « Dispose l'appareil et apporte les cendres ; la cendre éprouve l'action de l'eau, agissant dans l'appareil. » C'est aussi pour cela qu'Agathodémon (dit) : « La cendre est tout ; c'est sur elle qu'opère la décoction ou la cuisson, ou bien ce que l'on appelle le délaiement. » Ainsi, au moyen de la décomposition, de l'extraction, de l'iosis, de la cuisson modérée, les anciens disaient que le Tout se parfait.

Il est impossible de traiter autrement la fabrication (3) de la composition. Car ce fait que la décoction et l'extraction sont un délaiement est connu des interprètes de la science. L'iosis, ils la nommèrent décoction ; la décoction et l'extraction, délaiement, destiné à produire une atténuation extrême. En outre ils parlèrent du feu, parce qu'il produit la chaleur, la combustion et la flamme. Les anciens traitaient d'enfantillage et de travail de femme la recherche des simples connaisseurs. Mais nous ne sommes pas obligés pour cette raison d'effectuer l'iosis au moyen du feu, ainsi qu'on opère pour les pierres teintes, ou dans le traitement des liquides pour la pourpre fabriquée à froid. Je dis que l'expérience nous enseignera la vérité ; elle nous conduira à accomplir l'œuvre une et parfaite et à (obtenir) la poudre de projection stable.

3. Après la fabrication de cet ios, ils transportèrent les vapeurs et (les) réunirent aux scories restantes, et de cette façon ils arrivèrent au terme.

---

(1) C'est-à-dire des vapeurs sublimées : mercure, arsenic, soufre, etc.
(2) Ms. A. « d'argent ».

(3) Au lieu de la fabrication, les manuscrits portent : « la pyrite », (ou son signe), lequel est presque le même.

C'est alors qu'ils projetaient la poudre tinctoriale sur les corps, attendu que Zosime dit : « Ainsi les esprits prennent un corps et les corps morts sont ranimés par l'âme qui provient d'eux, et qui est de nouveau reçue en eux. Ils réalisent l'œuvre divine, deux éléments se dominant mutuellement et étant dominés l'un par l'autre. » En effet, il obtient par là l'esprit fugace du corps poursuivant (1), et il nous instruit à rendre la teinture résistante au feu, par le moyen du feu. Telle est, je pense, d'après le Philosophe, l'eau de chaux, ou de sandaraque, l'eau de natron, l'eau de lie, l'eau fabriquée avec la cendre des sulfureux, l'eau de la première distillation.

4. Il faut la rectifier comme la lessive des savonniers (2), et recueillir les eaux qui en proviennent : or la lessive des savonniers ne se réduit jamais en vapeur, mais elle est rectifiée (3). Comment donc, ô philosophes, Zosime (4) peut-il dire que le sens des écritures n'est pas compris, à moins que l'on n'emploie l'appareil qui opère l'extraction sur le cuivre? et que le terme de l'art n'est pas celui-là, mais consiste dans l'appareil et dans la fixation qui y est accomplie? D'autres se servaient seulement de flacons pour les deux genres de compositions (5). Après avoir fait monter l'eau, ils la réunissaient à la chaux ordinaire, en délayant dans un mortier ; non pas suivant une mesure précise, mais de façon que la partie sèche dépassât le liquide de deux, trois ou quatre doigts.

---

(1) V. p. 105.

(2) Ce mot ne doit pas être pris dans le sens de la chimie moderne.

(3) Par filtration.

(4) Dans BA, c'est Démocrite.

(5) Sans procéder par distillation, ou sublimation.

www.ingramcontent.com/pod-product-compliance
Lightning Source LLC
LaVergne TN
LVHW021541170726
843501LV00004B/1149